国家出版基金项目
NATIONAL PUBLICATION FOUNDATION

"十三五"国家重点图书出版规划项目

中国水稻品种志

万建民　总主编

安 徽 卷

李泽福　张效忠　主　编

中国农业出版社
北 京

内容简介

　　安徽地处我国南北过渡地带，水稻品种类型多样，单季稻与双季稻并存，双季早籼稻、中稻、单季晚稻和双季晚稻四稻齐全，籼、粳、粘、糯稻兼有。目前，主体品种类型为一季杂交中籼，占水稻种植面积70％左右。安徽省从20世纪50年代初开展地方品种筛选和应用，50年代中后期开始系统选育，通过系统选择、杂交育种、辐射诱变、组织培养、分子标记辅助选择等育种方法，育成了一大批早、中、晚不同生态类型的水稻品种。1983—2012年，安徽省农作物品种审定委员会共审定水稻品种335个。本书选录了在安徽省水稻生产中各阶段曾经发挥重大作用或在水稻育种中具有重大影响的品种295个（早籼47个，中籼144个，晚籼32个，中粳23 个，晚粳51个），以及重要的三系不育系11个，两系不育系19个，恢复系30个。每个收录品种（系）都有来源、特征特性、米质、抗性、产量和栽培技术要点介绍，主要品种附有单株、稻穗和籽粒照片。本书还介绍了10位在安徽省乃至全国水稻育种中做出突出贡献的著名专家。

　　为便于读者查阅，各类品种均按汉语拼音顺序排列。同时为便于读者了解品种选育年代，书后还附有品种检索表，包括类型、审定编号和品种权号。

Abstract

　　Located at the North-south transition zone of China, Anhui Province possesses diverse types of rice with existence of both one-season and double season cropping, and also four eco-types, i.e. early-maturing rice of double-season, medium-maturing rice of one-season, late-maturing rice of one-season, and late-maturing rice of double-season, and both *indica* and *japonica* subspecies. At present, the medium *indica* hybrid rice is predominant in rice production, occupying about 70% of total Anhui rice planting area. In early 1950s, rice breeding was carried out from identification and utilization of rice landraces, and in late 1950s, rice breeding was taken out mainly by pedigree method in Anhui Province. Since then, a lot of conventional and hybrid rice varieties were bred and released into production. During the period of 1983-2012, 335 rice varieties were approved by the Crop Variety Approval Committee of Anhui Province. This book recorded 295 selected varieties and 11CMS lines, 19TGMS lines, and 30 restorer lines which played important roles in rice production in Anhui Province. All varieties were described with detailed characteristics with photos of plants, spikes and grains individually. Moreover, this book also introduced 10 famous rice breeders who made outstanding contributions to rice breeding in Anhui Province and even in the whole country.

　　For the convenience of readers' reference, all varieties were arranged according to the order of Chinese phonetic alphabet. At the same time, in order to facilitate readers to access simplified variety information, a variety index was attached at the end of the book, including category, approval number and variety right number etc.

《中国水稻品种志》
编辑委员会

安徽卷编委会

主　编　李泽福　张效忠

副主编　苏泽胜　台德卫　夏加发

编著者（以姓氏笔画为序）

王士梅	王守海	王安东	王金顺	王美琴
王淑芬	王德正	石英尧	占新春	白一松
台德卫	吕孝林	朱国邦	汤圣祥	许传万
苏泽胜	李泽福	杨剑波	杨前进	杨联松
吴险峰	吴敬德	何立斌	汪社宽	张从合
张效忠	张培江	张德文	陈庆全	陈应南君
陈金节	罗志祥	赵　磊	施伏芝	夏加发
唐小马	黄忠祥	梅德勇	蒋继武	熊成国
熊忠炯				

审　校　李泽福　苏泽胜　杨庆文　汤圣祥

前　言

　　水稻是中国和世界大部分地区栽培的最主要粮食作物，水稻的产量增加、品质改良和抗性提高对解决全球粮食问题、提高人们生活质量、减轻环境污染具有举足轻重的作用。历史证明，中国水稻生产的两次大突破均是品种选育的功劳，第一次是20世纪50年代末至60年代初开始的矮化育种，第二次是70年代中期开始的杂交稻育种。90年代中期，先后育成了超级稻两优培九、沈农265等一批超高产新品种，单产达到11 ～ 12t/hm²。单产潜力超过16t/hm²的超级稻品种目前正在选育过程中。水稻育种虽然取得了很大成绩，但面临的任务也越来越艰巨，对骨干亲本及其育种技术的要求也越来越高，因此，有必要编撰《中国水稻品种志》，以系统地总结65年来我国水稻育种的成绩和育种经验，提高我国新形势下的水稻育种水平，向第三次新的突破前进，进而为促进我国民族种业发展、保障我国和世界粮食安全做出新贡献。

　　《中国水稻品种志》主要内容分三部分：第一部分阐述了1949—2014年中国水稻品种的遗传改良成就，包括全国水稻生产情况、品种改良历程、育种技术和方法、新品种推广成就和效益分析，以及水稻育种的未来发展方向。第二部分展示中国不同时期育成的新品种（新组合）及其骨干亲本，包括常规籼稻、常规粳稻、杂交籼稻、杂交粳稻和陆稻的品种，并附有品种检索表，供进一步参考。第三部分介绍中国不同时期著名水稻育种专家的成就。全书分十八卷，分别为广东海南卷、广西卷、福建台湾卷、江西卷、安徽卷、湖北卷、四川重庆卷、云南卷、贵州卷、黑龙江卷、辽宁卷、吉林卷、浙江上海卷、江苏卷，以及湖南常规稻卷、湖南杂交稻卷、华北西北卷和旱稻卷。

　　《中国水稻品种志》根据行政区划和实际生产情况，把中国水稻生产区域分为华南、华中华东、西南、华北、东北及西北六大稻区，统计并重点介绍了自1978年以来我国育成年种植面积大于40万hm²的常规水稻品种如湘矮早9号、原丰早、浙辐802、桂朝2号、珍珠矮11等共23个，杂交稻品种如D优63、冈优22、南优2号、汕优2号、汕优6号等32个，以及2005—2014年育成的超级稻品种如龙粳31、武运粳27、松粳15、中早39、合美占、中嘉早17、两优培九、准两优527、辽优1052和甬优12、徽两优6号等111个。

　　《中国水稻品种志》追溯了65年来中国育成的8 500余份水稻、陆稻和杂交水稻现代品种的亲源，发现一批极其重要的育种骨干亲本，它们对水稻品种的遗传改良贡献巨大。据不完全统计，常规籼稻最重要的核心育种骨干亲本有矮仔占、南特号、珍汕97、矮脚南特、珍珠矮、低脚乌尖等22个，它们衍生的品种数超过2 700个；常规粳稻最重要的核心育种骨干亲本有旭、笹锦、坊主、爱国、农垦57、农垦58、农虎6号、测21等20个，衍生的品种数超过2 400个。尤其是携带 *sd1* 矮秆基因的矮仔占质源自早期从南洋引进后就成为广西容县一带优良农家地方品种，利用该骨干亲本先后育成了11代超过405个品种，其中种植面积较大的育成品种有广场矮、珍珠矮、广陆矮4号、二九青、先锋1号、特青、桂朝2号、双桂1号、湘早籼7号、嘉育948等。

《中国水稻品种志》还总结了我国培育杂交稻的历程，至今最重要的杂交稻核心不育系有珍汕97A、Ⅱ-32A、V20A、协青早A、金23A、冈46A、谷丰A、农垦58S、安农S-1、培矮64S、Y58S、株1S等21个，衍生的不育系超过160个，配组的大面积种植品种数超过1 300个；已广泛应用的核心恢复系有17个，它们衍生的恢复系超过510个，配组的杂交品种数超过1 200个。20世纪70～90年代大部分强恢复系引自国外，包括IR24、IR26、IR30、密阳46等，它们均含有我国台湾地方品种低脚乌尖的血缘（ *sd1* 矮秆基因）。随着明恢63（IR30／圭630）的育成，我国杂交稻恢复系选育走上了自主创新的道路，育成的恢复系其遗传背景呈现多元化。

《中国水稻品种志》由中国农业科学院作物科学研究所主持编著，邀请国内著名水稻专家和育种家分卷主撰，凝聚了全国水稻育种者的心血和汗水。同时，在本志编著过程中，得到全国各水稻研究教学单位领导和相关专家的大力支持和帮助，在此一并表示诚挚的谢意。

《中国水稻品种志》集科学性、系统性、实用性、资料性于一体，是作物品种志方面的专著，内容丰富，图文并茂，可供从事作物育种和遗传资源研究者、高等院校师生参考。由于我国水稻品种的多样性和复杂性，育种者众多，资料难以收全，尽管在编著和统稿过程中注意了数据的补充、核实和编撰体例的一致性，但限于编著者水平，书中疏漏之处难免，敬请广大读者不吝指正。

编　者

2018年4月

目　录

二、杂交中籼 ··· 122

第三节　晚籼

第三节　晚籼 ………………………………………………………………………… 238

一、常规晚籼 ………………………………………………………………………… 238

二、杂交晚籼 ………………………………………………………………………… 241

第四节　中粳············ 268

一、常规中粳············ 268

二、杂交中粳············ 278

第五节　晚粳············ 291

一、常规晚粳············ 291

第一章
中国稻作区划与水稻品种遗传改良概述

水稻是中国最主要的粮食作物之一，稻米是中国一半以上人口的主粮。2014年，中国水稻种植面积3 031万hm²，总产20 651万t，分别占中国粮食作物种植面积和总产量的26.89%和34.02%。毫无疑问，水稻在保障国家粮食安全、振兴乡村经济、提高人民生活质量方面，具有举足轻重的地位。

中国栽培稻属于亚洲栽培稻种（*Oryza sativa* L.），有两个亚种，即籼亚种（*O. sativa* L. subsp. *indica*）和粳亚种（*O. sativa* L. subsp. *japonica*）。中国不仅稻作栽培历史悠久，稻作环境多样，稻种资源丰富，而且育种技术先进，为高产、多抗、优质、广适、高效水稻新品种的选育和推广提供了丰富的物质基础和强大的技术支撑。

中华人民共和国成立以来，通过育种技术的不断改进，从常规育种（系统选择、杂交育种、诱变育种、航天育种）到杂种优势利用，再到生物技术育种（细胞工程育种、分子标记辅助选择育种、遗传转化育种等），至2014年先后育成8 500余份常规水稻、陆稻和杂交水稻现代品种，其中通过各级农作物品种审定委员会审（认）定的水稻品种有8 117份，包括常规水稻品种3 392份，三系杂交稻品种3 675份，两系杂交稻品种794份，不育系256份。在此基础上，实现了水稻优良品种的多次更新换代。水稻品种的遗传改良和优良新品种的推广，栽培技术的优化和病虫害的综合防治等一系列技术革新，使我国的水稻单产从1949年的1 892kg/hm²提高到2014年的6 813.2kg/hm²，增长了260.1%；总产从4 865万t提高到20 651万t，增长了324.5%；稻作面积从2 571万hm²增加到3 031万hm²，仅增加了17.9%。研究表明，新品种的不断育成和推广是水稻单产和总产不断提高的最重要贡献因子。

第一节　中国栽培稻区的划分

水稻是喜温喜水、适应性强、生育期较短的谷类作物，凡温度适宜、有水源的地方，均可种植水稻。中国稻作分布广泛，最北的稻作区位于黑龙江省的漠河（北纬53°27′），为世界稻作区的北限；最高海拔的稻作区在云南省宁蒗县山区，海拔高度2 965m。在南方的山区、坡地以及北方缺水少雨的旱地，种植有较耐干旱的陆稻。从总体看，由于纬度、温度、季风、降水量、海拔高度、地形等的影响，中国水稻种植面积存在南方多北方少，东南集中西北分散的状况。

本书以我国行政区划（省、自治区、直辖市）为基础，结合全国水稻生产的光温生态、季节变化、耕作制度、品种演变等，参考《中国水稻种植区划》（1988）和《中国水稻生产发展问题研究》（2010），将全国分为华南、华中华东、西南、华北、东北和西北六大稻区。

一、华南稻区

本区位于中国南部，包括广东、广西、福建、海南等大陆4省（自治区）和台湾省。本区水热资源丰富，稻作生长季260～365d，≥10℃的积温5 800～9 300℃；稻作生长季日照时数1 000～1 800h，降水量700～2 000mm。稻作土壤多为红壤和黄壤。本区的籼稻面积占95%以上，其中杂交籼稻占65%左右，耕作制度以双季稻和中稻为主，也有部分单季晚稻，部分地区实行与甘蔗、花生、薯类、豆类等作物当年或隔年水旱轮作。

2014年本区稻作面积503.6万hm²（不包括台湾），占全国稻作总面积的16.61%。稻谷单产5 778.7kg/hm²，低于全国平均产量（6 813.2kg/hm²）。

二、华中华东稻区

本区为中国水稻的主产区，包括江苏、上海、浙江、安徽、江西、湖南、湖北7省（直辖市），也称长江中下游稻作区。本区属亚热带温暖湿润季风气候，稻作生长季210～260d，≥10℃的积温4 500～6 500℃；稻作生长季日照时数700～1 500h，降水量700～1 600mm。本区平原地区稻作土壤多为冲积土、沉积土和鳝血土，丘陵山地多为红壤、黄壤和棕壤。本区双、单季稻并存，籼稻、粳稻均有。20世纪60～80年代，本区双季稻面积占全国双季稻面积的50%以上，其中，浙江、江西、湖南的双季稻面积占该三省稻作面积的80%～90%。20世纪80年代中期以来，由于种植结构和耕作制度的变革，杂交稻的兴起，以及双季早稻米质不佳等原因，双季早稻面积锐减，使本区的稻作面积从80年代初占全国稻作面积的54%下降到目前的49%左右。尽管如此，本区稻米生产的丰歉，对全国粮食形势仍然具有重要影响。太湖平原、里下河平原、皖中平原、鄱阳湖平原、洞庭湖平原、江汉平原历来都是中国著名的稻米产区。

2014年本区稻作面积1 501.6万hm²，占全国稻作总面积的49.54%。稻谷单产6 905.6kg/hm²，高于全国平均产量。

三、西南稻区

本区位于云贵高原和青藏高原，属亚热带高原型湿热季风气候，包括云南、贵州、四川、重庆、青海、西藏6省（自治区、直辖市）。本区具有地势高低悬殊、温度垂直差异明显、昼夜温差大的高原特点，稻作生长季180～260d，≥10℃的积温2 900～8 000℃；稻作生长季日照时数800～1 500h，降水量500～1 400mm。稻作土壤多为红壤、红棕壤、黄壤和黄棕壤等。本区籼稻、粳稻并存，以单季中稻为主，成都平原是我国著名的单季中稻区。云贵高原稻作垂直分布明显，低海拔（<1 400m）稻区多为籼稻，湿热坝区可种植双季籼稻，高海拔（>1 800m）稻区多为粳稻，中海拔（1 400～1 800m）稻区籼稻、粳稻并存。部分山区种植陆稻，部分低海拔又无灌溉水源的坡地筑有田埂，种植雨水稻。

2014年本区稻作面积450.9万hm²，占全国稻作总面积的14.88%。稻谷单产6 873.4kg/hm²，高于全国平均产量。

四、华北稻区

本区位于秦岭—淮河以北，长城以南，关中平原以东地区，包括北京、天津、山东、河北、河南、山西、内蒙古7省（自治区、直辖市）。本区属暖温带半湿润季风气候，夏季温度较高，但春、秋季温度较低，稻作生长季较短，无霜期170～200d，年≥10℃的积温4 000～5 000℃；年日照时数2 000～3 000h，年降水量580～1 000mm，但季节间分布不均。稻作土壤多为黄潮土、盐碱土、棕壤和黑黏土。本区以单季早、中粳稻为主，水源主要来自渠井和地下水。

2014年本区稻作面积95.3万hm²，占全国稻作总面积的3.14%。稻谷单产7 863.9kg/hm²，高于全国平均产量。

五、东北稻区

本区是我国纬度最高的稻作区，包括黑龙江、吉林和辽宁3省，属中温带—寒温带，年平均气温2～10℃，无霜期90～200d，年≥10℃的积温2 000～3 700℃；年日照时数2 200～3 100h，年降水量350～1 100mm。本区光照充足，但昼夜温差大，稻作生长期短，土壤多为肥沃、深厚的黑泥土、草甸土、棕壤以及盐碱土。稻作以早熟的单季粳稻为主，冷害和稻瘟病是本区稻作的主要问题。最北部的黑龙江省稻区，粳稻品质十分优良，近35年来由于大力发展灌溉设施，稻作面积不断扩大，从1979年的84.2万hm²发展到2014年的320.5万hm²，成为中国粳稻的主产省之一。

2014年本区稻作面积451.5万hm²，占全国稻作总面积的14.90%。稻谷单产7 863.9kg/hm²，高于全国平均产量。

六、西北稻区

本区包括陕西、甘肃、宁夏和新疆4省（自治区），幅员广阔，光热资源丰富，但干燥少雨，季节和昼夜气温变化大，无霜期150～200d，年≥10℃的积温3 450～3 700℃；年日照时数2 600～3 300h，年降水量150～200mm。稻田土壤较瘠薄，多为灰漠土、草甸土、粉沙土、灌淤土及盐碱土。稻作以单季粳稻为主，分布于河流两岸及有灌溉水源的地区。干燥少雨是本区发展水稻的制约因素。

2014年本区稻作面积28.2万hm²，占全国稻作总面积的0.93%。稻谷单产8 251.4kg/hm²，高于全国平均产量。

中华人民共和国成立65年来，六大稻区的水稻种植面积及占全国稻作面积的比例发生了一定变化。华南稻区的稻作面积波动较大，从1949年的811.7万hm²，增加到1979年的875.3万hm²，但2014年下降到503.6万hm²。华中华东稻区是我国的主产稻区，基本维持在全国稻区面积的50%左右，其种植面积的高峰在20世纪的70～80年代，达到全国稻区面积的53%～54%。西南和西北稻区稻作面积基本保持稳定，近35年来分别占全国稻区面积的14.9%和0.9%左右。华北和东北稻区种植面积和占比均有提高，特别是东北稻区，其稻作面积和占比近35年来提高较快，2014年达到了451.5万hm²，全国占比达到14.9%，与1979年的84.2万hm²相比，种植面积增加了367.3万hm²。我国六大稻区2014年的稻作面积和占比见图1-1。

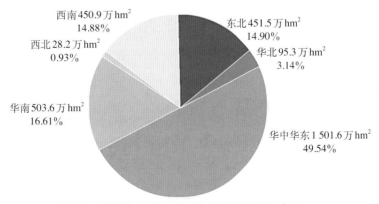

图1-1　中国六大稻区2014年的稻作面积和占比

第二节 中国栽培稻的分类

中国栽培稻的分类比较复杂，丁颖教授将其系统分为四大类：籼亚种和粳亚种，早稻、中稻和晚稻，水稻和陆稻，粘稻和糯稻。随着杂种优势的利用，又增加了一类，为常规稻和杂交稻。本节将根据这五大类分别进行介绍。

一、籼稻和粳稻

中国栽培稻籼亚种（*O. sativa* L. subsp. *indica*）和粳亚种（*O. sativa* L. subsp. *japonica*）的染色体数同为24（2n=24），但由于起源演化的差异和人为选择的结果，这两个亚种存在一定的形态和生理特性差异，并有一定程度的生殖隔离。据《辞海》（1989年版）记载，籼稻与粳稻比较：籼稻分蘖力较强；叶幅宽，叶色淡绿，叶面多毛；小穗多数短芒或无芒，易脱粒，颖果狭长扁圆；米质黏性较弱，膨性大；比较耐热和耐强光，主要分布于华南热带和淮河以南亚热带的低地。

按照现代分类学的观点，粳稻又可分为温带粳稻和热带粳稻（爪哇稻）。中国传统（农家/地方）粳稻品种均属温带粳稻类型。近年有的育种家为扩大遗传背景，在育种亲本中加入了热带粳稻材料，因而育成的水稻品种含有部分热带粳稻（爪哇稻）的血缘。

籼稻、粳稻的分布，主要受温度的制约，还受到种植季节、日照条件和病虫害的影响。目前，中国的籼稻品种主要分布在华南和长江流域各省份，以及西南的低海拔地区和北方的河南、陕西南部。湖南、贵州、广东、广西、海南、福建、江西、四川、重庆的籼稻面积占各省稻作面积的90%以上，湖北、安徽占80%～90%，浙江、云南在50%左右，江苏在25%左右。粳稻主要分布在东北、华北、长江下游太湖地区和西北，以及华南、西南的高海拔山区。东北的黑龙江、吉林、辽宁三省是全国著名的北方粳稻产区，江苏、浙江、安徽、湖北是南方粳稻主产区，云南的高海拔地区则以粳稻为主。

2014年，中国籼稻种植面积2 130.8万hm²，约占稻作面积的70.3%；粳稻面积900.2万hm²，占稻作面积的29.7%。据统计，2014年中国种植面积大于6 667hm²的常规水稻品种有298个，其中籼稻品种104个，占34.9%；粳稻品种194个，占65.1%；2014年种植面积最大的前5位常规粳稻品种是：龙粳31（92.2万hm²）、宁粳4号（35.8万hm²）、绥粳14（29.1万hm²）、龙粳26（28.1万hm²）和连粳7号（22.0万hm²）；种植面积最大的前5位常规籼稻品种是：中嘉早17（61.1万hm²）、黄华占（30.6万hm²）、湘早籼45（17.8万hm²）、中早39（16.3万hm²）和玉针香（11.2万hm²）。

二、常规稻和杂交稻

常规稻是遗传纯合、可自交结实、性状稳定的水稻品种类型，杂交稻是利用杂种一代优势、目前必须年年制种的杂交水稻类型。中国是世界上第一个大面积、商品化应用杂交稻的国家，20世纪70年代后期开始大规模推广三系杂交稻，90年代初成功选育出两系杂交稻并应用于生产。目前，常规稻种植面积占全国稻作面积的46%左右，杂交稻占54%左右。

1991年我国年种植面积大于6 667hm^{2}的常规稻品种有193个，2014年增加到298个（图1-2）；杂交稻品种数从1991年的62个增加到2014年的571个。1991年以来，年种植面积大于6 667hm^{2}的常规稻品种数每年较为稳定，基本为200～300个品种，但杂交稻品种数增加较快，增加了8倍多。

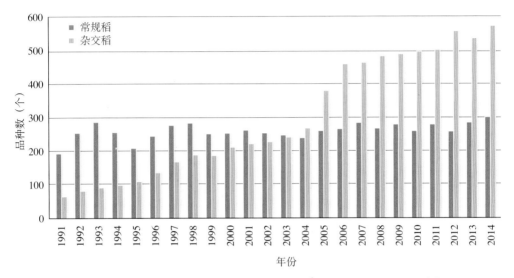

图1-2　1991—2014年年种植面积大于6 667hm^{2}的常规稻和杂交稻品种数

三、早稻、中稻和晚稻

在稻种向不同纬度、不同海拔高度传播的过程中，在日照和温度的强烈影响下，在自然选择和人为选择的综合作用下，栽培稻发生了一系列感光性和感温性的变异，出现了早稻、中稻和晚稻栽培类型。一般而言，早稻基本营养生长期短，感温性强，不感光或感光性极弱；中稻基本营养生长期较长，感温性中等，感光性弱；晚稻基本营养生长期短，感光性强，感温性中等或较强，但通常晚籼稻的感光性强于晚粳稻。

籼稻和粳稻、杂交稻和常规稻都有早、中、晚类型，每一类型根据生育期的长短有早熟、中熟和迟熟之分，从而形成了大量适应不同栽培季节、耕作制度和生育期要求的品种。在华南、华中的双季稻区，早籼和早粳品种对日长反应不敏感，生育期较短，一般3～4月播种，7～8月收获。在海南和广东南部，由于温度较高，早籼稻通常2月中、下旬播种，6月下旬收获。中稻一般作单季稻种植，生育期稳定，产量较高，华南稻区部分迟熟早籼稻品种在华中和华东地区可作中稻种植。晚籼稻和晚粳稻均可作双季晚稻和单季晚稻种植，以保证在秋季气温下降前抽穗授粉。

20世纪70年代后期以来，由于杂交水稻的兴起，种植结构的变化，中国早稻和晚稻的种植面积逐年减少，单季中稻的种植面积大幅增加。早、中、晚稻种植面积占全国稻作面积的比重，分别从1979年的33.7%、32.0%和34.3%，转变为1999年的24.2%、48.9%和26.9%，2014年进一步变化为19.1%、59.9%和21.0%（图1-3）。

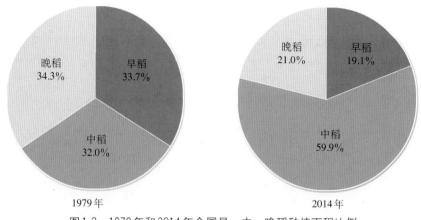

图1-3　1979年和2014年全国早、中、晚稻种植面积比例

四、水稻和陆稻

中国的栽培稻极大部分是水稻，占中国稻作面积的98%。陆稻（Upland rice）亦称旱稻，古代称棱稻，是适应较少水分环境（坡地、旱地）的一类稻作生态品种。陆稻的显著特点是耐干旱，表现为种子吸水力强，发芽快，幼苗对土壤中氯酸钾的耐毒力较强；根系发达，根粗而长；维管束和导管较粗，叶表皮较厚，气孔少，叶较光滑有蜡质；根细胞的渗透压和茎叶组织的汁液浓度也较高。与水稻比较，陆稻吸水力较强而蒸腾量较小，故有较强的耐旱能力。通常陆稻依靠雨水或地下水获得水分，稻田无田埂。虽然陆稻的生长发育对光、温要求与水稻相似，但一生需水量约是水稻的2/3或1/2。因而，陆稻适于水源不足或水源不均衡的稻区、多雨的山区和丘陵区的坡地或台田种植，还可与多种旱作物间作或套种。从目前的地理环境和种植水平看，陆稻的单产低于水稻。

陆稻也有籼稻、粳稻之别和生育期长短之分。全国陆稻面积约57万hm²，仅占全国稻作总面积的2%左右，主要分布于云贵高原的西南山区、长江中游丘陵地区和华北平原区。云南西双版纳和思茅等地每年陆稻种植面积稳定在10万hm²左右。近年，华北地区正在发展一种旱作稻（Aerobic rice），耐旱性较强，在整个生育期灌溉几次即可，产量较高。此外，广东、广西、海南等地的低洼地区，在20世纪50年代前曾有少量深水稻品种，中华人民共和国成立后，随着水利排灌设施的完善，现已绝迹。目前，种植面积较大的陆稻品种有中旱209、旱稻277、巴西陆稻、中旱3号、陆引46、丹旱稻1号、冀粳12、IRAT104等。

五、粘稻和糯稻

稻谷胚乳均有糯性与非糯性之分。糯稻和非糯稻的主要区别在于饭粒黏性的强弱，相对而言，粘稻（非糯稻）黏性弱，糯稻黏性强，其中粳糯稻的黏性大于籼糯稻。化学成分的分析指出，胚乳直链淀粉含量的多少是区别粘稻和糯稻的化学基础。通常，粳粘稻的直链淀粉含量占淀粉总量的8%～20%，籼粘稻为10%～30%，而糯稻胚乳基本为支链淀粉，不含或仅含极少量直链淀粉（≤2%）。从化学反应看，由于糯稻胚乳和花粉中的淀粉基本或完全为支链淀粉，因此吸碘量少，遇1%的碘-碘化钾溶液呈红褐色反应，而粘稻直链淀粉含量高，吸碘量大，呈蓝紫色反应，这是区分糯稻与非糯稻品种的主要方法之一。从外观看，糯稻胚乳在刚收获时因含水量较高而呈半透明，经充分干燥后呈乳白色，这是因为胚乳细胞快速失水，产生许多大小不一的空隙，导致光散射而引起的乳白色视觉。

云南、贵州、广西等省（自治区）的高海拔地区，人们喜食糯米，籼型糯稻品种丰富，而长江中下游地区以粳型糯稻品种居多，东北和华北地区则全部是粳型糯稻。从用途看，糯米通常用于酿制米酒，制作糕点。在云南的低海拔稻区，有一种低直链淀粉含量的籼粘稻，称为软米，其黏性介于籼粘稻和糯稻之间，适于制作饵块、米线。

第三节　水稻遗传资源

水稻育种的发展历程证明，品种改良每一阶段的重大突破均与水稻优异种质的发现和利用相关。20世纪50年代末，矮仔占、矮脚南特、台中本地1号（TN1，亦称台中在来1号）和广场矮等矮秆种质的发掘与利用，实现了60年代我国水稻品种的矮秆化；70～80年代野败型、矮败型、冈型、印水型、红莲型等不育资源的发现及二九南1号A、珍汕97A等水稻野败型不育系育成，实现了籼型杂交稻的"三系"配套和大面积推广利用；80年代农垦58S、安农S-1等光温敏核不育材料的发掘与利用，实现了"两系"杂交水稻的突破；90年代02428、培矮64、轮回422等广亲和种质的发掘与利用，基本克服了籼粳稻杂交的瓶颈；80～90年代沈农89366、沈农159、辽粳5号等新株型优异种质的创新与利用，实现了北方粳稻直立穗型与高产的结合，使北方粳稻产量有了较大的提高；90年代以来光温敏不育系培矮64S、Y58S、株1S以及中9A、甬粳2号A和恢复系9311、蜀恢527等的创新与利用，选育出一系列高产、优质的超级杂交稻品种。可见，水稻优异种质资源的收集、评价、创新和利用是水稻品种遗传改良的重要环节和基础。

一、栽培稻种质资源

中国具有丰富的多样化的水稻遗传资源。清代的《授时通考》（1742）记载了全国16省的3 429个水稻品种，它们是长期自然突变、人工选择和留种栽培的结果。中华人民共和国成立以来，全国进行了4次大规模的稻种资源考察和收集。20世纪50年代后期到60年代在广东、湖南、湖北、江苏、浙江、四川等14省（自治区、直辖市）进行了第一次全国性的水稻种质资源的考察，征集到各类水稻种质5.7万余份。70年代末至80年代初，进行了全国水稻种质资源的补充考察和征集，获得各类水稻种质万余份。国家"七五"（1986—1990）、"八五"（1991—1995）和"九五"（1996—2000）科技攻关期间，分别对神农架和三峡地区以及海南、湖北、四川、陕西、贵州、广西、云南、江西和广东等省（自治区）的部分地区再度进行了补充考察和收集，获得稻种3 500余份。"十五"（2001—2005）和"十一五"（2006—2010）期间，又收集到水稻种质6 996份。

通过对收集到的水稻种质进行整理、核对与编目，截至2010年，中国共编目水稻种质82 386份，其中70 669份是从中国国内收集的种质，占编目总数的85.8%（表1-1）。在此基础上，编辑和出版了《中国稻种资源目录》（8册）、《中国优异稻种资源》，编目内容包括基本信息、形态特征、生物学特性、品质特性、抗逆性、抗病虫性等。

截至2010年，在国家作物种质库［简称国家长期库（北京）］繁种保存的水稻种质资源共73 924份，其中各类型种质所占百分比大小顺序为：地方稻种（68.1%）＞国外引进稻种（13.9%）＞野生稻种（8.0%）＞选育稻种（7.8%）＞杂交稻"三系"资源（1.9%）＞遗传材料（0.3%）（表1-1）。在所保存的水稻地方品种中，保存数量较多的省份包括广西（8 537份）、云南（5 882份）、贵州（5 657份）、广东（5 512份）、湖南（4 789份）、四川（3 964份）、江西（2 974份）、江苏（2 801份）、浙江（2 079份）、福建（1 890份）、湖北（1 467份）和台湾（1 303份）。此外，在中国水稻研究所的国家水稻中期库（杭州）保存了稻属及近缘属种质资源7万余份，是我国单项作物保存规模最大的中期种质库，也是世界上最大的单项国家级水稻种质基因库之一。在入国家长期库（北京）的66 408份地方稻种、选育稻种、国外引进稻种等水稻种质中，籼稻和粳稻种质分别占63.3%和36.7%，水稻和陆稻种质分别占93.4%和6.6%，粘稻和糯稻种质分别占83.4%和16.6%。显然，籼稻、水稻和粘稻的种质数量分别显著多于粳稻、陆稻和糯稻。

表1-1 中国稻种资源的编目数和入库数

种质类型	编目		繁殖入库	
	份数	占比（%）	份数	占比（%）
地方稻种	54 282	65.9	50 371	68.1
选育稻种	6 660	8.1	5 783	7.8
国外引进稻种	11 717	14.2	10 254	13.9
杂交稻"三系"资源	1 938	2.3	1 374	1.9
野生稻种	7 663	9.3	5 938	8.0
遗传材料	126	0.2	204	0.3
合计	82 386	100	73 924	100

截至2010年，完成了29 948份水稻种质资源的抗逆性鉴定，占入库种质的40.5%；完成了61 462份水稻种质资源的抗病虫性鉴定，占入库种质的83.1%；完成了34 652份水稻种质资源的品质特性鉴定，占入库种质的46.9%。种质评价表明：中国水稻种质资源中蕴藏着丰富的抗旱、耐盐、耐冷、抗白叶枯病、抗稻瘟病、抗纹枯病、抗褐飞虱、抗白背飞虱等优异种质（表1-2）。

表1-2 中国稻种资源中鉴定出的抗逆性和抗病虫性优异的种质份数

种质类型	抗旱		耐盐		耐冷		抗白叶枯病	
	极强	强	极强	强	极强	强	高抗	抗
地方稻种	132	493	17	40	142	—	12	165
国外引进稻种	3	152	22	11	7	30	3	39
选育稻种	2	65	2	11	—	50	6	67

（续）

种质类型	抗稻瘟病			抗纹枯病		抗褐飞虱			抗白背飞虱		
	免疫	高抗	抗	高抗	抗	免疫	高抗	抗	免疫	高抗	抗
地方稻种	—	816	1 380	0	11	—	111	324	—	122	329
国外引进稻种	—	5	148	5	14	—	0	218	—	1	127
选育稻种	—	63	145	3	7	—	24	205	—	13	32

注：数据来自2005年国家种质数据库。

2001—2010年，结合水稻优异种质资源的繁殖更新、精准鉴定与田间展示、网上公布等途径，国家粮食作物种质中期库［简称国家中期库（北京）］和国家水稻种质中期库（杭州）共向全国从事水稻育种、遗传及生理生化、基因定位、遗传多样性和水稻进化等研究的300余个科研及教学单位提供水稻种质资源47 849份次，其中国家中期库（北京）提供26 608份次，国家水稻种质中期库（杭州）提供21 241份次，平均每年提供4 785份次。稻种资源在全国范围的交换、评价和利用，大大促进了水稻育种及其相关基础理论研究的发展。

二、野生稻种质资源

野生稻是重要的水稻种质资源，在中国的水稻遗传改良中发挥了极其重要的作用。从海南岛普通野生稻中发现的细胞质雄性不育株，奠定了我国杂交水稻大面积推广应用的基础。从江西发现的矮败野生稻不育株中选育而成的协青早A和从海南发现的红芒野生稻不育株育成的红莲早A，是我国两个重要的不育系类型，先后转育了一大批杂交水稻品种。利用从广西普通野生稻中发现的高抗白叶枯病基因 $Xa23$，转育成功了一系列高产、抗白叶枯病的栽培品种。从江西东乡野生稻中发现的耐冷材料，已经并继续在耐冷育种中发挥重要作用。

据1978—1982年全国野生稻资源普查、考察和收集的结果，参考1963年中国农业科学院原生态研究室的考察记录，以及历史上台湾发现野生稻的记载，现已明确，中国有3种野生稻：普通野生稻（O. rufipogon Griff.）、疣粒野生稻（O. meyeriana Baill.）和药用野生稻（O. officinalis Wall. ex Watt），分布于广东、海南、广西、云南、江西、福建、湖南、台湾等8个省（自治区）的143个县（市），其中广东53个县（市）、广西47个县（市）、云南19个县（市）、海南18个县（市）、湖南和台湾各2个县、江西和福建各1个县。

普通野生稻自然分布于广东、广西、海南、云南、江西、湖南、福建、台湾等8个省（自治区）的113个县（市），是我国野生稻分布最广、面积最大、资源最丰富的一种。普通野生稻大致可分为5个自然分布区：①海南岛区。该区气候炎热，雨量充沛，无霜期长，极有利于普通野生稻的生长与繁衍。海南省18个县（市）中就有14个县（市）分布有普通野生稻，而且密度较大。②两广大陆区。包括广东、广西和湖南的江永县及福建的漳浦县，为普通野生稻的主要分布区，主要集中分布于珠江水系的西江、北江和东江流域，特别是北回归线以南及广东、广西沿海地区分布最多。③云南区。据考察，在西双版纳傣族自治州的景洪镇、勐罕坝、大勐龙坝等地共发现26个分布点，后又在景洪和元江发现2个普通野生稻分布点，这两个县普通野生稻呈零星分布，覆盖面积小。历年发现的分布点都集中在流沙河和澜沧江流域，这两条河向南流入东南亚，注入南海。④湘赣区。包括湖南茶陵县及江西东乡县的普通野生稻。东乡县的普通野生稻分布于北纬28°14′，是目前中国乃至全球普通野生稻分布的最北限。⑤台湾区。20世纪50年代在桃园、新竹两县发现过普通野生稻，但目前已消失。

药用野生稻分布于广东、海南、广西、云南4省（自治区）的38个县（市），可分为3个自然分布区：①海南岛区。主要分布在黎母山一带，集中分布在三亚市及陵水、保亭、乐东、白沙、屯昌5县。②两广大陆区。为主要分布区，共包括27个县（市），集中于桂东中南部，包括梧州、苍梧、岑溪、玉林、容县、贵港、武宣、横县、邕宁、灵山等县（市），以及广东省的封开、郁南、德庆、罗定、英德等县（市）。③云南区。主要分布于临沧地区的耿马、永德县及普洱市。

疣粒野生稻主要分布于海南、云南与台湾三省（台湾的疣粒野生稻于1978年消失）的27个县（市），海南省仅分布于中南部的9个县（市），尖峰岭至雅加大山、鹦哥岭至黎母山、大本山至五指山、吊罗山至七指岭的许多分支山脉均有分布，常常生长在背北向南的山坡上。云南省有18个县（市）存在疣粒野生稻，集中分布于哀牢山脉以西的滇西南，东至绿春、元江，而以澜沧江、怒江、红河、李仙江、南汀河等河流下游地区为主要分布区。台湾在历史上曾发现新竹县有疣粒野生稻分布，目前情况不明。

自2002年开始，中国农业科学院作物科学研究所组织江西、湖南、云南、海南、福建、广东和广西等省（自治区）的相关单位对我国野生稻资源状况进行再次全面调查和收集，至2013年底，已完成除广东省以外的所有已记载野生稻分布点的调查和部分生态环境相似地区的调查。调查结果表明，与1980年相比，江西、湖南、福建的野生稻分布点没有变化，但分布面积有所减少；海南发现现存的野生稻居群总数达154个，其中普通野生稻136个，疣粒野生稻11个，药用野生稻7个；广西原有的1 342个分布点中还有325个存在野生稻，且新发现野生稻分布点29个，其中普通野生稻13个，药用野生稻16个；云南在调查的98个野生稻分布点中，26个普通野生稻分布点仅剩1个，11个药用野生稻分布点仅剩2个，61个疣粒野生稻分布点还剩25个。除了已记载的分布点，还发现了1个普通野生稻和10个疣粒野生稻新分布点。值得注意的是，从目前对现存野生稻的调查情况看，与1980年相比，我国70%以上的普通野生稻分布点、50%以上的药用野生稻分布点和30%疣粒野生稻分布点已经消失，濒危状况十分严重。

2010年，国家长期库（北京）保存野生稻种质资源5 896份，其中国内普通野生稻种质资源4 602份，药用野生稻880份，疣粒野生稻29份，国外野生稻385份；进入国家中期库（北京）保存的野生稻种质资源3 200份。考虑到种茎保存能较好地保持野生稻原有的种性，为了保持野生稻的遗传稳定性，现已在广东省农业科学院水稻研究所（广州）和广西农业科学院作物品种资源研究所（南宁）建立了2个国家野生稻种质资源圃，收集野生稻种茎入圃保存，至2013年已入圃保存的野生稻种茎10 747份，其中广州圃保存5 037份，南宁圃保存5 710份。此外，新收集的12 800份野生稻种质资源尚未入编国家长期库（北京）或国家野生稻种质圃长期保存，临时保存于各省（自治区）临时圃或大田中。

近年来，对中国收集保存的野生稻种质资源开展了较为系统的抗病虫鉴定，至2013年底，共鉴定出抗白叶枯病种质资源130多份，抗稻瘟病种质资源200余份，抗纹枯病种质资源10份，抗褐飞虱种质资源200多份，抗白背飞虱种质资源180多份。但受试验条件限制，目前野生稻种质资源抗旱、耐寒、抗盐碱等的鉴定较少。

第四节　栽培稻品种的遗传改良

中华人民共和国成立以来，水稻品种的遗传改良获得了巨大成就，纯系选择育种、杂交育种、诱变育种、杂种优势利用、组织培养（花粉、花药、细胞）育种、分子标记辅助育种等先后成为卓有成效的育种方法。65年来，全国共育成并通过国家、省（自治区、直辖市）、地区（市）农作物品种审定委员会审定（认定）的常规和杂交水稻品种共8 117份，其中1991—2014年，每年种植面积大于6 667hm²的品种已从1991年的255个增加到2014年的869个（图1-4）。20世纪50年代后期至70年代的矮化育种、70～90年代的杂交水稻育种，以及近20年的超级稻育种，在我国乃至世界水稻育种史上具有里程碑意义。

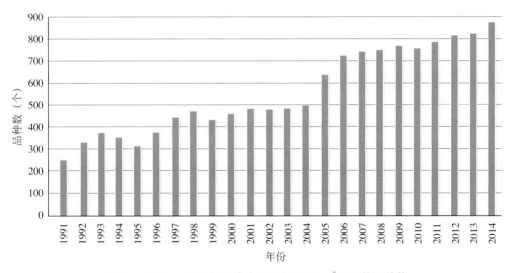

图1-4　1991—2014年年种植面积在6 667hm²以上的品种数

一、常规品种的遗传改良

（一）地方农家品种改良（20世纪50年代）

20世纪50年代初期，全国以种植数以万计的高秆农家品种为主，以高秆（>150cm）、易倒伏为品种主要特征，主要品种有夏至白、马房籼、红脚早、湖北早、黑谷子、竹桠谷、油占子、西瓜红、老来青、霜降青、有芒早粳等。50年代中期，主要采用系统选择法对地方农家品种的某些农艺性状进行改良以提高防倒伏能力，增加产量，育成了一批改良农家品种。在全国范围内，早籼确定38个、中籼确定20个、晚粳确定41个改良农家品种予以大面积推广，连续多年种植面积较大的品种有早籼：南特号、雷火占；中籼：胜利籼、乌嘴川、长粒籼、万利籼;晚籼:红米冬占、浙场9号、粤油占、黄禾子;早粳:有芒早粳;中粳:桂花球、洋早十日、石稻;晚粳:新太湖青、猪毛簇、红须粳、四上裕等。与此同时,通过简单杂交和系统选育,育成了一批高秆改良品种。改良农家品种和新育成的高秆改良品种的产量一般为 2 500 ~ 3 000kg/hm^2,比地方高秆农家品种的产量高5% ~ 15%。

(二)矮化育种(20世纪50年代后期至70年代)

20世纪50年代后期,育种家先后发现籼稻品种矮仔占、矮脚南特和低脚乌尖,以及粳稻品种农垦58等,具有优良的矮秆特性:秆矮(<100cm),分蘖强,耐肥,抗倒伏,产量高。研究发现,这4个品种都具有半矮秆基因 *Sd1*。矮仔占来自南洋,20世纪前期引入广西,是我国20世纪50年代后期至60年代前期种植的最主要的矮秆品种之一,也是60 ~ 90年代矮化育种最重要的矮源亲本之一。矮脚南特是广东农民由高秆品种南特16的矮秆变异株选得。低脚乌尖是我国台湾省的农家品种,是国内外矮化育种最重要的矮源亲本之一。农垦58则是50年代后期从日本引进的粳稻品种。

可利用的 *Sd1* 矮源发现后,立即开始了大规模的水稻矮化育种。如华南农业科学研究所从矮仔占中选育出矮仔占4号,随后以矮仔占4号与高秆品种广场13杂交育成矮秆品种广场矮。台湾台中农业改良场用矮秆的低脚乌尖与高秆地方品种菜园种杂交育成矮秆的台中本地1号(TN1)。南特号是双季早籼品种极其重要的育种亲源,以南特号为基础,衍生了大量品种,包括矮脚南特(南特号→南特16→矮脚南特)、广场13、莲塘早和陆财号等4个重要骨干品种。农垦58则迅速成为长江中下游地区中粳、晚粳稻的育种骨干亲本。广场矮、矮脚南特、台中本地1号和农垦58这4个具有划时代意义的矮秆品种的育成、引进和推广,标志中国步入了大规模的卓有成效的籼、粳稻矮化育种,成为水稻矮化育种的里程碑。

从20世纪60年代初期开始,全国主要稻区的农家地方品种均被新育成的矮秆、半矮秆品种所替代。这些品种以矮秆(80 ~ 85cm)、半矮秆(86 ~ 105cm)、强分蘖、耐肥、抗倒伏为基本特征,产量比当地主要高秆农家品种提高15% ~ 30%。著名的籼稻矮秆品种有矮脚南特、珍珠矮、珍珠矮11、广场矮、广场13、莲塘早、陆财号等;著名的粳稻矮秆品种有农垦58、农垦57(从日本引进)、桂花黄(Balilla,从意大利引进)。60年代后期至70年代中期,年种植面积曾经超过30万hm^{2}的籼稻品种有广陆矮4号、广选3号、二九青、广二104、原丰早、湘矮早9号、先锋1号、矮南早1号、圭陆矮8号、桂朝2号、桂朝13、南京1号、窄叶青8号、红410、成都矮8号、泸双1011、包选2号、包胎矮、团结1号、广二选二、广秋矮、二白矮1号、竹系26、青二矮等;年种植面积超过20万hm^{2}的粳稻矮秆品种有农垦58、农垦57、农虎6号、吉粳60、武农早、沪选19、嘉湖4号、桂花糯、双糯4号等。

(三)优质多抗育种(20世纪80年代中期至90年代)

1978—1984年,由于杂交水稻的兴起和农村种植结构的变化,常规水稻的种植面积大大压缩,特别是常规早稻面积逐年减少,部分常规双季稻被杂交中籼稻和杂交晚籼稻取代。因此,常规品种的选育多以提高稻米产量和品质为主,主要的籼稻品种有广陆矮4号、二九青、先锋1号、原丰早、湘矮早9号、湘早籼13、红410、二九丰、浙733、浙辐802、湘早籼7号、嘉育948、舟903、广二104、桂朝2号、珍珠矮11、包选2号、国际稻8号(IR8)、南京11、754、团结1号、二白矮1号、窄叶青8号、粳籼89、湘晚籼11、双桂1号、桂朝13、七桂早25、鄂早6号、73-07、青秆黄、包选2号、754、汕二59、三二矮等;主要的粳稻品种有秋光、合江19、桂花黄、鄂晚5号、农虎6号、嘉湖4号、鄂宜105、秀水04、武育粳2号、秀水48、秀水11等。

自矮化育种以来，由于密植程度增加，病虫害逐渐加重。因此，90年代常规品种的选育重点在提高产量的同时，还须兼顾提高病虫抗性和改良品质，提高对非生物压力的耐性，因而育成的品种多数遗传背景较为复杂。突出的籼稻品种有早籼31、鄂早18、粤晶丝苗2号、嘉育948、籼小占、粤香占、特籼占25、中鉴100、赣晚籼30、湘晚籼13等；重要的粳稻品种有空育131、辽粳294、龙粳14、龙粳20、吉粳88、垦稻12、松粳6号、宁粳16、垦稻8号、合江19、武育粳3号、武育粳5号、早丰9号、武运粳7号、秀水63、秀水110、秀水128、嘉花1号、甬粳18、豫粳6号、徐稻3号、徐稻4号、武香粳14等。

1978—2014年，最大年种植面积超过40万hm^2的常规稻品种共23个，这些都是高产品种，产量高，适应性广，抗病虫力强（表1-3）。

表1-3 1978—2014年最大年种植面积超过40万hm^2的常规水稻品种

品种名称	品种类型	亲本/血缘	最大年种植面积（万hm^2）	累计种植面积（万hm^2）
广陆矮4号	早籼	广场矮3784/陆财号	495.3（1978）	1 879.2（1978—1992）
二九青	早籼	二九矮7号/青小金早	96.9（1978）	542.0（1978—1995）
先锋1号	早籼	广场矮6号/陆财号	97.1（1978）	492.5（1978—1990）
原丰早	早籼	IR8种子^{60}Co辐照	105.0（1980）	436.7（1980—1990）
湘矮早9号	早籼	IR8/湘矮早4号	121.3（1980）	431.8（1980—1989）
余赤231-8	晚籼	余晚6号/赤块矮3号	41.1（1982）	277.7（1981—1999）
桂朝13	早籼	桂阳矮49/朝阳早18，桂朝2号的姐妹系	68.1（1983）	241.8（1983—1990）
红410	早籼	珍龙410系选	55.7（1983）	209.3（1982—1990）
双桂1号	早籼	桂阳矮C17/桂朝2号	81.2（1985）	277.5（1982—1989）
二九丰	早籼	IR29/原丰早	66.5（1987）	256.5（1985—1994）
73-07	早籼	红梅早/7055	47.5（1988）	157.7（1985—1994）
浙辐802	早籼	四梅2号种子辐照	130.1（1990）	973.1（1983—2004）
中嘉早17	早籼	中选181/育嘉253	61.1（2014）	171.4（2010—2014）
珍珠矮11	中籼	矮仔占4号/惠阳珍珠早	204.9（1978）	568.2（1978—1996）
包选2号	中籼	包胎白系选	72.3（1979）	371.7（1979—1993）
桂朝2号	中籼	桂阳矮49/朝阳早18	208.8（1982）	721.2（1982—1995）
二白矮1号	晚籼	秋二矮/秋白矮	68.1（1979）	89.0（1979—1982）
龙粳25	早粳	佳禾早占/龙花97058	41.1（2011）	119.7（2010—2014）
空育131	早粳	道黄金/北明	86.7（2004）	938.5（1997—2014）
龙粳31	早粳	龙花96-1513/垦稻8号的F_1花药培养	112.8（2013）	256.9（2011—2014）
武育粳3号	中粳	中丹1号/79-51//中丹1号/扬粳1号	52.7（1997）	560.7（1992—2012）
秀水04	晚粳	C21///辐农709//辐农709/单209	41.4（1988）	166.9（1985—1993）
武运粳7号	晚粳	嘉40/香糯9121//丙815	61.4（1999）	332.3（1998—2014）

二、杂交水稻的兴起和遗传改良

20世纪70年代初，袁隆平等在海南三亚发现了含有胞质雄性不育基因*cms*的普通野生稻，这一发现对水稻杂种优势利用具有里程碑的意义。通过全国协作攻关，1973年实现不育系、保持系、恢复系三系配套，1976年中国开始大面积推广"三系"杂交水稻。1980年全国杂交水稻种植面积479万hm²，1990年达到1 665万hm²。70年代初期，中国最重要的不育系二九南1号A和珍汕97A，是来自携带*cms*基因的海南普通野生稻与中国矮秆品种二九南1号和珍汕97的连续回交后代；最重要的恢复系来自国际水稻研究所的IR24、IR661和IR26，它们配组的南优2号、南优3号和汕优6号成为20世纪70年代后期到80年代初期最重要的籼型杂交水稻品种。南优2号最大年（1978）种植面积298万hm²，1976—1986年累计种植面积666.7万hm²；汕优6号最大年（1984）种植面积173.9万hm²，1981—1994年累计种植面积超过1 000万hm²。

1973年10月，石明松在晚粳农垦58田间发现光敏雄性不育株，经过10多年的选育研究，1987年光敏核不育系农垦58S选育成功并正式命名，两系杂交水稻正式进入攻关阶段，两系杂交水稻优良品种两优培九通过江苏省（1999）和国家（2001）农作物品种审定委员会审定并大面积推广，2002年该品种年种植面积达到82.5万hm²。

20世纪80～90年代，针对第一代中国杂交水稻稻瘟病抗性差的突出问题，开展抗稻瘟病育种，育成明恢63、测64、桂33等抗稻瘟病性较强的恢复系，形成第二代杂交水稻汕优63、汕优64、汕优桂33等一批新品种，从而中国杂交水稻又蓬勃发展，80年代湖北出现6 666.67hm²汕优63产量超9 000kg/hm²的记录。著名的杂交水稻品种包括：汕优46、汕优63、汕优64、汕优桂99、威优6号、威优64、协优46、D优63、冈优22、II优501、金优207、四优6号、博优64、秀优57等。中国三系杂交水稻最重要的强恢复系为IR24、IR26、明恢63、密阳46（Miyang 46）、桂99、CDR22、辐恢838、扬稻6号等。

1978—2014年，最大年种植面积超过40万hm²的杂交稻品种共32个，这些杂交稻品种产量高，抗病虫力强，适应性广，种植年限长，制种产量也高（表1-4）。

表1-4　1978—2014年最大年种植面积超过40万hm²的杂交稻品种

杂交稻品种	类型	配组亲本	恢复系中的国外亲本	最大年种植面积（万hm²）	累计种植面积（万hm²）
南优2号	三系，籼	二九南1号A/IR24	IR24	298.0（1978）	＞666.7（1976—1986）
威优2号	三系，籼	V20A/IR24	IR24	74.7（1981）	203.8（1981—1992）
汕优2号	三系，籼	珍汕97A/IR24	IR24	278.3（1984）	1 264.8（1981—1988）
汕优6号	三系，籼	珍汕97A/IR26	IR26	173.9（1984）	999.9（1981—1994）
威优6号	三系，籼	V20A/IR26	IR26	155.3（1986）	821.7（1981—1992）
汕优桂34	三系，籼	珍汕97A/桂34	IR24、IR30	44.5（1988）	155.6（1986—1993）
威优49	三系，籼	V20A/测64-49	IR9761-19	45.4（1988）	163.8（1986—1995）
D优63	三系，籼	D汕A/明恢63	IR30	111.4（1990）	637.2（1986—2001）

（续）

杂交稻品种	类型	配组亲本	恢复系中的国外亲本	最大年种植面积（万 hm²）	累计种植面积（万 hm²）
博优64	三系，籼	博A/测64-7	IR9761-19-1	67.1（1990）	334.7（1989—2002）
汕优63	三系，籼	珍汕97A/明恢63	IR30	681.3（1990）	6 288.7（1983—2009）
汕优64	三系，籼	珍汕97A/测64-7	IR9761-19-1	190.5（1990）	1 271.5（1984—2006）
威优64	三系，籼	V20A/测64-7	IR9761-19-1	135.1（1990）	1 175.1（1984—2006）
汕优桂33	三系，籼	珍汕97A/桂33	IR24、IR36	76.7（1990）	466.9（1984—2001）
汕优桂99	三系，籼	珍汕97A/桂99	IR661、IR2061	57.5（1992）	384.0（1990—2008）
冈优12	三系，籼	冈46A/明恢63	IR30	54.4（1994）	187.7（1993—2008）
威优46	三系，籼	V20A/密阳46	密阳46	51.7（1995）	411.4（1990—2008）
汕优46*	三系，籼	珍汕97A/密阳46	密阳46	45.5（1996）	340.3（1991—2007）
汕优多系1号	三系，籼	珍汕97A/多系1号	IR30、Tetep	68.7（1996）	301.7（1995—2004）
汕优77	三系，籼	珍汕97A/明恢77	IR30	43.1（1997）	256.1（1992—2007）
特优63	三系，籼	龙特甫A/明恢63	IR30	43.1（1997）	439.3（1984—2009）
冈优22	三系，籼	冈46A/CDR22	IR30、IR50	161.3（1998）	922.7（1994—2011）
协优63	三系，籼	协青早A/明恢63	IR30	43.2（1998）	362.8（1989—2008）
Ⅱ优501	三系，籼	Ⅱ-32A/明恢501	泰引1号、IR26、IR30	63.5（1999）	244.9（1995—2007）
Ⅱ优838	三系，籼	Ⅱ-32A/辐恢838	泰引1号、IR30	79.1（2000）	663.0（1995—2014）
金优桂99	三系，籼	金23A/桂99	IR661、IR2061	40.4（2001）	236.2（1994—2009）
冈优527	三系，籼	冈46A/蜀恢527	古154、IR24、IR1544-28-2-3	44.6（2002）	246.4（1999—2013）
冈优725	三系，籼	冈46A/绵恢725	泰引1号、IR30、IR26	64.2（2002）	469.4（1998—2014）
金优207	三系，籼	金23A/先恢207	IR56、IR9761-19-1	71.9（2004）	508.7（2000—2014）
金优402	三系，籼	金23A/R402	古154、IR24、IR30、IR1544-28-2-3	53.5（2006）	428.6（1996—2014）
培两优288	两系，籼	培矮64S/288	IR30、IR36、IR2588	39.9（2001）	101.4（1996—2006）
两优培九	两系，籼	培矮64S/扬稻6号	IR30、IR36、IR2588、BG90-2	82.5（2002）	634.9（1999—2014）
丰两优1号	两系，籼	广占63S/扬稻6号	IR30、R36、IR2588、BG90-2	40.0（2006）	270.1（2002—2014）

* 汕优10号与汕优46的父、母本和育种方法相同，前期称为汕优10号，后期统称汕优46。

三、超级稻育种

国际水稻研究所从1989年起开始实施理想株型（Ideal plant type，俗称超级稻）育种计划，试图利用热带粳稻新种质和理想株型作为突破口，通过杂交和系统选育及分子育种方

法育成新株型品种 [New plant type（NPT），超级稻] 供南亚和东南亚稻区应用，设计产量希望比当地品种增产20%～30%。但由于产量、抗病虫力和稻米品质不理想等原因，迄今还无突出的品种在亚洲各国大面积应用。

为实现在矮化育种和杂交育种基础上的产量再次突破，农业部于1996年启动中国超级稻研究项目，要求育成高产、优质、多抗的常规和杂交水稻新品种。广义要求，超级稻的主要性状如产量、米质、抗性等均应显著超过现有主栽品种的水平；狭义要求，应育成在抗性和米质与对照品种相仿的基础上，产量有大幅度提高的新品种。在育种技术路线上，超级稻品种采用理想株型塑造与杂种优势利用相结合的途径，核心是种质资源的有效利用或有利多基因的聚合，育成单产大幅提高、品质优良、抗性较强的新型水稻品种（表1-5）。

表1-5　超级稻品种的主要指标

项　目	长江流域早熟早稻	长江流域中迟熟早稻	长江流域中熟晚稻、华南感光性晚稻	华南早晚兼用稻、长江流域迟熟晚稻、东北早熟粳稻	长江流域一季稻、东北中熟粳稻	长江上游迟熟一季稻、东北迟熟粳稻
生育期（d）	≤ 105	≤ 115	≤ 125	≤ 132	≤ 158	≤ 170
产量（kg/hm²）	≥ 8 250	≥ 9 000	≥ 9 900	≥ 10 800	≥ 11 700	≥ 12 750
品　质	北方粳稻达到部颁二级米以上（含）标准，南方晚籼稻达到部颁三级米以上（含）标准，南方早籼稻和一季稻达到部颁四级米以上（含）标准					
抗　性	抗当地1～2种主要病虫害					
生产应用面积	品种审定后2年内生产应用面积达到每年3 125hm²以上					

近年有的育种家提出"绿色超级稻"或"广义超级稻"的概念，其基本思路是将品种资源研究、基因组研究和分子技术育种紧密结合，加强水稻重要性状的生物学基础研究和基因发掘，全面提高水稻的综合性状，培育出抗病、抗虫、抗逆、营养高效、高产、优质的新品种。2000年超级杂交稻第一期攻关目标大面积如期实现产量10.5t/hm²，2004年第二期攻关目标大面积实现产量12.0t/hm²。

2006年，农业部进一步启动推进超级稻发展的"6236工程"，要求用6年的时间，培育并形成20个超级稻主导品种，年推广面积占全国水稻总面积的30%，即900万hm²，单产比目前主栽品种平均增产900kg/hm²，以全面带动我国水稻的生产水平。2011年，湖南隆回县种植的超级杂交水稻品种Y两优2号在7.5hm²的面积上平均产量13 899kg/hm²；2011年宁波农业科学院选育的籼粳型超级杂交晚稻品种甬优12单产14 147kg/hm²；2013年，湖南隆回县种植的超级杂交水稻Y两优900获得14 821kg/hm²的产量，宣告超级杂交水稻第三期攻关目标大面积产量13.5t/hm²的实现。据报道，2015年云南个旧市的"超级杂交水稻示范基地"百亩连片水稻攻关田，种植的超级稻品种超优千号，百亩片平均单产16 010kg/hm²；2016年山东临沂市莒南县大店镇的百亩片攻关基地种植的超级杂交稻超优千号，实测单产15 200kg/hm²，创造了杂交水稻高纬度单产的世界纪录，表明已稳定实现了超级杂交水稻第四期大面积产量潜力达到15t/hm²的攻关目标。

截至2014年，农业部确认了111个超级稻品种，分别是：

常规超级籼稻7个：中早39、中早35、金农丝苗、中嘉早17、合美占、玉香油占、桂农占。

常规超级粳稻28个：武运粳27、南粳44、南粳45、南粳49、南粳5055、淮稻9号、长白25、莲稻1号、龙粳39、龙粳31、松粳15、镇稻11、扬粳4227、宁粳4号、楚粳28、连粳7号、沈农265、沈农9816、武运粳24、扬粳4038、宁粳3号、龙粳21、千重浪、辽星1号、楚粳27、松粳9号、吉粳83、吉粳88。

籼型三系超级杂交稻46个：F优498、荣优225、内5优8015、盛泰优722、五丰优615、天优3618、天优华占、中9优8012、H优518、金785、德香4103、Q优8号、宜优673、深优9516、03优66、特优582、五优308、五丰优T025、天优3301、珞优8号、荣优3号、金优458、国稻6号、赣鑫688、Ⅱ优航2号、天优122、一丰8号、金优527、D优202、Q优6号、国稻1号、国稻3号、中浙优1号、丰优299、金优299、Ⅱ优明86、Ⅱ优航1号、特优航1号、D优527、协优527、Ⅱ优162、Ⅱ优7号、Ⅱ优602、天优998、Ⅱ优084、Ⅱ优7954。

粳型三系超级杂交稻1个：辽优1052。

籼型两系超级杂交稻26个：两优616、两优6号、广两优272、C两优华占、两优038、Y两优5867、Y两优2号、Y两优087、准两优608、深两优5814、广两优香66、陵两优268、徽两优6号、桂两优2号、扬两优6号、陆两优819、丰两优香1号、新两优6380、丰两优4号、Y优1号、株两优819、两优287、培杂泰丰、新两优6号、两优培九、准两优527。

籼粳交超级杂交稻3个：甬优15、甬优12、甬优6号。

超级杂交水稻育种正在继续推进，面临的挑战还有很多。从遗传角度看，目前真正能用于超级稻育种的有利基因及连锁分子标记还不多，水稻基因研究成果还不足以全面支撑超级稻分子育种，目前的超级稻育种仍以常规杂交技术和资源的综合利用为主。因此，需要进一步发掘高产、优质、抗病虫、抗逆基因，改进育种方法，将常规育种技术与分子育种技术相结合起来，培育出广适性的可大幅度减少农用化学品（无机肥料、杀虫剂、杀菌剂、除草剂）而又高产优质的超级稻品种。

第五节　核心育种骨干亲本

分析65年来我国育成并通过国家或省级农作物品种审定委员会审（认）定的8 117份水稻、陆稻和杂交水稻现代品种，追溯这些品种的亲源，可以发现一批极其重要的核心育种骨干亲本，它们对水稻品种的遗传改良贡献巨大。但是由于种质资源的不断创新与交流，尤其是育种材料的交流和国外种质的引进，育种技术的多样化，有的品种含有多个亲本的血缘，使得现代育成品种的亲缘关系十分复杂。特别是有些品种的亲缘关系没有文字记录，或者仅以代号留存，难以查考。另外，籼、粳稻品种的杂交和选择，出现了大量含有籼、粳血缘的中间品种，难以绝对划分它们的籼、粳类别。毫无疑问，品种遗传背景的多样性对于克服品种遗传脆弱性，保障粮食生产安全性极为重要。

考虑到这些相互交错的情况，本节品种的亲源一般按不同亲本在品种中所占的重要性和比率确定，可能会出现前后交叉和上下代均含数个重要骨干亲本的情况。

一、常规籼稻

据不完全统计，我国常规籼稻最重要的核心育种骨干亲本有22个，衍生的大面积种植（年种植面积>6 667hm²）的品种数超过2 700个（表1-6）。其中，全国种植面积较大的常规籼稻品种是：浙辐802、桂朝2号、双桂1号、广陆矮4号、湘早籼45、中嘉早17等。

表1-6　籼稻核心育种骨干亲本及其主要衍生品种

品种名称	类型	衍生的品种数	主要衍生品种
矮仔占	早籼	>402	矮仔占4号、珍珠矮、浙辐802、广陆矮4号、桂朝2号、广场矮、二九青、特青、嘉育948、红410、泸红早1号、双桂36、湘早籼7号、广二104、珍汕97、七桂早25、特籼占13
南特号	早籼	>323	矮脚南特、广场13、莲塘早、陆财号、广场矮、广选3号、矮南早1号、广陆矮4号、先锋1号、青小金早、湘早籼3号、湘矮早3号、湘矮早7号、嘉293、赣早籼26
珍汕97	早籼	>267	珍竹19、庆元2号、闽科早、珍汕97A、Ⅱ-32A、D汕A、博A、中A、29A、天丰A、枝A不育系及汕优63等大量杂交稻品种
矮脚南特	早籼	>184	矮南早1号、湘矮早7号、青小金早、广选3号、温选青
珍珠矮	早籼	>150	珍龙13、珍汕97、红梅早、红410、红突31、珍珠矮6号、珍珠矮11、7055、6044、赣早籼9号
湘早籼3号	早籼	>66	嘉育948、嘉育293、湘早籼10号、湘早籼13、湘早籼7号、中优早81、中86-44、赣早籼26
广场13	早籼	>59	湘早籼3号、中优早81、中86-44、嘉育293、嘉育948、早籼31、嘉兴香米、赣早籼26
红410	早籼	>43	红突31、8004、京红1号、赣早籼9号、湘早籼5号、舟优903、中优早3号、泸红早1号、辐8-1、佳禾早占、鄂早16、余红1号、湘晚籼9号、湘晚籼14
嘉育293	早籼	>25	嘉育948、中98-15、嘉兴香米、嘉早43、越糯2号、嘉143、嘉早41、嘉早935、中嘉早17
浙辐802	早籼	>21	香早籼11、中516、浙9248、中组3号、皖稻45、鄂早10号、赣早籼50、金早47、赣早籼56、浙852、中选181
低脚乌尖	中籼	>251	台中本地1号（TN1）、IR8、IR24、IR26、IR29、IR30、IR36、IR661、原丰早、洞庭晚籼、二九丰、滇瑞306、中选8号
广场矮	中籼	>151	桂朝2号、双桂36、二九矮、广场矮5号、广场矮3784、湘矮早3号、先锋1号、泸南早1号
IR8	中籼	>120	IR24、IR26、原丰早、滇瑞306、洞庭晚籼、滇陇201、成矮597、科六早、滇屯502、滇瑞408
IR36	中籼	>108	赣早籼15、赣早籼37、赣早籼39、湘早籼3号
IR24	中籼	>79	四梅2号、浙辐802、浙852、中156，以及一批杂交稻恢复系和杂交稻品种南优2号、汕优2号
胜利籼	中籼	>76	广场13、南京1号、南京11、泸胜2号、广场矮系列品种
台中本地1号（TN1）	中籼	>38	IR8、IR26、IR30、BG90-2、原丰早、湘晚籼1号、滇瑞412、扬稻1号、扬稻3号、金陵57

（续）

品种名称	类型	衍生的品种数	主要衍生品种
特青	中晚籼	>107	特籼占13、特籼占25、盐稻5号、特三矮2号、鄂中4号、胜优2号、丰青矮、黄华占、茉莉新占、丰矮占1号、丰澳占，以及一批杂交稻恢复系镇恢084、蓉恢906、浙恢9516、广恢998
秋播了	晚籼	>60	516、澄秋5号、秋长3号、东秋播、白花
桂朝2号	中晚籼	>43	豫籼3号、镇籼96、扬稻5号、湘晚籼8号、七山占、七桂早25、双朝25、双桂36、旱桂1号、陆青早1号、湘晚籼32
中山1号	晚籼	>30	包胎红、包胎白、包选2号、包胎矮、大灵矮、钢枝占
粳籼89	晚籼	>13	赣晚籼29、特籼占13、特籼占25、粤野软占、野黄占、粤野占26

矮仔占源自早期的南洋引进品种，后成为广西容县一带农家地方品种，携带 *sd1* 矮秆基因，全生育期约140d，株高82cm左右，节密，耐肥，有效穗多，千粒重26g左右，单产4 500～6 000kg/hm²，比一般高秆品种增产20%～30%。1955年，华南农业科学研究所发现并引进矮仔占，经系选，于1956年育成矮仔占4号。采用矮仔占4号/广场13，1959年育成矮秆品种广场矮；采用矮仔占4号/惠阳珍珠早，1959年育成矮秆品种珍珠矮。广场矮和珍珠矮是矮仔占最重要的衍生品种，这2个品种不但推广面积大，而且衍生品种多，随后成为水稻矮化育种的重要骨干亲本，广场矮至少衍生了151个品种，珍珠矮至少衍生了150个品种。因此，矮仔占是我国20世纪50年代后期至60年代最重要的矮秆推广品种，也是60～80年代矮化育种最重要的矮源。至今，矮仔占至少衍生了402个品种，其中种植面积较大的衍生品种有广场矮、珍珠矮、广陆矮4号、二九青、先锋1号、特青、桂朝2号、双桂1号、湘早籼7号、嘉育948等。

南特号是20世纪40年代从江西农家品种鄱阳早的变异株中选得，50年代在我国南方稻区广泛作早稻种植。该品种株高100～130cm，根系发达，适应性广，全生育期105～115d，较耐肥，每穗约80粒，千粒重26～28g，单产3 750～4 500kg/hm²，比一般高秆品种增产13%～34%。南特号1956年种植面积达333.3万hm²，1958—1962年，年种植面积达到400万hm²以上。南特号直接系选衍生出南特16、江南1224和陆财号。1956年，广东潮阳县农民从南特号发现矮秆变异株，经系选育成矮脚南特，具有早熟、秆矮、高产等优点，可比高秆品种增产20%～30%。经分析，矮脚南特也含有矮秆基因 *sd1*，随后被迅速大面积推广并广泛用作矮化育种亲本。南特号是双季早籼品种极其重要的育种亲源，至少衍生了323个品种，其中种植面积较大的衍生品种有广场矮、广场13、矮南早1号、莲塘早、陆财号、广陆矮4号、先锋1号、青小金早、湘矮早2号、湘矮早7号、红410等。

低脚乌尖是我国台湾省的农家品种，携带 *sd1* 矮秆基因，20世纪50年代后期因用低脚乌尖为亲本（低脚乌尖/菜园种）在台湾育成台中本地1号（TN1）。国际水稻研究所利用Peta/低脚乌尖育成著名的IR8品种并向东南亚各国推广，引发了亚洲水稻的绿色革命。祖国大陆育种家利用含有低脚乌尖血缘的台中本地1号、IR8、IR24和IR30作为杂交亲本，至少衍生了251个常规水稻品种，其中IR8（又称科六或691）衍生了120个品种，台中本地1号衍生了38个品种。利用IR8和台中本地1号而衍生的、种植面积较大的品种有原丰早、科梅、双科1号、湘矮早9号、二九丰、扬稻2号、泸红早1号等。利用含有低脚乌尖血缘的IR24、IR26、IR30等，又育成了大量杂交水稻恢复系，有的恢复系可直接作为常规品种种植。

早籼品种珍汕97对推动杂交水稻的发展作用特殊、贡献巨大。该品种是浙江省温州农业科学研究所用珍珠矮11/汕矮选4号于1968年育成，含有矮仔占血缘，株高83cm，全生育期约120d，分蘖力强，千粒重27g左右，单产约5 500kg/hm²。珍汕97除衍生了一批常规品种外，还被用于杂交稻不育系的选育。1973年，江西省萍乡市农业科学研究所以海南普通野生稻的野败材料为母本，用珍汕97为父本进行杂交并连续回交育成珍汕97A。该不育系早熟、配合力强，是我国使用范围最广、应用面积最大、时间最长、衍生品种最多的不育系。珍汕97A与不同恢复系配组，育成多种熟期类型的杂交水稻品种，如汕优6号、汕优46、汕优63、汕优64等供华南、长江流域作双季晚稻和单季中、晚稻大面积种植。以珍汕97A为母本直接配组的年种植面积超过6 667hm²的杂交水稻品种有92个，36年来（1978—2014年）累计推广面积超过14 450万hm²。

特青是广东省农业科学院用特矮/叶青伦于1984年育成的早、晚兼用的籼稻品种，茎秆粗壮，叶挺色浓，株叶形态好，耐肥，抗倒伏，抗白叶枯病，产量高，大田产量6 750 ~ 9 000kg/hm²。特青被广泛用于南方稻区早、中、晚籼稻的育种亲本，主要衍生品种有特籼占13、特籼占25、盐稻5号、特三矮2号、鄂中4号、胜优2号、黄华占、丰矮占1号、丰澳占等。

嘉育293（浙辐802/科庆47//二九丰///早丰6号/水原287////HA79317-7）是浙江省嘉兴市农业科学研究所育成的常规早籼品种。全生育期约112d，株高76.8cm，苗期抗寒性强，株型紧凑，叶片长而挺，茎秆粗壮，生长旺盛，耐肥，抗倒伏，后期青秆黄熟，产量高，适于浙江、江西、安徽（皖南）等省作早稻种植，1993—2012年累计种植面积超过110万hm²。嘉育293被广泛用于长江中下游稻区的早籼稻育种亲本，主要衍生品种有嘉育948、中98-15、嘉兴香米、嘉早43、越糯2号、嘉育143、嘉早41、嘉早935、中嘉早17等。

二、常规粳稻

我国常规粳稻最重要的核心育种骨干亲本有20个，衍生的种植面积较大（年种植面积＞6 667hm²）的品种数超过2 400个（表1-7）。其中，全国种植面积较大的常规粳稻品种有：空育131、武育粳2号、武育粳3号、武运粳7号、鄂宜105、合江19、宁粳4号、龙粳31、农虎6号、鄂晚5号、秀水11、秀水04等。

旭是日本品种，从日本早期品种日之出选出。对旭进行系统选育，育成了京都旭以及关东43、金南风、下北、十和田、日本晴等日本品种。至20世纪末，我国由旭衍生的粳稻品种超过149个。如利用旭及其衍生品种进行早粳育种，育成了辽丰2号、松辽4号、合江20、合江21、早丰、吉粳53、吉粳88、冀粳1号、五优稻1号、龙粳3号、东农416等；利用京都旭及其衍生品种农垦57（原名金南风）进行中、晚粳育种，育成了金垦18、南粳11、徐稻2号、镇稻4号、盐粳4号、扬粳186、盐粳6号、镇稻6号、淮稻6号、南粳37、阳光200、远杂101、鲁香粳2号等。

表1-7 常规粳稻最重要核心育种骨干亲本及其主要衍生品种

品种名称	类型	衍生的品种数	主要衍生品种
旭	早粳	>149	农垦57、辽丰2号、松辽4号、合江20、合江21、早丰、吉粳53、吉粳88、冀粳1号、五优稻1号、龙粳3号、东农416、吉粳60、东农416
笹锦	早粳	>147	丰锦、辽粳5号、龙粳1号、秋光、吉粳69、龙粳1号、龙粳4号、龙粳14、垦稻8号、藤系138、京稻2号、辽盐2号、长白8号、吉粳83、青系96、秋丰、吉粳66
坊主	早粳	>105	石狩白毛、合江3号、合江11、合江22、龙粳2号、龙粳14、垦稻3号、垦稻8号、长白5号
爱国	早粳	>101	丰锦、宁粳6号、宁粳7号、辽粳5号、中花8号、临稻3号、冀粳6号、砦1号、辽盐2号、沈农265、松粳10号、沈农189
龟之尾	早粳	>95	宁粳4号、九稻1号、东农4号、松辽5号、虾夷、松辽5号、九稻1号、辽粳152
石狩白毛	早粳	>88	大雪、滇榆1号、合江12、合江22、龙粳1号、龙粳2号、龙粳14、垦稻8号、垦稻10号
辽粳5号	早粳	>61	辽粳68、辽粳288、辽粳326、沈农159、沈农189、沈农265、沈农604、松粳3号、松粳10号、辽星1号、中辽9052
合江20	早粳	>41	合江23、吉粳62、松粳3号、松粳9号、五优稻1号、五优稻3号、松粳21、龙粳3号、龙粳13、绥粳1号
吉粳53	早粳	>27	长白9号、九稻11、双丰8号、吉粳60、新稻2号、东农416、吉粳70、九稻44、丰选2号
红旗12	早粳	>26	宁粳9号、宁粳11、宁粳19、宁粳23、宁粳28、宁稻216
农垦57	中粳	>116	金垦18、双丰4号、南粳11、南粳23、徐稻2号、镇稻4号、盐稻4号、扬粳201、扬粳186、盐粳6号、南粳36、镇稻6号、淮稻6号、扬粳9538、南粳37、阳光200、远杂101、鲁香粳2号
桂花黄	中粳	>97	南粳32、矮粳23、秀水115、徐稻2号、浙粳66、双糯4号、临稻10号、宁粳9号、宁粳23、镇稻2号
西南175	中粳	>42	云粳3号、云粳7号、云粳9号、云粳134、靖粳10号、靖粳16、京黄126、新城糯、楚粳5号、楚粳22、合系41、滇靖8号
武育粳3号	中粳	>22	淮稻5号、淮稻6号、镇稻99、盐稻8号、武运粳11、华粳2号、广陵香粳、武育粳5号、武香粳9号
滇榆1号	中粳	>13	合系34、楚粳7号、楚粳8号、楚粳24、凤稻14、楚粳14、靖粳8号、靖粳优2号、靖粳优3号、云粳优1号
农垦58	晚粳	>506	沪选19、鄂宜105、农虎6号、辐农709、秀水48、农红73、矮粳23、秀水04、秀水11、秀水63、宁67、武运粳7号、武育粳3号、宁粳1号、甬粳18、徐稻3号、武香粳9号、鄂晚5号、嘉991、镇稻99、太湖糯
农虎6号	晚粳	>332	秀水664、嘉湖4号、祥湖47、秀水04、秀水11、秀水48、秀水63、桐青晚、宁67、太湖糯、武香粳9号、甬粳44、香血糯335、辐农709、武运粳7号
测21	晚粳	>254	秀水04、武香粳14、秀水11、宁粳1号、秀水664、武粳15、武运粳8号、秀水63、甬粳18、祥湖84、武香粳9号、武运粳21、宁67、嘉991、矮糯21、常农粳2号、春江026
秀水04	晚粳	>130	武香粳14、秀水122、武运粳23、秀水1067、武粳13、甬优6号、秀水17、太湖粳2号、甬优1号、宁粳3号、皖稻26、运9707、甬优9号、秀水59、秀水620
矮宁黄	晚粳	>31	老来青、沪晚23、八五三、矮粳23、农红73、苏粳7号、安庆晚2号、浙粳66、秀水115、苏稻1号、镇稻1号、航育1号、祥湖25

辽粳5号(丰锦////越路早生/矮脚南特//藤坂5号/BaDa///沈苏6号)是沈阳市浑河农场采用籼、粳稻杂交，后代用粳稻多次复交，于1981年育成的早粳矮秆高产品种。辽粳5号集中了籼、粳稻特点，株高80～90cm，叶片宽、厚、短、直立上举，色浓绿，分蘖力强，株型紧凑，受光姿态好，光能利用率高，适应性广，较抗稻瘟病，中抗白叶枯病，产量高。适宜在东北作早粳种植，1992年最大种植面积达到9.8万hm²。用辽粳5号作亲本共衍生了61个品种，如辽粳326、沈农159、沈农189、松粳10号、辽星1号等。

合江20（早丰/合江16）是黑龙江省农业科学院水稻研究所于20世纪70年代育成的优良广适型早粳品种。合江20全生育期133～138d，叶色浓绿，直立上举，分蘖力较强，抗稻瘟病性较强，耐寒性较强，耐肥，抗倒伏，感光性较弱，感温性中等，株高90cm左右，千粒重23～24g。70年代末至80年代中期在黑龙江省大面积推广种植，特别是推广水稻旱育稀植以后，该品种成为黑龙江省的主栽品种。作为骨干亲本合江20衍生的品种包括松粳3号、合江21、合江23、黑粳5号、吉粳62等。

桂花黄是我国中、晚粳稻育种的一个主要亲源品种，原名Balilla（译名巴利拉、伯利拉、倍粒稻），1960年从意大利引进。桂花黄为1964年江苏省苏州地区农业科学研究所从Balilla变异单株中选育而成，亦名苏粳1号。桂花黄株高90cm左右，全生育期120～130d，对短日照反应中等偏弱，分蘖力弱，穗大，着粒紧密，半直立，千粒重26～27g，一般单产5 000～6 000kg/hm²。桂花黄的显著特点是配合力好，能较好地与各类粳稻配组。据统计，40年来（1965—2004年）桂花黄共衍生了97个品种，种植面积较大的品种有南粳32、矮粳23、秀水115、徐稻2号、浙粳66、双糯4号、临稻10号等。

农垦58是我国最重要的晚粳稻骨干亲本之一。农垦58又名世界一（经考证应该为Sekai系列中的1个品系），1957年农垦部引自日本，全生育期单季晚稻160～165d，连作晚稻135d，株高约110cm，分蘖早而多，株型紧凑，感光，对短日照反应敏感，后期耐寒，抗稻瘟病，适应性广，千粒重26～27g，米质优，作单季晚稻单产一般6 000～6 750kg/hm²。该品种20世纪60～80年代在长江流域稻区广泛种植，1975年种植面积达到345万hm²，1960—1987年累计种植面积超过1 100万hm²。50年来（1960—2010年）以农垦58为亲本衍生的品种超过506个，其中直接经系统选育而成的品种59个。具有农垦58血缘并大面积种植的品种有：鄂宜105、农虎6号、辐农709、农红73、秀水04、秀水11、秀水63、宁67、武运粳7号、武育粳3号、宁粳1号、甬粳18、徐稻3号等。从农垦58田间发现并命名的农垦58S，成为我国两系杂交稻光温敏核不育系的主要亲本之一，并衍生了多个光温敏核不育系如培矮64S等，配组了大量两系杂交稻如两优培九、两优培特、培两优288、培两优986、培两优特青、培杂山青、培杂双七、培杂泰丰、培杂茂三等。

农虎6号是我国著名的晚粳品种和育种骨干亲本，由浙江省嘉兴市农业科学研究所于1965年用农垦58与老虎稻杂交育成，具有高产、耐肥、抗倒伏、感光性较强的特点，仅1974年在浙江、江苏、上海的种植面积就达到72.2万hm²。以农虎6号为亲本衍生的品种超过332个，包括大面积种植的秀水04、秀水63、祥湖84、武香粳14、辐农709、武运粳7号、宁粳1号、甬粳18等。

武育粳3号是江苏省武进稻麦育种场以中丹1号分别与79-51和扬粳1号的杂交后代经复交育成。全生育期150d左右，株高95cm，株型紧凑，叶片挺拔，分蘖力较强，抗倒伏性中等，单产大约8 700kg/hm²，适宜沿江和沿海南部、丘陵稻区中等或中等偏上肥力条件下种植。1992—2008年累计推广面积549万hm²，1997年最大推广面积达到52.7万hm²。以武育粳3号为亲本，衍生了一批中粳新品种，如淮稻5号、镇稻99、香粳111、淮稻8号、盐稻8号、盐稻9号、扬粳9538、淮稻6号、南粳40、武运粳11、扬粳687、扬粳糯1号、广陵香粳、华粳2号、阳光200等。

测21是浙江省嘉兴市农业科学研究所用日本种质灵峰（丰沃/绫锦）为母本，与本地晚粳中间材料虎蕾选（金蕾440/农虎6号）为父本杂交育成。测21半矮生，叶姿挺拔，分蘖中等，株型挺，生育后期根系活力旺盛，成熟时穗弯于剑叶之下，米质优，配合力好。测21在浙江、江苏、上海、安徽、广西、湖北、河北、河南、贵州、天津、吉林、辽宁、新疆等省（自治区、直辖市）衍生并通过审定的常规粳稻新品种254个，包括秀水04、武香粳14、秀水11、宁粳1号、秀水664、武粳15、武运粳8号、秀水63、甬粳18、祥湖84、武香粳9号、武运粳21、宁67、嘉991、矮糯21等。1985—2012年以上衍生品种累计推广种植达2 300万hm²。

秀水04是浙江省嘉兴市农业科学研究所以测21为母本，与辐农70-92/单209为父本杂交于1985年选育而成的中熟晚粳型常规水稻品种。秀水04茎秆矮而硬，耐寒性较强，连晚栽培株高80cm，单季稻95～100cm，叶片短而挺，分蘖力强，成穗率高，有效穗多。穗颈粗硬，着粒密，结实率高，千粒重26g，米质优，产量高，适宜在浙江北部、上海、江苏南部种植，1985—1994年累计推广面积180万hm²。以秀水04为亲本衍生的品种超过130个，包括武香粳14、秀水122、祥湖84、武香粳9号、武运粳21、宁67、武粳13、甬优6号、秀水17、太湖粳2号、宁粳3号、皖稻26等。

西南175是西南农业科学研究所从台湾粳稻农家品种中经系统选择于1955年育成的中粳品种，产量较高，耐逆性强，在云贵高原持续种植了50多年。西南175不但是云贵地区的主要当家品种，而且是西南稻区中粳育种的主要亲本之一。

三、杂交水稻不育系

杂交水稻的不育系均由我国创新育成，包括野败型、矮败型、冈型、印水型、红莲型等三系不育系，以及两系杂交水稻的光敏和温敏不育系。最重要的杂交稻核心不育系有21个，衍生的不育系超过160个，配组的大面积种植（年种植面积＞6 667hm²）的品种数超过1 300个。配组杂交稻品种最多的不育系是：珍汕97A、Ⅱ-32A、V20A、冈46A、龙特甫A、博A、协青早A、金23A、中9A、天丰A、谷丰A、农垦58S、培矮64S和Y58S等（表1-8）。

表1-8 杂交水稻核心不育系及其衍生的品种（截至2014年）

不育系	类型	衍生的不育系数	配组的品种数	代表品种
珍汕97A	野败籼型	＞36	＞231	汕优2号、汕优22、汕优3号、汕优36、汕优36辐、汕优4480、汕优46、汕优559、汕优63、汕优64、汕优647、汕优6号、汕优70、汕优72、汕优77、汕优78、汕优8号、汕优多系1号、汕优桂30、汕优桂32、汕优桂33、汕优桂34、汕优桂99、汕优晚3、汕优直龙

（续）

不育系	类型	衍生的不育系数	配组的品种数	代 表 品 种
Ⅱ-32A	印水籼型	>5	>237	Ⅱ优084、Ⅱ优128、Ⅱ优162、Ⅱ优46、Ⅱ优501、Ⅱ优58、Ⅱ优602、Ⅱ优63、Ⅱ优718、Ⅱ优725、Ⅱ优7号、Ⅱ优802、Ⅱ优838、Ⅱ优87、Ⅱ优多系1号、Ⅱ优辐819、优航1号、Ⅱ优明86
V20A	野败籼型	>8	>158	威优2号、威优35、威优402、威优46、威优48、威优49、威优6号、威优63、威优64、威优647、威优77、威优98、威优华联2号
冈46A	冈籼型	>1	>85	冈矮1号、冈优12、冈优188、冈优22、冈优151、冈优188、冈优527、冈优725、冈优827、冈优881、冈优多系1号
龙特甫A	野败籼型	>2	>45	特优175、特优18、特优524、特优559、特优63、特优70、特优838、特优898、特优桂99、特优多系1号
博A	野败籼型	>2	>107	博Ⅲ优273、博Ⅱ优15、博优175、博优210、博优253、博优258、博优3550、博优49、博优64、博优803、博优998、博优桂44、博优桂99、博优香1号、博优湛19
协青早A	矮败籼型	>2	>44	协084、协优10号、协优46、协优49、协优57、协优63、协优64、协优华联2号
金23A	野败籼型	>3	>66	金优117、金优207、金优253、金优402、金优458、金优191、金优63、金优725、金优77、金优928、金优桂99、金优晚3
K17A	K籼型	>2	>39	K优047、K优402、K优5号、K优926、K优1号、K优3号、K优40、K优52、K优817、K优818、K优877、K优88、K优绿36
中9A	印水籼型	>2	>127	中9优288、中优207、中优402、中优974、中优桂99、国稻1号、国丰1号、先农20
D汕A	D籼型	>2	>17	D优49、D优78、D优162、D优361、D优1号、D优64、D汕优63、D优63
天丰A	野败籼型	>2	>18	天优116、天优122、天优1251、天优368、天优372、天优4118、天优428、天优8号、天优998、天优华占
谷丰A	野败籼型	>2	>32	谷优527、谷优航1号、谷优964、谷优航148、谷优明占、谷优3301
丛广41A	红莲籼型	>3	>12	广优4号、广优青、粤优8号、粤优938、红莲优6号
黎明A	滇粳型	>11	>16	黎优57、滇杂32、滇杂34
甬粳2A	滇粳型	>1	>11	甬优2号、甬优3号、甬优4号、甬优5号、甬优6号
农垦58S	光温敏	>34	>58	培矮64S、广占63S、广占63-4S、新安S、GD-1S、华201S、SE21S、7001S、261S、N5088S、4008S、HS-3、两优培九、培两优288、培两优特青、丰两优1号、扬两优6号、新两优6号、粤杂122、华两优103
培矮64S	光温敏	>3	>69	培两优210、两优培九、两优培特、培两优288、培两优3076、培两优981、培两优986、培两优特青、培杂山青、培杂双七、培杂桂99、培杂67、培杂泰丰、培杂茂三
安农S-1	光温敏	>18	>47	安两优25、安两优318、安两优402、安两优青占、八两优100、八两优96、田两优402、田两优4号、田两优66、田两优9号
Y58S	光温敏	>7	>120	Y两优1号、Y两优2号、Y两优6号、Y两优9981、Y两优7号、Y两优900、深两优5814
株1S	光温敏	>20	>60	株两优02、株两优08、株两优09、株两优176、株两优30、株两优58、株两优81、株两优839、株两优99

珍汕97A属野败胞质不育系，是江西省萍乡市农业科学研究所以海南普通野生稻的野败材料为母本，以迟熟早籼品种珍汕97为父本杂交并连续回交于1973年育成。该不育系配合力强，是我国使用范围最广、应用面积最大、时间最长、衍生品种最多的不育系。与不同恢复系配组，育成多种熟期类型的杂交水稻供华南早稻、华南晚稻、长江流域的双季早稻和双季晚稻及一季中稻利用。以珍汕97A为母本直接配组的年种植面积超过6 667hm^{2}的杂交水稻品种有92个，30年来（1978—2007年）累计推广面积13 372万hm^2。

V20A属野败胞质不育系，是湖南省贺家山原种场以野败/6044//71-72后代的不育株为母本，以早籼品种V20为父本杂交并连续回交于1973年育成。V20A一般配合力强，异交结实率高，配组的品种主要作双季晚稻使用，也可用作双季早稻。V20A是全国主要的不育系之一，配组的威优6号、威优63、威优64等系列品种在20世纪80～90年代曾经大面积种植，其中威优6号在1981—1992年的累计种植面积达到822万hm^2。

Ⅱ-32A属印水胞质不育系。为湖南杂交水稻研究中心从印尼水田谷6号中发现的不育株，其恢保关系与野败相同，遗传特性也属于孢子体不育。Ⅱ-32A是用珍汕97B与IR665杂交育成定型株系后，再与印水珍鼎（糯）A杂交、回交转育而成。全生育期130d，开花习性好，异交结实率高，一般制种产量可达3 000～4 500kg/hm^2，是我国主要三系不育系之一。Ⅱ-32A衍生了优Ⅰ A、振丰A、中9A、45A、渝5A等不育系，与多个恢复系配组的品种，包括Ⅱ优084、Ⅱ优46、Ⅱ优501、Ⅱ优63、Ⅱ优838、Ⅱ优多系1号、Ⅱ优辐819、Ⅱ优明86等，在我国南方稻区大面积种植。

冈型不育系是四川农学院水稻研究室以西非晚籼冈比亚卡（Gambiaka Kokum）为母本，与矮脚南特杂交，利用其后代分离的不育株杂交转育的一批不育系，其恢保关系、雄性不育的遗传特性与野败基本相似，但可恢复性比野败好，从而发现并命名为冈型细胞质不育系。冈46A是四川农业大学水稻研究所以冈二九矮7号A为母本，用"二九矮7号/V41//V20/雅矮早"的后代为父本杂交、回交转育成的冈型早籼不育系。冈46A在成都地区春播，播种至抽穗历期75d左右，株高75～80cm，叶片宽大，叶色淡绿，分蘖力中等偏弱，株型紧凑，生长繁茂。冈46A配合力强，与多个恢复系配组的74个品种在我国南方稻区大面积种植，其中冈优22、冈优12、冈优527、冈优151、冈优多系1号、冈优725、冈优188等曾是我国南方稻区的主推品种。

中9A是中国水稻研究所1992年以优Ⅰ A为母本，优Ⅰ B/L301B//菲改B的后代作父本，杂交、回交转育成的早籼不育系，属印尼水田谷6号质源型，2000年5月获得农业部新品种权保护。中9A株高约65cm，播种至抽穗60d左右，育性稳定，不育株率100%，感温，异交结实率高，配合力好，可配组早籼、中籼及晚籼3种栽培型杂交水稻，适用于所有籼型杂交稻种植区。以中9A配组的杂交品种产量高，米质好，抗白叶枯病，是我国当前较抗白叶枯病的不育系，与抗稻瘟病的恢复系配组，可育成双抗的杂交稻品种。配组的国稻1号、国丰1号、中优177、中优448、中优208等49个品种广泛应用于生产。

谷丰A是福建省农业科学院水稻研究所以地谷A为母本，以[龙特甫B/宙伊B（V41B/汕优菲一//IRs48B）]F$_4$作回交父本，经连续多代回交于2000年转育而成的野败型三系不育系。谷丰A株高85cm左右，不育性稳定，不育株率100%，花粉败育以典败为主，异交特性好，较抗稻瘟病，适宜配组中、晚籼类型杂交品种。谷优系列品种已在中国南方稻区大面积推广应用，成为稻瘟病重发区杂交水稻安全生产的重要支撑。利用谷丰A配组育成了谷优527、谷优964、谷优5138等32个品种通过省级以上农作物品种审定委员会审（认）定，其中4个品种通过国家农作物品种审定委员会审定。

甬粳2A是滇粳型不育系，是浙江省宁波市农业科学院以宁67A为母本，以甬粳2号为父本进行杂交，以甬粳2号为父本进行连续回交转育而成。甬粳2A株高90cm左右，感光性强，株型下紧上松，须根发达，分蘖力强，茎韧秆壮，剑叶挺直，中抗白叶枯病、稻瘟病、细菌性条纹病、耐肥，抗倒伏性好。采用粳不/籼恢三系法途径，甬粳2A配组育成了甬优2号、甬优4号、甬优6号等优质高产籼粳杂交稻。其中，甬优6号（甬粳2A/K4806）2006年在浙江省鄞州取得单季稻12 510kg/hm^{2}的高产，甬优12（甬粳2A/F5032）在2011年洞桥"单季百亩示范方"取得13 825kg/hm^{2}的高产。

培矮64S是籼型温敏核不育系，由湖南杂交水稻研究中心以农垦58S为母本，籼爪型品种培矮64（培迪/矮黄米//测64）为父本，通过杂交和回交选育而成。培矮64S株高65～70cm，分蘖力强，亲和谱广，配合力强，不育起点温度在13h光照条件下为23.5℃左右，海南短日照（12h）条件下不育起点温度超过24℃。目前已配组两优培九、两优培特、培两优288等30多个通过省级以上农作物品种审定委员会审定并大面积推广的两系杂交稻品种，是我国应用面积最大的两系核不育系。

安农S-1是湖南省安江农业学校从早籼品系超40/H285//6209-3群体中选育的温敏型两用核不育系。由于控制育性的遗传相对简单，用该不育系作不育基因供体，选育了一批实用的两用核不育系如香125S、安湘S、田丰S、田丰S-2、安农810S、准S360S等，配组的安两优25、安两优318、安两优402、安两优青占等品种在南方稻区广泛种植。

Y58S(安农S-1/常菲22B//安农S-1/Lemont///培矮64S)是光温敏不育系，实现了有利多基因累加，具有优质、高光效、抗病、抗逆、优良株叶形态和高配合力等优良性状。Y58S目前已选配Y两优系列强优势品种120多个，其中已通过国家、省级农作物品种审定委员会审（认）定的有45个。这些品种以广适性、优质、多抗、超高产等显著特性迅速在生产上大面积推广，代表性品种有Y两优1号、Y两优2号、Y两优9981等，2007—2014年累计推广面积已超过300万hm^2。2013年，在湖南隆回县，超级杂交水稻Y两优900获得14 821kg/hm^{2}的高产。

四、杂交水稻恢复系

我国极大部分强恢复系或强恢复源来自国外，包括IR24、IR26、IR30、密阳46等，它们均含有我国台湾省地方品种低脚乌尖的血缘（*sd1*矮秆基因）。20世纪70～80年代，IR24、IR26、IR30、IR36、IR58直接作恢复系利用，随着明恢63（IR30/圭630）的育成，我国的杂交稻恢复系走上了自主创新的道路，育成的恢复系其遗传背景呈现多元化。目前，主要的已广泛应用的核心恢复系17个，它们衍生的恢复系超过510个，配组的种植面积较大（年种植面积>6 667hm^2）的杂交品种数超过1 200个（表1-9）。配组品种较多的恢复系有：明恢63、明恢86、IR24、IR26、多系1号、测64-7、蜀恢527、辐恢838、桂99、CDR22、密阳46、广恢3550、C57等。

表1-9　我国主要的骨干恢复系及配组的杂交稻品种（截至2014年）

骨干亲本名称	类型	衍生的恢复系数	配组的杂交品种数	代 表 品 种
明恢63	籼型	>127	>325	D优63、Ⅱ优63、博优63、冈优12、金优63、马协优63、全优63、汕优63、特优63、威优63、协优63、优Ⅰ63、新香优63、八两优63
IR24	籼型	>31	>85	矮优2号、南优2号、汕优2号、四优2号、威优2号
多系1号	籼型	>56	>78	D优68、D优多系1号、Ⅱ优多系1号、K优5号、冈优多系1号、汕优多系1号、特优多系1号、优Ⅰ多系1号
辐恢838	籼型	>50	>69	辐优803、B优838、Ⅱ优838、长优838、川香838、辐优838、绵5优838、特优838、中优838、绵两优838、天优838
蜀恢527	籼型	>21	>45	D奇宝优527、D优13、D优527、Ⅱ优527、辐优527、冈优527、红优527、金优527、绵5优527、协优527
测64-7	籼型	>31	>43	博优49、威优49、协优49、汕优49、D优64、汕优64、威优64、博优64、常优64、协优64、优Ⅰ64、枝优64
密阳46	籼型	>23	>29	汕优46、D优46、Ⅱ优46、Ⅰ优46、金优46、汕优10、威优46、协优46、优Ⅰ46
明恢86	籼型	>44	>76	Ⅱ优明86、华优86、两优2186、汕优明86、特优明86、福优86、D297优86、T优8086、Y两优86
明恢77	籼型	>24	>48	汕优77、威优77、金优77、优Ⅰ77、协优77、特优77、福优77、新香优77、K优877、K优77
CDR22	籼型	24	34	汕优22、冈优22、冈优3551、冈优363、绵5优3551、宜香3551、冈优1313、D优363、Ⅱ优936
桂99	籼型	>20	>17	汕优桂99、金优桂99、中优桂99、特优桂99、博优桂99（博优903）、华优桂99、秋优桂99、枝优桂99、美优桂99、优Ⅰ桂99、培两优桂99
广恢3550	籼型	>8	>21	Ⅱ优3550、博优3550、汕优3550、汕优桂3550、特优3550、天丰优3550、威优3550、协优3550、优优3550、枝优3550
IR26	籼型	>3	>17	南优6号、汕优6号、四优6号、威优6号、威优辐26
扬稻6号	籼型	>1	>11	红莲优6号、两优培九、扬两优6号、粤优938
C57	粳型	>20	>39	黎优57、丹粳1号、辽优3225、9优418、辽优5218、辽优5号、辽优3418、辽优4418、辽优1518、辽优3015、辽优1052、泗优422、皖稻22、皖稻70
皖恢9号	粳型	>1	>11	70优9号、培两优1025、双优3402、80优98、Ⅲ优98、80优9号、80优121、六优121

明恢63是我国最重要的育成恢复系，由福建省三明市农业科学研究所以IR30/圭630于1980年育成。圭630是从圭亚那引进的常规水稻品种，IR30来自国际水稻研究所，含有IR24、IR8的血缘。明恢63衍生了大量恢复系，其衍生的恢复系占我国选育恢复系的65%～70%，衍生的主要恢复系有CDR22、辐恢838、明恢77、多系1号、广恢128、恩恢58、明恢86、绵恢725、盐恢559、镇恢084、晚3等。明恢63配组育成了大量优良的杂交稻品种，包括汕优63、D优63、协优63、冈优12、特优63、金优63、汕优桂33、汕优多系1号等，这些杂交稻品种在我国稻区广泛种植，对水稻生产贡献巨大。直接以明恢63为恢复系配组的年种植面积超过6 667hm²的杂交水稻品种29个，其中，汕优63（珍汕97A/

明恢63）1990年种植面积681万hm²，累计推广面积（1983—2009年）6 289万hm²；D优63（D珍汕97A/明恢63）1990年种植面积111万hm²，累计推广面积（1983—2001年）637万hm²。

密阳46（Miyang 46）原产韩国，20世纪80年代引自国际水稻研究所，其亲本为统一/IR24//IR1317/IR24，含有台中本地1号、IR8、IR24、IR1317（振兴/IR262//IR262/IR24）及韩国品种统一（IR8//蜻/台中本地1号）的血缘。全生育期110d左右，株高80cm左右，株型紧凑，茎秆细韧、挺直，结实率85%～90%，千粒重24g，抗稻瘟病力强，配合力强，是我国主要的恢复系之一。密阳46衍生的主要恢复系有蜀恢6326、蜀恢881、蜀恢202、蜀恢162、恩恢58、恩恢325、恩恢995、恩恢69、浙恢7954、浙恢203、Y111、R644、凯恢608、浙恢208等；配组的杂交品种汕优46(原名汕优10号)、协优46、威优46等是我国南方稻区中、晚稻的主栽品种。

IR24，其姐妹系为IR661，均引自国际水稻研究所（IRRI），其亲本为IR8/IR127。IR24是我国第一代恢复系，衍生的重要恢复系有广恢3550、广恢4480、广恢290、广恢128、广恢998、广恢372、广恢122、广恢308等；配组的矮优2号、南优2号、汕优2号、四优2号、威优2号等是我国20世纪70～80年代杂交中晚稻的主栽品种，IR24还是人工制恢的骨干亲本之一。

测64是湖南省安江农业学校从IR9761-19中系选测交选出。测64衍生出的恢复系有测64-49、测64-8、广恢4480（广恢3550/测64）、广恢128（七桂早25/测64）、广恢96（测64/518）、广恢452（七桂早25/测64//早特青）、广恢368（台中籼育10号/广恢452）、明恢77（明恢63/测64）、明恢07（泰宁本地/圭630//测64///777/CY85-43）、冈恢12（测64-7/明恢63）、冈恢152（测64-7/测64-48）等。与多个不育系配组的D优64、汕优64、威优64、博优64、常优64、协优64、优I64、枝优64等是我国20世纪80～90年代杂交稻的主栽品种。

CDR22（IR50/明恢63）系四川省农业科学院作物研究所育成的中籼迟熟恢复系。CDR22株高100cm左右，在四川成都春播，播种至抽穗历期110d左右，主茎总叶片数16～17叶，穗大粒多，千粒重29.8g，抗稻瘟病，且配合力高，花粉量大，花期长，制种产量高。CDR22衍生出了宜恢3551、宜恢1313、福恢936、蜀恢363等恢复系24个；配组的汕优22和冈优22强优势品种在生产中大面积推广。

辐恢838是四川省原子能应用技术研究所以226（糯）/明恢63辐射诱变株系r552育成的中籼中熟恢复系。辐恢838株高100～110cm，全生育期127～132d，茎秆粗壮，叶色青绿，剑叶硬立，叶鞘、节间和稃尖无色，配合力高，恢复力强。由辐恢838衍生出了辐恢838选、成恢157、冈恢38、绵恢3724等新恢复系50多个；用辐恢838配组的Ⅱ优838、辐优838、川香9838、天优838等20余个杂交品种在我国南方稻区广泛应用，其中Ⅱ优838是我国南方稻区中稻的主栽品种之一。

多系1号是四川省内江市农业科学研究所以明恢63为母本，Tetep为父本杂交，并用明恢63连续回交育成，同时育成的还有内恢99-14和内恢99-4。多系1号在四川内江春播，播种至抽穗历期110d左右，株高100cm左右，穗大粒多，千粒重28g，高抗稻瘟病，且配合力高，花粉量大，花期长，利于制种。由多系1号衍生出内恢182、绵恢2009、绵恢2040、明恢1273、明恢2155、联合2号、常恢117、泉恢131、亚恢671、亚恢627、航148、晚R-1、中恢8006、宜恢2308、宜恢2292等56个恢复系。多系1号先后配组育成了汕优多系1号、Ⅱ优多系1号、冈优多系1号、D优多系1号、D优68、K优5号、特优多系1号等品种，在我国南方稻区广泛作中稻栽培。

明恢77是福建省三明市农业科学研究所以明恢63为母本，测64作父本杂交，经多代选择于1988年育成的籼型早熟恢复系。到2010年，全国以明恢77为父本配组育成了11个组合通过省级以上农作物品种审定委员会审定，其中3个品种通过国家农作物品种审定委员会审定，从1991—2010年，用明恢77直接配组的品种累计推广面积达744.67万hm^2。到2010年，全国各育种单位利用明恢77作为骨干亲本选育的新恢复系有R2067、先恢9898、早恢9059、R7、蜀恢361等24个，这些新恢复系配组了34个品种通过省级以上农作物品种审定委员会审定。

明恢86是福建省三明市农业科学研究所以P18（IR54/明恢63//IR60/圭630）为母本，明恢75（粳187/IR30//明恢63）作父本杂交，经多代选择于1993年育成的中籼迟熟恢复系。到2010年，全国以明恢86为父本配组育成了11个品种通过省级以上农作物品种审定品种审定，其中3个品种通过国家农作物品种审定委员会审定。从1997—2010年，用明恢86配组的所有品种累计推广面积达221.13万hm^2。到2011年止，全国各育种单位以明恢86为亲本选育的新恢复系有航1号、航2号、明恢1273、福恢673、明恢1259等44个，这些新恢复系配组了65个品种通过省级以上农作物品种审定委员会审定。

C57是辽宁省农业科学院利用"籼粳架桥"技术，通过籼（国际水稻研究所具有恢复基因的品种IR8）/籼粳中间材料（福建省具有籼稻血统的粳稻科情3号）//粳（从日本引进的粳稻品种京引35），从中筛选出的具有1/4籼核成分的粳稻恢复系。C57及其衍生恢复系的育成和应用推动了我国杂交粳稻的发展，据不完全统计，约有60%以上的粳稻恢复系具有C57的血缘，如皖恢9号、轮回422、C52、C418、C4115、徐恢201、MR19、陆恢3号等。C57是我国第一个大面积应用的杂交粳稻品种黎优57的父本。

参考文献

陈温福,徐正进,张龙步,等,2002.水稻超高产育种研究进展与前景[J].中国工程科学,4(1):31-35.

程式华,曹立勇,庄杰云,等,2009.关于超级稻品种培育的资源和基因利用问题[J].中国水稻科学,23(3):223-228.

程式华,2010.中国超级稻育种[M].北京:科学出版社:493.

方福平,2009.中国水稻生产发展问题研究[M].北京:中国农业出版社:19-41.

韩龙植,曹桂兰,2005.中国稻种资源收集、保存和更新现状[J].植物遗传资源学报,6(3):359-364.

林世成,闵绍楷,1991.中国水稻品种及其系谱[M].上海:上海科学技术出版社:411.

马良勇,李西民,2007.常规水稻育种[M]//程式华,李健.现代中国水稻.北京:金盾出版社:179-202.

闵捷,朱智伟,章林平,等,2014.中国超级杂交稻组合的稻米品质分析[J].中国水稻科学,28(2):212-216.

庞汉华,2000.中国野生稻资源考察、鉴定和保存概况[J].植物遗传资源科学,1(4):52-56.

汤圣祥,王秀东,刘旭,2012.中国常规水稻品种的更替趋势和核心骨干亲本研究[J].中国农业科学,5(8):1455-1464.

万建民,2010.中国水稻遗传育种与品种系谱[M].北京:中国农业出版社:742.

魏兴华, 汤圣祥, 余汉勇, 等, 2010. 中国水稻国外引种概况及效益分析[J]. 中国水稻科学, 24(1): 5-11.

魏兴华, 汤圣祥, 2011. 中国常规稻品种图志[M]. 杭州: 浙江科学技术出版社: 418.

谢华安, 2005. 汕优63选育理论与实践[M]. 北京: 中国农业出版社: 386.

杨庆文, 陈大洲, 2004. 中国野生稻研究与利用[M]. 北京: 气象出版社.

杨庆文, 黄娟, 2013. 中国普通野生稻遗传多样性研究进展[J]. 作物学报, 39(4): 580-588.

袁隆平, 2008. 超级杂交水稻育种进展[J]. 中国稻米(1): 1-3.

Khush G S, Virk P S, 2005. IR varieties and their impact[M]. Malina, Philippines: IRRI: 163.

Tang S X, Ding L, Bonjean A P A, 2010. Rice production and genetic improvement in China[M]//Zhong H, Bonjean Alain A P A. Cereals in China. Mexico: CIMMYT.

Yuan L P, 2014. Development of hybrid rice to ensure food security[J]. Rice Science, 21(1): 1-2.

第二章
安徽省稻作区划与品种改良概述

安徽省地处长江三角洲腹地，介于东经114°54′~119°37′、北纬29°41′~34°38′之间。长江、淮河自西向东横贯境内，天然地将全省划分为淮北、江淮和江南3个区域。安徽省气候属暖温带与亚热带过渡地带，淮河以北为暖温带半湿润气候，淮河以南为北亚热带湿润气候。气候特点是四季分明，气温适中，雨量较多；春温多变，夏季高温，秋季凉爽；梅雨显著，夏雨集中。

安徽省拥有丰富的光、温、水、土等自然资源，十分有利于水稻种植。太阳辐射年总量为523.3~544.2kJ/cm²，北多南少，平原丘陵多于山区。年平均日照时数在1 800~2 500h，也呈北多南少、平原丘陵多于山区的特点。年平均气温14~17℃，淮北和皖西山区较低，沿江和皖南山区南部较高；≥10℃的积温4 700~5 300℃。从光热资源来看，安徽省是种植水稻两季不足一季有余的省份，为我国双季稻北缘地区。按照中国水稻区划划分，淮河以北为华北单季稻稻作区，淮河以南为华中双单季稻稻作区。南北过渡地带的地理位置和多样性的生态条件，形成了安徽省水稻品种的多样性，单季稻与双季稻并存，双季早籼稻、中稻、单季晚稻和双季晚稻四稻齐全，籼、粳、粘、糯稻兼有。

第一节　安徽省稻作区划

根据地理位置、光温水土资源、耕作制度、品种类型以及生产条件等状况，参考《中国水稻》（中国农业科技出版社，1992）和《安徽稻作学》（中国农业出版社，2008），将安徽省水稻种植区域划分为沿江双、单季稻作区，江淮丘陵单、双季稻过渡区，沿淮淮北单季稻作区，大别山地单、双季稻作区，以及皖南山地双、单季稻作区5个稻作区（图2-1）。为便于统计，各稻区边界的划分以安徽省行政区划的县（市、区）为基础。

一、沿江双、单季稻作区

沿江双、单季稻作区是指长江两岸以圩田为主的地区，主要包括宿松、望江、怀宁、桐城、庐江、枞阳、贵池、青阳、东至、和县、含山、无为、芜湖、南陵、泾县、繁昌、当涂、铜陵、宣州、郎溪、广德21个县（市、区）。该区气温较高，年平均气温15.7~16.6℃，≥10℃的积温5 000℃以上，其中宿松县和望江县一带高达5 300℃，是安徽省温度最高的地区，≥10℃的初日为3月31日至4月8日，水稻生长季节230d左右；年降水量1 200mm以上，水稻生长季节降水量多达820~1 230mm；4~10月总日照时数1 250~1 410h。根据热量条件、地形地貌、种植制度和品种类型等，本区还可分为宿望、桐庐枞贵、巢芜平原和江南丘陵4个亚区。

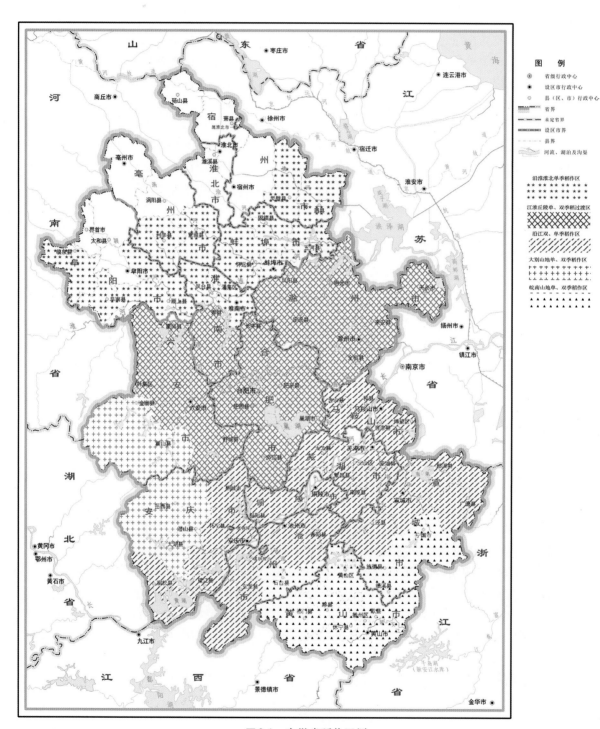

图2-1　安徽省稻作区划

该区温、光、水资源丰富，是安徽省双季稻的发祥地。20世纪50年代前以种植单季稻为主，双季稻只有零星种植，1954年开始发展双季稻，随后面积不断扩大，双季稻比例在70年代达到70%以上。80年代，由于农村作物种植结构的调整，季节和劳力紧张，双季稻面积逐渐减少，90年代至21世纪初保持在50%左右。近年来，受农村劳动力缺乏、用工成本高等因素的影响，双季稻种植面积逐年下降，目前种植比例在40%左右。西部的安庆市双季稻面积比例较大，东部的芜湖和宣城市比例较小。

该区50%以上耕地处于圩畈水网地带，地势平坦，土壤肥沃，人多地少，人均耕地不足667m^2，素有精耕细作的习惯。双季稻种植制度目前以冬闲—稻—稻为主，部分为绿肥—稻—稻和油—稻—稻。单季稻种植制度以油—稻和冬闲—稻为主，近年来，麦—稻和绿肥—稻面积不断增加。此外，水稻与瓜菜、豆类、棉花或其他作物连作或轮作现象也较普遍。双季稻品种以早籼、晚粳为主，但晚籼品种仍占有一定的比例；双季早稻以常规品种为主，少量杂交早籼，双季晚粳均为常规粳稻，双季晚籼主要为杂交稻。单季稻品种以杂交中籼为主，单季粳稻种植面积不断扩大，品种主要为常规粳稻。2012年该区稻作面积83.9万hm^2，占全省稻作面积的36.8%，稻谷总产量542.7万t，占全省稻谷总产量的34.7%，稻谷单产6 466.5kg/hm^2。

二、江淮丘陵单、双季稻过渡区

江淮丘陵单、双季稻过渡区是指长江、淮河之间的中部丘陵地区，包括霍邱、寿县、长丰、定远、凤阳、明光、天长、来安、南谯、全椒、琅琊、肥东、肥西、金安、裕安、舒城、巢湖17个县（市、区）。气温较沿江双、单季稻作区低，年平均气温15℃左右，≥10℃的积温4 800～5 000℃，≥10℃的初日为4月5～9日，水稻生长季210～220d；年降水量900～1 000mm，水稻生长季节降水量740～860mm；4～10月总日照时数1 390～1 530h。根据热量条件、地形地貌、种植制度和品种类型等，该区还可分为霍寿长、定凤明、皖东丘陵、六肥和天来滁全5个亚区。

该区地貌多为缓坡岗地，岗冲相间。20世纪60年代以前，干旱是制约水稻生产的主要因素，自淠史杭、驷马山大型水利工程建成后，灌溉条件大大改善，部分稻田实现了自流灌溉，不仅使原来的稻田基本能够稳产保收，部分旱地也逐步实现了"旱改水"，水稻面积由原来占耕地面积不到60%发展到80%以上。近年来，随着水利条件的不断改善，长丰、定远、凤阳、明光等江淮分水岭易旱地区的水稻基本能够旱涝保收。

该区种植一季稻积温有余，双季稻积温不足，是单、双季稻过渡地区。20世纪60年代开始试种和推广双季稻，70年代中后期双季稻面积曾一度占水稻种植面积的30%以上。由于该稻区的北部地带位于我国双季稻的最北缘，热量明显不足，早春低温导致早稻烂秧，秋季"寒露风"导致晚稻结实率降低，种植成本高，风险大。80年代以后，合肥以北地区放弃种植双季稻，合肥以南地区双季稻面积逐年下降，全区双季稻面积不足5%，主要采用冬闲田—稻—稻的种植模式。单季稻生产曾经主要采用麦稻两熟和油稻两熟的种植模式，搭配少量冬闲田单季稻。自21世纪初以来，油菜种植面积大幅度下降，单季稻与小麦轮作成为当前的主要种植制度。

双季稻品种均为早籼和晚粳，其中，早籼品种为早熟类型的常规早稻，晚粳为全生育期在130d以内的常规品种；单季稻品种以两系杂交中籼为主，部分为三系杂交中籼和单季粳稻。近年来，由于土地流转速度加快，种粮大户数量不断增加，水稻直播和机插秧面积逐年扩大，相对于杂交中籼，常规粳稻品种更适宜直播和机械化插秧，加上粳稻谷的市场价格明显高于籼稻谷，导致常规粳稻面积不断增加。2012年该区稻作面积98.6万hm^2，占全省稻作面积的43.2%，稻谷总产量709.9万t，占全省稻谷总产量的45.4%，稻谷单产7 200.0kg/hm^2。

三、沿淮淮北单季稻作区

沿淮淮北单季稻作区是指淮河沿岸和淮北平原以低洼地为主的地区，分沿淮亚区和淮北平原亚区。沿淮亚区主要包括怀远、五河、固镇、凤台、潘集、大通、田家庵、谢家集、毛集、阜南、颍上11个县（区）；淮北平原亚区主要包括临泉、蒙城、利辛、灵璧和泗县5个县，面积较小，仅分布在沿河地带。年平均气温14 ～ 15℃，≥10℃的积温4 610 ～ 4 880℃，≥10℃的初日为4月10 ～ 15日，水稻生长季200 ～ 210d；年降水量750 ～ 950mm，水稻生长季节降水量520 ～ 670mm，年际变化较大；5 ～ 9月总日照时数1 050 ～ 1 220h。

该区地势平坦，稻田土层深厚，土壤较肥沃，人均耕地较多。沿淮地区有充足的水源，除可直接利用淮河水灌溉外，还可以颍河、西淝河等淮河支流和沿淮湖泊（如凤台的焦岗湖、五河的天井湖）水进行灌溉。但在中华人民共和国成立前，由于没有灌溉条件，仅在沿淮、沿河保水能力强或低洼易涝的地上种植水稻，水稻面积小且长期处于不稳定状态。20世纪70年代以后，随着水利工程逐渐修建，农田灌溉条件不断改善，沿淮各县水稻面积迅速扩大，目前已形成以稻麦两熟为主的稻田种植制度。淮北平原北部由于水资源不足，且土壤多为砂姜黑土，土壤漏水严重，限制了水稻生产的发展。但中北部碟状洼地较多，旱粮易受涝渍危害，产量不高且不稳，但这些地区地下水资源丰富，地下水位低，目前水稻旱种有一些面积，今后随着水利条件的改善，水稻面积可以进一步扩大。

该区稻田耕作制主要为稻麦两熟制，季节衔接较紧，要求水稻品种生育期适中，有利稻麦周年生产。水稻品种类型为杂交中籼和单季粳稻并存，近年来粳稻品种发展较快，其中，仅怀远县粳糯稻面积就达到5.4万hm^2，成为全国知名的粳糯稻集散地。随着水稻"籼改粳"工作的不断推进和市场上粳稻的畅销，粳稻面积将会进一步扩大，可望成为安徽省优质粳稻的集中产区。2012年该区稻作面积26.9万hm^2，占全省稻作面积的11.8%，稻谷总产量193.2万t，占全省稻谷总产量的12.4%，稻谷单产7 195.5kg/hm^2。

四、大别山地单、双季稻作区

大别山地单、双季稻作区是指位于皖西大别山、具有鲜明的山区特点的地区，包括金寨、霍山、岳西、太湖、潜山和叶集6个县（区）。≥10℃的积温多数地区在4 900℃以下，≥10℃的初日为4月3 ～ 10日，水稻生长季内活动积温3 600 ～ 4 100℃，水稻生长季200 ～ 220d；5 ～ 9月总降水量750 ～ 950mm，5 ～ 9月总日照时数877 ～ 1 050h。

该区温光水等农业气候资源垂直变化较大。海拔300m以上的地区，热量资源比同纬度地区少，山阴处光照资源不足，高海拔地区山高水冷。水稻主要分布在山间盆地、塝田等低海拔地区。除南部的太湖、潜山低海拔山间盆地有少量双季稻以外，全区水稻生产以单季稻为主。双季稻采用油菜—稻—稻、绿肥—稻—稻和冬闲—稻—稻等种植制度；早稻品种以早熟早籼稻为主，双季晚稻主要为杂交晚籼和常规晚粳。单季稻主要采用油菜—稻、大麦—稻、冬闲—稻等种植制度；品种主要为一季杂交中籼，搭配部分优质常规中粳稻。2012年该区稻作面积12.5万hm²，占全省稻作面积的5.5%，稻谷总产量76.2万t，占全省稻谷总产量的4.9%，稻谷单产6 099.0kg/hm²。

五、皖南山地单、双季稻作区

皖南山地单、双季稻作区是指位于长江以南，以山地为主，间有丘陵和山间盆地的地区，包括石台、祁门、休宁、黟县、歙县、绩溪、旌德、宁国、黄山（太平）9个县（市、区）。山区特点突出，粮食生产以水稻为主，可划分为皖南山地和休屯盆地两亚区。≥10℃积温在4 800℃以上，其中休屯盆地亚区≥10℃的积温高达5 100℃以上，是安徽省第二高温区。≥10℃的初日为3月31日至4月6日，水稻生长季220～230d，4～10月总降水量850～1 300mm，4～10月总日照时数1 250～1 480h。

该区受海拔高度和山谷开阔度不同的影响，气温差异很大，山间谷地的小气候特殊，往往大于海拔高度对气温的影响。休屯盆地亚区是皖南地区的重要粮仓，该盆地背面有大山作天然屏障，北方冷空气难以侵入，双季稻种植比例较高，一度达到60%以上。近年来，由于农村劳动力缺乏和双季稻劳动强度大，双季稻种植面积大幅度减少。皖南山地亚区的温度条件不及休屯盆地亚区，双季稻比例较低，主要分布在海拔300m以下的地带。

该区双季稻以绿肥—稻—稻和冬闲—稻—稻为主，单季稻以油—稻和冬闲—稻为主，有部分绿肥—稻和麦—稻。双季稻品种早稻为籼稻，晚稻有粳、籼两种类型，单季以杂交中籼为主。2012年该区稻作面积6.1万hm²，占全省稻作面积的2.7%，稻谷总产量40.8万t，占全省稻谷总产量的2.6%，稻谷单产6 694.5kg/hm²。

第二节　安徽省水稻品种改良历程

1949年以来，安徽省水稻品种改良大体可分为五个阶段。一是地方品种改良和利用阶段（1949—1964年），主要是对地方品种进行调查、收集和农艺性状鉴定，水稻产量很低，平均单产只有2.07t/hm²，最高年份1964年产量2.74t/hm²。二是矮秆品种选育阶段（1964—1976年），水稻平均单产突破3.0t/hm²，达到3.35t/hm²，1975年达到4.25t/hm²。三是三系杂交稻与常规品种并进阶段（1977—1993年），水稻平均单产4.89t/hm²，1990年达到5.80t/hm²。四是两系杂交稻与三系杂交稻并进阶段（1994—2002年），水稻平均单产5.97t/hm²，接近6.0t/hm²，2002年达到6.49t/hm²。五是两系杂交稻大发展阶段（2003—），水稻平均单产6.01t/hm²，2008年达到6.26t/hm²（表2-1）。

表2-1　安徽省不同时期水稻产量水平

年　份	发展阶段	平均产量 (t/hm²)	最高产量 (t/hm²)
1949—1964	地方品种改良和利用阶段	2.07	2.74
1965—1976	矮秆品种选育阶段	3.35	4.25
1977—1993	三系杂交稻与常规品种并进阶段	4.89	5.80
1994—2002	两系杂交稻与三系杂交稻并进阶段	5.97	6.49
2003—	两系杂交稻大发展阶段	6.01	6.26

一、地方品种改良和利用阶段（1949—1964年）

安徽省有计划地开展水稻育种工作始于20世纪50年代初，主要是收集、整理、鉴定、评价和推广地方品种。原安徽省农业试验总站（即安徽省农业科学院前身）、原芜湖地区农业科学研究所等单位，根据当时水稻生产需要，深入农村一线调查地方品种生产情况，结合品种特性鉴定，先后评选推广一大批地方品种。1957年，安徽省开展第一次农作物品种普查，并在1964年出版的《品种调查》中，论述了收集到的水稻品种早籼170个、中籼916个、晚籼225个、早粳12个、中粳14个、晚粳26个、早糯31个、中糯248个、晚糯118个、深水稻15个和旱稻33个，其中，绝大多数为农家品种。在水稻生产上发挥了重要作用的品种主要有：早稻品种太湖早、芒稻、五十子、六十子、大叶早，中稻品种洋籼、三粒寸、大叶稻、杵头粘、三札齐、三朝齐，双晚品种小红稻、小冬稻、小麻稻等。其中，早籼地方品种太湖早、芒稻，1979年在郎溪、宣城、宁国一带累计种植面积仍有20多万hm²；晚籼小红稻自1954年起，成为安徽省双季晚稻的当家品种，1957年种植面积约11.3万hm²，1958年扩大到了20.0万hm²以上，超过全省双季晚稻种植面积的50%，累计推广面积约112.5万hm²；1954年从农家品种木樨球中系统选育出中粳桂花球，推广面积4.0万hm²。

这一时期从外省引进并大面积推广种植的早籼品种有南特号、莲塘早、陆财号、莲塘早3号、五〇三、南特16等。其中从江西引进的南特号1958年种植面积达20多万hm²，占早稻面积50%以上。引进的中籼品种有胜利籼、中农4号、399（又名南京1号）、广场矮和珍珠矮等，其中，珍珠矮成为当时安徽省中籼稻的主要当家品种之一。引进的粳稻品种有农垦57（金南凤）、农垦58等，其中，农垦58以其高产优质、耐寒、耐肥、抗倒伏等特点，种植面积迅速扩大，取代先期引种的老来青、853和1059等，成为单、双晚粳的当家品种，最高年份（1975年）种植面积达28万hm²。

二、矮秆品种选育阶段（1965—1976年）

这一阶段安徽省的主要育种单位有安徽省农业科学院、芜湖地区农业科学研究所、安庆市农业科学研究所、广德县农业科学研究所、铜陵县农业科学研究所等。水稻育种的主要目标是选育半矮秆水稻品种，育种方法主要是系统选择和杂交选育，同时开展了辐射诱变和花药培养育种。育成的早籼品种主要有朝阳72-4、当选早1号、安选早1号、安选4号、安庆早1号、芜湖七一早、早3号、辐选3号、圭变12、芜科1号、竹广23、竹广29、竹秋40等，其中，广德县农业科学研究所用竹莲矮与广陆矮杂交育成的矮秆早籼竹广23在1975年种植面积超过11.0万hm²，芜湖地区农业科学研究所1969年从早丰收中选育出的早籼芜湖七一早累计种植面积7万hm²以上，原徽州地区农业科学研究所1971年从浙江省引入的竹莲矮×秋珍的F₂种子，经^{60}Co-γ射线处理后，于1975年育成了迟熟早籼品种竹秋40，累计种植面积20.0万hm²以上。

中籼品种主要有农杜3号、农杜4号、广科3号等，中粳品种有桂三3号，晚粳品种主要有当选晚2号、安庆晚2号、晚粳糯74-24、辐农3-5、铜花2号等。其中，1968年当涂县农业科学研究所从农垦58中选育出早熟晚粳当选晚2号，累计种植面积60多万hm²，最高年份（1985年）达到10多万hm²，是安徽省晚粳主要品种之一。安庆地区农业科学研究所用853与农垦57杂交于1975年育成的晚粳安庆晚2号，1981年推广面积超过7万hm²。舒城县农业科学研究所用^{60}Coγ射线辐射处理农垦58，于1971年育成晚粳品种辐农3-5。铜陵县农业科学研究所以农垦58×农菊33为组合杂交产生的F₂材料进行花药离体人工培养，于1974年育成迟熟晚粳品种铜花2号。

此外，这个时期从外省引进并在生产上推广面积较大的矮秆品种有矮脚南特、圭陆矮8号、广陆矮4号、原丰早、二九青、先锋1号、国际26、国际36、南京11、农虎6号等。

三、三系杂交稻与常规品种并进阶段（1977—1993年）

安徽省于1975—1976年从湖南引进杂交籼稻试种成功后，开始进入三系杂交稻与常规品种选育并进的新阶段。1977年，安徽省杂交水稻新组合选育攻关组成立，由安徽省农业科学研究院主持，安徽农学院及有关地县农业科学研究所参加，组织全省科研力量进行杂交水稻育种协同攻关。此期，育种队伍不断扩大，除了科研院所和高校育种力量外，省、地、县种子公司也加入了水稻育种行列，育种成效显著，育成一批早、中、晚不同生态类型的常规稻和杂交稻，在生产上进行了大面积推广和应用。

在籼型三系杂交稻选育上，广德县农业科学研究所吴让祥等育成以协青早A为代表的矮败型三系不育系，并成为我国三系骨干不育系之一，以其配组育成的协优系列杂交稻通过安徽省农作物品种审定委员会审定的数量达20多个，通过国家农作物品种审定委员会审定的有10多个。代表性品种有协优63、协优64、协优46、协优57、协优78039等，以该不育系育成的杂交稻品种2000年种植面积达133万hm²，占全国杂交稻种植面积的比例高达9.69％。利用珍汕97A、V20A育成汕优C98、威优86049和威优D133等杂交稻在生产上均有较大面积种植。

在粳型三系杂交稻选育上，安徽省农业科学院李成荃等于1977年引进北方中熟粳杂组合试种，同时引进辽宁、云南等省水稻种质不育源和恢复源，通过杂交、回交、选育适宜安徽省作单、双季晚稻种植的早熟晚粳型新三系，并于1979年实现安徽省粳三系配套并成功应用于生产。代表性不育系主要有安徽省农业科学院育成的当选晚2号A、双九A，安徽省农业科学院与巢湖地区农业科学研究所合作育成的80-4A等，育成的主要组合有当优C堡、当优3号、当优9号、当优82022、80优9号、80优121等。这些杂交粳稻的育成和推广使安徽省三系杂交粳稻育种研究位居全国前列。

在常规稻品种选育上，通过杂交、物理诱变等方法，育成早籼品种早矮6号、早籼213、陆伍红、农九等，中籼品种二九选、双辐1号、8163、E164等，粳稻品种皖粳1号、粳系212、徽粳804等，其中，早籼213、E164、中粳皖粳1号等品种推广面积均在20万 hm² 以上。

此外，从外省引进并在生产上影响较大的杂交稻主要有汕优63、汕优64、汕优3号、汕优6号、汕优桂33、威优3号、威优6号等，其中汕优63种植面积占主导地位，1990年种植71.8万 hm²，占杂交中稻的84.4%。从省外引进并在生产上影响较大的常规品种有早籼浙辐802、中籼桂朝2号、晚粳鄂宜105，以及从韩国引进的中籼密阳23等。

四、两系杂交稻与三系杂交稻并进阶段（1994—2002年）

1984年冬安徽省农业科学院李成荃等引进湖北光敏核不育系农垦58S，开始了安徽省两系法杂交水稻育种研究，1989年育成第一个通过安徽省技术鉴定的粳型光敏核不育系7001S，同期开展光温敏型核不育系选育的工作单位还有广德县农业科学研究所和宣城地区农业科学研究所。1994年以7001S配组育成的两系杂交稻70优9号、70优04通过安徽省农作物品种审定委员会审定，标志着安徽省水稻育种进入两系杂交稻与三系杂交稻并进阶段。随后籼型温敏核不育系2177S、新光S、X07S、399S、2301S、抗3418S和粳型光敏核不育系3502S、3516S、8087S、4008S等一批光温敏核不育系通过安徽省技术鉴定，育成2301S/H7058、2301S/288、70优双九、4008S/秀水04等两系杂交稻新品种，并在生产上推广应用。在三系杂交水稻育种上，育成三系杂交籼稻351A/制选、协优9279、协优57、国丰1号、K优绿36、协优晚3、K优晚3和三系杂交粳稻80优121、80优1027、III优98等。

此外，在常规稻育种上，先后育成早籼14、早籼240、竹青、中籼糯87641、中籼898、91499、中粳63、晚粳M3122、晚粳97等一批优良品种。其中，中籼糯87641成为籼糯稻主栽品种，累计种植面积（1991—1999年）达30.0万 hm²。安徽省农业科学院水稻研究所与中国科学院等离子体物理研究所等单位合作，将离子束注入技术用于水稻等农作物育种，育成皖稻45（S9042）和皖稻20（D9055）两个高产、优质、抗病虫水稻新品种，1994年通过安徽省农作物品种审定委员会审定。

同时，从外省引进并在生产上有较大种植面积的品种有：三系杂交稻II优838、特优559、协优084、协优92、国丰1号等，两系杂交稻两优培九、香两优68，常规稻嘉育948、扬稻6号、春江03粳等。这一阶段生产上应用的两系杂交稻主要是两优培九、70优9号和70优双九。

五、两系杂交稻大发展阶段（2003—   ）

经过近20年的不断探索和技术积累，安徽省两系杂交水稻育种及产业化技术日益成熟，以2003年两系杂交稻丰两优1号通过安徽省农作物品种审定委员会审定为标志，水稻育种进入两系杂交水稻大发展阶段。2003—2012年，安徽省共审定两系杂交稻64个。这一阶段，育成新安S、宣69S、1892S、广茉S、丰39S、03S等一大批通过省级技术鉴定的两系不育系，其中，新安S、宣69S、1892S、丰39S等单个不育系配组的组合年种植面积均在7万 hm² 以上。丰两优1号、丰两优4号、丰两优香1号、新两优6号、两优6326、皖稻153、徽两优6号等两系杂交稻的育成，将安徽省两系杂交水稻育种推上了一个新的水平，并在长江中下游地区得以广泛应用。至2012年，安徽省水稻品种自育率提高到60%以上，其中，150万hm²的一季中籼的自育率达到80%左右，且基本为两系杂交稻，三系杂交稻种植面积只占杂交稻种植面积的5%左右。

同期，育成的三系杂交稻主要有：杂交中籼协优9019、协优52、Ⅱ优52、丰优989、国丰2号和农丰优909，杂交粳稻金奉19、爱优18、爱优39、80优1号、T优5号和皖旱优1号；常规稻主要有早籼1139-1、竹舟5号、早籼65、早籼15、早籼788、中籼绿旱1号、中籼96-2、中籼2503、安选6号、中粳糯86120-5、晚粳当育粳2号、晚粳97、M002、皖垦糯1号等。

参考文献

安徽省农业厅种子处，1982.安徽主要农作物优良品种[M].合肥：安徽科学技术出版社.

李成荃，2008.安徽稻作学[M].北京：中国农业科技出版社.

李成荃，杨惠成，王德正，等，2005.安徽省杂交粳稻研究回顾与展望[J].安徽农业科学，33（1）：1-4,26.

李成荃，杨惠成，王守海，等，2006.安徽省杂交籼稻30年的育种和生产发展进展[J].安徽农业科学（24）：6470-6473,6477.

李泽福，2007.安徽省水稻育种现状及展望[J].现代农业理论与实践：14-17.

苏泽胜，张效忠，李泽福，等，1994.安徽省主要育成品种及其系谱分析[J].安徽农业科学（1）：7-10.

万建民，2010.中国水稻遗传育种与品种系谱（1986—2005）[M].北京：中国农业出版社.

熊振民，蔡洪法，闵绍楷，等，1992.中国水稻[M].北京：中国农业科技出版社.

严企松，1982.对我省常规稻育种工作的回顾及体会[J].安徽农业科学(2):6-11.

第三章
品种介绍

第一节 早 籼 稻

一、常规早籼稻

1139-3（1139-3）

品种来源：芜湖市星火农业实用技术研究所与中国科学院等离子体物理研究所合作，用早籼768/早籼774//马坝小粘经离子束诱变，采取系谱法选育而成，原名1139-3，2005年通过安徽省农作物品种审定委员会审定，定名皖稻143。

形态特征和生物学特性：属籼型常规早熟早稻。感光性弱，感温性中等，基本营养生长期短。株型紧凑，分蘖力中等，叶片适中挺直，茎叶淡绿，成穗率高，穗型较大，长穗型，主蘖穗整齐。颖壳及颖尖均呈黄色，种皮白色，稀间短芒。作早稻直播全生育期100d左右，株高80～85cm，每穗总粒数150粒左右，结实率85%，千粒重26～27g。

品质特性：米质较优。整精米率64.5%，垩白粒率10.0%，垩白度0.5%，直链淀粉含量13.0%，主要指标均达部颁优质米二等以上标准。

抗性：感稻瘟病和白叶枯病。苗期抗寒性强。

产量及适宜地区：2002年早稻直播试种，平均单产8 782.5kg/hm²，2003年继续试种，平均单产7 504.5kg/hm²。2004年安徽省双季早稻直播生产试验，平均单产6 385.5kg/hm²，比对照嘉籼442增产10.8%。适宜安徽省作双季早稻直播种植。

栽培技术要点：作早稻直播栽培，适宜在4月中旬播种，大田用种量60～75kg/hm²。施足基肥，早施追肥。防止施肥过迟、过多造成倒伏或加重病虫危害。及时晒田，由于籽粒较大，灌浆速度较慢，后期不能过早断水，直到成熟都应保持湿润。适时化学除草，注意防治白叶枯病和稻瘟病。

213选（213 Xuan）

品种来源：巢湖地区农业科学研究所从早籼213中系统选育而成，原名213选，1996年通过安徽省农作物品种审定委员会审定，定名皖稻61。

形态特征和生物学特性：属籼型常规早熟早稻。感光性弱，感温性中等，基本营养生长期短。株型紧凑，分蘖力一般，茎秆粗壮，主茎叶片数13叶，前期叶微披，后期长宽挺，生长繁茂。茎叶稍浓绿，长穗型，主蘖穗整齐。颖壳及颖尖均呈黄色，种皮白色，稀间短芒。全生育期105d，株高86cm，每穗总粒数124粒，结实率75%左右，千粒重24g。

品质特性：米质中等偏上。腹白较大，糙米率79.2%，精米率71.3%，整精米率68.4%。

抗性：抗白叶枯病，中抗稻瘟病。苗期耐寒性较强。

产量及适宜地区：1992年参加安徽省早稻区域试验，平均单产7 500.0kg/hm²，比对照二九丰增产5.9%，比对照浙辐802增产10.6%；1993年续试，平均单产6 760.5kg/hm²，比对照早籼213增产10.3%，比对照8B40增产9.4%。1994年参加安徽省双季早籼生产试验，平均单产6 450.0kg/hm²，比对照8B40增产4.7%。适宜安徽省双季稻地区作双季早稻种植。

栽培技术要点：采用湿润育秧，3月底至4月上旬播种，大田用种量120～150kg/hm²，秧龄28～30d，栽插密度45万穴/hm²，株行距13cm×17cm，每穴5～6个基本苗。大田总氮量187.5kg/hm²，要重施底肥（其施氮量占总氮量70%～80%），少施分蘖肥（其施氮量占总氮量20%～30%），不施穗粒肥，将375kg/hm²的过磷酸钙和112.5kg/hm²的氯化钾作为底肥一次性施入；烤田要彻底，齐穗后保持浅水层，成熟期保持田间湿润即可。在长势繁茂的田块，在分蘖盛期，可用井冈霉素防治1次纹枯病。及时防治稻纵卷叶螟等。

7807-1 （7807-1）

品种来源：六安地区农业科学研究所用湘矮早9号/IR490配组，采取系谱法选育而成，原名7807-1，1992年通过安徽省农作物品种审定委员会审定，定名皖稻37。

形态特征和生物学特性：属籼型常规中迟熟早稻。感光性弱，感温性中等，基本营养生长期较短。株型紧凑，分蘖力中等，茎秆粗壮，茎叶淡绿，长穗型，主蘖穗整齐。主茎叶片数10～11叶，叶片既长又宽，后期不早衰，成穗率较高，颖壳及颖尖均呈黄色，种皮白色，稀间短芒。全生育期110d，株高78cm，每穗总粒数82粒，结实率85%，千粒重24g。

品质特性：米质中等。

抗性：抗白叶枯病，耐纹枯病，感稻瘟病。苗期耐寒。

产量及适宜地区：参加安徽省1989—1990年区域试验和1991年生产试验，平均单产分别为6 837.0kg/hm² 和7 635.0kg/hm²，比对照二九丰分别增产3.1%和13.3%。适宜安徽省稻瘟病轻发的双季稻地区种植。

栽培技术要点：作早稻栽培，4月上旬播种，秧龄30～35d，大田用种量112.5kg/hm²，株行距13.3cm×16.6cm，每穴6粒种子苗。施足基肥，早施追肥。防止施肥过迟、过多造成倒伏或加重病虫危害。及时晒田，及时防治稻瘟病和稻纵卷叶螟等病虫害。

8B40 (8 B 40)

品种来源：宣城市农业科学研究所（原宣城地区农业科学研究所）用浙辐802/BG90-2配组，采取系谱法选育而成，原名8B40，1992年通过安徽省农作物品种审定委员会审定，定名皖稻41。

形态特征和生物学特性：属籼型常规中迟熟早稻。感光性弱，感温性中等，基本营养生长期短。株型松散适中，分蘖力中等，叶片坚挺上举，茎叶淡绿，长穗型，主蘖穗整齐，生长清秀，熟期转色好。颖壳及颖尖均呈黄色，种皮白色，稀间短芒。全生育期110d，株高75cm，每穗总粒数85粒，结实率80%，千粒重23g。

品质特性：糙米率79%，直链淀粉含量25.6%，蛋白质含量12.34%，谷粒椭圆形，米质中等。

抗性：中抗稻瘟病，中感纹枯病。抗寒性中等。

产量及适宜地区：1989—1991年参加安徽省两年区域试验和一年生产试验，平均单产比对照浙辐802和二九丰分别增产2.9%和8.1%。适宜安徽省双季稻地区作双季早稻种植。

栽培技术要点：作早稻栽培，4月上中旬播种，大田用种量105～120kg/hm^2，秧龄28～30d，株行距10cm×20cm或13.3cm×16.7cm，每穴3～4粒种子苗。施足基肥，早施追肥，防止施肥过迟、过多造成倒伏或加重病虫危害。及时晒田，及时防治稻纵卷叶螟等虫害。后期不能过早断水，直到成熟都应保持湿润。

S9042 （S 9042）

品种来源：安徽省农业科学院水稻研究所与中国科学院等离子体物理研究所用氮离子束注入法处理浙15，采取系谱法选育而成，原名S9042，1994年通过安徽省农作物品种审定委员会审定，定名皖稻45。

形态特征和生物学特性：属籼型常规中熟早稻。感光性弱，感温性强，基本营养生长期短。株型紧凑，分蘖力中等，叶片直立内卷，茎秆粗壮坚韧，叶鞘、叶缘绿色，叶片宽，深绿色，主茎叶片数11～12叶，剑叶上举挺直，穗大粒多，长穗型，主蘖穗整齐，苗期抗寒，后期抗倒能力较强，熟相较好。颖壳、护颖淡黄色，稃尖无色无芒，种皮白色。全生育期110d，株高87cm，穗长19.7cm，着粒密度中等，平均每穗粒数135粒，结实率80%，千粒重24g。

品质特性：糙米率79.3%，精米率71.8%，整精米率59.5%，糙米长6.7mm，长宽比2.4，胶稠度41mm，直链淀粉含量24.9%，蛋白质含量8.2%，腹白、心白基本无，食味较佳。米质达部颁二等优质米标准。

抗性：高抗稻瘟病和白背飞虱，抗白叶枯病和褐飞虱。苗期耐寒性强，穗期较耐高温，较抗倒伏。

产量及适宜地区：1991—1992年参加安徽省早稻区域试验，两年平均单产6 261.0kg/hm²，两年区域试验和一年生产试验，平均单产较对照浙辐802、二九丰和8B40分别增产2.0%、4.4%和2.8%。适宜安徽省双季稻地区作早稻栽培，1994年以来累计推广面积4.3万hm²。

栽培技术要点：清明前后播种，秧田播种量450～600kg/hm²，秧龄30～35d。大田栽插45万穴/hm²，每穴栽5～7苗，株行距13cm×20cm或13.2cm×16.5cm。施足基肥，一般施尿素225kg/hm²，过磷酸钙375～450kg/hm²，氯化钾187.5～225kg/hm²；栽后7d结合中耕除草施尿素75～112.5kg/hm²，因穗型较大，酌情施用穗肥，提高结实率。前期浅水勤灌，圆秆拔节前适当晒田，后期干干湿湿，及时防治稻纵卷叶螟等。

安庆早1号（Anqingzao 1）

品种来源：安庆市农业科学研究所用澄丰/朝阳1号配组，采用系谱法选育而成，1970年通过安徽省农业主管部门认定。

形态特征和生物学特性：属籼型常规早熟早稻。感光性弱，感温性中等，基本营养生长期短。株型松散，茎秆细韧，茎叶前期浓绿，后期绿色，穗型较散，主蘖穗不齐。颖壳黄色，颖尖紫色，种皮白色，易脱粒，粒形椭圆形。全生育期110d，株高75cm，穗长17cm，单株有效穗数5个，每穗总粒数50粒，结实率79.2%，千粒重24g左右。

品质特性：糙米率79.2%，米质较优。

抗性：中感稻瘟病，高感白叶枯病，感褐飞虱和白背飞虱。不耐肥，易倒伏。

产量及适宜地区：1972—1973年多点试种示范，单产3 787.5～5 062.5kg/hm²，比对照二九青略有增产，一般单产4 500.0kg/hm²，最高单产6 000.0kg/hm²。适宜安徽丘陵、畈区种植。

栽培技术要点：4月上旬播种，在适宜播种时间内，应早播早栽，培育壮秧，秧田播种量不宜超过600kg/hm²。秧龄控制在28d以内、叶龄在5.5叶以内。过早播种结实率不高，影响产量。推迟播种或作三熟制早稻栽培，栽植密度株行距10cm×16.7cm，栽插基本苗300万苗/hm²，每穴5～7苗。适时晒田，最高苗数控制在750万苗/hm²左右，争取有效穗525万～570万穗/hm²。施足基肥，早施追肥。防止施肥过迟、过多造成倒伏或加重病虫危害。及时防治稻纵卷叶螟等虫害。后期不能过早断水，直到成熟都应保持湿润。

安育早1号（Anyuzao 1）

品种来源：安徽农业大学农学院用竹青/嘉育948配组，采用系谱法选育而成，2007年通过安徽省农作物品种审定委员会审定。

形态特征和生物学特性：属籼型常规早熟早稻。感光性弱，感温性中等，基本营养生长期短。株型紧凑，叶片坚挺上举，茎叶淡绿，长穗型，主蘗穗齐，分蘗力较强，成穗率高。生长清秀，落色好。颖壳及颖尖均呈黄色，种皮白色，稀间短芒。全生育期105d，与对照竹青相仿，株高86cm，每穗总粒数107粒，结实率78.0%，千粒重25.5g。

品质特性：糙米粒长5.6cm，长宽比2.2，糙米率81.8%，精米率73.9%，整精米率55.9%，垩白粒率90%，垩白度12.6%，透明度3级，碱消值7.0级，胶稠度36mm，直链淀粉含量14.6%，蛋白质含量10.5%，米质达部颁四等食用稻品种品质标准。

抗性：中抗白叶枯病，感稻瘟病。

产量及适宜地区：2005—2006年两年安徽省早籼区域试验，平均单产分别为7 312.5kg/hm² 和 7 200.0kg/hm²，比对照竹青分别增产7.0%和6.9%。2006年同步参加安徽省生产试验，平均单产6 534.0kg/hm²，比对照竹青增产1.1%。适宜安徽省作双季早稻种植，但不宜在山区和稻瘟病重病区种植，2007年以来累计推广面积18万hm²。

栽培技术要点：作双季早稻栽培，湿润育秧在3月底4月初播种，秧田播种量450～525kg/hm²，秧龄30d，大田用种量75～120kg/hm²；株行距16.7cm×16.7cm，栽插密度37.5万穴/hm²，基本苗150万～180万苗/hm²。旱育秧3月25日左右播种，大田用种量30.0～37.5kg/hm²。播种时每千克种子拌2g多效唑。一般旱育小苗3.5～4叶抛栽，35蔸/m²。直播田用种量75kg/hm²，施足基肥，早施追肥，种植并翻压好紫云英绿肥，或者基施腐熟农家肥，增施磷、钾肥，氮、磷、钾比为1.2：0.8：1。化肥总用量为尿素375kg/hm²，氯化钾150kg/hm²，磷肥450kg/hm²，防止施肥过迟、过多造成倒伏或加重病虫危害。分蘗高峰期及时烤田，后期干干湿湿，断水不宜过早。做好纹枯病、稻瘟病和稻纵卷叶螟等病虫害防治，确保丰产增收。

白农3号 （Bainong 3）

品种来源：安徽省白湖农场1971年从早闽4号中系统选育而成。

形态特征和生物学特性：属籼型常规中熟早稻。感光性弱，感温性中等，基本营养生长期短。株型较散，叶宽且较披散，茎叶淡绿，分蘖中等，生长整齐，长穗型，主蘖穗不齐。颖壳及颖尖均呈黄色，种皮白色，稀间短芒，不易落粒。全生育期108d，株高80cm，穗长17cm，每穗总粒数65粒，结实率高，千粒重22g左右。

品质特性：糙米率79.2%，精米率70.8%，直链淀粉含量19.3%，碱消值5.0级，胶稠度28mm，粗蛋白质含量11.4%，赖氨酸含量0.4%。

抗性：中感纹枯病、稻瘟病。

产量及适宜地区：一般单产6 000.0kg/hm²，最高7 500.0kg/hm²。适宜安徽省在中等偏上肥力田作早稻种植，主要分布在安庆、巢湖地区，1979年种植面积73.67hm²。

栽培技术要点：4月上旬播种，在适宜播种时间内，应早播早栽，培育壮秧，秧田播种量不宜超过600kg/hm²，秧龄控制在25～28d，过早播种结实率不高，影响产量；推迟播种或作三熟制早稻栽培，秧田播种量不宜超过1 800kg/hm²，秧龄控制在30d、叶龄在5.5叶以内。栽植密度株行距10.0cm×16.7cm，栽插基本苗300万苗/hm²。每穴5～7苗，适时晒田，使最高苗数达750万苗/hm²左右，争取有效穗达到525万～570万穗/hm²。施足基肥，早施追肥，防止施肥过迟、过多造成倒伏或加重病虫危害。及时晒田，及时防治稻纵卷叶螟等。后期不能过早断水，直到成熟都应保持湿润。

朝阳72-4（Chaoyang 72-4）

品种来源：太湖县徐桥农技站与建设公社南庄大队协作从朝阳1号中系统选育而成，1972年通过安徽省农业主管部门认定。

形态特征和生物学特性：属籼型常规早熟早稻。感光性弱，感温性中等，基本营养生长期短。株型紧凑，分蘖力中等，叶片较大。苗期叶色较淡，叶片前期披散，后期直立，成穗率较高，穗型中等，较易脱粒，成熟时转色较好。颖壳淡黄，颖尖黄色，种皮白色，无芒。全生育期109d，株高70cm，穗长17cm，单株有效穗数6个，每穗粒数80粒，籽粒较大，长椭圆形，结实率85%左右，千粒重24.5g。

品质特性：糙米率79.5%，精米率71.3%，直链淀粉含量21.1%，碱消值5.0级，胶稠度39mm，蛋白质含量12.1%，赖氨酸含量0.4%。

抗性：苗期较耐寒，中抗纹枯病和白叶枯病，中感稻瘟病。

产量及适宜地区：一般单产5 250.0kg/hm²，最高单产6 750.0kg/hm²。适宜安徽省沿江、江南作双季早稻种植，1979年种植面积900hm²。

栽培技术要点：在适宜播种时间内，应早播早栽，秧龄25～28d。推迟播种或作三熟制早稻栽培，要培育壮秧，秧田播种量不宜超过600kg/hm²，秧龄控制在30d以内、叶龄在5.5叶以内。栽植密度株行距10cm×16.7cm，栽插基本苗300万苗/hm²。每穴5～7苗。适时晒田，争取525.0万～570.0万穗/hm²有效穗。施足基肥，早施追肥。防止施肥过迟、过多，造成倒伏或加重病虫危害。及时晒田，及时防治稻纵卷叶螟等。后期不能过早断水，直到成熟都应保持湿润。

当选早1号（Dangxuanzao 1）

品种来源：当涂县农业科学研究所从朝阳1号天然杂交株后代中选育而成，1970年通过安徽省农业主管部门认定。

形态特征和生物学特性：属籼型常规迟熟早稻。感光性弱，感温性中等，基本营养生长期短。株型适中，茎秆细韧，叶片宽大较披散，茎叶淡绿，长穗型，主蘖穗整齐。颖壳及颖尖均呈黄色，种皮白色，无芒。全生育期115d，株高80cm，穗长18cm，单株有效穗数6个，穗粒数80粒，结实率75%左右，千粒重21g。

品质特性：米质中等。

抗性：苗期耐寒性强。

产量及适宜地区：1974年参加芜湖地区和安徽省区域试验，一般单产5 250.0kg/hm²，高产在7 125.0kg/hm²以上。适宜安徽省沿江作早稻种植，1979年芜湖、安庆、巢湖等县（市）种植面积612.9hm²。

栽培技术要点：在适宜播种时间内，应早播早栽，秧龄25d左右。推迟播种或作三熟制早稻栽培，要培育壮秧，叶龄在5.5叶以内，栽植密度株行距10.0cm×16.7cm，栽插基本苗300.0万苗/hm²。每穴5～7苗，适时晒田，使最高苗数达750万苗/hm²，争取有效穗达到525万～570万穗/hm²。施足基肥，早施追肥，防止施肥过迟、过多，造成倒伏或加重病虫危害。及时晒田，及时防治稻纵卷叶螟等。后期不能过早断水，直到成熟都应保持湿润。

辐选3号 (Fuxuan 3)

品种来源：桐城市农业科学研究所（原桐城县农业科学研究所）1970年从辐育1号中系统选育，于1975年育成。

形态特征和生物学特性：属籼型常规水稻迟熟早籼品种。感光性弱，感温性中等，基本营养生长期短。株型紧凑，叶片坚挺上举，茎秆细韧，茎叶淡绿，中穗型，分蘖力较强，主蘖穗整齐。谷粒直背形，颖壳及颖尖均呈黄色，种皮白色。后期生长清秀，落色好。全生育期119d，株高70cm，穗长16cm，每穗总粒数60粒，千粒重21g。

品质特性：谷壳较薄，腹白小，米质好。

抗性：耐肥抗倒。中抗白叶枯病，中感纹枯病。

产量及适宜地区：1974年桐城县农业科学研究所品种比较试验，小区单产6 225.0kg/hm²，居9个品种第一位，比对照辐育1号增产3.2%，比对照圭陆矮8号增产6.8%；大区示范单产5 343.0kg/hm²，比对照辐育1号增产10.4%。桐城县石河公社翻身大队农科队试验田单产7 800.0kg/hm²，比对照圭陆矮8号增产13%。平均单产6 000.0kg/hm²左右，适宜安徽省江南丘陵、沿江地区种植，1979年安庆、池州地区种植面积93.4hm²。

栽培技术要点：3月下旬播种，秧田播种量600.0 ~ 675.0kg/hm²。4月下旬移栽，秧龄28 ~ 30d。株行距10cm×16.7cm，每穴7 ~ 8苗。施足基肥，施鲜紫云英22 500 ~ 30 000kg/hm²，过磷酸钙150kg/hm²，或人畜粪1 000kg左右。栽秧6 ~ 7d后，追肥耘草，施尿素112.5kg/hm²，以促进早发，提高成穗率。

圭变12 （Guibian 12）

品种来源：宣城市农业科学研究所（原宣城县农业科学研究所）1972年从圭陆矮8号中系统选育而成。

形态特征和生物学特性：属籼型常规中熟偏迟早稻。感光性弱，感温性中等，基本营养生长期短。株型紧凑，分蘖力较强，叶片坚挺上举，叶片短窄，苗期叶色略淡，中后期叶色转绿。长穗型，主蘖穗整齐。颖壳呈黄色，颖尖呈褐色，种皮白色，无芒。抽穗灌浆快，成穗率75%以上。生长整齐清秀，成熟期转色好。全生育期117d左右，株高76cm，每穗总粒数75粒，结实率80%左右。谷粒长椭圆形，千粒重25.6g。

品质特性：糙米率78%～80%，米质较好。

抗性：苗期抗寒力较强，耐肥中等。抗稻瘟病和白叶枯病，中感纹枯病。

产量及适宜地区：1975—1976年芜湖地区早稻良种区域试验，平均单产分别为5 272.5kg/hm² 和7 485.0kg/hm²，比对照广陆矮4号分别增产1.8%和3.3%，较对照圭陆矮8号增产39.2%。1979年宣城县双桥公社新村大队小拐生产队试种0.5hm²（前茬紫云英种植田），单产6 099.0kg/hm²，比对照芜湖七一早增产13.6%，较对照先锋1号增产9%。适宜安徽省江南丘陵、沿江地区作早稻种植。

栽培技术要点：4月初播种，7月底成熟，从播种到齐穗90d左右，为了早让茬，适时栽双季晚稻，要求足肥培育带蘖壮秧，6月底7月初齐穗。绿肥和早熟油菜田，4月5日前播

种较适宜，秧田播种量750.0kg/hm²左右，秧龄30～32d；迟熟油菜和紫云英种子田，只能用稀播延长秧龄的方法，但不宜推迟播种期，减少1/4播种量，秧龄可延长到40d左右。为了保大穗、获多穗，要采用分蘖壮秧小株密植的方法，株行距10.0cm×16.7cm或13.3cm×16.7cm，要采取"攻头、控中、养老"的施肥方法提高结实率，增加粒重，基肥占90%，追肥占10%（早施），并做到够苗烤田，薄水抽穗，湿润灌浆，干湿壮籽。

陆伍红 （Luwuhong）

品种来源：安徽省农业科学院水稻研究所用广陆矮/PC5配组，采取系谱法选育而成，原名陆伍红，1987年通过安徽省农作物品种审定委员会审定，定名皖稻13。

形态特征和生物学特性：属籼型常规中迟熟早籼稻。感光性弱，感温性中等，基本营养生长期短。分蘖力中等，成穗率65%～70%，主蘖穗整齐。颖壳和颖尖黄色，种皮白色，无芒。穗型较大，较易脱粒，籽粒较大，谷粒长椭圆形。全生育期110d，株高75cm，每穗总粒数70粒左右，结实率80%左右，谷壳较薄，千粒重27g。

品质特性：糙米率77.5%，精米率69.9%，直链淀粉含量19.7%，碱消值5.2级，胶稠度30mm，蛋白质含量11.35%，米质中等，赖氨酸含量0.395%。

产量及适宜地区：一般单产5 250.0kg/hm²。适宜安徽省沿江及江南作双季早稻种植，1987年以来累计推广面积10万hm²。

栽培技术要点：在适宜播种时间内，应早播早栽，秧龄25d左右。推迟播种或作三熟制早稻栽培，要培育壮秧，秧田播种量不宜超过600kg/hm²，秧龄控制在30d、叶龄在5.5叶以内。栽植密度株行距10cm×16.7cm，栽插基本苗300万苗/hm²。每穴5～7苗。施足基肥，早施追肥，防止施肥过迟、过多造成倒伏或加重病虫危害。及时晒田，防治稻纵卷叶螟等。由于籽粒较大，灌浆速度较慢，后期不能过早断水，直到成熟都应保持湿润。

马尾早 （Maweizao）

品种来源：太湖县农家品种。

形态特征和生物学特性：属籼型常规迟熟早稻。感光性弱，感温性中等，基本营养生长期短。株型松散，分蘖力弱，茎秆较粗，叶片宽大，深绿色。长穗型，主蘖穗整齐。颖壳及颖尖均呈黄色，种皮白色，稀间短芒，易落粒。全生育期110～115d。株高100cm，每穗总粒数100粒左右，千粒重25～27g。

品质特性：谷粒长，壳薄，糙米率72%，米质好。

抗性：不耐肥，易倒伏；抗病虫能力较强。

产量及适宜地区：一般单产3 000.0～3 750.0kg/hm²，高的超过4 500.0kg/hm²。适宜安徽省江南丘陵、沿江地区作早稻种植，1979年安庆地区种植面积130.7hm²。

栽培技术要点：4月初播种，7月底成熟，从播种到齐穗90d左右，为了早让茬，适时栽双晚，要求足肥培育分蘖壮秧。绿肥和早熟油菜田，4月5日前播种较适宜，秧田播种量750kg/hm²左右，秧龄30～32d；迟熟油菜和紫云英种子田，只能用稀播延长秧龄的方法，但不宜推迟播种期，减少1/4播种量，秧龄可延长到40d左右。为了保大穗、获多穗，要采用分蘖壮秧小株密植的方法，株行距10.0cm×16.7cm或13.3cm×16.7cm，要采取"攻头、控中、养老"的施肥方法提高结实率，增加粒重，基肥占90%，早施追肥，追肥占10%，并做到"够苗烤田，薄水抽穗，湿润灌浆，干湿壮籽"。实行浅水勤灌，后期干干湿湿。根据预测预报，及时防治稻瘟病、稻纵卷叶螟等病虫害。

芒稻 （Mangdao）

品种来源：芒稻又名早芒稻、芒早稻、白芒稻。宣城、宁国县一带农家品种。

形态特征和生物学特性：属籼型常规迟熟早稻。感光性弱，感温性中等，基本营养生长期较短。株型松散，分蘖力较弱，茎秆粗壮，叶片宽大，叶色淡绿。长穗型，主蘖穗整齐。颖壳及颖尖均呈黄色，种皮白色，有芒，易落粒。全生育期115d左右。株高120cm，穗长17cm，每穗总粒数100粒左右，千粒重24g。

品质特性：糙米率79.9%，精米率72%，直链淀粉含量22.3%，碱消值5.1级，胶稠度42mm，蛋白质含量10.68%，赖氨酸含量0.366%。

抗性：耐肥，抗倒伏；抗病虫害能力较强。

产量及适宜地区：一般单产2 250.0kg/hm²，高的超过3 250.0kg/hm²。适宜安徽省江南丘陵、沿江地区种植。1979年种植面积20hm²。

栽培技术要点：适时播种，防止烂秧，4月初播种，要求足肥培育分蘖壮秧，6月底7月初齐穗。绿肥和早熟油菜田，4月5日前播种较适宜，秧田播种量750kg/hm²左右，秧龄30d；株行距13.3cm×16.7cm或20.0cm×16.7cm，每穴5～7苗，要采取"攻头、控中、养老"的施肥方法提高结实率，增加粒重，基肥占90%，早施追肥，追肥占10%，并做到够苗烤田，薄水抽穗，湿润灌浆，干湿壮籽。实行浅水勤灌，后期干干湿湿。根据预测预报，及时防治稻瘟病、螟虫等病虫害。

农九（Nongjiu）

品种来源：宁国县农业科学研究所用中龙45/温选10号配组，采取系谱法选育而成，原名农九，1987年通过安徽省农作物品种审定委员会审定，定名皖稻15。

形态特征和生物学特性：属籼型常规中迟熟早稻。感光性弱，感温性中等，基本营养生长期较短。分蘖力中等，成穗率65%左右，主蘖穗整齐。颖壳和颖尖黄色，种皮白色，无芒。穗型较大，较易脱粒。籽粒较大，谷粒长椭圆形。全生育期110d，株高75cm，每穗总粒数75粒，结实率80%，谷壳较薄，千粒重26g。

品质特性：米质中等。

产量及适宜地区：一般单产5 250kg/hm²。适宜安徽省沿江、江南作双季早稻种植。

栽培技术要点：在适宜播种时间内，秧龄25d左右。推迟播种或作三熟制早稻栽培，培育壮秧，秧田播种量不宜超过750.0kg/hm²，秧龄控制在30d、叶龄控制在5.5叶以内。早播早栽，栽植密度株行距10.0cm×16.7cm，栽插基本苗300.0万苗/hm²，每穴5～7苗。施足基肥，早施追肥，防止施肥过迟、过多造成倒伏或加重病虫危害。及时晒田，及时防治稻纵卷叶螟等。由于籽粒较大，灌浆速度较慢，后期不能过早断水，直到成熟都应保持湿润。

太湖早 （Taihuzao）

品种来源：安庆地区农家品种。

形态特征和生物学特性：属籼型常规早熟早稻。感光性弱，感温性中等，基本营养生长期短。株型松散，分蘖早而强。茎秆细软，茎叶淡绿，长穗型，主蘖穗整齐。颖壳及颖尖均呈黄色，种皮白色，无芒，易落粒。全生育期105d，株高100cm。穗长18cm，着粒较稀，每穗总粒数85粒左右，结实率76%，千粒重27.6g。

品质特性：糙米率80.6%，精米率72.1%，直链淀粉含量24.5%，碱消值5.0级，胶稠度40mm，蛋白质含量8.8%，赖氨酸含量0.373%。

抗性：不耐肥，易倒伏。

产量及适宜地区：一般单产2 250.0 ～ 3 000.0kg/hm²，高产田块可达4 500.0kg/hm²。适宜安徽省田多人少、生产条件较差的地方搭配种植，芜湖地区也有长期栽培历史。1979年种植面积20hm²。

栽培技术要点：4月初播种，7月底成熟，秧田播种量750kg/hm²左右，秧龄30 ～ 32d；迟熟油菜和紫云英种子田，只能用稀播延长秧龄的方法，但不宜推迟播种期，减少1/4播种量，秧龄可延长到40d左右。为了保大穗、获多穗，要采用分蘖壮秧小株密植的方法，株行距10.0cm×16.7cm或13.3cm×16.7cm，栽插密度45.0万 ～ 60.0万穴/hm²，每穴栽分蘖壮秧5 ～ 7苗，要采取攻头、控中、养老的施肥方法提高结实率，增加粒重，基肥占90%，追肥占10%，要求早施，并做到够苗烤田，薄水抽穗，湿润灌浆，干湿壮籽。由于籽粒较大，灌浆速度较慢，后期不能过早断水，直到成熟都应保持湿润。及时防治病虫害。

无谢3号（Wuxie 3）

品种来源：无为县官镇公社双桥大队谢老生产队1970年从矮脚南特系统选育而成。

形态特征和生物学特性：属籼型常规迟熟早稻。感光性弱，感温性中等，基本营养生长期短。株型紧凑，叶片宽短而挺，叶色较浓绿，长穗型，主蘗穗整齐。颖壳及颖尖均呈黄色，种皮白色，无芒。谷粒长椭圆形，成穗率高。全生育期118d，株高80cm，穗长20cm，每穗总粒数60粒，结实率80%，千粒重25g。

品质特性：糙米率78%左右。米质中等，蛋白质含量10.5%，脂肪含量2.4%。

抗性：苗期抗寒力强。耐肥中等。中感纹枯病，轻感黄矮病。

产量及适宜地区：一般单产5 250.0 ～ 6 000.0kg/hm²，高的达7 500.0kg/hm²左右。1973年安徽省早稻良种联合区域试验，平均单产6 066.0kg/hm²，居首位。表现高产稳产，适宜安徽省沿江、江南作双季稻区早稻迟熟的搭配品种，主要分布在安庆、巢湖地区，1979年种植面积117.5hm²，至1994年累计种植面积10.0万hm²。

栽培技术要点：4月上旬播种，秧田播种量600kg/hm²，大田用种量60 ～ 75kg/hm²，秧本比1：8；秧龄控制在30d以内，叶龄5.5叶；施足基肥，适施氮肥，增施磷钾肥；齐穗后间歇灌水，干干湿湿活水到老，切勿断水过早；抛秧移栽要控制氮肥用量，增施磷钾肥，搁田扎根防倒伏。及时防治病虫害。

芜湖七一早（Wuhuqiyizao）

品种来源：芜湖市农业科学研究所（原芜湖地区农业科学研究所）从早丰收中系统选育而成。1983年通过安徽省农业主管部门认定。

形态特征和生物学特性：属籼型常规中熟偏早的早稻。感光性弱，感温性强，基本营养生长期短。株型较散，茎秆粗壮，叶片宽大，茎叶淡绿，剑叶较长。穗型较散，分蘖力弱，主蘖穗整齐，着粒密度中等，有早衰现象，易落粒。颖壳及颖尖均呈黄色，种皮白色，无芒。全生育期105d，株高90cm左右，穗长19.3cm，单株有效穗数5个，每穗总粒数90粒，结实率75%左右，千粒重23g。

品质特性：糙米椭圆形，糙米长宽比2.1，糙米率76%，米质中等，蛋白质含量7.5%。

抗性：中感稻瘟病，高感白叶枯病，感褐飞虱、感白背飞虱。耐肥中等，易倒伏。

产量及适宜地区：一般产量6 250.0kg/hm²，最高单产6 750.0kg/hm²。适宜安徽省沿江、江南双季早稻种植，主要分布在巢湖、芜湖，其次是安庆、六安、合肥、铜陵市等，1979年种植面积5.5万hm²。

栽培技术要点：在适宜播种时间内，早播早栽，培育壮秧，秧龄控制在30d左右，露天育秧一般在4月上旬播种，5月上旬移栽；薄膜育秧可提前在3月下旬。作双季晚稻栽培宜于7月5～10日播种，7月下旬移栽。栽植株行距10cm×16.7cm，每穴5～7苗，适时晒田；施足基肥，早施追肥，防止施肥过迟、过多造成倒伏或加重病虫危害；后期不能过早断水，直到成熟都应保持湿润。及时防治稻纵卷叶螟等虫害。

芜科1号（Wuke 1）

品种来源：芜湖市农业科学研究所（原芜湖地区农业科学研究所）用矮脚南特/南京4号配组，采取系谱法选育而成。

形态特征和生物学特性：属籼型常规中熟早稻。感光性弱，感温性较强，基本营养生长期短，全生育期106d。株型较紧凑，叶片坚挺上举，生长清秀，茎叶淡绿，长穗型，分蘖力强，主蘖穗不齐。颖壳及颖尖均呈黄色，种皮白色，无芒。易落粒。株高75cm，穗长18.5cm，每穗总粒数90粒，结实率70%左右。千粒重24g。

品质特性：糙米率75%，米色白，腹白小，品质好。

抗性：苗期耐寒力弱。中抗白叶枯病，感恶苗病。

产量及适宜地区：一般单产5 250.0kg/hm²，繁昌县黄渡公社种植4.2hm²，最高单产8 100.0kg/hm²。主要分布在芜湖和巢湖地区，安庆、徽州、合肥、铜陵市等地有少量种植，在肥力较好的圩、畈田能高产稳产，在肥力偏低的丘陵地区也能稳产保收，山区冷冲田栽培发棵差，产量低。1979年栽培面积4 179.5hm²，至1994年累计种植面积15.0万hm²。

栽培技术要点：露地育秧，4月上旬播种，秧龄30～35d，前作较迟的茬口，秧龄可适当延长。恶苗病较重，播种前应注意种子处理。大棵密植，控制无效分蘖，株行距10.0cm×13.3cm或10.0cm×16.7cm。施肥不可过多。加强田间管理，注意适时搁田。及时收割，以免落粒减产。

早3号 (Zao 3)

品种来源：桐城市农业科学研究所（原桐城县农业科学研究所）1968年从莲塘早3号单株中系统选育而成。

形态特征和生物学特性：属籼型常规中熟早稻。感光性弱，感温性中等，基本营养生长期短。株型较松散，茎秆细韧，叶片长披，茎叶淡绿色，分蘖力中等，长穗型，主蘖穗整齐。颖壳呈黄色，颖尖呈紫色，谷粒椭圆形，种皮白色，稀间短芒，熟期转色好。全生育期107d，株高110cm左右，每穗总粒数60粒，结实率88%，千粒重24.5g。

品质特性：糙米率高，米质好。

抗性：不耐肥，易倒伏。病害轻。

产量及适宜地区：一般单产4 500.0 ~ 5 250.0kg/hm²。适宜安徽省沿江、江南作双季早稻种植，1979年在桐城县丘陵、畈区种植162.1hm²，至1994年累计种植面积8.0万hm²。

栽培技术要点：作双季早稻栽培，3月底4月初播种，秧龄25d；栽植株行距10cm×16.7cm，栽插45.0万穴/hm²，每穴3 ~ 4粒种子苗。施足基肥，早施追肥，防止施肥过迟、过多造成倒伏或加重病虫危害。及时晒田，后期不能过早断水，直到成熟都应保持湿润。及时防治稻瘟病和稻纵卷叶螟等病虫害。

早矮6号 (Zao'ai 6)

品种来源：宁国县农业科学研究所用早丰收/矮丰配组，采用系谱法选育而成，原名早矮6号，1985年通过安徽省农作物品种审定委员会审定，定名皖稻3号。

形态特征和生物学特性：属籼型常规中熟早稻。感光性弱，感温性中等，基本营养生长期短。颖壳和颖尖黄色，种皮白色，无芒。穗型较大，较易脱粒。籽粒较大，谷粒长椭圆形。分蘖力中等，成穗率70%，主蘖穗整齐。全生育期110d，株高75cm，每穗总粒数75粒，结实率80%左右，谷壳较薄，千粒重26g。

品质特性：米质中等。

产量及适宜地区：一般单产5 250.0kg/hm²。适宜安徽省沿江、江南作双季早稻种植。

栽培技术要点：在适宜播种时间内，早播早栽，秧龄25d左右。推迟播种或作三熟制早稻栽培，要培育壮秧，秧田播种量不宜超过750kg/hm²，秧龄控制在30d以内，叶龄在5.5叶以内。栽植株行距10cm×16.7cm，栽插基本苗300.0万苗/hm²，每穴栽插5～7苗。施足基肥，早施追肥，防止施肥过迟、过多造成倒伏或加重病虫危害。及时晒田，及时防治稻纵卷叶螟等。由于籽粒较大，灌浆速度较慢，后期不能过早断水，直到成熟都应保持湿润。

早籼118 (Zaoxian 118)

品种来源：桐城市水稻研究所和安徽向农种业有限责任公司从浙733变异株中系统选育而成，原名早籼18，2010年通过安徽省农作物品种审定委员会审定。

形态特征和生物学特性：属籼型常规中熟早稻。感光性弱，感温性中等，基本营养生长期短。株型适中，叶姿挺，叶色淡绿，剑叶挺直，茎秆青色，主蘖穗整齐。谷粒长型，颖壳及颖尖呈黄色，无芒，谷壳较薄，落粒性中等，后期转色好，不早衰，成熟时秆青籽黄。全生育期106d，株高89cm，穗长19.4cm，每穗总粒数95粒，结实率82%，千粒重25g。

品质特性：糙米率77.3%，精米率68.8%，整精米率52.9%，糙米粒长6.2mm，糙米长宽比3.0，垩白粒率12%，垩白度3.8%，透明度3级，碱消值6.4级，胶稠度74mm，直链淀粉含量14.1%，蛋白质含量12.5%。米质达部颁四等食用稻品种品质标准。

抗性：感白叶枯病和稻瘟病。苗期耐寒性强。

产量及适宜地区：2007—2008年两年参加安徽省早籼区域试验，平均单产分别为7 530.0kg/hm² 和6 690.0kg/hm²，较对照竹青分别增产5.6%和1.3%。2009年生产试验，平均单产7 110.0kg/hm²，较对照竹青增产7.1%。适宜安徽省沿江和皖南山区种植。

栽培技术要点：播前晒种2d，用2.5%咪鲜胺2ml加水5～10kg，浸稻种4～5kg，浸泡48～60h，清洗后催芽。育秧移栽一般于3月底或4月初播种，稀播培育壮秧，秧田播种量600.0kg/hm²，大田用种量60.0～75.0kg/hm²，秧田与大田比1∶8；秧龄控制在25～30d，叶龄5.5叶。移栽适宜株行距为13.3cm×16.7cm，栽插45.0万穴/hm²，每穴3～4粒种子苗，基本苗数180万～225万苗/hm²。本田总施纯氮量180kg/hm²、五氧化二磷75kg/hm²、氯化钾150kg/hm²。磷肥和钾肥全部作基肥。水分管理掌握节水灌溉原则，在保证秧苗早发、稳发的前提下湿润促苗。抽穗扬花期，田间保持水层，灌浆结实期间歇灌溉，干干湿湿，活棵到老，切忌断水过早。抛秧移栽要控制氮肥用量，增施磷钾肥，搁田扎根防倒伏；及时做好稻蓟马、稻飞虱、稻螟虫、稻瘟病和纹枯病的防治。

早籼14（Zaoxian 14）

品种来源：安徽省农业科学院水稻研究所与中国科学院等离子体物理研究所合作用（嘉籼293/浙农10号）F₇经离子束辐照处理，于1994年选育而成，原名早籼14，1999年通过安徽省农作物品种审定委员会审定，定名皖稻71。

形态特征和生物学特性：属籼型常规中熟早稻。感光性弱，感温性中等，基本营养生长期短。株型较紧凑，分蘖力较强，叶片挺直，叶色稍浓绿。长穗型，主蘖穗整齐。颖壳及颖尖均呈黄色，种皮白色，无芒。全生育期110d，株高80cm，每穗总粒数95粒，结实率80%左右，千粒重23.5g。

品质特性：糙米率80.04%，精米率72.0%，垩白粒率10%，垩白度2.1%，透明度4级，碱消值3.5级，胶稠度92mm，直链淀粉含量14.6%，蛋白质含量10.5%，腹白、心白基本无，食味较佳。12项米质指标有8项达部颁二等食用稻品种品质标准。

抗性：中抗稻瘟病，感白叶枯病。

产量及适宜地区：1996—1998年安徽省区域试验和生产试验，平均单产6 970.5kg/hm²，比对照早籼213增产18.5%，比对照8B40增产3.8%。适宜安徽省沿江及江南地区作双季早稻种植，自1999年以来累计推广面积6.7万hm²。

栽培技术要点：作双季早稻栽培，旱育秧3月20日左右播种，秧田播种量150g/m²，大田用种量30.0～37.5kg/hm²。播种时每千克种子拌2g多效唑。一般旱育小苗3.5～4叶抛栽，或4.1～5叶移栽。插植密度16.5cm×20.0cm或抛栽30蔸/m²，每蔸插2粒种子苗。采取一次性施肥方法，即耙田时施入25%水稻专用配方肥600kg/hm²，栽后5～7d结合施用除草剂，再追施尿素75～90kg/hm²，孕穗期施氯化钾75kg/hm²。前期干湿相间促分蘖，够苗前及时落水晒田，后期湿润灌溉，忌断水过早，以防早衰和影响米质。播种前采用强氯精浸种，大田期根据病虫害预报，及时防治二化螟、稻纵卷叶螟、纹枯病等病虫危害。

早籼15 (Zaoxian 15)

品种来源：安徽省农业科学院水稻研究所从超丰早1号中选择的自然变异株，经系统选育而成，原名早籼15，2005年通过安徽省农作物品种审定委员会审定，定名皖稻139。

形态特征和生物学特性：属籼型常规迟熟早稻。感光性弱，感温性中等，基本营养生长期短。株型松散适中，分蘖能力强，茎秆粗壮，韧性好。剑叶挺直，叶色浓绿。根系发达，生育后期生长清秀，秆青籽黄，不早衰。全生育期110d，株高85cm，平均穗长20cm，着粒密度中等，平均每穗总粒数90粒，穗型较大，结实率80%左右，千粒重33g。

品质特性：糙米率79.8%，精米率70.1%，整精米率50.6%，垩白粒率86%，垩白度29.3%；粒长6.8mm，长宽比2.5，直链淀粉含量22.0%，蛋白质含量11.5%，碱消值5.8级，胶稠度61mm。垩白率大，垩白度较高，直链淀粉含量较高，适合用于米粉、米线和锅巴等食品加工原料。

抗性：中感稻瘟病，高感白叶枯病。

产量及适宜地区：2002—2003年两年安徽省双季早籼区域试验，平均单产分别为7 702.5kg/hm² 和6 579.0kg/hm²，比对照竹青分别增产6.6%和2.8%。2004年安徽省双季早籼生产试验，平均单产6 699.0kg/hm²，比竹青增产6.0%。一般单产6 000.0 ~ 6 750.0kg/hm²。适宜安徽省双季稻白叶枯病轻发区作早稻种植，至2012年累计推广面积17.24万hm²。

栽培技术要点：采用旱育稀植栽培技术，3月25日前播种，每平方米播干谷100g，每公顷大田需净苗床250 ~ 300m²；湿润育秧，4月5日前播种，秧田净播干种量600kg/hm²。秧龄30d以内，栽插密度180万苗/hm²基本苗。中等肥力大田，总施纯氮量控制在150kg/hm²以内，其中80%作为基肥施用；以有机肥为主，化学肥料为辅。磷肥375kg/hm²，钾肥225kg/hm²，作为基肥施用。栽后5 ~ 7d，追施尿素90kg/hm²。幼穗分化期根据苗情酌施穗肥。在水分管理上要注意成熟前保持田间湿润，不能断水过早。注意生育前期稻蓟马、中期螟虫和后期的纹枯病防治，在重病区，还要注重稻瘟病和白叶枯病的防治。

早籼213 （Zaoxian 213）

品种来源：安徽省肥东县水稻良种场用^{60}Coγ射线处理水源258干种子，采用系谱法选育而成，原名早籼213，1992年通过安徽省农作物品种审定委员会审定，定名皖稻39。

形态特征和生物学特性：属籼型常规早熟早稻。感光性弱，感温性中等，基本营养生长期短。株型前松后紧，分蘖力中等，主茎叶13叶，叶片坚挺上举，茎叶色淡绿，成穗率73%，长穗型，主茎与分蘖茎高度差异较明显。颖壳及颖尖均呈黄色，种皮白色，无芒。全生育期106d，与浙辐802相仿，株高85cm，每穗总粒数100粒，结实率85%，千粒重22.5g。

品质特性：糙米率79.6%，精米率72.3%，整精米率51.6%，粒长5.3mm，长宽比2.3，垩白粒率98%，垩白度21.6%，透明度4级，碱消值5.2级，胶稠度60mm，直链淀粉含量25.0%，蛋白质含量11.3%。米质较差，但优于浙辐802。

抗性：中感稻瘟病和白叶枯病。苗期耐寒弱。

产量及适宜地区：1989—1991年两年安徽省区域试验和一年生产试验，平均单产6 000.0kg/hm^2，比对照浙辐802和二九丰分别增产2.3%和15.7%。适宜安徽省沿江、江南双季稻区种植，1991年最大年推广面积13.3万hm^2，1990—2010年累计推广面积85万hm^2。

栽培技术要点：作双季早稻栽培，4月上旬播种，秧龄30d左右，大田用种量75kg/hm^{2}左右，株行距13.3cm×16.7cm或13.3cm×19.8cm，每穴3～4粒种子苗。施足基肥，早施追肥。防止施肥过迟、过多造成倒伏或加重病虫危害。及时晒田，防治稻纵卷叶螟等。

早籼240 (Zaoxian 240)

品种来源：宣城市农业科学研究所（原宣城地区农业科学研究所）用水源287/8B-40配组，采取系谱法选育而成，原名早籼240，1994年通过安徽省农作物品种审定委员会审定，定名皖稻43。

形态特征和生物学特性：属籼型常规中熟早稻。感光性较强，感温性中等，基本营养生长期短。株型松散适中，茎秆较粗，叶鞘叶缘绿色，叶耳淡绿色，叶片宽、挺直稍卷，叶色浓绿，剑叶角度较小，主茎叶片数11～12叶。分蘖力中等，单株分蘖数8个，成穗率85%，长穗型，主蘖穗整齐。谷粒长椭圆形，颖壳及颖尖均呈淡黄色，种皮白色，无芒或有顶芒。全生育期108d，株高75cm，穗长18cm，平均每穗总粒数105粒，结实率80%，千粒重22.5g。

品质特性：糙米率80.9%，精米率73.0%，整精米率52.9%，粒长6.8cm，长宽比3.0，垩白粒率33%，垩白度8.1%，透明度2级，碱消值5.0级，胶稠度59mm，直链淀粉含量24.4%，蛋白质含量11.3%。米粒腹白中、心白小，米质中等。

抗性：中感白叶枯病，抗稻瘟病。苗期耐寒性较强。

产量及适宜地区：安徽省两年区域试验和一年生产试验，平均单产分别比对照二九丰增产6.5%和8.7%。一般单产6 199.5kg/hm²。适宜安徽省双季稻稻瘟病轻发地区作早稻种植，1994年最大推广面积3.9万hm²，到2010年累计推广面积30.0万hm²。

栽培技术要点：作两熟制早稻栽培，3月底4月上旬播种，播种量600～750kg/hm²；作油菜或大麦茬三熟制早稻，4月中旬播种，播种量600kg/hm²，秧龄30d以内，大田用种112.50kg/hm²左右。两熟制每穴5苗，基本苗225万苗/hm²，三熟制每穴6～7个茎蘖苗，基本苗270万～300万苗/hm²，株行距13.3cm×16.7cm。中等肥力田块，施纯氮150～180kg/hm²和相应磷钾肥，施足基肥，以有机肥为主，用量占总用量的60%～70%，早施追肥，力争早发。茎蘖苗达375万苗/hm²时，及时晒田，控制无效分蘖，后期不能过早断水，直到成熟都应保持湿润，维护根系活力，达到成熟时秆青籽黄。及时防治二化螟、稻纵卷叶螟等。生长繁茂、田间郁蔽田块，孕穗期可施井冈霉素、多菌灵防治纹枯病。

早籼2430 (Zaoxian 2430)

品种来源：安徽省农业科学院水稻研究所用399S/Z96-12配组，采取系谱法选育而成，原名E2430，2007年通过安徽省农作物品种审定委员会审定，定名早籼2430。

形态特征和生物学特性：属籼型常规中熟早稻。感光性弱，感温性中等，基本营养生长期短。株型紧凑，茎秆粗壮，叶片坚挺上举，茎叶淡绿，中长穗型，主蘖穗整齐，生长整齐，熟色较好，分蘖力中等。颖壳及颖尖均呈黄色，种皮白色，稀间短芒。全生育期105d，株高79cm，平均每穗总粒数98粒，结实率80%，千粒重25g。

品质特性：糙米率79.0%，精米率72.3%，整精米率37.3%，粒长6.6mm，长宽比3.1，垩白粒率32%，垩白度3.5%，透明度2级，碱消值6.8级，胶稠度81mm，直链淀粉含量14.4%，蛋白质含量9.2%。米质达部颁四等食用稻品种品质标准。

抗性：中抗白叶枯病，抗稻瘟病、条纹叶枯病。

产量及适宜地区：2004—2005年参加安徽省早籼稻区域试验，平均单产分别为6 723.0kg/hm² 和7 288.5kg/hm²，比对照竹青分别增产0.7%和6.7%。2006年参加安徽省早籼稻生产试验，平均单产6 286.5kg/hm²，比对照竹青增产2.8%。适宜安徽省沿江及江南作双季早稻种植。

栽培技术要点：3月底至4月初播种，秧田播种量525.0kg/hm²，薄膜育秧，秧龄30d以内，人工栽培株行距13.3cm×16.7cm，大田用种量45～60kg/hm²，每穴栽3～4粒种子

苗。抛秧栽培要求均匀足苗，抛栽45万～60万穴/hm²。直播栽培播种期安排在4月中旬，在稀播匀播的基础上，在3～4叶期把株距小于10cm的过密处的秧苗带土挖出，补苗时，保持田间浅水层，补在株距大于30cm以上的空当处。化学除草应在播前除草的基础上，重点抓好大田苗期的除草工作。大田施纯氮150～180kg/hm²，氮、磷、钾比为1：0.7：0.7，以基肥、有机肥、速效肥为主，齐穗后2～3d适量补施粒肥。后期保持浅水灌浆，干湿交替直到成熟。重点防治纹枯病等。

早籼276 (Zaoxian 276)

品种来源：安徽省农业科学院水稻研究所用早尖1号//M1460/IR50配组，采取系谱法选育而成，原名早籼276，2005年通过安徽省农作物品种审定委员会审定，定名皖稻141。

形态特征和生物学特性：属籼型常规中熟早稻。感光性弱，感温性中等，基本营养生长期短。株型紧凑，叶片挺直，茎秆较粗壮，韧性好，根系发达，秆青籽黄，不早衰；分蘖力中等，成穗率70%。全生育期108d，株高85cm，穗镰刀形，穗型较大，穗长20cm，着粒密度中等，平均每穗总粒数110粒左右，结实率75%，长粒型，千粒重25.5g。

品质特性：糙米率80.1%，精米率71.2%，整精米率49.6%，粒长6.8cm，长宽比3.0，垩白粒率33%，垩白度8.1%，透明度2级，碱消值6.0级，胶稠度65mm，直链淀粉含量20.4%，蛋白质含量9.1%。主要米质指标达到部颁二等食用稻品种品质标准。

抗性：中抗稻瘟病，高感白叶枯病。

产量及适宜地区：2002—2003年两年安徽省双季早籼区域试验，平均单产分别为7 435.6kg/hm²和6 313.5kg/hm²，比对照竹青分别增产2.9%和减产1.4%。2004年安徽省双季早籼生产试验，平均单产6 625.5kg/hm²，比对照竹青增产5.3%。一般单产6 000.0 ~ 6 750.0kg/hm²。适宜安徽省双季稻白叶枯病轻发区作早稻种植，至2012年累计推广面积8.20万hm²。

栽培技术要点：旱育稀植栽培，3月25日前播种，播干种100g/m²，大田需净苗床300m²/hm²。湿润育秧要求在清明前后播种，秧田净播干种量600kg/hm²，大田用种量45 ~ 60kg/hm²，秧龄30d以内，栽插规格16.7cm×16.7cm或13.3cm×20.0cm，每穴插2 ~ 3粒种子苗。大田总施纯氮量控制在150kg/hm²以内，其中的80%作为基肥施用；以有机肥为主，化学肥料为辅。栽后5 ~ 7d，追施尿素75kg/hm²。做到浅水栽秧，返青后轻搁田、浅水促分蘖，中期适时适度烤田，注意成熟前保持田间湿润，后期不能断水过早。注意生育前期稻蓟马、中期螟虫和后期纹枯病的防治，在重病区还要注重稻瘟病的防治。

早籼615 (Zaoxian 615)

品种来源：安徽省农业科学院水稻研究所用早籼14///早籼14//早籼14/Y134配组，采取系谱法选育而成。2010年通过安徽省农作物品种审定委员会审定。

形态特征和生物学特性：属籼型常规中熟早稻。感温性中等。茎秆较粗壮，韧性好，株型较紧凑，分蘖力强。叶片挺直，剑叶较长、挺直。穗伸出度较好，穗镰刀形，护颖和颖壳黄色，长粒形，无芒。全生育期105d，株高88cm，穗型较大，穗长20cm，每穗总粒数95粒，结实率80%，千粒重25g。

品质特性：糙米率79.1%，精米率71.7%，整精米率48.8%，糙米粒长6.8mm，长宽比2.8，垩白粒率56%，垩白度4.8%，透明度3级，碱消值4.2级，胶稠度81mm，直链淀粉含量14.4%，蛋白质含量9.9%，米质达部颁四等食用稻品种品质标准。

抗性：中抗稻瘟病、白叶枯病。苗期耐寒性好，耐肥、抗倒伏能力强。

产量及适宜地区：2007—2008年参加安徽省早籼区域试验，平均单产分别为7 612.5kg/hm²和7 227.3kg/hm²，较对照竹青分别增产6.8%和9.5%。2009年生产试验，平均单产为7 243.8kg/hm²，较对照竹青增产9.1%。适宜安徽省沿江和皖南山区作双季早稻种植，自2010年以来累计推广面积5.5万hm²。

栽培技术要点：采用肥床旱育秧，一般在3月25日前播种，播干种100g/m²，大田需净苗床300m²/hm²。湿润育秧，在4月5日前播种，秧田净播干种量600kg/hm²，大田用种量

45 ~ 60kg/hm²，秧龄30d以内，栽插规格16.7cm×16.7cm或13.3cm×20.0cm，每穴插2 ~ 3粒种子苗。直播栽培一般比移栽迟播7 ~ 10d，播量60kg/hm²，定畦定量，先播70%，用30%补缺补稀，播后轻塌谷，有条件的盖上一层油菜籽壳等以保温、防止鸟害及雨水。总施纯氮量控制150kg/hm²以内。做到浅水栽秧，返青后轻搁田、浅水促分蘖，分蘖期保持浅水层，当茎蘖数达预定穗数的80%时，及时排水晒田，采取多次轻晒，以控制无效分蘖。收获前7 ~ 10d断水。注意生育前期稻蓟马、中期螟虫和后期纹枯病的防治。

早籼65 (Zaoxian 65)

品种来源：安徽省农业科学院水稻研究所用 HA79317-7//IR26/二九青配组，采取系谱法选育而成，原名早籼65，2003年通过安徽省农作物品种审定委员会审定，定名皖稻85。

形态特征和生物学特性：属籼型常规中熟偏迟早稻。感光性弱，感温性中等，基本营养生长期短。根系发达，生育后期生长清秀，秆青籽黄，不早衰。茎秆中粗，韧性好，株型松散适中，剑叶长挺，茎叶淡绿，长穗型，分蘖力较强，主蘖穗整齐。颖壳及颖尖均呈黄色，种皮白色，无芒。全生育期110d，株高90cm，平均每穗105粒，结实率80%，千粒重24g。

品质特性：糙米率80.8%，精米率72.4%，整精米率55.8%，糙米粒长6.8mm，长宽比3.2，垩白粒率4%，垩白度0.5%，透明度2级，碱消值6.5级，胶稠度78mm，直链淀粉含量24.1%，蛋白质含量13.4%。12项指标均达到部颁二等食用稻品种品质标准。加工品质和外观品质优良，市场商品性好。2003年被安徽省农业委员会、粮食局评为市场畅销优质米品种。

抗性：中抗稻瘟病，中感白叶枯病。高肥水条件下易倒伏。

产量及适宜地区：2000年参加安徽省早稻区域试验，平均单产6 975.0kg/hm²，比对照竹青减产4.1%；2001年续试，平均单产7 294.5kg/hm²，比对照竹青增产0.7%。2002年参加安徽省双季早籼组生产试验，平均单产6 774.0kg/hm²，比对照竹青增产4.3%。适宜安徽省沿江及江南地区作双季早稻种植，至2012年累计推广面积14.4万hm²。

栽培技术要点：采用旱育稀植栽培技术，3月25日前播种，每平方米播干种75g，每公顷大田需净苗床250～300m²；湿润育秧，4月5日前播种，秧田净播干种量525kg/hm²，大田用种量60kg/hm²。秧龄30d以内，栽插密度180万苗/hm²。中等肥力大田，总施纯氮量150kg/hm²，磷肥375kg/hm²，钾肥225kg/hm²，作为基肥施用。栽后5～7d追施尿素75kg/hm²，幼穗分化期根据苗情酌施穗肥，齐穗期用4～5kg/hm²磷酸二氢钾对水7 500kg喷施叶面。在水分管理上要注意成熟前保持田间湿润，不能断水过早。注意生育前期稻蓟马、中期螟虫和后期纹枯病的防治。在重病区要注重稻瘟病和白叶枯病的防治。

早籼 788 （Zaoxian 788）

品种来源：安徽省农业科学院水稻研究所用早籼14///早籼14//早籼14/Gayabyeo配组，采取系谱法选育而成。2008年通过安徽省农作物品种审定委员会审定。

形态特征和生物学特性：属籼型常规中熟早稻。感温性中等。茎秆粗壮，株型较紧凑，叶片挺直，剑叶较长、挺直，分蘖力强，成穗率72%，根系较发达，生育后期生长清秀，秆青籽黄，不早衰。全生育期105d左右，株高86.5cm，穗型较大，穗长20cm，穗伸出度较好，穗镰刀形。护颖和颖壳黄色，谷粒细长形，无芒。着粒密度中等，每穗总粒数115粒，结实率75.4%，千粒重24g。

品质特性：糙米率78.7%，精米率70.3%，整精米率58.7%，垩白粒率68%，垩白度9.0%，透明度3级，碱消值5.5级，胶稠度72mm，直链淀粉含量25.1%，蛋白质含量13.2%，米质达部颁四等食用稻品种品质标准。

抗性：抗白叶枯病、中抗稻瘟病。苗期耐寒、耐肥、抗倒伏能力较强。

产量及适宜地区：2005年和2006年参加安徽省早籼区域试验，平均单产分别为7 470.0kg/hm^{2}和6 960.0kg/hm^2，较对照351A/制选分别减产2.1%和6.5%，较对照竹青分别增产9.4%和3.3%。2007年生产试验，单产6 595.1kg/hm^2，较对照竹青增产3.5%。适宜安徽省皖西、沿江和皖南山区作早稻种植，自2008年以来累计推广面积15.12万hm^2。

栽培技术要点：旱育稀植栽培，3月25日前播种，播干种100g/m^2，大田需净苗床300m^2/hm^2；湿润育秧，4月5日前播种，秧田净播干种量600kg/hm^2，大田用种量60kg/hm^2。秧龄30d以内，株行距16.7cm×16.7cm或13.3cm×20.0cm，每穴插2～3粒种子苗。直播栽培，播期一般安排在4月10～15日，直播栽培用种量60kg/hm^{2}左右，先播80%谷种，余下的20%谷种作补播。大田总施纯氮量为150～180kg/hm^2，做到浅水栽秧，返青后轻搁田、浅水促分蘖，分蘖期保持浅水层，灌浆成熟期浅水勤灌，干湿交替，收获前7～10d断水。根据病虫测报，及时做好稻蓟马、二化螟和三化螟的防治。

早籼802（Zaoxian 802）

品种来源：安徽省农业科学院水稻研究所用399S（来源于安农S-1-6×421）/Z96-12（来源于浙江省嘉兴市农业科学研究院）配组，采取系谱法选育而成，2009年通过安徽省农作物品种审定委员会审定。

形态特征和生物学特性：属籼型常规中迟熟早稻。感光性弱，感温性中等，基本营养生长期短。株型紧凑，叶片坚挺上举，剑叶较短，茎鞘紫色，颖壳黄色，颖尖紫色，种皮白色，无芒或少量极短芒。谷粒长度中长，谷粒椭圆形。中长穗型，穗镰形下垂，主蘖穗整齐。全生育期108d，株高80cm，有效穗390万穗/hm²，每穗总粒数95粒，结实率74%，千粒重26g。

品质特性：糙米率80.1%，精米率72.2%，整精米率49.2%，粒长7.1mm，长宽比3.4，垩白粒率7%，垩白度0.8%，透明度2级，碱消值5.2级，胶稠度40mm，直链淀粉含量26.4%，蛋白质含量12.8%，米质达部颁四等食用稻品种品质标准。

抗性：抗白叶枯病和抗稻瘟病。

产量及适宜地区：2006年安徽省早籼区域试验平均单产6 900.0kg/hm²，较对照竹青增产2.5%；2007年续试，平均单产7 095.0kg/hm²，较对照竹青减产0.4%。2008年安徽省早籼生产试验，平均单产7 140.0kg/hm²，较对照竹青增产1.0%。适宜安徽省沿江、皖南山区和皖西丘陵区作早稻种植。

栽培技术要点：作双季早稻栽培，3月底4月初播种，秧龄25d；株行距10.0cm×16.7cm，栽插45.0万穴/hm²，每穴3～4粒种子苗。施足基肥，早施追肥，防止施肥过迟、过多造成倒伏或加重病虫危害。及时晒田，后期不能过早断水，直到成熟都应保持湿润。及时预防稻瘟病和稻纵卷叶螟等。

珍系选1号（Zhenxixuan 1）

品种来源：当涂县大桥公社农科站从珍珠早中系统选育而成。

形态特征和生物学特性：属籼型常规中熟早稻。感光性弱，感温性中等，基本营养生长期短。株型紧凑，苗期叶宽而披，中后期叶片挺直，叶缘波状皱折，茎叶淡绿，长穗型，主蘖穗整齐。颖壳及颖尖均呈黄色，种皮白色，稀间短芒，分蘖中等偏弱。全生育期110d左右，株高80cm，穗长18.5cm，每穗90粒，千粒重23.8g。

品质特性：米质较优。

抗性：较耐肥。抗性一般。

产量及适宜地区：一般单产5 250.0kg/hm²。适宜安徽省沿江、江南作双季早稻种植，1979年当涂县大桥公社种植117.4hm²，至1994年累计种植面积3.5万hm²。

栽培技术要点：在适宜播种时间内，秧龄控制在25d左右。推迟播种或作三熟制早稻栽培，培育壮秧，秧田播种量不宜超过750kg/hm²，秧龄控制在30d、叶龄在5.5叶以内。早播早栽，株行距10cm×16.7cm，栽插基本苗300万苗/hm²。每穴5～7苗，施足基肥，早施追肥。防止施肥过迟、过多造成倒伏或加重病虫危害。及时晒田，及时防治稻纵卷叶螟等。后期不能过早断水，直到成熟都应保持湿润。

直早038 (Zhizao 038)

品种来源：安徽省农业科学院水稻研究所与中国科学院等离子体物理研究所合作用早籼14/丽粳2号配组，采取系谱法选育而成，原名直早038，2006年通过安徽省农作物品种审定委员会审定，定名皖稻179。

形态特征和生物学特性：属籼型常规中熟早稻。感光性弱，感温性中等，基本营养生长期短。株型适中，根系发达，叶片挺直，生长清秀，茎叶淡绿，长穗型，分蘖力较强，主蘗穗整齐。颖壳及颖尖均呈黄色，种皮白色，稀间短芒。全生育期107d，株高78cm，每穗总粒数110粒，结实率75%左右，千粒重24g。

品质特性：糙米率78.1%，精米率69.8%，整精米率30.9%，糙米粒长6.4mm，长宽比3.0，垩白粒率56%，垩白度9.6%，透明度2级，碱消值3.5级，胶稠度75mm，直链淀粉含量13.4%，蛋白质含量9.8%。

抗性：感白叶枯病，中感稻瘟病。苗期耐寒性较强。

产量及适宜地区：2003—2004年两年安徽省双季早籼区域试验，平均单产分别为6 451.5kg/hm²和6 684.0kg/hm²，比对照竹青分别增产0.8%和0.1%。2005年安徽省双季早籼生产试验，平均单产7 194.0kg/hm²，比对照竹青增产6.2%。一般单产6 750.0kg/hm²。适宜安徽省白叶枯病轻发的双季稻区作早稻种植。

栽培技术要点：作双季早稻栽培，3月底至4月初播种，秧龄30d，栽插45.0万穴/hm²，每穴3～4粒种子苗。施足基肥，早施追肥。防止施肥过迟、过多造成倒伏或加重病虫危害。及时晒田，由于灌浆速度较慢，后期不能过早断水，直到成熟都应保持湿润。注意防治白叶枯病。

竹广23 (Zhuguang 23)

品种来源：广德县农业科学研究所1973年用竹莲矮/广陆矮4号配组，采取系谱法于1976年选育而成。

形态特征和生物学特性：属籼型常规中熟早稻。株型松散适中，叶片短宽、挺举。苗期叶色略淡，中后期叶色浓绿。分蘖力中等，成穗率75%。穗短大，着粒密，谷粒充实椭圆，间有顶芒，熟期转色好。全生育期110d，株高70cm，每穗总粒数65粒，结实率80%，千粒重28g。

品质特性：糙米率78.8%，精米率71.5%，整精米率54.8%，粒长5.3mm，长宽比1.7，垩白粒率100%，垩白度26%，透明度4级，碱消值5.0级，胶稠度49mm，直链淀粉含量24.0%，蛋白质含量10.7%。

抗性：苗期抗寒力较强。感稻瘟病，中抗白叶枯病，抗纹枯病。

产量及适宜地区：1976年广德县农业科学研究所鉴定，单产5 850.0kg/hm²，比对照二九青增产14.7%，比对照竹莲矮增产4.0%。1978年浙江嘉兴地区23个试点，平均单产6 612.0kg/hm²，比对照原丰早增产3.8%。江苏省苏州地区11个试点，平均单产6 438.0kg/hm²，居13个参试品种的第一位，比对照二九青增产18.8%，比对照原丰早增产5.4%，比对照广陆矮4号增产1.8%。一般单产6 000.0 ～ 6 750.0kg/hm²。适宜安徽省沿江及江南作早稻种植，1979年种植面积497hm²，1982年种植面积达11.4万hm²。

栽培技术要点：作二熟制早稻种植，4月上旬播种，秧龄在30d以内；作三熟制早稻种植，4月中下旬播种，秧田净播种量750 ～ 900kg/hm²，稀播壮秧，秧龄在30d左右，叶龄

在5.5叶以内，株行距10.0cm×16.7cm，每穴4 ～ 5苗，大田栽插密度60万 ～ 75万穴/hm²，基本苗数600万苗/hm²。需肥水平高，宜在肥田种植，并合理施用基肥和追肥，高产栽培施纯氮525kg/hm²，有机肥和无机肥比例1：1，争取足苗足穗，保证穗大粒多籽饱夺高产。谷粒较大，穗基部谷粒灌浆速度较慢，后期田间不能断水过早，直到成熟都要保持湿润，养根保叶，增加粒重，提高结实率。注意纹枯病、蓟马和稻纵卷叶螟等病虫害的防治。

竹广29（Zhuguang 29）

品种来源：广德县农业科学研究所用竹莲矮/广陆矮4号配组，采用系谱法选育而成，原名竹广29，1983年通过安徽省农作物品种审定委员会审定，定名皖稻1号。

形态特征和生物学特性：属籼型常规中熟早稻。感光性弱，感温性强，基本营养生长期短。株型松散，叶片较大，苗期叶色较淡，中后期叶色浓绿，成熟时转色较好。颖壳和颖尖黄色，种皮白色，无芒。穗型较大，较易脱粒。籽粒较大，谷粒长椭圆形。分蘖力中等，成穗率70%，主蘖穗整齐。全生育期110d左右，株高75cm左右，有效穗10个，穗长10.5cm，每穗总粒数100粒，结实率80%，谷壳较薄，千粒重25g左右。

品质特性：糙米率82.9%，精米率74.8%，直链淀粉含量18.1%，碱消值6.2级，胶稠度83mm，蛋白质含量8.3%，赖氨酸含量0.3%。

抗性：中抗稻瘟病，高感白叶枯病，中感纹枯病，感褐飞虱和白背飞虱。

产量及适宜地区：1976年广德县农业科学研究所小区鉴定，平均单产6 112.5kg/hm²，比对照二九青增产19.9%，比对照竹莲矮增产8.7%，1978年安徽省早籼中熟组区域试验，23个试点平均单产6 751.5kg/hm²，最高8 256.0kg/hm²，居8个参试品种的第一位，比对照原丰早增产8.8%；1979年27个试点，平均单产5 908.5kg/hm²，居11个参试品种的第一位，比对照原丰早增产7.1%。一般产量6 000.0kg/hm²，高产可达7 500.0kg/hm²。适宜沿江和江南作双季早稻种植。

栽培技术要点：在适宜播种时间内，早播早栽，秧龄应控制在25d左右。推迟播种或作三熟制早稻栽培，秧田播种量不宜超过750kg/hm²，秧龄控制在30d，叶龄在5.5叶以内。株行距10.0cm×16.7cm，栽插基本苗300万苗/hm²。每穴5～7苗，施足基肥，早施追肥。防止施肥过迟、过多造成倒伏或加重病虫危害。及时晒田，灌浆速度较慢，后期不能过早断水，直到成熟都应保持湿润。注意防治纹枯病和稻纵卷叶螟等病虫害。

竹青（Zhuqing）

品种来源：安徽农业大学农学系与安徽省种子总公司合作用海竹/二九青选配组，采取系谱法选育而成，1997年通过安徽省农作物品种审定委员会审定，定名皖稻63。

形态特征和生物学特性：属籼型常规中熟早稻。感光性弱，感温性中等，基本营养生长期短。株型适中，茎秆较粗壮，主茎叶12片，叶片挺直，叶色浓绿，长穗型，分蘖力中等，主蘖穗整齐。颖壳及颖尖均呈黄色，种皮白色，稀间短芒。全生育期105d，株高80cm，每穗总粒数100粒，结实率85%，千粒重25.5g。

品质特性：糙米率80.1%，精米率62.5%，整精米率58.6%，长宽比2.3，垩白粒率100%，垩白度71.7%，碱消值5.4级，胶稠度68mm，直链淀粉含量20.5%。

抗性：抗稻瘟病，中抗白叶枯病。

产量及适宜地区：1994—1995年参加安徽省早稻区域试验，平均单产分别为7 200.0kg/hm² 和7 068.0kg/hm²，比对照8B40分别增产6.9%和5.5%。1996年参加安徽省双季早稻生产试验，平均单产5 401.5kg/hm²，比对照8B40增产19.4%。适宜安徽省双季稻地区作双季早稻种植，2003年最大年推广面积4.0万hm²，至2012年累计推广面积35.0万hm²。

栽培技术要点：4月上旬播种，秧田播种量600kg/hm²，大田用种量60～75kg/hm²；秧龄控制在30d以内，叶龄5.5叶；基本苗150万～180万苗/hm²，有效穗450万穗/hm²左右，在多穗基础上力争大穗获得高产；施足基肥，早施分蘖肥，适施氮肥，增施磷钾肥；齐穗后间歇灌水，干干湿湿活水到老，切勿断水过早；抛秧移栽要控制氮肥用量，增施磷钾肥，搁田扎根防倒伏；及时防治病虫害。

竹秋40 (Zhuqiu 40)

品种来源：池州市农业科学研究所（原徽州地区农业科学研究所）1971年从浙江省引入竹莲矮/秋珍F_2代种子经^{60}Co-γ射线处理后，经6个世代选择，于1975年育成。

形态特征和生物学特性：属籼型常规中迟熟早稻。感光性弱，感温性弱，对温度反应迟钝，基本营养生长期短。株型紧凑，叶片短挺，茎叶色浓绿，茎秆粗壮。长穗型，主蘖穗整齐，成熟一致。颖壳及颖尖均呈黄色，谷粒长椭圆形，种皮白色，顶端谷粒双平头，无芒。谷粒不易脱粒。全生育期110d，株高80cm左右，穗长18cm，每穗总粒数80粒，结实率80%左右，千粒重27g。

品质特性：糙米率80.4%，精米率72.7%，蛋白质含量11.6%，赖氨酸含量0.4%，直链淀粉含量20.6%，碱消值5.4级，胶稠度34mm。

抗性：中抗稻瘟病，中感纹枯病。早稻苗期耐寒性较强，双晚后期耐低温。耐肥抗倒。

产量及适宜地区：1976—1978年连续3年在徽州地区农业科学研究所鉴定，平均单产6 750.0kg/hm²，最高7 612.5kg/hm²，比对照广陆矮4号增产8.0%；1977—1978年连续两年南方稻区区域试验，平均单产6 363.0kg/hm²；1978—1979年两年安徽省早籼稻区域试验，平均单产6 615.0kg/hm²，比对照广陆矮4号增产4.6%。作中稻种植，1976—1978年三年在徽州地区农业科学研究所鉴定，平均单产7 237.5kg/hm²，比对照珍珠矮增产14.3%。适宜安徽省作早稻、中稻和晚稻种植，休宁、歙县、太平等县作双晚栽培，至1994年累计推广面积20.0万hm²。

栽培技术要点：作早稻种植，早播早栽，覆盖薄膜，适宜秧龄30d；作中稻种植，播栽期、秧龄弹性大，不容易发生早穗；作双晚种植，早播、早栽，适宜秧龄30～35d。小株密植，早稻16.7cm×16.7cm或13.4cm×16.7cm，双晚13.3cm×16.7cm或10.0cm×16.7cm，适当增加栽插苗数，基本苗应控制在375万苗/hm²以上。选择中、上等肥力田块种植，施足基肥，早施追肥，酌施穗粒肥。成熟不易脱粒，适用机械收割与脱粒，精打细收，丰产丰收。注意防治稻瘟病、纹枯病、二化螟、稻纵卷叶螟、稻飞虱等病虫害。

竹舟5号（Zhuzhou 5）

品种来源：安徽农业大学与安徽省种子总公司用海竹/舟优903配组，采取系谱法选育而成，原名竹舟5号，2003年通过安徽省农作物品种审定委员会审定，定名皖稻83。

形态特征和生物学特性：属籼型常规中迟熟早稻。感光性弱，感温性中等，基本营养生长期短。株型适中，分蘖力较强，生长清秀，成穗率高，叶片坚挺上举，茎叶淡绿，长穗型，主蘖穗整齐。颖壳及颖尖均呈黄色，种皮白色，稀间短芒，易落粒。全生育期108d左右，株高80cm，平均每穗总粒数80粒，结实率80%以上，千粒重26.5g。

品质特性：糙米率79.5%，精米率70.9%，整精米率53.8%，粒长6.7mm，长宽比3.2，垩白度2.1%，透明度2级，碱消值6.3级，胶稠度68mm，直链淀粉含量14.4%，蛋白质含量10.8%。10项米质指标达部颁二等食用稻品种品质标准。

抗性：中抗稻瘟病，中感白叶枯病。

产量及适宜地区：1999—2000年参加安徽省早稻区域试验，两年平均单产为6 891.0kg/hm²，比对照竹青减产1.0%。2001年参加安徽省双季早籼组生产试验，平均单产6 258.0kg/hm²，比对照竹青增产1.7%。适宜安徽省沿江、江南作双季早稻种植，至2012年累计推广面积10万hm²。

栽培技术要点：作双季早稻栽培，水育秧在3月底4月初播种，秧龄25d；株行距13.5cm×20.0cm，栽插37.5万穴/hm²，每穴2～4粒种子苗；旱育秧3月25日左右播种，大田用种量30.0～37.5kg/hm²。一般旱育小苗3.5～4叶抛栽，35蔸/m²。施足基肥，早施追肥。及时晒田，后期不能过早断水，直到成熟都应保持湿润。注意防治白叶枯病。成熟后应及时收割，以防落粒。

二、杂交早籼

351A／9247 (351 A／9247)

品种来源：原池州地区种子公司与青阳县种子公司合作用351A/R9247配组选育而成，原名351A/9247，1999年通过安徽省农作物品种审定委员会审定，定名皖稻73。

形态特征和生物学特性：属籼型三系杂交中迟熟早稻。感光性弱，感温性中等，基本营养生长期短。株型松紧适度，分蘖力强，繁茂性好，叶片较挺直，叶色深绿，主蘖穗整齐，长穗型。谷粒长形，颖壳及颖尖均呈黄色，种皮白色，稀间短芒。全生育期109d，株高85cm，每穗总粒数113粒，结实率75%，千粒重26.5g。

品质特性：垩白度6.7%，米粒外观品质较好。

抗性：中抗稻瘟病，中感白叶枯病。

产量及适宜地区：1997年参加安徽省早稻区域试验，平均单产7 600.5kg/hm²，比对照351A/制选和8B40分别增产4.6%和6.2%；1998年参加安徽省早稻续试，平均单产7 230.0kg/hm²，比对照351A/制选和8B40分别增产3.0%和6.2%。1998年同步参加安徽省早籼生产试验，平均单产6 469.5kg/hm²，比对照351A/制选增产3.7%。适宜安徽省双季稻地区中等偏上肥力田块作早稻种植。

栽培技术要点：作早稻栽培，3月底到4月初播种，秧田净播量300～375kg/hm²，秧龄25～30d。株行距16.5cm×13.2cm，每穴2粒种子苗。施足基肥，早施追肥。防止施肥过迟、过多造成倒伏或加重病虫危害。及时晒田，注意及时防治稻纵卷叶螟、白叶枯病等。由于籽粒较大，灌浆速度较慢，后期不能过早断水，直到成熟都应保持湿润。

351A／9279 (351 A／9279)

品种来源：原池州地区种子公司与青阳县种子公司，用351A/恢复系R9279配组选育而成，原名351A/9279，1998年通过安徽省农作物品种审定委员会审定，定名皖稻67。

形态特征和生物学特性：属籼型三系杂交中迟熟早稻。感光性弱，感温性中等，基本营养生长期短。株型紧凑，分蘖力强，有效穗较多，是穗粒重兼顾型品种。叶片坚挺上举，茎叶深绿，长穗型，主蘖穗整齐，谷粒较长。颖壳及颖尖均呈黄色，种皮白色，稀间短芒。全生育期110d，株高80cm，每穗总粒数105粒，结实率75%左右，千粒重27g。

品质特性：垩白度5.6%，米粒外观品质较好。

抗性：抗稻瘟病，感白叶枯病。

产量及适宜地区：1995年参加安徽省早稻区域试验，平均单产6 570.0kg/hm²，1996年参加安徽省早稻续试，平均单产6 049.5kg/hm²，比对照351A/制选和8B40分别增产1.4%和6.9%。1997年参加安徽省早稻生产试验，平均单产6 589.5kg/hm²，比对照351A/制选增产8.8%。适宜安徽省双季稻区作早稻种植。

栽培技术要点：作双季稻早稻栽培，3月底到4月初播种，秧田净播种量300kg/hm²，秧龄25d左右。大田用种量30kg/hm²，株行距16.5cm×13.3cm，每穴2粒种子苗。施足基肥，早施追肥。防止施肥过迟、过多造成倒伏或加重病虫危害。及时晒田，防治稻纵卷叶螟等。由于籽粒较大，灌浆速度较慢，后期不能过早断水，直到成熟都应保持湿润。

351A／制选（351 A／Zhixuan）

品种来源：安徽省农业科学院水稻研究所用35A/制选配组选育而成，原名351A/制选，1994年通过安徽省农作物品种审定委员会审定，定名皖稻47。

形态特征和生物学特性：属籼型三系杂交迟熟早稻。感光性弱，感温性中等，基本营养生长期短。株型集散适中，分蘖力较强，叶片苗期略披，后期挺拔，叶鞘无色，穗大粒多，茎叶淡绿，长穗型，主蘖穗整齐，后期转色较好。颖壳及颖尖均呈黄色，种皮白色，稀间短芒。全生育期113d，株高80cm，主茎叶片数13～14片，每穗总粒数120粒，结实率75%左右，千粒重25g。

品质特性：糙米率80.5%，精米率68.5%，整精米率61.8%，长宽比2.5，垩白粒率94.0%，垩白度23.0%，透明度4.8级，胶稠度81mm，直链淀粉含量21.1%，蛋白质含量13.2%。

抗性：苗期较耐寒，中抗白叶枯病和稻瘟病。

产量及适宜地区：1992—1993年参加安徽省杂交早稻区域试验，平均单产分别为7 632.0kg/hm² 和7 870.5kg/hm²，比对照二九丰和8B40分别增产10.2%和12.3%。1993年参加安徽省双季早稻杂稻生产试验，平均单产6 162.0kg/hm²，比对照威优86049增产9.4%，同年经长江流域籼型杂交稻科研推广协作组联合鉴定，平均单产6 144.0kg/hm²，比对照常优48-2增产9.3%。适宜安徽省双季稻地区作早稻中熟组合栽培。

栽培技术要点：3月底4月初播种，秧龄30d以内，每穴栽2粒种子苗，株行距13.3cm×19.8cm或13.3cm×16.5cm。施足基肥，早施追肥。防止施肥过迟、过多造成倒伏或加重病虫危害。及时晒田，防治稻纵卷叶螟等。后期不能过早断水，直到成熟都应保持湿润。

威优86049 （Weiyou 86049）

品种来源：青阳县种子公司用不育系V20A/早熟恢复系86049于1988年配组选育而成，原名威优86049，1992年通过安徽省农作物品种审定委员会审定，定名皖稻33。

形态特征和生物学特性：属籼型三系杂交迟熟早稻。感光性弱，感温性中等，基本营养生长期短。株型松紧适中，苗期叶色淡绿，叶片略披，中后期叶色较深，叶片上挺，分蘖力较强。长穗型，成穗率高，主蘖穗整齐。谷粒长形，颖壳呈黄色，颖尖均呈褐色，种皮白色，稀间短芒。全生育期114d左右，株高82cm，每穗总粒数105粒，结实率78%左右，千粒重27.5g。

品质特性：糙米率81%，米质中等，腹白较小。

抗性：中抗稻瘟病和白叶枯病。

产量及适宜地区：1989年参加安徽省早杂区域试验，平均单产7 284.0kg/hm^2；1990年参加安徽省续试和沿江5省区域试验，在安徽省早籼区域试验续试中，平均单产7 237.5kg/hm^2，在沿江5省区域试验中，比对照威优48-2略有增产。两年区域试验和一年生产试验，平均单产比对照二九丰和广陆矮4号分别增产8.1%和4.7%。1990年定为安徽省杂交早稻重点推广组合，适宜安徽沿江稻区作双季早稻种植。

栽培技术要点：3月下旬播种，秧龄25d左右，大田用种量375kg/hm^2，每穴2粒种子苗，株行距13.3cm×16.7cm或10cm×20.3cm。施足基肥，早施追肥。防止施肥过迟、过多，造成倒伏或加重病虫危害。及时晒田，防治稻纵卷叶螟等。由于籽粒较大，灌浆速度较慢，后期不能过早断水，直到成熟都应保持湿润。

威优D133 （Weiyou D 133）

品种来源：安徽省农业科学院水稻研究所用V20A/D133配组选育而成，原名威优D133，1992年通过安徽省农作物品种审定委员会审定，定名皖稻35。

形态特征和生物学特性：属籼型三系杂交中熟早稻。感光性弱，感温性中等，基本营养生长期短。株型紧凑，叶片坚挺上举，茎叶淡绿，长穗型，主蘖穗整齐。谷粒长形，颖壳黄色，颖尖紫色，种皮白色，稀间短芒。主茎叶片数12 ~ 14叶，分蘖力强，熟期落色好，全生育期110d，株高70cm，穗长17cm，每穗85粒，结实率80%，千粒重27.5g。

品质特性：米粒长宽比3.0左右，糙米率81%，米质中等。

抗性：高抗稻瘟病，中抗白叶枯病，抗白背飞虱和褐飞虱。苗期耐寒性较强，耐肥抗倒。

产量及适宜地区：1988年参加安徽省双季早杂新组合预试，平均单产6 007.5kg/hm^2，比对照二九丰增产13.0%；1989年参加安徽省双季早杂新组合区域试验，平均单产7 285.5kg/hm^2，比对照二九丰增产9.9%；两年4组试验27个试点，平均单产6 571.5kg/hm^2，比对照二九丰增产9.1%，一年生产试验，略有增产。适宜安徽双季稻地区作早稻搭配品种种植。

栽培技术要点：3月底播种，秧龄25d左右，大田用种量37.5kg/hm^2，每穴2粒种子苗，株行距13.3cm×16.7cm或10cm×20.3cm。施足基肥，早施追肥，防止施肥过迟、过多造成倒伏或加重病虫危害。及时晒田，防治稻纵卷叶螟等。由于籽粒较大，灌浆速度较慢，后期不能过早断水，直到成熟都应保持湿润。

协优9279 (Xieyou 9279)

品种来源：原池州地区种子公司和青阳县种子公司合作，用协青早A/恢复系R9279配组选育而成，原名协优9279，1997年通过安徽省农作物品种审定委员会审定，定名皖稻65。

形态特征和生物学特性：属籼型三系杂交中迟熟早稻。感光性弱，感温性中等，基本营养生长期短。株型紧凑，分蘖早而快，繁茂性好，叶片坚挺上举，茎叶淡绿，主茎叶片数12叶，后期落色好，长穗型，主蘖穗整齐。颖壳黄色，颖尖褐色，种皮白色，稀间短芒。全生育期110d，株高80cm，每穗总粒数95粒，结实率75%左右，千粒重28g。

品质特性：糙米率、精米率、粒长、长宽比、胶稠度、碱消值、蛋白质含量7项米质指标达一级优质米标准，透明度、直链淀粉含量2项达二级优质米标准。

抗性：中抗稻瘟病和白叶枯病，感纹枯病。

产量及适宜地区：1995—1996年参加安徽省早杂区域试验，平均单产为6 409.5kg/hm²，比对照351A/制选和8B40分别增产3.9%和6.4%。1996年参加安徽省早杂双季生产试验，比对照351A/制选增产4.2%。适宜安徽省双季稻地区作双季早稻种植。

栽培技术要点：3月底至4月初播种，秧田净播种量300 ~ 375kg/hm²，秧龄25 ~ 30d；大田用种量37.5kg/hm²，栽插密度16.5cm×13.3cm，每穴栽2粒种子苗。施足基肥，早施追肥，防止施肥过迟、过多，造成倒伏或加重病虫危害。及时晒田，防治稻纵卷叶螟等。由于籽粒较大，灌浆速度较慢，后期不能过早断水，直到成熟都应保持湿润。

株两优18（Zhuliangyou 18）

品种来源：合肥丰乐种业股份有限公司用株1S/R18配组选育而成。2010年通过安徽省农作物品种审定委员会审定。

形态特征和生物学特性：属籼型两系杂交中熟早稻。感光性弱，感温性中等，基本营养生长期短。株型适中，剑叶直立，芽鞘绿色，叶鞘（基部）绿色，茎秆基部包茎节，花药饱满，二次枝梗多，基本无芒，落粒性中，谷粒偏圆。全生育期107d左右，株高94cm，每穗总粒数99粒，结实率82%，千粒重25g。

品质特性：糙米率78.9%，精米率71.3%，整精米率54.5%，粒长6.3mm，长宽比2.6，垩白粒率52%，垩白度6.1%，透明度4.7级，胶稠度64mm，直链淀粉含量13.59%，蛋白质含量10.8%。

抗性：中抗叶枯病，抗稻瘟病。

产量及适宜地区：2007—2008年参加安徽省双季早稻区试，平均单产分别为7 710.0kg/hm² 和7 305.0kg/hm²，较对照（351A/制选）分别增产5.0%和9.7%。2009年生产试验，单产7 065.0kg/hm²，较对照（351A/制选）增产6.6%。适宜安徽省作双季早稻种植。

栽培技术要点：3月底播种，秧田播种量225kg/hm²，大田用种量30～37.5kg/hm²。株行距13.3cm×16.7cm，每穴栽2～3粒谷苗。重施底肥，早施追肥。施复混肥525～600kg/hm²作底肥，栽后5～7d结合施用除草剂和追施尿素75～105kg/hm²，后期看苗补施穗肥。适时落水晒田，孕穗期以湿为主，抽穗期保持田间有浅水，灌浆期以湿润为主。注意防治稻瘟病、纹枯病、二化螟、稻纵卷叶螟、稻飞虱等病虫害。

第二节 中 籼

一、常规中籼

87641 （87641）

品种来源：安徽省农业科学院水稻研究所用 ^{60}Co-γ 射线处理 （IR4412-16-3-6-1/IR4712-208-1）的后代与IR29复交，采用系谱法选育而成，原名87641，1994年通过安徽省农作物品种审定委员会审定，定名皖稻51。

形态特征和生物学特性：属籼型常规中迟熟中籼糯水稻。感光性弱，感温性中等，基本营养生长期短。株型紧凑，茎秆较粗，叶片坚挺上举，主茎节间4～5个，主茎叶片数16～17叶，茎叶淡绿，长穗型，主蘗穗整齐。颖壳及颖尖呈黄色，种皮白色，稀间短芒。全生育期140d，株高100cm，穗长23cm，每穗总粒数115粒，结实率80%，千粒重26g。

品质特性：米质较好，具有糯米香味，糯性较IR29强。谷粒中长型，糙米率81.4%，精米率72.6%，整精米率61.5%，直链淀粉含量0.9%，碱消值6.0级，胶稠度100mm。

抗性：中抗白叶枯病，抗稻瘟病和白背飞虱，高抗褐飞虱。较耐肥抗倒。

产量及适宜地区：平均单产6 199.5kg/hm^2。适宜安徽省沿淮及江淮地区作一季稻搭配品种种植。

栽培技术要点：4月下旬至5月初播种。秧田与大田比例为1∶10～12。株行距16.7cm×20cm，每穴2苗。总施氮量150～180kg/hm^2，以农家肥为主，化肥为辅，氮、磷、钾合理搭配，比例为2∶1∶2～3，其中60%作基肥，40%作追肥，追肥掌握前重、中控、后补的原则。水浆管理要围绕稻苗前期发得早，中期稳长壮，后期不早衰，青秆黄熟的目标进行。注意白叶枯病、纹枯病、稻蓟马、稻纵卷叶螟等病虫害的及时防治，保证高产丰收。

9024（9024）

品种来源：广德县农业科学研究所用BG90-2//野生稻/IR24配组，采用系谱法选育而成，原名9024，1989年通过安徽省农作物品种审定委员会审定，定名皖稻21。

形态特征和生物学特性：属籼型常规早熟中稻。感光性弱，感温性中等，基本营养生长期中等。株型适中，叶片上举稍内卷，茎叶淡绿，长穗型，主蘖穗整齐。颖壳及颖尖黄色，种皮白色，稀间短芒。全生育期130d左右，株高98.2cm，穗长22.4cm，每穗总粒数115.7粒，结实率79.2%，千粒重26.2g。

品质特性：糙米细长型，米质透明，无心腹白，1985年参加安徽省优质稻米评选，获中籼组优质米第四名。

抗性：抗稻瘟病，高抗白叶枯病，感纹枯病，易倒伏。

产量及适宜地区：中肥稳产，高肥条件下增产潜力较大。适宜安徽省单季稻地区作中籼搭配品种种植。

栽培技术要点：5月上旬播种，秧田播种量375～450kg/hm²，秧龄30～35d，栽插密度17cm×20cm，每穴3～4苗，栽插基本苗90万～120万苗/hm²，大田管理措施上应注意前期浅水勤灌，中后期以湿润灌溉为主，并注意适当增施磷、钾肥，控制氮肥用量，以提高结实率，苗发足后立即烤田，深泥田重烤，防止后期倒伏及纹枯病的发生，注意防治稻纵卷叶螟等。

91499（91499）

品种来源：安徽省农业科学院水稻研究所用朝阳1号//矮利3号/矮脚桂花黄///巴75经系谱法于1994年选育而成，原名91499，1998年通过安徽省农作物品种审定委员会审定，定名皖稻69。

形态特征和生物学特性：属籼型常规中迟熟中稻。感光性弱，感温性中等。株型紧凑，分蘖力中等偏弱。茎秆粗壮，伸长节间4～5个，茎秆高度85cm。主茎叶片数15～16叶，剑叶较宽，中长、挺直。颖壳及颖尖均黄色，种皮白色，稀间短芒。全生育期140d，穗长24cm左右，平均每穗总粒数150粒左右，结实率80%左右，千粒重29g。

品质特性：糙米率79.4%，精米率72.2%，整精米率57.9%，粒长7.4mm，长宽比3.1，垩白粒率5%，垩白度0.9%，透明度1级，碱消值7.0级，胶稠度64mm，直链淀粉含量18.6%，蛋白质含量9.9%。

抗性：中抗白叶枯病，抗稻瘟病，高抗褐飞虱，抗白背飞虱。耐肥抗倒。

产量及适宜地区：1995—1997年安徽省中籼区域试验和生产试验，产量与对照扬稻4号相近。平均单产7 689.0kg/hm²。适宜安徽省沿淮、江淮及皖南地区作一季稻种植，至2012年累计推广面积14.2万hm²。

栽培技术要点：适宜播期为4月下旬至5月上旬，采用湿润育秧，秧田净播种量375kg/hm²，大田用种量40kg/hm²左右。秧龄30～35d，带1～2个分蘖移栽。因分蘖中等偏弱，基本苗应达到120万～150万苗/hm²。中等肥力田块，总施氮量为165～195kg/hm²，过磷酸钙450kg/hm²、氯化钾75kg/hm²；以总施氮量的60%作基肥，40%作追肥，追肥应于移栽活棵后立即进行。后期需追施穗肥或粒肥。在水分管理上，成熟前应保持田间土壤湿润，不能断水过早。注意白叶枯病、纹枯病、稻蓟马、稻纵卷叶螟等病虫害的及时防治。

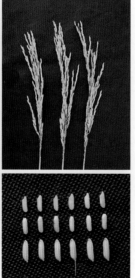

E164（E 164）

品种来源：安徽省农业科学院水稻研究所用密阳23/（IR4412-164-3-6/IR4712-108-1）F_1 配组，采用系谱法选育而成，原名E164，1990年通过安徽省农作物品种审定委员会审定，定名皖稻27。

形态特征和生物学特性：属籼型常规中迟熟中稻。感光性中，感温性较强，基本营养生长期中。根系发达，株型紧凑，基部节间粗短，叶片坚挺上举，叶片中宽、内卷，叶色青绿。颖壳及颖尖黄色，无芒，种皮白色。全生育期137d，株高100cm，穗长18cm，每穗总粒数160.5粒，结实率78%，千粒重26g。

品质特性：糙米率80%，精米率74%，整精米率60%，粒长6.3mm，长宽比2.6，垩白粒率10%，垩白度1.5%，透明度1级，碱消值7级，胶稠度68.0mm，直链淀粉含量18%。

抗性：中抗白叶枯病、稻瘟病和白背飞虱，高抗褐飞虱。

产量及适宜地区：在安徽省中籼组两年区域试验和一年生产试验，平均单产分别为7 104.0kg/hm^2、7 341.0kg/hm^{2}和6 036.0kg/hm^2，比对照密阳23分别增产8.6%、12%和9.1%。至2000年累计推广面积8.2万hm^2。适宜安徽省沿淮、江淮及皖南地区作一季稻种植。

栽培技术要点：适时播种，秧田播种量225kg/hm^2，秧龄30～35d，大田用种量30kg/hm^2。株行距13.3cm×20cm，每穴2粒种子苗。大田基肥施碳酸氢铵375kg/hm^2，过磷酸钙450kg/hm^2，氯化钾112.5kg/hm^2，磷、钾肥作基肥下田，氮肥追施应前重、中稳、后轻，分蘖始期施112.5～150kg/hm^{2}尿素，孕穗前施30～45kg/hm^{2}尿素。水浆管理上，应掌握前期浅水勤灌促分蘖，中期适时搁田保足穗，后期湿润灌浆争粒重。播前用300倍强氯精药液浸种12h防恶苗病，破口期用25%粉锈灵喷雾防治白叶枯病兼治稻曲病。

安选4号（Anxuan 4）

品种来源：安徽农业大学用二九选经系统选育而成，原名安选4号，1989年通过安徽省农作物品种审定委员会审定，定名皖稻23。

形态特征和生物学特性：属籼型常规早熟中稻。感光性中，感温性中，基本营养生长期中。叶片较大，株型松散，苗期叶色淡，中后期叶色浓绿，成熟时转色较好。成穗率68%。穗型中等，分蘖力中等。颖壳及颖尖黄色，种皮白色，无芒，较易落粒。全生育期130d，株高120cm，穗长16cm，有效穗数6个，每穗总粒数75粒，结实率80%左右，千粒重23g。

品质特性：糙米率79.3%，精米率71.0%，直链淀粉含量24.2%，碱消值7.0级，胶稠度30mm，蛋白质含量8.7%，赖氨酸含量0.3%。

抗性：中感稻瘟病，抗白叶枯病，高抗褐飞虱，抗白背飞虱。

产量及适宜地区：一般单产6 750.0kg/hm²。适宜安徽省单季稻地区作中籼搭配品种种植，累计推广面积6.7万hm²。

栽培技术要点：在适宜播种时间内，应早播早栽，秧龄30d左右。推迟播种或作三熟制早稻栽培，要培育壮秧，秧龄控制在30d、叶龄在5.5叶以内。栽插基本苗150万苗/hm²。每穴5～7苗，适时晒田。施足基肥，早施追肥。防止施肥过迟、过多而造成倒伏或加重病虫危害。及时防治稻纵卷叶螟等。后期不能过早断水，直到成熟都应保持湿润。

安选6号（Anxuan 6）

品种来源：安徽农业大学农学系1996年从大田种植的中籼稻9311的自然变异株中系统选育而成，原名安选6号，2004年通过安徽省品种审定委员会审定，定名皖稻115。

形态特征和生物学特性：属籼型常规迟熟中稻。感光性弱，感温性中等，基本营养生长期短。株型紧凑，茎秆健壮，分蘖力中等，叶片挺举浓绿，长相清秀，熟期转色好。长穗型，主蘖穗整齐。颖壳及颖尖均黄色，种皮白色，无芒。全生育期142d，株高115.8cm，平均每穗155粒，结实率84.8%，谷粒细长，无芒，千粒重29.5g。

品质特性：糙米率79.0%，精米率72.1%，整精米率53.9%，粒长6.6mm，长宽比2.9，垩白粒率9%，垩白度2.3%，透明度2级，碱消值7.0级，胶稠度70mm，直链淀粉含量13.5%，蛋白质含量11.0%。

抗性：抗白叶枯病，中感稻瘟病。

产量及适宜地区：2001—2002年参加安徽省中籼稻区试，平均单产分别为8 008.5kg/hm²和8 655.0kg/hm²，比对照汕优63分别减产2.4%和增产1.4%。2003年参加安徽省中籼生产试验，平均单产7 194kg/hm²，比对照种汕优63增产0.7%。至2012年累计推广面积6.7万hm²。适宜安徽省作一季中籼稻种植。

栽培技术要点：5月上旬播种，湿润育秧秧田落谷量300kg/hm²。稀播匀播，肥田育秧，以培育多蘖（2～3蘖/株）壮秧。秧龄30～35d，行株距20cm×17cm，每穴栽2粒种子苗，插足180万苗/hm²基本苗。该品种耐肥抗倒，需肥量较大，中等肥力田块施纯氮225kg/hm²左右，并合理搭配磷钾肥。施足基肥，早追分蘖肥，后期视苗情轻施穗粒肥。在水浆管理上，栽后浅水促蘖，够苗晒田，抽穗扬花期保持水层，后期干湿交替，其谷粒较大，不宜断水过早。注意及时防治病虫害。

滁辐1号（Chufu 1）

品种来源：原滁县地区原子能利用研究所用^{60}Co-γ射线辐射（闽桂1号/四梅2号）F_1干种子，于1986年育成，原名滁辐1号和8163，1990年通过安徽省农作物品种审定委员会审定，定名皖稻25。

形态特征和生物学特性：属籼型常规中熟中稻。感光性弱，感温性强，基本营养生长期中。株型较适中，分蘖力较弱，苗色淡绿，叶片稍阔，成穗率较高。根系发达，茎秆粗壮，基节粗短。颖壳和颖尖黄色，无芒，种皮白色。全生育期135d左右，株高95cm，主茎叶片14～15叶，每穗总粒数130粒，结实率80%，千粒重26.8g。

品质特性：米粒长椭圆形，长宽比2.0，米质中等。

抗性：中抗白叶枯病，中抗稻飞虱，中感稻瘟病和纹枯病。

产量及适宜地区：安徽省1987—1988年区域试验和1989年生产试验，产量平均比对照密阳23分别增产6.8%和10.2%。中肥稳产，高肥条件下增产潜力较大。适宜安徽省单季稻地区作中籼搭配品种种植。

栽培技术要点：作一季中稻种植，4月下旬至5月上旬播种，湿润育秧，秧田净播种量225kg/hm^2。秧龄控制在35d以内，株行距13cm×17cm或13cm×20cm，栽插密度37.5万～45.0万穴/hm^2，每穴2～3粒种子苗。加强肥水管理，注意防止倒伏。一般施纯氮180kg/hm^2，增施有机肥和磷钾肥，早施分蘖肥，不施或少施穗、粒肥。浅水勤灌，苗够及时晒田，后期间歇灌溉，干干湿湿，忌断水过早。注意病虫害防治。主要病虫害有二化螟、三化螟、稻纵卷叶螟、稻飞虱和稻曲病等，根据当地病虫害发生流行情况，适时适度用药。

大叶稻（Dayedao）

品种来源：大叶稻又名大叶早，是安徽省农家品种。

形态特征和生物学特性：属籼型常规中熟中稻。植株高大，茎秆较粗，叶片宽大，剑叶长而披，深绿色。谷粒长椭圆形，谷壳较厚，颖壳及颖尖均呈黄色，无芒或短芒，再生能力强，分蘖力较强。全生育期135d左右，株高130cm，穗长22.0cm，每穗总粒数120粒，千粒重26.0g。

品质特性：糙米率80.0%，精米率72.4%，碱消值中等，胶稠度40mm，直链淀粉含量26.9%，蛋白质含量7.5%。

抗性：中抗稻瘟病和白叶枯病。高感褐飞虱，中抗白背飞虱。

产量及适宜地区：一般单产3 750 ~ 4 500kg/hm^2。主要在安庆、池州、巢湖、铜陵、黄山地区种植。1958年安庆地区种植1.5万hm^2。

栽培技术要点：可适当早播早栽，提早成熟，一般4月上中旬播种，秧龄30 ~ 35d，可以留再生稻，提高年产量。在土质较肥的情况下，应注意适时晒田，避免荫蔽，增强通透性，以防后期倒伏。

二九选（Erjiuxuan）

品种来源：安徽农业大学从IR29变异株中系统选育而成，原名二九选，1985年通过安徽省农作物品种审定委员会审定，定名皖稻9号。

形态特征和生物学特性：属籼型常规早熟中籼糯稻。感光性中，感温性强，基本营养生长期中。株型适中，叶片坚挺上举，叶色淡绿，颖壳及颖尖呈黄色，种皮白色，无芒。全生育期128d左右，株高95cm，穗长18cm，每穗总粒数90粒，结实率80%，千粒重25.5g。

品质特性：糙米率77%，精米率70%，整精米率63.9%，粒长6.6mm，糙米长宽比3.1，碱消值高，胶稠度软，直链淀粉含量0.9%，蛋白质含量10%。米质达国家《优质稻谷》标准3级。食味良好，适于做元宵、汤圆等，是良好的食品加工原料。

抗性：中感稻瘟病，抗白叶枯病，高抗褐飞虱，抗白背飞虱。

产量及适宜地区：单产5 250.0 ~ 6 000.0kg/hm²，高产田块单产7 500.0kg/hm²。在安徽既可作一季早中稻栽培，也可作双季晚稻种植。至1994年累计推广面积6.7万hm²。

栽培技术要点：适时播种适龄栽插：接早茬绿肥、油菜田，4月下旬播种，5月下旬或6月初移栽，秧龄30 ~ 35d为宜；接迟茬小麦田，5月中旬播种，6月中旬移栽，秧龄30d左右；作双季晚稻，6月15 ~ 20日播种，秧龄应控制在25d左右。控制播量培育壮秧：一般早播秧田播种量900kg/hm²，晚播秧田播种量750kg/hm²，双晚秧田播种量525 ~ 600kg/hm²，采用湿润育秧，加强秧田管理，培育带蘖壮秧。合理密植均匀栽插：株行距13.3cm×20cm或17cm×20cm，每穴5 ~ 6苗。追肥促早发足苗就烤田：宜早追重追，促早发，长好苗架，提高成穗率。适时烤田，以防过苗。注意后期管理，确保亮秆籽黄。湿润灌溉，后期不能过早断水，直到成熟都应保持湿润，以保证叶青籽黄，提高结实率。

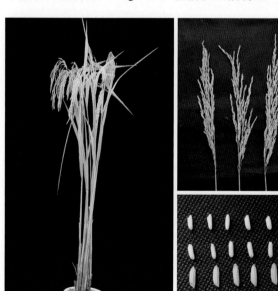

广科3号 （Guangke 3）

品种来源：广德县农业科学研究所用中籼广选3号/早籼651配组，采用系谱法选育而成，1971年通过安徽省农业主管部门认定。

形态特征和生物学特性：属籼稻常规早熟中稻。感光性弱，感温性强，基本营养生长期中。株型松散适中，叶片短宽挺直，后期叶色清秀，分蘖力中等，成穗率高。谷粒长椭圆形，颖壳及颖尖均呈黄色，种皮白色，无芒。全生育期130d，株高95cm，穗长22cm，每穗总粒数110粒，结实率80%，千粒重27.0g。

品质特性：糙米率75%，粒长6.8mm，长宽比2.5，蛋白质含量10.77%，米质较好。

抗性：中抗稻瘟病，中抗白叶枯病和纹枯病，中感褐飞虱，感白背飞虱。

产量及适宜地区：1973—1975年参加安徽省中籼联合区域试验，3年30个点平均单产6 939.0kg/hm²，最高单产9 990.0kg/hm²，与南京11产量相近，平均比对照珍珠矮11增产5%。适宜安徽淮北和沿淮地区中等肥力田作中稻和沿江、江南地区双季晚籼种植。1979年种植561.0hm²，主要在芜湖地区。

栽培技术要点：4月中旬播种，秧龄应控制在30d左右，叶龄在5.5叶以内；麦茬中稻，5月中旬播种，6月中旬移栽，株行距10cm×16.7cm或13.3cm×16.7cm，每穴6～8苗，保证360万～450万/hm²基本苗，力争525万～600万苗/hm²。选择中等肥力田种植，施足基肥，合理追施分蘖肥和穗肥，并注意适时晒田，后期追施氮肥不宜过重，防止施肥过迟、过多而造成倒伏或加重病虫危害；由于籽粒较大，灌浆速度较慢，后期不能过早断水，直到成熟都应保持湿润。及时防治稻纵卷叶螟等。

两际辐 (Liangjifu)

品种来源：安徽省农业科学院水稻研究所用（IR4412-16-3-6/IR4712-208-1）F_1 经 ^{60}Co-γ 射线处理，采用系谱法选育而成，原名两际辐，1994年通过安徽省农作物品种审定委员会审定，定名皖稻57。

形态特征和生物学特性：属籼型常规早熟中稻。感光性弱，感温性中等，基本营养生长期中。株型松散适中，茎秆较粗，中宽挺直。茎叶淡绿，长穗型，主蘖穗整齐。颖壳及颖尖呈黄色，种皮白色，稀间短芒。全生育期130d左右，株高97cm，主茎节4～5节，主茎叶片数15～16叶，穗长22cm，每穗总粒数90粒，结实率80%，千粒重27g。

品质特性：糙米率80.8%，精米率70.7%，整精米率59.5%，粒长6.8mm，长宽比3.09，无垩白或垩白极小，垩白率低，碱消值低至中，胶稠度软，直链淀粉含量18.4%。

抗性：中抗白叶枯病，抗稻瘟病，高抗白背飞虱和褐飞虱。较耐肥抗倒。

产量及适宜地区：安徽省1991—1992年品种区域试验，平均单产分别为7 126.5kg/hm^2 和7 050.0kg/hm^2，比对照密阳23分别增产8.7%和13.5%；1993年年省生产试验，单产为7 141.5kg/hm^2，比对照桂朝2号增产5.9%。适宜安徽省沿淮、江淮及皖南地区作一季稻搭配品种种植。至2000年累计推广面积5.8万hm^2。

栽培技术要点：适时稀播匀播，培育适龄带蘖壮秧：作一季稻，4月下旬至5月上旬播种，秧田播种量300kg/hm^2 左右，秧龄30～35d。大田用种量30～37.5kg/hm^2。采用湿润育秧，加强秧田管理，培育带蘖壮秧。合理密植，建立良好的群体结构：株行距16.7cm×20cm，每穴2苗。施足基肥、早施蘖肥，增施磷肥：大田总氮量150kg/hm^2，重施基肥，追肥掌握前重、中控、后补的原则。实行浅水湿润灌溉，严防病虫害：生长前期间歇浅水勤灌，中期足苗及时烤田，后期干干湿湿，以湿为主。成熟前不能脱水过早，以利养根保叶，增加粒重。秧田期和分蘖初期注意防治稻蓟马，大田期要注意防治稻纵卷叶螟，群体大的田块，还要重视纹枯病的防治。

绿稻24（Lüdao 24）

品种来源：安徽省农业科学院绿色食品工程研究所和宣城市农业科学研究所用扬稻4号/中籼2490配组，采用系谱法经多代选育而成，原名绿稻24，2003年通过安徽省农作物品种审定委员会审定，定名皖稻99。

形态特征和生物学特性：属籼型常规中迟熟中稻。感光性弱，感温性中等，基本营养生长期中。株型紧凑，叶片坚挺上举，茎叶深绿，生长清秀，分蘖力中等偏弱。长穗型，主蘖穗整齐。颖壳及颖尖均呈黄色，种皮白色，稀间短芒。全生育期140d，株高120cm，穗长24cm，每穗总粒数145粒，结实率85%左右，千粒重27.5g。

品质特性：糙米率77.6%，精米率71.3%，整精米率66.8%，粒长6.7mm，长宽比3.0，垩白粒率3%，垩白度0.6%，碱消值6.6级，透明度1级，胶稠度72mm，直链淀粉含量14.4%，蛋白质含量8.6%。12项米质指标除糙米率略低，其余11项指标均达部颁二级以上优质米标准。

抗性：中抗稻瘟病，抗白叶枯病。

产量及适宜地区：2000—2001年参加安徽省两年中籼区域试验和2002年生产试验，平均单产7 975.5kg/hm²，比对照汕优63略减产。适宜安徽省江淮及沿江地区作一季中稻种植。

栽培技术要点：4月下旬至5月上旬播种，湿润育秧，净秧田播种量225kg/hm²，旱育秧净秧田播种量450kg/hm²。秧龄控制在35d以内，株行距13cm×17cm或13cm×20cm，栽插密度37.5万～45.0万穴/hm²，每穴2～3粒种子苗。加强肥水管理，注意防止倒伏。一般施纯氮180kg/hm²，增施有机肥和磷钾肥，早施分蘖肥，不施或少施穗、粒肥。浅水勤灌，苗够及时晒田，后期忌断水过早。注意病虫害防治。注意防治白叶枯病、稻瘟病、稻曲病、纹枯病和螟虫等病虫害。

绿旱1号 （Lühan 1）

品种来源：安徽省农业科学院绿色食品工程研究所从水稻品种6527中通过人工诱变产生变异后代中经系统选育而成，原名绿旱1号，2005年通过国家农作物品种审定委员会审定。

形态特征和生物学特性：属籼型常规耐旱节水型早熟中稻。感光性弱，感温性中等，基本营养生长期中。株型紧凑，叶片坚挺上举，茎叶淡绿，中穗型，主蘖穗整齐。颖壳及颖尖均呈黄色，种皮白色，稀间短芒。在长江中下游地区作一季中稻种植，全生育期107d，株高91.1cm，穗长20.3cm，每穗总粒数105.0粒，结实率75.3%，千粒重26.0g。

品质特性：糙米率79.2%，精米率69.8%，整精米率52.4%，细长形，粒长6.6mm，长宽比2.9，垩白粒率37%，垩白度6.2%，胶稠度54mm，直链淀粉含量25.5%。

抗性：中抗稻瘟病，抗旱性评价7级。

产量及适宜地区：2003年参加长江中下游组旱稻区域试验，平均单产4 368.0kg/hm²，比对照中旱3号增产15.7%；2004年续试，平均单产5 107.5kg/hm²，比对照中旱3号增产30.3%；两年区域试验，平均单产4 737.0kg/hm²，比对照中旱3号增产23.0%。2004年生产试验，平均单产4 534.5kg/hm²，比对照中旱3号增产45.3%。适宜浙江、江苏、湖北、安徽、江西、福建等省部分稻瘟病轻的丘陵地区作一季旱稻种植，2009年推广面积达33.33万hm²，至2010年底已累计推广85.5万hm²。

栽培技术要点：5月下旬至6月下旬播种。大田用种量52.5 ~ 75.0kg/hm²，条播，行距

26.7cm。播种后1 ~ 2d如无阴雨天气，应及时浇灌1次水，确保出苗整齐一致。采用农家肥与化肥并用的原则，施氮、磷、钾含量各15%的三元复合肥600kg/hm²作基肥，3叶1心期追施尿素105 ~ 120kg/hm²。在抽穗扬花期，根据田间墒情及时灌水，以确保正常抽穗扬花。注意及时防治病虫草害。

密阳23 (Miyang 23)

品种来源：从韩国引进品种，1985年通过安徽省农作物品种审定委员会审定。

形态特征和生物学特性：属籼型常规中熟中稻。感光性弱，感温性中等，基本营养生长期短。株型紧凑，叶片坚挺上举，茎叶淡绿，长势繁茂，中长穗型，主蘖穗整齐，熟期转色中等。颖壳及颖尖均呈黄色，种皮白色，无芒。全生育期134d，株高94cm，单株穗数6.4个，穗长24.4cm，每穗总粒数128.2粒，结实率75.8%，千粒重24g。

品质特性：糙米率80.6%，整精米率72.9%，碱消值7.0级，胶稠度80mm，直链淀粉含量14.7%，蛋白质含量10.1%。米质达部颁三等食用稻品种品质标准。

抗性：经安徽省农业科学院植物保护研究所鉴定，感白叶枯病和稻瘟病。

产量及适宜地区：平均单产6 000.0kg/hm²，适宜安徽省沿淮及以南区域作一季中稻种植。

栽培技术要点：4月中旬至5月上旬播种，秧田净播种量300kg/hm²，大田用种30 ~ 37.5kg/hm²。培育适龄壮秧，株行距13.3cm×26.7cm，每穴2 ~ 3粒谷苗，瘦田略密，肥田宜稀。高产栽培施纯氮150 ~ 187.5kg/hm²。配施磷、钾肥。孕穗—破口期追施穗粒肥有良好的增产效果。水分管理要求早管促早发，中期重视晒田，后期断水不可过早。重点加强稻瘟病防治，注意白叶枯病、纹枯病、稻蓟马、稻纵卷叶螟等病虫害的及时防治，保证高产丰收。

农杜3号 (Nongdu 3)

品种来源：原安徽省农业科学院作物研究所用中籼4182/399配组选育而成。

形态特征和生物学特性：属籼型常规早熟中稻。株型紧凑，茎秆粗壮，根系发达，叶片中大挺直，叶色绿。成熟时，在肥料基本满足的情况下，穗藏在剑叶中间，谷粒长椭圆形、上大下小，颖壳有褐斑色，无芒或间有短芒，分蘖力中等，抽穗整齐，成穗率高。全生育期130d，株高75cm，穗长18cm左右，每穗总粒数80粒，千粒重26.5g。

品质特性：不详。

抗性：不详。

产量及适宜地区：一般单产4 875 ~ 5 250kg/hm²，高产达7 125kg/hm²。1972年开始在合肥市长丰县及肥东县北部一些社队试种示范，1979年种植面积172.7hm²。

栽培技术要点：选择肥田种植，并施足基肥，及早追施，看苗酌施穗肥。秧龄30d以内，株行距13.3cm×16.7cm或13.3cm×20.0cm，每穴8 ~ 10苗。茎秆繁茂，蒸发量大，抽穗后，灌浆成熟较慢，生育后期断水不宜过早。注意防治病虫害。

农杜4号 （Nongdu 4）

品种来源：原安徽省农业科学院作物研究所用二九矮7号/南永配组选育而成。

形态特征和生物学特性：属籼型常规早熟中稻。株型较紧凑，茎秆粗壮，根系发达，叶片中等偏大，叶色深绿，后期转色好。颖壳及颖尖呈黄色，无芒，分蘖力中等，抽穗迅速整齐，成穗率高。全生育期130d，株高95cm左右，穗长18cm左右，每穗总粒数100粒，千粒重22g。

品质特性：糙米率78.6%，精米率70.6%，蛋白质含量9.8%，赖氨酸含量0.3%，直链淀粉含量21.8%，碱消值5.0级，胶稠度84mm。

抗性：中感稻瘟病，高感白叶枯病，高感褐飞虱，感白背飞虱。

产量及适宜地区：一般单产5 250kg/hm^2。1972年开始在合肥市长丰县试种示范，1979年合肥、淮南、六安、巢湖地区种植面积102.7hm^2。

栽培技术要点：在江淮地区作一季中稻，4月中旬播种，5月下旬移栽。在淮北作夏稻，5月上旬播种，6月中旬移栽。选择中等肥田种植，施足基肥，及早施追肥，看苗酌施穗肥。秧龄30d以内，株行距10.0cm×16.7cm或13.3cm×20.0cm，每穴7～8苗。注意中期烤田，特别要防止后期氮肥过多，造成倒伏和引起病害，后期注意防治螟虫。

糯稻N-2 （Nuodao N-2）

品种来源：安徽省农业科学院水稻研究所从轮回422变异株系中，经过4年加代选育而成，2009年通过安徽省农作物品种审定委员会审定，定名糯稻N-2。

形态特征和生物学特性：属籼型常规中熟中籼糯稻。感光性弱，感温性较强，基本营养生长期较短。株型稍松，叶片稍内卷，叶色深，茎秆较软，弯型穗。颖壳及颖尖黄色。全生育期135d左右，株高111cm，穗长25cm，每穗总粒数145粒，结实率85%左右，千粒重26g。

品质特性：糙米率79.6%，精米率72%，整精米率60.9%，粒长6.5mm，长宽比3.1，垩白度2%，碱消值6.3级，胶稠度100mm，直链淀粉含量2.3%，蛋白质含量8.7%。米质达部颁四等食用稻品种品质标准。

抗性：抗稻瘟病，中抗白叶枯病。

产量及适宜地区：2007—2008年参加安徽省中籼区试，平均单产分别为7 875.0kg/hm² 和8 242.5kg/hm²，比对照汕优63分别增产0.03%和1.4%；两年中籼区试，平均单产 8 061.0kg/hm²，比对照汕优63增产0.7%。适宜安徽沿淮及江淮地区作中稻种植，2010年推广1.0万hm²，自2010年以来累计推广面积8.0万hm²。

栽培技术要点：一般在5月初播种，秧田播种量450kg/hm²；秧龄30～35d，株行距16.5cm×19.9cm，每穴2～3粒种子苗；重施基肥75%，早施分蘖肥20%，后期看苗施肥；

宜采取浅水栽插，寸水活棵，薄水分蘖，适时搁田。孕穗至抽穗扬花期保持浅水层，灌浆结实阶段干湿交替，前水不清，后水不灌，养根保叶，活熟到老，成熟收割前1周断水；根据各地病虫害发生的动态，及时做好病虫害防治。

三粒寸（Sanlicun）

品种来源：三粒寸又名长粒籼，是安徽省主要农家品种。

形态特征和生物学特性：属籼型常规早熟中稻。茎秆较细，叶片长窄，剑叶长而披，叶色深绿。谷粒细长，颖壳及颖尖均呈黄色，无芒或短芒，分蘖力较强。全生育期122d，株高115cm，穗长21.5cm，每穗总粒数100粒左右，千粒重26.0g。

品质特性：糙米率79.9%，精米率71.5%，蛋白质含量10.4%，直链淀粉含量23.1%，碱消值5.0级，胶稠度37mm。

抗性：中抗稻瘟病和白叶枯病。高感褐飞虱，高感白背飞虱。

产量及适宜地区：一般单产3 000 ~ 3 750kg/hm²，高产达6 000kg/hm²。1979年种植面积5 113.1hm²。作为安徽省主要农家品种栽培历史悠久，遍及安徽省各地。

栽培技术要点：可适当早播早栽，提早成熟，一般4月上中旬播种，秧龄30 ~ 35d。株行距10.0cm×16.7cm或13.3cm×20.0cm，每穴7 ~ 8苗。注意中期烤田，特别要防止后期氮肥过多，造成倒伏和引起病害，后期注意防治螟虫。

三朝齐（Sanzhaoqi）

品种来源：三朝齐又名三眨齐，是安徽省主要农家品种。

形态特征和生物学特性：属籼型常规早熟中稻。叶片较宽，叶色深绿。谷粒长椭圆形，颖壳及颖尖均呈黄色，无芒，分蘖力较强，抽穗快而整齐。全生育期120 ～ 125d，株高115cm，穗长20cm左右，每穗总粒数130粒，千粒重26.0g。

品质特性：糙米率79.4%，精米率71.7%，蛋白质含量9.5%，直链淀粉含量23.3%，碱消值5.0级，胶稠度46mm。

抗性：中抗稻瘟病，中感白叶枯病。高感褐飞虱，高感白背飞虱。

产量及适宜地区：一般单产3 750 ～ 4 500kg/hm²，高产达5 250kg/hm²。1957年种植面积6万hm²，1979年种植面积384.6hm²。作为安徽省主要农家品种栽培历史悠久，主要在当涂、南陵、芜湖、无为、巢湖、肥西等县（市）种植。

栽培技术要点：可适当早播早栽，提早成熟，4月中旬播种，秧龄30 ～ 35d。株行距13.3cm×20.0cm，每穴8 ～ 10苗。以基肥和有机肥为主，后期少追肥，避免倒伏。注意中期烤田，特别要防止后期氮肥过多，造成倒伏和引起病害，后期注意防治螟虫。

双福1号（Shuangfu 1）

品种来源：滁州市农业科学研究所从桂朝2号中系统选育而成，原名双辐1号，1989年通过安徽省农作物品种审定委员会审定，定名皖稻17。

形态特征和生物学特性：属籼型常规中熟中稻。感光性弱，感温性中，基本营养生长期中。株型适中，茎秆粗壮，主茎16片叶，叶片坚挺上举，叶色深绿，颖壳及颖尖黄色，种皮白色，稀间短芒。全生育期130d左右，株高95cm，穗长21cm，有效穗数360万穗/hm²，每穗总粒数115粒，结实率80%，千粒重26.1g。

品质特性：糙米率80.6%，精米率72.6%，直链淀粉含量25.4%，碱消值7.0级，胶稠度44mm，蛋白质含量9.6%。

抗性：中抗稻瘟病，感白叶枯病，感褐飞虱，中感白背飞虱。

产量及适宜地区：中肥稳产，高肥条件下增产潜力较大。适宜安徽省单季稻地区作中籼搭配品种种植。

栽培技术要点：在适宜播种时间内，应早播早栽，秧龄应控制在30d左右。推迟播种或作三熟制早稻栽培，要培育壮秧，秧龄控制在30d、叶龄在5.5叶以内。栽植密度30万穴/hm²。每穴2～3苗，要适时晒田，使最高苗数控制在35万苗/hm²左右，争取300万～375万穗/hm²有效穗。施足基肥，早施追肥。要防止施肥过迟、过多而造成倒伏或加重病虫危害。要及时晒田，及时防治稻纵卷叶螟等虫害。由于籽粒较大，灌浆速度较慢，后期不能过早断水，直到成熟都应保持湿润。

乌嘴川 （Wuzuichuan）

品种来源：乌嘴川因稃尖紫褐色而得名，为安徽省六安地区农家品种。

形态特征和生物学特性：属籼型常规早熟中稻。感光性弱，感温性中等，基本营养生长期中。株型较散，分蘖力较弱，茎秆较粗硬，叶片宽直，叶色浓绿。中穗型，主蘖穗不整齐。颖壳黄色，颖尖紫褐色，种皮白色，无芒。全生育期130d，株高140cm，穗长20cm，每穗总粒数150粒，结实率80%，千粒重24.4g。

品质特性：糙米率81.0%，精米率70%，糙米长椭圆形，米质优。

抗性：感白叶枯病，中抗稻瘟病，中抗褐飞虱和白背飞虱。耐干旱，抗逆性强。耐涝、耐寒。

产量及适宜地区：一般单产3 000.0 ～ 3 750.0kg/hm²，适宜安徽省沿淮及以南区域作一季中稻种植。1979年六安地区栽培面积66.67万hm²。该品种双季稻在太平、贵池、怀宁、太湖等县亦有种植。栽培历史已近百年。

栽培技术要点：秧田应注意做好肥水管理，培育带蘖壮秧。大田栽插密度22.5万～24.0万穴/hm²，栽插基本苗150万苗/hm²左右。适宜中上等肥力稻田种植，氮、磷、钾比例为1 ：0.25 ：0.5，施纯氮180 ～ 225kg/hm²，有利高产，前期与中后期施用比例7 ：3，磷肥作基肥一次性施入，注意增施有机肥。田间水分管理，及时晒田，晒田要视苗情、肥力等具体情况，采取轻、重、早的晒田技术。病虫害防治，前期注意二化螟的防治，后期注意纹枯病和稻曲病的防治。

洋籼 (Yangxian)

品种来源：安徽省主要农家品种。

形态特征和生物学特性：属籼型常规早熟中稻。茎秆粗硬，叶片宽厚，叶色淡绿。穗大，着粒较稀，谷粒长椭圆形，颖壳及颖尖均呈黄色，无芒，分蘖力弱，抽穗快而整齐。全生育期120d，株高115cm，穗长20cm左右，每穗总粒数115粒，千粒重26g。

品质特性：米质一般。

抗性：中抗稻瘟病，中感白叶枯病。高感褐飞虱，中感白背飞虱。肥田易倒伏。

产量及适宜地区：一般单产3 750 ~ 4 500kg/hm²，高的6 750kg/hm²，产量不稳定。1957年种植面积6.1万hm²，1979年巢湖种植面积0.1hm²。作为安徽省主要农家品种栽培历史悠久，主要在沿江等县（市）种植。

栽培技术要点：可适当早播早栽，提早成熟，4月中旬播种，秧龄30 ~ 35d。株行距10.0cm×16.7cm或13.3cm×16.7cm，每穴8 ~ 10苗。以基肥和有机肥为主，后期少追肥，避免倒伏。注意中期烤田，特别要防止后期氮肥过多，造成倒伏和引起病害，后期注意防治螟虫。

中籼168（Zhongxian 168）

品种来源：安徽省农业科学院水稻研究所用CPSL017/毫格劳//新秀299配组，于2000年选育而成，原名中籼168，2004年通过安徽省农作物品种审定委员会审定，定名皖稻117。

形态特征和生物学特性：属籼型常规早熟中稻。感光性弱，感温性中等，基本营养生长期短。株型适中，叶片坚挺上举，茎叶淡绿，生长清秀。长穗型，主蘖穗整齐。颖壳及颖尖均呈黄色，种皮白色，稀间短芒。全生育期130d，株高110cm，穗长24.6cm，平均每穗总粒数136粒，结实率85%，千粒重26g。

品质特性：糙米率78.4%，整精米率70.2%，长宽比为2.6，垩白度0.8%，胶稠度76mm，直链淀粉含量13.3%，蛋白质含量10.1%，米质12项指标中11项达部颁二等以上食用稻品种品质标准。

抗性：高抗白叶枯病，感稻瘟病。

产量及适宜地区：安徽省2001—2002年区域试验和2003年生产试验，平均单产7 411.5kg/hm²，比汕优63减产5%。适宜安徽省沿淮及以南区域作一季中稻种植。

栽培技术要点：4月中旬至5月上旬播种，秧田净播种量150～225kg/hm²，秧龄30～35d。宽行窄株栽培，株行距13.3cm×23.3cm，大田栽插密度27万～30万穴/hm²，基本苗数120万～150万苗/hm²。高产栽培施纯氮150～187.5kg/hm²。宜早追重追，促早发，长好苗架，提高成穗率，适时烤田，以防过苗。湿润灌溉，后期不能过早断水，直到成熟都应保持湿润，以保证叶青籽黄，提高结实率。应及时防治稻瘟病、白叶枯病、纹枯病、稻蓟马、稻纵卷叶螟等病虫害，确保高产丰收。

中籼 2503 （Zhongxian 2503）

品种来源：安徽省农业科学院水稻研究所用91-3//特三矮2号/89658配组选育而成，2007年通过安徽省农作物品种审定委员会审定。

形态特征和生物学特性：属籼型常规中迟熟中稻。感光性弱，感温性中等。株型松散适中，分蘖力强，茎秆较粗壮，韧性好。叶片挺直，叶色浓绿。穗型较大，镰刀形。全生育期138d，茎秆高度95cm，平均穗长25cm，着粒较密，每穗总粒数170粒，结实率85%，千粒重28.7g。

品质特性：糙米率80.7%，精米率74.8%，整精米率60.4%，粒长7.1mm，长宽比3.1，垩白粒率10%，垩白度1.6%，透明度1级，碱消值7.0级，胶稠度76mm，直链淀粉含量20.0%，蛋白质含量8.2%。米质达部颁一等食用稻品种品质标准。

抗性：中感白叶枯病，中感稻瘟病。

产量及适宜地区：2004年参加安徽省中籼区域试验，平均单产8 599.5kg/hm²，较对照汕优63减产1.4%；2005年续试平均单产8 161.5kg/hm²，较对照汕优63增产3.6%。2006年中籼生产试验，单产8 418.0kg/hm²，较对照汕优63增产8.3%。至2012年累计推广面积5.2万hm²。适宜安徽省沿淮、江淮及皖南地区作一季稻种植，但不宜在山区和沿淮稻瘟病重发区种植。

栽培技术要点：适宜播种期在4月下旬至5月上旬，旱育秧净苗床播种60g/m²，湿润育秧播种300kg/hm²。适时耕翻前茬，耕前施足基肥，施腐熟有机肥15 000kg/hm²或施饼肥750kg/hm²，过磷酸钙600kg/hm²，氯化钾150kg/hm²，尿素240kg/hm²，施后耕翻耙碎整平。大田株行距16.7cm×20.0cm，栽插密度30万穴/hm²，每穴栽2粒种子苗，基本苗120万苗/hm²。栽后7d追60kg/hm²尿素促分蘖，抽穗前25d左右，追37.5kg/hm²尿素和75kg/hm²氯化钾。栽后5～7d返青后，排水晾田2～3d，促根生长；栽后20d左右当苗数达到预期穗数时及时晒田，将最高苗控制在375万苗/hm²；后期间歇灌溉，干干湿湿，活熟到老，收获前7d断水。主要病虫害有二化螟、三化螟、稻纵卷叶螟、飞虱和稻曲病等，根据当地病虫害发生流行情况，适时适度用药防治。

中籼898 (Zhongxian 898)

品种来源：安徽省农业科学院水稻研究所用朝阳1//矮利3/矮脚桂花黄///巴75配组，采用系谱法于1996年选育而成，原名中籼898，2000年通过安徽省农作物品种审定委员会审定，定名皖稻77。

形态特征和生物学特性：属籼型常规中迟熟中稻。感光性弱，感温性中等。株型松散适中，分蘖力较强，茎秆粗壮，叶片宽直，叶色浓绿。穗型较大，长穗型，主蘖穗整齐。颖壳及颖尖均黄色，种皮白色，稀间短芒。全生育期138d，株高110cm左右，平均每穗总粒数148.8粒，结实率80%，千粒重30g。

品质特性：糙米率81.0%，精米率75.4%，整精米率49.0%，粒长7.1mm，长宽比3.1，垩白粒率15%，垩白度2.1%，透明度1级，碱消值7.0级，胶稠度78mm，直链淀粉含量16.8%，蛋白质含量8.8%。

抗性：中抗白叶枯病，抗稻瘟病。耐干旱，抗逆性强。

产量及适宜地区：1997年参加安徽省中籼观察组试验，平均单产8 100.0kg/hm²，较对照汕优63和扬稻4号分别增产4.0%和7.6%；1998年参加安徽省中籼区域试验，平均单产7 930.5kg/hm²，比对照扬稻4号增产7.9%。1999年同步参加安徽省区试和生产试验，区试平均单产8 040.0kg/hm²，较对照汕优63增产4.1%；生产试验平均单产7 770.0kg/hm²，较对照汕优63增产2.9%，较对照扬稻4号增产14.9%。适宜安徽省沿淮、江淮及皖南地区作一季稻种植。自2000年以来累计推广面积18.2万hm²。

栽培技术要点：5月上旬播种，秧田播种量375kg/hm²左右，大田用种量30～37.5kg/hm²，秧龄30～35d。双本移栽，保证25万～30万穴/hm²。中、上等肥力田块，施纯氮量150～180kg/hm²，氮、磷、钾比例为2：1：(2～3)，分蘖肥在秧苗移栽活棵后立即追施，穗粒肥看苗合理施用，防止脱肥。要求生育前期浅水勤灌，中期适时适当烤田，后期湿润灌溉，切忌断水过早，以免影响米质和产量。根据当地病虫害发生流行情况，适时适度地用药，主要防治对象是稻蓟马、稻纵卷叶螟、三化螟等。

中籼91（Zhongxian 91）

品种来源：安徽省农业科学院水稻研究所用M89898/扬稻四号配组，经系谱法于1999年选育而成，原名中籼91，2005年通过安徽省农作物品种审定委员会审定，定名皖稻173。

形态特征和生物学特性：属籼型常规迟熟中稻。感光性弱，感温性中等。茎秆粗壮，伸长节间4～5个，叶色浓绿，不早衰。株型松散适中。穗镰刀形，全生育期140d，株高120cm，茎秆高度95cm。主茎叶片数16叶，剑叶挺直，剑叶长33.0cm左右，穗长24.7cm，平均每穗总粒数147.6粒，着粒密度中等，结实率较高，达85%，粒型较大，千粒重29g。

品质特性：糙米率80.4%，精米率73.9%，粒长7.0mm，长宽比3.1，垩白度2.1%，透明度2级，碱消值6.9级，胶稠度86mm，直链淀粉含量14.9%，蛋白质含量8.0%。12项指标中有10项达到部颁二等以上食用稻品种品质标准。

抗性：高抗白叶枯病，中感稻瘟病。

产量及适宜地区：2002—2003年两年安徽省中籼区域试验，平均单产分别为8 383.5kg/hm^{2}和6 997.5kg/hm^2，比对照汕优63分别减产1.5%和5.9%。2004年安徽省中籼生产试验，平均单产8 181.0kg/hm^2，比对照汕优63增产0.8%。一般单产7 500.0kg/hm^2。适宜安徽省沿淮、江淮及皖南地区作一季稻种植。自2005年以来累计推广面积3.33万hm^2。

栽培技术要点：采用湿润育秧宜在5月上旬播种，若采用旱育秧，应在4月底播种。湿润育秧播种量为375.0kg/hm^{2}左右，秧龄30～35d；旱育秧播种量为60g/m^2，秧龄20～25d。湿润育秧的大田栽插密度30万穴/hm^2，每穴2苗，旱育秧可适当降低栽插密度。该品种耐肥抗倒，适合中高等肥力水平种植。中上等肥力田块，纯氮施用量180kg/hm^2，氮、磷、钾合理搭配，50%的氮肥作基肥与磷、钾肥一起施入。30%和20%的氮肥分别作分蘖肥和穗肥施用，分蘖肥在秧苗移栽活棵后立即追施，穗肥在幼穗分化初期施用。要求生育前期浅水勤灌，中期适时适当烤田，后期湿润灌溉。根据当地病虫害发生流行情况，适时适度用药，主要防治对象是稻瘟病、稻蓟马、稻纵卷叶螟、三化螟等。

中籼92011（Zhongxian 92011）

品种来源：安徽省农业科学院水稻研究所用特三矮//南京11/E164配组，采用系谱法经多代选育而成，原名中籼92011，2003年通过安徽省农作物品种审定委员会审定，定名皖稻101。

形态特征和生物学特性：属籼型常规迟熟中稻。感光性弱，感温性中等。株型松散适中，茎秆较粗壮。剑叶中宽，较长、挺直，叶色浓绿。穗型较大，着粒较密，全生育期140d，株高110cm左右，穗长24cm，平均每穗粒数170粒，结实率80%，千粒重26g。

品质特性：糙米率80.1%，精米率74.1%，整精米率71.5%，粒长6.6mm，长宽比3.1，垩白粒率4%，垩白度0.5%，透明度1级，碱消值7.0级，胶稠度72mm，直链淀粉含量14.6%，蛋白质含量9.0%。12项米质指标中9项指标达部颁一等、3项指标达部颁二等优质米标准。

抗性：中抗白叶枯病和稻瘟病。

产量及适宜地区：1999年参加安徽省中籼稻区域试验平均单产7 455.0kg/hm²，较对照汕优63减产3.5%；2000年续试平均单产7 965.0kg/hm²，较对照汕优63减产1.9%。2001年参加安徽省中籼生产试验，平均单产8 121.0kg/hm²，较对照汕优63增产4.5%。适宜安徽省沿淮、江淮及皖南地区作一季稻种植。自2003年以来累计推广面积8.7万hm²。

栽培技术要点：4月下旬至5月上旬播种，采用湿润育秧的秧田净播种量300kg/hm²，秧龄30～35d，带1～2个分蘖移栽。旱育秧播种量50g/m²，秧龄20～25d。大田栽插密度30万～35万穴/hm²，每穴1～2粒种子苗。在中等肥力田，施氮量180～200kg/hm²，氮、磷、钾合理搭配，比例为2∶1∶1.5。磷、钾肥作基肥一次性施入，总施氮量60%作基肥，其余作追肥。要求浅水栽秧，深水活棵，分蘖期浅水勤灌。当茎蘖数达到285万蘖/hm²时开始烤田，控制无效分蘖，提高成穗率。后期干干湿湿，收获前7d断水。在重病区和特殊年份，秧田期和大田生育前期，防治稻蓟马，中期防治二化螟、三化螟和稻纵卷叶螟等螟虫，后期防治稻飞虱等。

中籼96-2 (Zhongxian 96-2)

品种来源：凤台县农业科学研究所从扬稻6号中选择的变异株，经系谱法选育而成，原名中籼96-2，2003年通过安徽省农作物品种审定委员会审定，定名皖稻89。

形态特征和生物学特性：属籼型常规中迟熟中稻。感光性中等，感温性中等，基本营养生长期适中。株型紧凑，分蘖力较强，叶片坚挺上举，茎叶淡绿，穗型较大，长穗型，主蘖穗整齐。颖壳及颖尖均黄色，种皮白色，结实率高。全生育期138d左右，株高110cm，穗长24.3cm，平均每穗总粒数195粒，结实率85%，千粒重29.0g。

品质特性：糙米率79.7%，精米率73%～75%，整精米率62.4%，粒长7.0mm，长宽比3.1，无垩白或极小，碱消值中至高，胶稠度86mm，直链淀粉含量17.4%。米质达国家《优质稻谷》标准2级。

抗性：中抗稻瘟病和白叶枯病。

产量及适宜地区：2000—2001年安徽省两年区域试验，平均单产分别为8 379.0kg/hm² 和8 437.5kg/hm²，分别比对照汕优63增产0.9%和2.6%。2002年参加安徽省生产试验，平均单产8 518.5kg/hm²，比对照汕优63增产3.1%。2007年最大年种植面积1.9万hm²，截止到2013年累计种植面积14.4万hm²。适宜安徽省一季稻区作中稻种植。

栽培技术要点：5月上中旬播种，6月上中旬移栽，秧龄30～35d，秧田播种量300～375kg/hm²，秧田与大田比例为1：（8～10）。采用湿润育秧，加强秧田管理，培育带蘖壮秧。株行距16.5cm×23.3cm或13.3cm×22.5cm，每穴2～3苗。科学施肥，氮、磷、钾配合，施用总氮量180～210kg/hm²，五氧化二磷75.0～90kg/hm²，氧化钾112.5～150kg/hm²，增施有机肥，前中后期比例为6：2：2，60%作基肥，40%作追肥，追肥掌握前重、中控、后补的原则。水浆管理要围绕稻苗前期发得早，中期稳长壮，后期不早衰，青秆黄熟的目标进行，做到浅水勤灌。做好病虫草害防治工作，特别是纹枯病、稻曲病、稻纵卷叶螟、稻飞虱等病虫害的及时防治，保证高产丰收。

二、杂交中籼

1892S／RH003 (1892 S／RH 003)

品种来源：安徽省农业科学院水稻研究所用1892S/RH003配组选育而成，原名1892S/RH003、农家福2号，分别通过安徽省（2005）和国家（2008）农作物品种审定委员会审定，定名皖稻153。

形态特征和生物学特性：属籼型两系杂交中熟中稻。感光性弱，感温性中等，基本营养生长期短。株型适中，茎秆粗壮，叶片直挺，叶片坚挺上举，茎叶深绿，中穗型，主蘖穗整齐。颖壳黄色，颖尖褐色，种皮白色，稀间短芒，熟期转色好。全生育期134d左右。株高115.2cm，穗长22.8cm，每穗总粒数188.3粒，结实率81.5%，千粒重23.8g。

品质特性：糙米率81.3%，精米率74.8%，整精米率58.5%，长宽比2.9，垩白粒率29%，垩白度11.3%，透明度3级，碱消值6.0级，胶稠度78mm，直链淀粉含量21.3%，蛋白质含量9.8%。米质12项指标中8项达部颁二等以上食用稻品种品质标准。

抗性：中抗稻瘟病，抗白叶枯病，高感褐飞虱。

产量及适宜地区：2006—2007年参加长江中下游迟熟中籼组品种区域试验，平均单产分别为8 449.50kg/hm²和8 992.50kg/hm²，比对照Ⅱ优838分别增产4.9%和6.1%；2007年生产试验，平均单产8 410.5kg/hm²，比对照Ⅱ优838增产5.3%。适宜长江中下游流域稻区（武陵山区除外）以及福建北部、河南南部稻区的稻瘟病轻发区作一季中稻种植。

栽培技术要点：适时播种，秧田播种量225kg/hm²，大田用种量11.25～15.0kg/hm²，药剂浸种消毒，培育带蘖壮秧。秧龄30d左右，株行距20cm×23.3cm或16.7cm×26.7cm，每穴栽插1～2粒谷苗。该品种需肥水平中等偏上，施足基肥和面肥，早施分蘖肥，增施穗粒肥。浅水栽秧，适水活棵，干湿交替促分蘖，及时搁田，后期切忌断水过早。及时防治稻瘟病、白叶枯病、褐飞虱、稻蓟马、螟虫、稻曲病等病虫害。

2301S/H7058 （2301 S/H 7058）

品种来源：安徽省农业科学院水稻研究所用2301S/H7058配组选育而成，原名2301S/H7058，2003年通过安徽省农作物品种审定委员会审定，定名皖稻103。

形态特征和生物学特性：属籼型两系杂交中迟熟中稻。感光性中，感温性中等，基本营养生长期中。株型紧凑，叶片坚挺上举，茎叶淡绿，中穗型，主蘖穗整齐。颖壳呈黄色，颖尖和叶鞘红色，种皮白色，稀间短芒。全生育期137d，株高118cm，穗长24.8cm，每穗总粒数195粒，结实率80%，千粒重24g。

品质特性：糙米率82.1%，精米率75.8%，整精米率61.3%，粒长6.2mm，长宽比2.9，垩白粒率31%，垩白度3.9%，透明度3级，碱消值5.3级，胶稠度42mm，直链淀粉含量20.3%，蛋白质含量9.2%。米质12项指标中10项达部颁四等以上优质米标准。

抗性：抗稻瘟病，中抗白叶枯病。耐肥抗倒性稍弱。

产量及适宜地区：2001年参加安徽省中籼区域试验，平均单产8 902.5kg/hm²，比对照汕优63增产5.3%；2002年续试，平均单产8 928.0kg/hm²，比对照汕优63增产4.6%。2002年同步参加安徽省中籼生产试验，平均单产7 804.5kg/hm²，比对照汕优63减产2.8%。适宜安徽省沿淮、江淮及江南地区中等肥力田块作一季稻种植。自2003年以来累计推广面积12万hm²。

栽培技术要点：适时播种：作一季中稻栽培，5月初播种。培育壮秧：培育带蘖壮秧，秧龄30d。合理密植：株行距16cm×20cm或13cm×23cm，每穴1～2粒种子苗。科学施肥：以基肥和面肥为主，注意增施磷、钾肥，以利壮秆抗倒伏。注意防治稻曲病、稻纵卷叶螟等病虫危害。

Ⅱ优009（Ⅱ You 009）

品种来源：安徽省农业科学院水稻研究所用Ⅱ-32A/2M009（来源于9019/盐恢559）配组选育而成，2010年通过安徽省农作物品种审定委员会审定。

形态特征和生物学特性：属籼型三系杂交中迟熟中稻。感光性弱，感温性中等，基本营养生长期中。株型紧凑，叶片坚挺上举，剑叶较长，茎叶淡绿，长穗型，主蘖穗整齐。颖壳黄色，颖尖紫色，种皮白色，无芒。谷粒椭圆形，穗着粒密。全生育期135d左右，株高125cm，每穗总粒数211粒左右，结实率81%左右，千粒重26g。

品质特性：糙米率82.3%，精米率74.6%，整精米率56.3%，粒长6.4mm，长宽比2.7，垩白粒率44%，垩白度8.7%，透明度3级，碱消值5.2级，胶稠度79mm，直链淀粉含量22.4%，蛋白质含量8.8%。米质达部颁四等食用稻品种品质标准。

抗性：抗白叶枯病、抗稻瘟病。

产量及适宜地区：2006—2007年参加安徽省中籼区试，平均单产分别为8 745.0kg/hm²和9 210.0kg/hm²，分别较对照汕优63增产9.1%和8.4%。2007年安徽省中籼生产试验，平均单产8 940.0kg/hm²，较对照汕优63增产8.2%。适宜安徽省作一季中稻搭配品种栽培。

栽培技术要点：5月上旬播种为宜，秧龄35d左右，株行距13.3cm×20.0cm。稀播育壮秧：秧田播种量不超过225kg/hm²；1叶1心期用15%多效唑粉剂3kg对水1 500kg/hm²喷施。合理施肥：施优质人畜粪22 500～30 000kg/hm²或菜饼肥750kg/hm²或105kg/hm²的氮肥，450kg/hm²过磷酸钙，75kg/hm²氯化钾作基肥，375kg/hm²磷酸氢铵作秒口肥；第14叶展开时，施105kg/hm²尿素作穗肥。提前轻晒田：在大田达270万～285万苗/hm²三叶以上的茎蘖苗时开始烤田，后期采用浅水湿润灌溉。及时防治病虫害：大田期注意防治二化螟、三化螟、稻纵卷叶螟及稻飞虱的危害。

II优04（II You 04）

品种来源：安徽省农业科学院水稻研究所和安徽绿雨农业有限责任公司用II-32A/LR04配组选育而成，原名绿稻4号，2007年通过安徽省农作物品种审定委员会审定，定名II优04。

形态特征和生物学特性：属籼型三系杂交迟熟中稻。感光性中，感温性中等，基本营养生长期中。株型紧凑，叶片坚挺上举，分蘖力中等，茎叶淡绿，长穗型，主蘖穗整齐。颖壳黄色，颖尖紫色，种皮白色，无芒。全生育期143d，株高120cm，平均每穗总粒数160粒，结实率82%，千粒重28g。

品质特性：糙米率82.0%，精米率74.7%，整精米率68.7%，米粒长5.9mm，长宽比2.4，垩白粒率70.5%，垩白度12.3%，透明度2.5级，碱消值6.1级，胶稠度57mm，直链淀粉含量24.8%，蛋白质含量9.3%。

抗性：感白叶枯病和稻瘟病。

产量及适宜地区：2005—2006年参加安徽省中籼区试，两年平均单产分别为8 671.5kg/hm²和8 806.5kg/hm²，比对照汕优63分别增产10.8%和8.4%。2006年同步生产试验，平均单产8 292.0kg/hm²，比对照汕优63增产6.4%。适宜安徽省作一季稻种植。

栽培技术要点：适时早播：作一季中稻，5月上旬播种为宜，秧龄30d，株行距13.3cm×20.0cm。稀播育壮秧：秧田播种量不超过225kg/hm²，1叶1心期，用15%多效唑粉剂3kg对水1 500kg/hm²喷施。合理施肥：施优质人畜粪22 500～30 000kg/hm²或菜饼肥750kg/hm²或105kg/hm²的氮肥，450kg/hm²过磷酸钙，75kg/hm²氯化钾作基肥，375kg/hm²磷酸氢铵作秒口肥。14叶展开时，施105kg/hm²尿素作穗肥。提前轻晒田：在大田达270万～285万苗/hm²三叶以上的茎蘖苗时开始烤田，后期采用浅水湿润灌溉。及时防治病虫害：大田期注意防治二化螟、三化螟、稻纵卷叶螟及稻飞虱的危害。

II 优 08（II You 08）

品种来源：安徽绿雨农业有限责任公司用 II -32A/ZR4008 配组选育而成，原名 LY-8，2010 年通过安徽省农作物品种审定委员会审定，定名 II 优 08。

形态特征和生物学特性：属籼型三系杂交中迟熟中稻。感光性中，感温性中等，基本营养生长期中。株型紧凑，叶片坚挺上举，茎叶淡绿，长穗型，主蘖穗整齐。颖壳黄色、颖尖褐色、种皮白色，无芒。全生育期 136d，株高 128cm，每穗总粒数 188 粒，结实率 80%，千粒重 27g。

品质特性：糙米率 82.1%，精米率 74.3%，整精米率 60.2%，粒长 6.4mm，长宽比 2.55，垩白粒率 50.5%，垩白度 6.5%，透明度 2.5 级，碱消值 5.9 级，胶稠度 60.0mm，直链淀粉含量 22.2%，蛋白质含量 10.2%。

抗性：经安徽省农业科学院植物保护研究所鉴定，中抗白叶枯病、感稻瘟病。

产量及适宜地区：2006—2007 年参加安徽省中籼区试，两年平均单产分别为 8 445.0kg/hm^2 和 9 105.0kg/hm^2，较对照 II 优 838 分别增产 6.2% 和 7.2%。2008 年安徽省中籼生产试验，平均单产 8 880.0kg/hm^2，较对照 II 优 838 增产 1.9%。适宜安徽省大别山区和皖南山区以外地区作一季中稻搭配品种栽培。

栽培技术要点：力争早播：作一季中稻，5 月上旬播种为宜，秧龄 30d 左右，株行距 13.3cm×20.0cm。稀播育壮秧：播种量不超过 225kg/hm^2；1 叶 1 心期喷施多效唑粉剂控苗。

合理施肥：基肥施氮肥 105kg/hm^2、过磷酸钙 450kg/hm^2、氯化钾 75kg/hm^2；磷酸氢铵 375kg/hm^2 作秒口肥；第 14 叶展开时，追施 105kg/hm^2 尿素作穗肥；始穗期施用 75kg/hm^2 尿素作粒肥，以增实粒，保粒重。提前轻晒田：基本苗达 270 万 ~ 285 万苗 /hm^2 时即开始烤田，后期采用浅水湿润灌溉。及时防治病虫害：大田期注意防治二化螟、三化螟、稻纵卷叶螟及稻飞虱的危害。

Ⅱ优107（Ⅱ You 107）

品种来源：南京农业大学水稻研究所用Ⅱ-32A/W107配组，于2002年育成，2006年通过安徽省农作物品种审定委员会审定。

形态特征和生物学特性：属籼型三系杂交迟熟中稻。感光性中，感温性中等，基本营养生长期短。株型松散适中，分蘖力较强，叶片坚挺上举，生长清秀，茎叶淡绿，长穗型，主蘖穗整齐。颖壳黄色，颖尖褐色，种皮白色，无芒。全生育期144d左右，株高118cm，穗大粒多，每穗总粒数175粒左右，结实率77%，千粒重27g。

品质特性：糙米率80.5%，精米率74.0%，整精米率63.8%，粒长6.2mm，长宽比2.5，垩白粒率28%，垩白度5.7%，透明度1级，碱消值5.5级，胶稠度77mm，直链淀粉含量23.2%，蛋白质含量9.0%。

抗性：抗白叶枯病，中抗稻瘟病。

产量及适宜地区：2004—2005年安徽省中籼区域试验，两年平均单产分别为9 327.0kg/hm²和8 236.5kg/hm²，比对照汕优63分别增产7.0%和5.0%。2005年安徽省中籼生产试验，平均单产8 328.0kg/hm²，比对照汕优63增产6.46%；一般单产8 250.0kg/hm²。适宜安徽省沿淮及以南区域作一季中稻种植。

栽培技术要点：适时播种培育适龄带蘖壮秧：4月中旬至5月上旬播种，秧田净播种量150～225kg/hm²，秧龄30～35d。合理密植，栽足基本苗：宽行窄株栽培，株行距13.3cm×23.3cm，大田栽插密度27万～30万穴/hm²，基本苗数120万～150万苗/hm²。合理控制水肥：高产栽培施纯氮150～187.5kg/hm²；宜早追重追，促早发，长好苗架，提高成穗率，适时烤田，以防过苗。注意后期管理，确保青秆籽黄：湿润灌溉，后期不能过早断水，直到成熟都应保持湿润，以保证叶青籽黄，提高结实率。及时防治病虫害，确保高产丰收：注意白叶枯病、纹枯病、稻蓟马、稻纵卷叶螟等病虫害的及时防治。

Ⅱ优293 (Ⅱ You 293)

品种来源：安徽荃银高科种业股份有限公司（原选育单位安徽荃银禾丰种业有限公司）用Ⅱ-32A/YR293配组选育而成，2008年通过安徽省和河南省农作物品种审定委员会审定。

形态特征和生物学特性：属籼型三系杂交中熟中稻。感光性弱，感温性中等，基本营养生长期短。株型紧凑，叶片坚挺上举，茎叶浅绿，主蘖穗整齐。芽鞘紫色，叶鞘（基部）紫色，茎秆基部包茎节，茎秆节绿色，茎秆节间浅红色，剑叶直立，主茎叶数19叶左右，二次枝梗多，颖壳茸毛少，颖壳黄色，颖尖褐色，谷粒偏圆、中宽、椭圆形，长穗型。种皮白色，稀间短芒。全生育期135d，株高119cm，穗总粒数195粒，结实率83%，穗实粒数161粒，千粒重28g。

品质特性：糙米率81.1%，精米率73.1%，整精米率53.6%，粒长6.4mm，长宽比2.45，垩白粒率51.0%，垩白度8.2%，透明度2级，碱消值4.9级，胶稠度69.5mm，直链淀粉含量21.9%，蛋白质含量9.3%。米质达部颁三等食用稻品种品质标准。

抗性：中抗白叶枯病和稻瘟病。

产量及适宜地区：2006—2007年参加安徽省中籼区试，平均单产分别为8 700.0kg/hm² 和9 240.0kg/hm²，较对照Ⅱ优838分别增产8.6%和5.9%。2007年参加安徽省中籼生产试验，平均单产9 105.0kg/hm²，较对照Ⅱ优838增产10.2%。适宜安徽省、河南省一季稻地区种植。

栽培技术要点：4月中旬至5月上旬播种，秧田播种量150～225kg/hm²，秧龄30～35d。

宽行窄株栽培，株行距13.3cm×23.3cm，栽插密度以27万～30万穴/hm²为宜，基本苗数120万～150万苗/hm²。高产栽培施纯氮150～187.5kg/hm²；宜早追重追，促早发，长好苗架，提高成穗率；适时烤田，以防过苗，生育后期湿润灌溉，不能过早断水，直到成熟都应保持湿润，以保证叶青籽黄，提高结实率。注意白叶枯病、纹枯病、稻蓟马、稻纵卷叶螟等病虫害的及时防治。

II优30（II You 30）

品种来源：江苏红旗种业有限责任公司用 II-32A/红恢30配组选育而成，2010年通过安徽省农作物品种审定委员会审定。

形态特征和生物学特性：属籼型三系杂交迟熟中稻。感光性弱，感温性中等，基本营养生长期中。株型紧凑，叶片坚挺上举，剑叶较长，茎叶淡绿，长穗型，主蘗穗整齐。颖壳黄色，颖尖褐色，种皮白色，无芒。全生育期138d，株高125cm，每穗总粒数182粒，结实率86%左右，千粒重28g。

品质特性：糙米率82.5%，精米率74.4%，整精米率63.1%，粒长6.3mm，长宽比2.45，垩白粒率44.0%，垩白度8.3%，透明度2级，碱消值5.2级，胶稠度75.0mm，直链淀粉含量22.2%，蛋白质含量9.9%。米质达部颁四等食用稻品种品质标准。

抗性：感白叶枯病、中抗稻瘟病。

产量及适宜地区：2007年安徽省中籼区试，平均单产9 420.0kg/hm²，较对照II优838增产5.8%；2008年安徽省中籼区试，平均单产9 630.0kg/hm²，较对照II优838增产7.1%。2009年安徽省中籼生产试验，平均单产9 345.0kg/hm²，较对照II优838增产8.8%。适宜安徽省沿淮及以南地区作一季中稻种植。

栽培技术要点：4月中旬至5月上旬播种，秧田播种量150～225kg/hm²，秧龄30～35d。宽行窄株栽培，株行距13.3cm×23.3cm，栽插密度27万～30万穴/hm²，基本苗120万～150万苗/hm²。高产栽培大田施纯氮150～187.5kg/hm²，宜早追重追，促早发，长好苗架，提高成穗率，适时烤田，以防过苗。湿润灌溉，后期不能过早断水，直到成熟都应保持湿润，以保证叶青籽黄，提高结实率。注意白叶枯病、纹枯病、稻蓟马、稻纵卷叶螟等病虫害的及时防治。

Ⅱ优3216（Ⅱ You 3216）

品种来源：黄山市农业科学研究所用Ⅱ-32A/R3216配组选育而成，2008年通过安徽省农作物品种审定委员会审定。

形态特征和生物学特性：属籼型三系杂交中熟中稻。感光性弱，感温性中等，基本营养生长期短。株型紧凑，剑叶较长，叶片坚挺上举，茎叶淡绿，长穗型，主蘖穗整齐。颖壳黄色，颖尖紫色，种皮白色，无芒，谷粒椭圆形。全生育期135d，株高123cm，每穗总粒数211粒，结实率81%，千粒重26g。

品质特性：糙米率82.0%，精米率74.2%，整精米率60.2%，粒长5.8mm，长宽比2.3，垩白粒率29%，垩白度5.2%，透明度3级，碱消值5.4级，胶稠度58mm，直链淀粉含量23.0%，蛋白质含量8.8%。米质达到部颁四等食用稻品种品质标准。

抗性：中抗白叶枯病和稻瘟病。

产量及适宜地区：2006—2007年参加安徽省中籼区试，平均单产分别为8 850.0kg/hm²和9 120.0kg/hm²，较对照汕优63分别增产10.4%和4.6%；两年区试平均单产8 985.0kg/hm²，较对照Ⅱ优838增产7.4%。2007年生产试验，单产8 295.0kg/hm²，较对照Ⅱ优838增产0.4%。适宜安徽省作一季稻种植，自2008年以来累计推广面积26万hm²。

栽培技术要点：4月中旬至5月上旬播种，秧田播种量150～225kg/hm²，秧龄30～35d。宽行窄株栽培，株行距13.3cm×23.3cm，栽插密度27万～30万穴/hm²，基本苗数120万～150万苗/hm²。高产栽培施纯氮150～187.5kg/hm²，宜早追重追，促早发，长好苗架，提高成穗率，适时烤田，以防过苗。湿润灌溉，后期不能过早断水，直到成熟都应保持湿润，以保证叶青籽黄，提高结实率。注意白叶枯病、纹枯病、稻蓟马、稻纵卷叶螟等病虫害的及时防治。

Ⅱ优346（Ⅱ You 346）

品种来源：安徽省农业科学院水稻研究所、合肥旱地农业技术研究所用Ⅱ-32A/346（来源于安徽省农业科学院水稻研究所）配组选育而成，2010年通过安徽省农作物品种审定委员会审定。

形态特征和生物学特性：属籼型三系杂交中熟中稻。感光性弱，感温性中等，基本营养生长期中。株型紧凑，剑叶较长，叶片坚挺上举，茎叶淡绿，长穗型，主蘖穗整齐。颖壳黄色，颖尖紫色，种皮白色，无芒，谷粒椭圆形。全生育期135d，株高128cm，每穗总粒数201粒，结实率85%，千粒重28g。

品质特性：糙米率81.8%，精米率74.0%，整精米率63.2%，粒长6.0mm，长宽比2.35，垩白粒率63.5%，垩白度12.0%，透明度2.5级，碱消值6.2级，胶稠度56.0mm，直链淀粉含量24.9%，蛋白质含量9.4%。米质达部颁四等食用稻品种品质标准。

抗性：中抗白叶枯病和稻瘟病。

产量及适宜地区：2007—2008年参加安徽省中籼区试，平均单产分别为9 435.0kg/hm² 和9 600.0kg/hm²，较对照Ⅱ优838分别增产5.6%和8.4%。2009年安徽省中籼生产试验，平均单产9 030.0kg/hm²，较对照Ⅱ优838增产4.1%。适宜安徽省一季稻地区种植。

栽培技术要点：4月中旬至5月上旬播种，秧田播种量不超过150～225kg/hm²，秧龄30～35d。宽行窄株栽培，株行距13.3cm×23.3cm，栽插密度27万～30万穴/hm²，基本苗数120万～150万苗/hm²。高产栽培施纯氮150～187.5kg/hm²，宜早追重追，促早发，长好苗架，提高成穗率，适时烤田，以防过苗。湿润灌溉，后期不能过早断水，直到成熟都应保持湿润，以保证叶青籽黄，提高结实率。注意白叶枯病、纹枯病、稻蓟马、稻纵卷叶螟等病虫害的及时防治。

II优416（II You 416）

品种来源：湖南隆平高科种业有限责任公司用 II -32A/R416配组选育而成，2006年通过安徽省农作物品种审定委员会审定。

形态特征和生物学特性：属籼型三系杂交迟熟中稻。感光性弱，感温性中等，基本营养生长期短。株型紧凑，剑叶较长，叶片坚挺上举，茎叶淡绿，长穗型，主蘖穗整齐。颖壳黄色，颖尖紫色，种皮白色，无芒，谷粒椭圆形。全生育期140d，株高115cm左右，分蘖力较强，穗大粒多，每穗总粒数170粒，结实率80%，千粒重27g。

品质特性：糙米率81.6%，精米率72.6%，整精米率49.0%，粒长5.7mm，长宽比2.3，垩白粒率53%，垩白度13.8%，透明度3级，碱消值7.0级，胶稠度72mm，直链淀粉含量17.4%，蛋白质含量10.3%。

抗性：高感白叶枯病、中抗稻瘟病。

产量及适宜地区：2003—2004年安徽省中籼区域试验，平均单产分别为7 992.0kg/hm^{2}和9 327.0kg/hm^2，比对照汕优63分别增产6.1%和8.0%。2005年安徽省中籼生产试验，平均单产8 341.5kg/hm^2，比对照汕优63增产6.6%。一般单产8 250.0kg/hm^2。适宜安徽省一季稻白叶枯病轻发区种植。

栽培技术要点：作一季中稻栽培，4月底至5月初播种，秧龄30 ～ 35d；栽插密度30.0万穴/hm^{2}左右，每穴1 ～ 2粒种子苗。注意防治白叶枯病。

Ⅱ优431（Ⅱ You 431）

品种来源：安徽同创种业有限责任公司用Ⅱ-32A/恢431配组选育而成，2009年通过安徽省农作物品种审定委员会审定。

形态特征和生物学特性：属籼型三系杂交中迟熟中稻。感光性弱，感温性中等，基本营养生长期短。株型紧凑，剑叶较长，叶片坚挺上举，茎叶淡绿，长穗型，主蘖穗整齐。颖壳黄色，颖尖紫色，种皮白色，无芒，谷粒椭圆形。全生育期135d，株高126cm，每穗总粒数188粒，结实率83%，千粒重27g。

品质特性：糙米率81.6%，精米率72.6%，整精米率49.0%，粒长5.7mm，长宽比2.3，垩白粒率53%，垩白度13.8%，透明度3级，碱消值7.0级，胶稠度72mm，直链淀粉含量17.4%，蛋白质含量10.3%。

抗性：抗白叶枯病、感稻瘟病。

产量及适宜地区：2006—2007年参加安徽省中籼区试，平均单产分别为8 985.0kg/hm² 和9 390.0kg/hm²，较对照Ⅱ优838分别增产11.3%和10.5%。2007年生产试验，平均单产9 165.0kg/hm²，较对照Ⅱ优838增产10.8%。适宜安徽省大别山区以外地区作一季稻种植。

栽培技术要点：4月中旬至5月上旬播种，秧田播种量150～225kg/hm²，秧龄30～35d。宽行窄株栽培，株行距13.3cm×23.3cm，栽插密度27.0万～30.0万穴/hm²，基本苗数120.0万～150.0万苗/hm²。高产栽培施纯氮150.0～187.5kg/hm²，宜早追重追，促早发，长好苗架，提高成穗率，适时烤田，以防过苗。湿润灌溉，后期不能过早断水，直到成熟都应保持湿润，以保证叶青籽黄，提高结实率。注意白叶枯病、纹枯病、稻蓟马、稻纵卷叶螟等病虫害的及时防治。

Ⅱ优48（Ⅱ You 48）

品种来源：成都视达生物技术开发研究所用Ⅱ-32A/CDR048配组选育而成，原名杂048，2007年通过安徽省农作物品种审定委员会审定，定名Ⅱ优48。

形态特征和生物学特性：属籼型三系杂交迟熟中稻。感光性弱，感温性中等，基本营养生长期中。株型紧凑，叶片坚挺上举，剑叶较长，茎叶淡绿，长穗型，主蘖穗整齐。颖壳黄色，颖尖褐色，种皮白色，无芒。全生育期141d，株高123cm，分蘖力中等，平均每穗总粒数170粒，结实率80%左右，千粒重28.5g。

品质特性：糙米率81.8%，精米率74.7%，整精米率64.3%，粒长6.2mm，长宽比2.4，垩白粒率63%，垩白度11.3%，透明度2级，碱消值6.1级，胶稠度51.5mm，直链淀粉含量24.2%，蛋白质含量9.7%。

抗性：感白叶枯病和稻瘟病。

产量及适宜地区：2005—2006年参加安徽省中籼区试，平均单产分别为8 743.5kg/hm^{2}和8 874.0kg/hm^2，比对照汕优63分别增产11.7%和10.0%。2006年安徽省中籼生产试验，平均单产8 535.0kg/hm^2，比对照汕优63增产7.8%。适宜安徽省沿淮及以南区域作一季中稻种植。

栽培技术要点：4月底至5月初播种，秧龄30～35d；大田栽插密度30万穴/hm^2，每穴1～2粒种子苗。宜早追重追，促早发，长好苗架，提高成穗率，适时烤田，以防过苗。湿润灌溉，后期不能过早断水，直到成熟都应保持湿润，以保证叶青籽黄，提高结实率。加强稻瘟病和白叶枯病的防治，适时防治稻蓟马、稻纵卷叶螟等。

Ⅱ优508（Ⅱ You 508）

品种来源：宿州市种子公司用Ⅱ-32A/宿恢2058配组选育而成，原名天香58，2007年和2011年分别通过安徽省和国家农作物品种审定委员会审定，定名Ⅱ优508。

形态特征和生物学特性：属籼型三系杂交中迟熟中稻。感光性弱，感温性中等，基本营养生长期短。株型紧凑，分蘖力中等，剑叶较长，叶片坚挺上举，茎叶淡绿，长穗型，主蘖穗整齐。颖壳黄色，颖尖紫色，种皮白色，无芒，谷粒椭圆形。全生育期139d，株高122cm，分蘖力中等，每穗总粒数175粒左右，结实率83%左右，千粒重27g。

品质特性：糙米率82.0%，精米率75.0%，整精米率66.8%，粒长6.0mm，长宽比2.4，垩白粒率67.5%，垩白度11.3%，透明度2.5级，碱消值6.0级，胶稠度55mm，直链淀粉含量24.4%，蛋白质含量9.8%。

抗性：感白叶枯病和稻瘟病。

产量及适宜地区：2005—2006年参加安徽省中籼区试，平均单产分别为8 448.0kg/hm² 和8 742.0kg/hm²，比对照汕优63分别增产8.8%和11.2%。2006年生产试验，平均单产8 346.0kg/hm²，比对照汕优63增产7.4%。2008年参加长江中下游中籼迟熟组品种区域试验，平均单产8 838.0kg/hm²，比对照Ⅱ优838增产2.9%；2009年续试，平均单产8 931.0kg/hm²，比对照Ⅱ优838增产7.4%。2010年生产试验，平均单产8 631.0kg/hm²，比对照Ⅱ优838增产6.4%。适宜江西、湖南（武陵山区除外）、湖北（武陵山区除外）、安徽、浙江、江苏的长江流域稻区以及福建北部、河南南部稻区的稻瘟病轻发区作一季中稻种植。

栽培技术要点：做好种子消毒处理，适时播种，培育壮秧。移栽：秧龄30天内适时移栽，栽插规格13.3cm×23.3cm或13.3cm×26.7cm，每穴栽插1～2粒种子苗。肥水管理：大田施纯氮225kg/hm²，其中70%作基肥，返青时施15%作追肥，15%作穗肥，缺钾田块适当补施钾肥。浅水湿润促分蘖，及时搁田，做到早够苗早搁田，分次搁田，轻搁为主；收获前5～7d断水，切忌过早断水。病虫防治：注意及时防治稻瘟病、纹枯病、螟虫、褐飞虱等病虫危害。

Ⅱ优52（ⅡYou 52）

品种来源：安徽省农业科学院水稻研究所用Ⅱ-32A/OM052配组选育而成，原名籼杂优0403，2007年和2010年分别通过安徽省和国家农作物品种审定委员会审定，定名Ⅱ优52。

形态特征和生物学特性：属籼型三系杂交中迟熟中稻。感光性弱，感温性中等，基本营养生长期短。株型紧凑适中，茎秆粗壮，长势繁茂，叶姿挺直，茎叶淡绿，长穗型，主蘖穗整齐。颖壳黄色，颖尖紫色，种皮白色，无芒，熟期转色好。在长江中下游作一季中稻种植，全生育期134.9d，株高129.0cm，穗长24.6cm，每穗总粒数182.6粒，结实率83.8%，千粒重28.0g。

品质特性：糙米率81.7%，精米率74.4%，整精米率67.3%，粒长6.3mm，长宽比2.6，垩白米率58.5%，垩白度8.7%，透明度2级，碱消值5.8级，胶稠度55mm，直链淀粉含量23.5%，蛋白质含量9.3%。

抗性：稻瘟病综合指数6.7级，穗瘟损失率最高级9级；白叶枯病抗性7级；褐飞虱抗性9级。

产量及适宜地区：2007—2008年参加国家区域试验，平均单产8 943.0kg/hm²，比对照Ⅱ优838增产4.6%。2009年生产试验，平均单产8 730.0kg/hm²，比对照Ⅱ优838增产6.9%。2005—2006年参加安徽省中籼区试，平均单产分别为8 733.0kg/hm²和9 039.0kg/hm²，比对照汕优63分别增产9.0%和11.2%。2006年同步生产试验，平均单产8 217.0kg/hm²，比对照汕优63增产5.2%。适宜江西、湖南、湖北、安徽、浙江、江苏等长江流域稻区（武陵山区除外）以及福建北部、河南南部稻区的稻瘟病、白叶枯病轻发区作一季中稻种植。

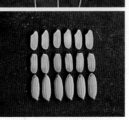

栽培技术要点：4月底至5月初播种。秧田播种量不超过150～225kg/hm²，秧龄30～35d；栽插密度30万穴/hm²，每穴1～2粒种子苗。大田施纯氮225kg/hm²，其中70%作基肥，返青时施15%作追肥，余下15%作穗肥，缺钾的田块适当补施钾肥。在大田茎蘖苗达270万苗/hm²时开始分次晒田，以轻晒为主，收割前5～7d断水，切忌断水过早。注意及时防治稻瘟病、白叶枯病、稻蓟马、稻纵卷叶螟、稻飞虱等病虫危害。

Ⅱ优608（Ⅱ You 608）

品种来源：安徽喜多收种业科技有限公司用Ⅱ-32A/禾恢608配组选育而成，原名Ⅱ优608，2006年通过安徽省农作物品种审定委员会审定，定名皖稻183。

形态特征和生物学特性：属籼型三系杂交迟熟中稻。感光性弱，感温性中等，基本营养生长期长。株型集散适中，分蘖力较强，属穗、粒兼顾型品种，叶片挺直，茎叶淡绿，长穗型，主蘖穗整齐。颖壳黄色，颖尖褐色，种皮白色，无芒。全生育期143d左右，株高120cm左右，每穗总粒数175粒左右，结实率80%左右，千粒重27.5g。

品质特性：糙米率80.3%，精米率73.5%，整精米率61.2%，粒长6.2mm，长宽比2.5，垩白粒率34%，垩白度7.3%，透明度1级，碱消值5.2级，胶稠度75mm，直链淀粉含量21.6%，蛋白质含量9.7%。

抗性：中抗白叶枯病和稻瘟病。

产量及适宜地区：2004—2005年参加安徽省中籼区域试验，平均单产分别为9 693.0kg/hm²和8 671.5kg/hm²，比对照汕优63分别增产11.2%和10.8%。2005年参加安徽省中籼生产试验，平均单产8 584.5kg/hm²，比对照汕优63增产9.7%。一般单产8 250.0kg/hm²。适宜安徽省一季稻区种植。

栽培技术要点：4月至5月初播种，秧龄30～35d；栽插密度30.0万穴/hm²左右，每穴1～2粒种子苗。大田期注意防治二化螟、三化螟、稻纵卷叶螟及稻飞虱的危害。

II优8号（II You 8）

品种来源：安徽喜多收种业科技有限责任公司用II-32A/R008（来源于安徽喜多收种业科技有限公司）配组选育而成，2010年通过安徽省农作物品种审定委员会审定。

形态特征和生物学特性：属籼型三系杂交中熟中稻。感光性弱，感温性中等，基本营养生长期中。株型适中，叶片上举，茎叶绿色，长穗型，主蘖穗整齐。颖壳黄色，颖尖褐色，种皮白色，无芒。全生育期136d左右，株高120cm左右，每穗总粒数184粒左右，结实率85%左右，千粒重28g。

品质特性：糙米率81.7%，精米率73.9%，整精米率60.1%，粒长6.3mm，长宽比2.45，垩白粒率58.0%，垩白度9.3%，透明度2.5级，碱消值6.5级，胶稠度52.0mm，直链淀粉含量22.3%，蛋白质含量9.9%。

抗性：中抗白叶枯病和稻瘟病。

产量及适宜地区：2007—2008年参加安徽省中籼区试，平均单产分别为9 525.0kg/hm^{2}和9 570.0kg/hm^2，较对照II优838分别增产7.3%和7.8%。2009年安徽省中籼生产试验，平均单产9 180.0kg/hm^2，较对照II优838增产6.8%。适宜安徽省作一季中稻搭配品种栽培。

栽培技术要点：5月上旬播种，秧龄35d，株行距13.3cm×20.0cm，秧田播种量不超过225kg/hm^2，1叶1心期喷施多效唑粉剂。施优质人畜粪22 500～30 000kg/hm^{2}或菜饼肥750kg/hm^{2}或氮肥105kg/hm^2、过磷酸钙450kg/hm^2、氯化钾75kg/hm^{2}作基肥，磷酸氢铵375kg/hm^{2}作秒口肥。在第14叶展开时，施尿素105kg/hm^{2}作穗肥；始穗期喷施磷酸二氢钾和尿素，或者施用叶面肥，以增实粒，保粒重。当茎蘖苗达270万苗/hm^{2}时开始烤田，后期采用浅水湿润灌溉。大田期注意防治二化螟、三化螟、稻纵卷叶螟及稻飞虱的危害。

Ⅱ优98（Ⅱ You 98）

品种来源：南京农业大学农学院水稻研究所用Ⅱ-32A/抗恢98配组，于1998年育成，原名抗优98，2003年通过安徽省农作物品种审定委员会审定，定名Ⅱ优98。

形态特征和生物学特性：属籼型三系杂交迟熟中稻。感光性中，感温性中等，基本营养生长期长。株型适中，分蘖力较强，叶片坚挺上举，生长清秀，茎叶淡绿，长穗型，主蘖穗整齐。颖壳黄色，颖尖褐色，种皮白色，无芒。全生育期142d左右，株高115cm，每穗总粒数165粒，结实率85%，千粒重27.5g。

品质特性：糙米率80.7%，精米率73.6%，整精米率60.8%，粒长6.1mm，碱消值5.2级，胶稠度44mm，直链淀粉含量22.1%，蛋白质含量10.6%。

抗性：抗白叶枯病，轻感稻瘟病。

产量及适宜地区：安徽省两年中籼区域试验和一年生产试验，平均单产8 284.5～8 839.5kg/hm²，比对照汕优63增产1.3%～4.5%。适宜安徽省沿淮及以南区域作一季中稻种植。

栽培技术要点：4月中旬至5月上旬播种，秧田净播种量150～225kg/hm²，秧龄30～35d。宽行窄株栽培，株行距13.3cm×23.3cm，栽插密度27万～30万穴/hm²，基本苗数120万～150万苗/hm²。高产栽培大田施纯氮150～187.5kg/hm²。宜早追重追，促早发，长好苗架，提高成穗率，适时烤田，以防过苗。湿润灌溉，后期不能过早断水，直到成熟都应保持湿润，以保证叶青籽黄，提高结实率。注意白叶枯病、纹枯病、稻蓟马、稻纵卷叶螟等病虫害的及时防治。

Ⅱ优航2号 （Ⅱ Youhang 2）

品种来源：福建省农业科学院水稻研究所用Ⅱ-32A/GK239（以卫星搭载明恢68干种子进行高空辐射选育而成）于2001年配组而成，2006年通过安徽省农作物品种审定委员会审定。

形态特征和生物学特性：属籼型三系杂交迟熟中稻。感光性弱，感温性中等，基本营养生长期短。株型紧凑，茎秆粗壮，生长繁茂，剑叶较长，叶片坚挺上举，茎叶淡绿，长穗型，主蘖穗整齐。颖壳黄色，颖尖紫色，种皮白色，无芒，谷粒椭圆形。全生育期143d，株高120cm，穗型较大，每穗总粒数180粒，结实率78%，千粒重27.5g。

品质特性：糙米率80.8%，精米率74.8%，整精米率70.6%，长宽比2.6，垩白粒率51%，垩白度6.8%，胶稠度59mm，直链淀粉含量22.3%，蛋白质含量12.8%。

抗性：中抗稻瘟病，感白叶枯病。

产量及适宜地区：2003—2004年参加安徽省中籼区域试验，平均单产分别为7 900.5kg/hm^{2}和9 282.0kg/hm^2，比对照汕优63分别增产4.9%和7.5%。2005年安徽省中籼生产试验，平均单产8 476.5kg/hm^2，比对照汕优63增产8.4%。一般单产8 250.0kg/hm^2。适宜安徽省沿淮及以南区域作一季中稻白叶枯病轻发区种植。

栽培技术要点：适时播种，培育适龄带蘖壮秧：4月中旬至5月上旬播种，秧田净播种量150 ～ 225kg/hm^2，秧龄30 ～ 35d。合理密植，栽足基本苗：宽行窄株栽培，株行距13.3cm×23.3cm，大田栽插密度27万～ 30万穴/hm^2，基本苗数120万～ 150万苗/hm^2。合理施肥：高产栽培施纯氮150 ～ 187.5kg/hm^2；宜早追重追，促早发，长好苗架。注意后期管理：湿润灌溉，后期不能过早断水，直到成熟都应保持湿润，以保证叶青籽黄，提高结实率。及时防治病虫害，确保高产丰收：注意白叶枯病、纹枯病、稻蓟马、稻纵卷叶螟等病虫害的及时防治，保证高产丰收。

II优明88（II Youming 88）

品种来源：安徽隆平高科种业有限责任公司用 II-32A/明恢88配组选育而成，原名隆安0304，2007年通过安徽省农作物品种审定委员会审定，定名 II优明88。

形态特征和生物学特性：属籼型三系杂交迟熟中稻。感光性弱，感温性中等，基本营养生长期中。株型紧凑，叶片坚挺上举，茎叶淡绿，长穗型，主蘖穗整齐。颖壳黄色，颖尖褐色，种皮白色，无芒。全生育期141d，株高120cm，分蘖力较强，每穗总粒数170粒，结实率80%，千粒重26g。

品质特性：糙米率80.8%，精米率74.8%，整精米率70.6%，长宽比2.6，垩白粒率51%，垩白度6.8%，胶稠度59mm，直链淀粉含量22.3%，蛋白质含量12.8%。

抗性：感白叶枯病，轻感稻瘟病。

产量及适宜地区：2004—2005年参加安徽省中籼区试，平均单产9 132.0kg/hm^{2}和8 587.5kg/hm^2，比对照汕优63分别增产5.7%和7.1%。2006年安徽省中籼生产试验，平均单产8 470.5kg/hm^2，比对照汕优63增产9.8%。适宜安徽省作一季稻种植，但不宜在低洼易涝区种植。

栽培技术要点：育秧：4月底至5月初播种，秧龄30～35d，大田用种量15kg/hm^2，稀播，培育壮秧。移栽：秧龄25～30d适时移栽，株行距16.7cm×20cm，合理密植，每穴1～2粒种子苗。肥水管理：施足有机肥，总氮量控制在150kg/hm^{2}以内。够苗及时烤田，后期干湿交替，收获前5～7d断水。病虫害防治：注意及时防治稻瘟病、白叶枯病、纹枯病、螟虫、稻飞虱等病虫害。

D优202 (D You 202)

品种来源：四川农业大学水稻研究所、四川农业大学高科农业有限责任公司和安徽川农高科种业有限责任公司用D62A/蜀恢202配组，于2002年育成，原名泰优1号，2006年通过安徽省农作物品种审定委员会审定，定名D优202。

形态特征和生物学特性：属籼型三系杂交迟熟中稻。感光性弱，感温性中等，基本营养生长期长。株型分散适中，分蘖力较强；生长繁茂，叶色深绿，叶片坚挺上举，茎叶淡绿，长穗型，主蘖穗整齐。颖壳黄色，颖尖褐色，种皮白色，稀间短芒。全生育期144d左右，株高120cm，每穗总粒数160粒，结实率80%，千粒重29g。

品质特性：整精米率57.9%，长宽比3.0，垩白粒率30.0%，垩白度3.8%，胶稠度51.0mm，直链淀粉含量22.1%，米质达部颁三等食用稻品种品质标准。

抗性：中感白叶枯病和稻瘟病。

产量及适宜地区：2004—2005年安徽省中籼区域试验，平均单产分别为9 531.0kg/hm² 和8 518.5kg/hm²，比对照汕优63分别增产10.3%和6.3%。2005年安徽省中籼生产试验，平均单产8 445.0kg/hm²，比对照汕优63增产8.0%。一般单产8 250.0kg/hm²。适宜安徽省白叶枯病和稻瘟病轻发区作一季中稻种植。

栽培技术要点：4月中旬至5月上旬播种，秧田净播种量150 ~ 225kg/hm²，秧龄30 ~ 35d。宽行窄株栽培，株行距13.3cm×23.3cm，大田栽插密度27万 ~ 30万穴/hm²，基本苗数120万 ~ 150万苗/hm²。高产栽培施纯氮150 ~ 187.5kg/hm²。宜早追肥，促早发，搭好丰产苗架，提高成穗率，适时烤田，以防过苗。湿润灌溉，后期不能过早断水，直到成熟都应保持湿润，以保证叶青籽黄，提高结实率。应注意防治稻瘟病、白叶枯病、纹枯病、稻蓟马、稻纵卷叶螟等病虫害，保证高产丰收。

K优52 (K You 52)

品种来源：安徽省农业科学院水稻研究所用四川省农业科学院水稻高粱研究所育成的K17A与自选恢复系OM052配组育成，原名K优52，2004年和2006年分别通过安徽省和国家农作物品种审定委员会审定，定名皖稻125。

形态特征和生物学特性：属籼型三系杂交早熟中稻。感光性弱，感温性中等，基本营养生长期中。株型适中，长势繁茂，叶片坚挺上举，茎叶淡绿，长穗型，主蘖穗整齐。颖壳黄色，颖尖紫色，种皮白色，稀间短芒。全生育期平均130d左右，株高125.9cm，穗长23.7cm，每穗总粒数159.3粒，结实率78.7%，千粒重30.0g。

品质特性：糙米率81.8%，精米率75.1%，整精米率53.9%，粒长6.5mm，长宽比2.6，垩白粒率74%，垩白度15.8%，透明度3级，碱消值6.3级，胶稠度56mm，直链淀粉含量26.8%，蛋白质含量9.0%。米质12项指标中8项达到部颁二等以上食用稻品种品质标准。

抗性：感稻瘟病，中感白叶枯病。

产量及适宜地区：2004年参加长江中下游中籼迟熟组品种区域试验，平均单产9 034.5kg/hm²，比对照汕优63增产7.9%；2005年续试，平均单产8 554.5kg/hm²，比对照汕优63增产8.9%；2004—2005年区域试验，平均单产8 794.5kg/hm²，比对照汕优63增产8.4%。适宜福建、江西、湖南、湖北、安徽、浙江、江苏的长江流域稻区（武陵山区除外）以及河南南部稻区的稻瘟病、白叶枯病轻发区作一季中稻种植。

栽培技术要点：适时播种：作一季中稻栽培，5月上旬播种，秧田播种量不超过225kg/hm²。移栽：秧龄30d移栽，株行距13.3cm×23.3cm或13.3cm×26.7cm，每穴1～2粒种子苗。肥料管理：高产栽培施纯氮225kg/hm²，其中70%作基肥，15%在返青时作追肥，其余15%作穗肥，缺钾的田块适当补施钾肥。在水浆管理上，做到浅水间湿润促分蘖；茎蘖苗数达270万/hm²时晒田，以轻晒为主，分次晒田；收割前5～7d断水，切忌断水过早。病虫防治：注意及时防治稻瘟病和白叶枯病等。

K优954 (K You 954)

品种来源：安徽省农业科学院水稻研究所用K17A/9M054配组选育而成，原名K优954，2004年通过安徽省农作物品种审定委员会审定，定名皖稻113。

形态特征和生物学特性：属籼型三系杂交中熟中稻。感光性弱，感温性中等，基本营养生长期中。株型紧凑，叶片坚挺上举，茎叶深绿，长穗型，主蘖穗整齐。颖壳黄色，颖尖紫色，种皮白色，无芒。株高110cm，分蘖力中等，穗大粒多。全生育期132d，平均每穗185粒，结实率80%，千粒重26.5g。

品质特性：糙米率81.2%，精米率73.6%，整精米率52.3%，粒长6.2mm，长宽比3.2，垩白粒率66%，垩白度9.2%，透明度3级，碱消值6.4级，胶稠度84mm，直链淀粉含量22.4%，蛋白质含量9.3%。米质12项指标中8项达部颁二等以上食用稻品种品质标准。

抗性：感稻瘟病，高感白叶枯病。

产量及适宜地区：2001—2002年安徽省中籼区域试验，平均单产分别为8 826.0kg/hm^{2}和9 174.0kg/hm^2，比对照汕优63分别增产4.4%和7.5%。2003年安徽省中籼生产试验，平均单产8 049.0kg/hm^2，比汕优63增产12.7%。适宜安徽省白叶枯病轻发区作一季稻种植。

栽培技术要点：适时播种：5月上旬播种，秧田播种量不超过225kg/hm^2。移栽：秧龄30d，株行距13.3cm×23.3cm或13.3cm×26.7cm，每穴1～2粒种子苗。肥水管理：高产栽培施纯氮225kg/hm^2，其中70%作基肥，15%在返青时作追肥，其余15%作穗肥，缺钾的田块适当补施钾肥。在水浆管理上，做到浅水间湿润促分蘖；茎蘖苗数达270万苗/hm^{2}时烤田，以轻烤为主，分次烤田；收割前5～7d断水，切忌断水过早。病虫防治：注意防治白叶枯病和稻瘟病等。

K优绿36 (K Youlü 36)

品种来源：安徽省农业科学院绿色食品工程研究所用K17A/绿36配组选育而成，原名K优绿36，2002年通过安徽省农作物品种审定委员会审定，定名皖稻81。

形态特征和生物学特性：属籼型三系杂交迟熟中稻。感光性弱，感温性中等，基本营养生长期中。株型紧凑，叶片坚挺上举，叶色浓绿，分蘖力中等，穗大粒多，长穗型，主蘖穗整齐。颖壳及颖尖均黄色，种皮白色，稀间短芒。全生育期138d，株高115cm，每穗165粒，结实率80%左右，千粒重27.5g。

品质特性：米质中等。

抗性：中感白叶枯病，中抗稻瘟病。耐旱性较强，耐寒性较差。

产量及适宜地区：1999—2000年安徽省中籼区试，分别比对照汕优63增产3.9%和7.0%。2001年生产试验，比对照汕优63增产6.8%。适宜安徽省作一季中稻种植。

栽培技术要点：适时播种。5月上、中旬播种，秧龄30d左右及时移栽。湿润育秧，秧田播种量225kg/hm²；旱育秧，秧田播种量450kg/hm²。合理密植。栽插密度30万穴/hm²，每穴1粒种子苗。加强肥水管理，注意防止倒伏。一般施纯氮180kg/hm²，增施有机肥和磷钾肥，早施分蘖肥，不施或少施穗、粒肥。浅水勤灌，苗够及时晒田，后期忌断水过早。病虫害防治。注意防治白叶枯病、稻瘟病、稻曲病、纹枯病和螟虫等病虫害。

M29 （M 29）

品种来源：安徽省农业科学院水稻研究所用协青早A为母本，采取分子标记方法筛选农艺性状与2DZ057相仿、直链淀粉含量较低的恢复系ZH171配组，于2004年选育而成，原名改良型协优57，2006年通过安徽省农作物品种审定委员会审定，定名皖稻185。

形态特征和生物学特性：属籼型三系杂交迟熟中稻。感光性弱，感温性中等，基本营养生长期中。株型松散适中，剑叶挺窄，叶色前期深绿后期淡绿；株型紧凑，叶片坚挺上举，茎叶淡绿，长穗型，主蘖穗整齐。颖壳黄色，颖尖褐色，种皮白色，稀间短芒。全生育期140d，株高115cm，分蘖力较强，穗型较大，着粒较密，每穗总粒数165粒，结实率85%，千粒重29g。

品质特性：米质达部颁四等食用稻品种品质标准。直链淀粉含量22.3%，比协优57（26.2%）低3.9个百分点。

抗性：中抗稻瘟病和白叶枯病。

产量及适宜地区：2005年安徽省中籼区域试验，平均单产8 380.5kg/hm²，比对照协优57增产2.7%，一般单产8 250.0kg/hm²。适宜安徽省沿淮及以南区域作一季中稻种植。

栽培技术要点：4月中旬至5月上旬播种，秧田净播种量150～225kg/hm²，秧龄30～35d。宽行窄株栽培，株行距13.3cm×23.3cm，大田栽插密度27万～30万穴/hm²，基本苗数120万～150万苗/hm²。高产栽培施纯氮150～187.5kg/hm²。宜早追重追，促早发，长好苗架，提高成穗率，适时烤田，以防过苗。湿润灌溉，后期不能过早断水，直到成熟都应保持湿润，以保证叶青籽黄，提高结实率。注意稻瘟病、白叶枯病、纹枯病、稻蓟马、稻纵卷叶螟等病虫害的及时防治，保证高产丰收。

矮优L011 (Aiyou L 011)

品种来源：安徽省农业科学院水稻研究所用矮仔稻A/L011配组选育而成，原名矮优L011，1994年通过安徽省农作物品种审定委员会审定，定名皖稻53。

形态特征和生物学特性：属籼型三系杂交早熟中稻。感光性中，感温性中等，基本营养生长期短。株型松紧适中，叶片坚挺上举，叶鞘紫色，叶片较宽，叶色淡绿。主茎叶片数16～17叶，中长穗型，主蘖穗整齐。颖壳及颖尖均黄色，种皮白色，稀间短芒。全生育期125d，株高95cm，每穗总粒数110粒，结实率83.0%，千粒重27.2g。

品质特性：米质较优。

抗性：中抗白叶枯病和稻瘟病。

产量及适宜地区：安徽省两年品种区域试验和一年生产试验，较对照汕优64分别增产4.5%和15.0%。适宜安徽省作一季早中稻和双季晚稻种植。

栽培技术要点：4月中下旬播种，5月下旬或6月初移栽，秧龄30～35d，秧田播种量不超过300～375kg/hm²，秧田与大田比例为1：（8～10）。采用湿润育秧，加强秧田管理，培育带蘖壮秧。株行距13.3cm×16.7cm或10cm×23.3cm，每穴1～2苗。施总氮量150～180kg/hm²，以农家肥为主，化肥为辅，氮、磷、钾合理搭配，比例为2：1：（2～3），其中60%作基肥，40%作追肥，追肥掌握前重、中控、后补的原则。水浆管理要围绕稻苗前期发得早，中期稳长壮，后期不早衰，青秆黄熟的目标进行。注意白叶枯病、纹枯病、稻蓟马、稻纵卷叶螟等病虫害的及时防治，保证高产丰收。

爱丰1号（Aifeng 1）

品种来源：滁州市第二种子公司和成都视达生物技术开发研究所用协青早A/0152于2002年配组选育而成，原名爱丰1号，2006年通过安徽省农作物品种审定委员会审定，定名杂0152。

形态特征和生物学特性：属籼型三系杂交迟熟中稻。感光性弱，感温性中等，基本营养生长期短。株型紧凑，叶片坚挺上举，茎叶淡绿，长穗型，主蘖穗整齐。颖壳及颖尖均黄色，种皮白色，稀间短芒。全生育期139d左右，株高120cm，株型适中，剑叶中长，直立，分蘖力中等，穗型较大，每穗总粒数178粒，结实率80%，千粒重27.5g。

品质特性：糙米率81.0%，精米率73.8%，整精米率60.5%，粒长7.2mm，长宽比3.2，垩白粒率14.0%，垩白度3.4%，透明度1级，碱消值5.4级，胶稠度77mm，直链淀粉含量22.0%，蛋白质含量9.2%。

抗性：感白叶枯病，中感稻瘟病。

产量及适宜地区：2004—2005年两年安徽省中籼区域试验，平均单产分别为9 496.5kg/hm^{2}和8 677.5kg/hm^2，比对照汕优63分别增产9.9%和10.7%。2005年安徽省生产试验，平均单产为8 368.5kg/hm^2，比汕优63增产7.0%。一般单产8 250.0kg/hm^2。适宜安徽省一季稻白叶枯病轻发区种植。

栽培技术要点：力争早播：4月底至5月初播种，秧龄30～35d，株行距13.3cm×20.0cm。稀播育壮秧：秧田播种量不超过225kg/hm^2。1叶1心期施用20%多效唑粉剂。合理施肥：施优质人畜粪22 500～30 000kg/hm^{2}或菜饼肥750kg/hm^{2}或105kg/hm^{2}的氮肥，450kg/hm^{2}过磷酸钙，75kg/hm^{2}氯化钾作基肥，375kg/hm^{2}磷酸氢铵作秒口肥。第14叶展开时，施105kg/hm^{2}尿素作穗肥。提前轻晒田：在大田达270万～285万苗/hm^2（指含3叶以上的茎蘖苗）即开始烤田，后期采用浅水湿润灌溉。及时防治病虫害：注意防治白叶枯病和稻瘟病。大田期注意防治二化螟、三化螟、稻纵卷叶螟及稻飞虱的危害。

昌优964（Changyou 964）

品种来源：福建省农业科学院稻麦研究所用昌丰A/福恢964配组选育而成，2005年、2007年分别通过福建省和安徽省品种审定委员会审定。

形态特征和生物学特性：属籼型三系杂交迟熟中稻。感光性强，感温性中等，基本营养生长期短。株型紧凑，叶片坚挺上举，茎叶淡绿，长穗型，主蘖穗整齐。颖壳及颖尖均黄色，种皮白色，稀间短芒。群体整齐，分蘖力偏弱，穗大粒多，后期转色好。全生育期143d，株高106.9cm，每穗总粒数190.0粒，结实率80%，千粒重25g。

品质特性：粒长6.4mm，长宽比2.7，糙米率79.2%，精米率71.5%，整精米率52.1%，垩白粒率52%，垩白度16.4%，透明度2级，碱消值3.0级，胶稠度32mm，直链淀粉含量21.0%，蛋白质含量9.4%。米质达部颁三等食用稻品种品质标准。

抗性：中感白叶枯，中抗稻瘟病。

产量及适宜地区：2004年参加安徽省中籼区试，平均单产9 156.5kg/hm²，比对照汕优63增产6.0%；2005年续试，平均单产8 230.5kg/hm²，比对照汕优63增产6.0%。2006年生产试验，平均单产8 577.2kg/hm²，比对照汕优63增产8.33%。适宜福建省稻瘟病轻发区作晚稻、安徽省沿淮及以南区域作一季中稻种植。

栽培技术要点：4月中旬至5月上旬播种，秧田净播种量150～225kg/hm²，秧龄30～35d。宽行窄株栽培，株行距13.3cm×23.3cm，大田栽插密度27万～30万穴kg/hm²，基本苗数120万～150万苗/hm²。高产栽培施纯氮150～187.5kg/hm²。宜早追重追，促早发，长好苗架，提高成穗率，适时烤田，以防过苗。湿润灌溉，后期不能过早断水，直到成熟都应保持湿润，以保证叶青籽黄，提高结实率。栽培上应注意稻瘟病、白叶枯病、纹枯病、稻蓟马、稻纵卷叶螟等病虫害的及时防治，保证高产丰收。

滁9507 (Chu 9507)

品种来源：成都视达生物技术开发研究所用Ⅱ-32A/R9507配组于2002年选育而成，原名天勤1号，2006年通过安徽省农作物品种审定委员会审定，定名滁9507。

形态特征和生物学特性：属籼型三系杂交迟熟中稻。感光性弱，感温性中等，基本营养生长期中。株型紧凑，叶片坚挺上举，剑叶短直，叶色深绿，长穗型，主蘖穗整齐。颖壳黄色，颖尖褐色，种皮白色，稀间短芒。全生育期143d左右，株高118cm，分蘖力中等，每穗总粒数175粒，结实率82%左右，千粒重27g。

品质特性：米质达部颁三等食用稻品种品质标准。

抗性：感白叶枯病，中感稻瘟病。

产量及适宜地区：2004—2005年两年安徽省中籼区域试验，平均单产分别为9 489.0kg/hm²和8 970.0kg/hm²，比对照汕优63分别增产8.3%和13.9%。2005年安徽省中籼生产试验，平均单产为8 728.5kg/hm²，比对照汕优63增产11.6%。一般单产8 250.0kg/hm²。适宜安徽省一季稻白叶枯病轻发区种植。

栽培技术要点：4月底至5月初播种，秧田播种量225kg/hm²，秧龄30～35d，大田用种量15kg/hm²。株行距13.3cm×20cm，每穴1～2粒种子苗。大田基肥施碳酸氢铵375kg/hm²，过磷酸钙450kg/hm²，氯化钾112.5kg/hm²，磷、钾肥作基肥下田，氮肥追施应前重、中稳、后轻，分蘖始期施112.5～150kg/hm²尿素，孕穗前施30～45kg/hm²尿素。水浆管理上，应掌握前期浅水勤灌促分蘖，中期适时搁田保足穗，后期湿润灌浆争粒重。播前用300倍强氯精药液浸种12h防恶苗病，后期注意防治白叶枯病和稻瘟病。

川农1号（Chuannong 1）

品种来源：四川农业大学水稻研究所、四川农业大学高科农业有限责任公司、安徽川农高科种业有限责任公司用D62A/蜀恢204配组，于2001年选育而成，原名泰香4号，2006年通过安徽省农作物品种审定委员会审定，定名川农1号。

形态特征和生物学特性：属籼型三系杂交迟熟中稻。感光性弱，感温性中等，基本营养生长期中。株型紧凑，叶片坚挺上举，叶片适中，茎叶淡绿，长穗型，主蘖穗整齐。颖壳黄色，颖尖褐色，种皮白色，稀间短芒。全生育期142d，株高117cm，分蘖力较强，成穗率高，每穗总粒数165粒，结实率80%，属穗、粒兼顾型品种，千粒重27.5g。

品质特性：糙米率81.2%，精米率73.5%，整精米率55.1%，粒长7.2mm，长宽比3.3，垩白粒率26.0%，垩白度4.9%，透明度1级，碱消值6.2级，胶稠度58mm，直链淀粉含量23.1%，蛋白质含量8.2%。

抗性：感白叶枯病，中感稻瘟病。

产量及适宜地区：2004—2005年两年安徽省中籼区域试验，平均单产分别为9 427.5kg/hm^{2}和8 400.0kg/hm^2，比对照汕优63分别增产9.1%和8.2%。2005年生产试验，平均单产为8 412.0kg/hm^2，比对照汕优63增产7.5%。一般单产8 250.0kg/hm^2。适宜安徽省沿淮及以南区域作一季中稻白叶枯病轻发区种植。

栽培技术要点：适时播种，培育适龄带蘖壮秧：4月中旬至5月上旬播种，秧田净播种量150～225kg/hm^2，秧龄30～35d。合理密植，栽足基本苗：宽行窄株栽培，株行距13.3cm×23.3cm，大田栽插密度27万～30万穴/hm^2，基本苗数120万～150万苗/hm^2。合理水肥控制：高产栽培施纯氮150～187.5kg/hm^2。宜早追重追，促早发，长好苗架，提高成穗率，适时烤田，以防过苗。注意后期管理，确保青秆籽黄：湿润灌溉，后期不能过早断水，直到成熟都应保持湿润，以保证叶青籽黄，提高结实率。及时防治病虫害，确保高产丰收：注意白叶枯病、纹枯病、稻蓟马、稻纵卷叶螟等病虫害的及时防治。

川农2号（Chuannong 2）

品种来源：四川农业大学高科农业有限责任公司用G683A/泸恢17配组选育而成，2009年通过安徽省农作物品种审定委员会审定。

形态特征和生物学特性：属籼型三系杂交迟熟中稻。感光性弱，感温性中等，基本营养生长期中。株型紧凑，叶片坚挺上举，茎叶淡绿，长穗型，主蘗穗整齐。颖壳黄色，颖尖褐色，种皮白色，稀间短芒。全生育期139d，株高122cm，每穗总粒数158粒，结实率83%，千粒重28g。

品质特性：糙米率81.1%，精米率73.4%，整精米率55.2%，粒长6.9mm，长宽比2.95，垩白粒率63.5%，垩白度13.3%，透明度2.5级，碱消值5.2级，胶稠度74mm，直链淀粉含量22.7%，蛋白质含量9.1%。

抗性：抗白叶枯病、中抗稻瘟病。

产量及适宜地区：2005年安徽省中籼区试单产8 115.0kg/hm²，较对照汕优63增产4.4%；2006年安徽省中籼区试，平均单产9 045.0kg/hm²，较对照Ⅱ优838增产12.0%。2007年安徽省中籼生产试验，平均单产9 030.0kg/hm²，较对照Ⅱ优838增产9.1%。适宜安徽省大别山区以外地区作一季中稻种植。

栽培技术要点：4月中旬至5月上旬播种，秧田净播种量150～225kg/hm²，秧龄30～35d。宽行窄株栽培，株行距13.3cm×23.3cm，大田栽插密度27万～30万穴/hm²，基本苗数120万～150万苗/hm²。高产栽培施纯氮150～187.5kg/hm²。宜早追重追，促早发，长好苗架，提高成穗率，适时烤田，以防过苗。湿润灌溉，后期不能过早断水，直到成熟都应保持湿润，以保证叶青籽黄，提高结实率。注意稻瘟病、白叶枯病、纹枯病、稻蓟马、稻纵卷叶螟等病虫害的及时防治，保证高产丰收。

丰两优1号 (Fengliangyou 1)

品种来源：合肥丰乐种业股份有限责任公司与北方杂交粳稻工程技术中心用广占63S/9311配组选育而成，原名丰两优1号，2003年、2005年分别通过安徽省和国家农作物品种审定委员会审定，定名皖稻87。该品种还先后通过河南、湖北、江西、广东省梅州市农作物品种审定委员会审定。

形态特征和生物学特性：属籼型两系杂交早熟中稻。感光性中，感温性中等，基本营养生长期短。株型紧凑，叶片坚挺上举，芽鞘绿色，叶鞘绿色，叶片深绿色，长穗型，主蘖穗整齐。颖壳及颖尖均黄色，种皮白色，稀间短芒。在广西全生育期早造129d，晚造109d。在长江中下游作双季晚稻种植全生育期平均117.5d，比对照汕优46早熟0.7d。株型较散，株高110.0cm，穗长22.4cm，每穗总粒数138.1粒，结实率77.9%，千粒重28.8g。

品质特性：糙米率81.5%，整精米率56.5%，长宽比3.1，垩白粒率25%，垩白度2.8%，胶稠度63mm，直链淀粉含量16.0%，蛋白质含量11.2%。米质达到国家《优质稻谷》标准2级。

抗性：中抗白叶枯病，感稻瘟病，高感褐飞虱。耐寒性中。

产量及适宜地区：2003—2004年参加长江中下游晚籼中迟熟优质组区域试验，平均单产分别为7 317.0kg/hm² 和7 480.5kg/hm²，比对照汕优46分别增产2.9%和2.1%；两年区域试验，平均单产7 399.5kg/hm²，比对照汕优46增产2.5%。2004年生产试验，平均单产7 024.5kg/hm²，比对照汕优46增产4.7%。适宜广西中北部、广东北部、福建中北部、江西中南部、湖南中南部、浙江南部的稻瘟病轻发的双季稻区作晚稻种植；安徽、豫南籼稻区、湖北、重庆海拔800m以下稻瘟病非常发区作一季中稻种植。

栽培技术要点：适时播种。按照当地适宜时间播种。大田用种量22.5kg/hm²。抛秧2.5 ～ 3.0叶龄为宜，注意培育多蘖壮秧。合理施肥，科学用水。氮肥施用原则是：前重、中控、后补，磷、钾肥多作基肥施用。采取浅水栽秧、寸水活棵、薄水分蘖、深水抽穗、后期干干湿湿的方式。浅水管理，适时晒田，后期切忌断水过早。注意及时防治稻瘟病等病虫害。

丰两优2号 （Fengliangyou 2）

品种来源：合肥丰乐种业股份有限公司用M8064S（8077S/培矮64S）/1175（9311早熟变异株系选）配组选育而成。2005年通过江西省农作物品种审定委员会审定。

形态特征和生物学特性：属籼型两系杂交早熟中稻。感光性弱，感温性中等，基本营养生长期短。株型紧凑，植株整齐，长势繁茂，叶色浓绿，分蘖力强，有效穗多，穗大粒多，后期落色好。全生育期124.0d，株高122.5cm，每穗总粒数168.4粒，实粒数124.0粒，结实率73.6%，千粒重26.7g。

品质特性：出糙率79.8%，精米率69.8%，整精米率59.8%，垩白粒率13%，垩白度2.0%，直链淀粉含量21.24%，胶稠度73mm，粒长6.8mm，长宽比3.0。米质达国家《优质稻谷》标准2级。

抗性：高抗苗瘟，抗叶瘟，中抗穗颈瘟。

产量及适宜地区：2003—2004年参加江西省一季中籼稻区试，平均单产分别为8 269.5kg/hm²和7 848.0kg/hm²，比对照汕优63分别增产9.9%和1.3%。适宜江西全省一季稻区种植。

栽培技术要点：长江中下游作一季中稻种植，播期安排在4月中下旬至5月上旬较为适宜，稀播、匀播育壮秧，苗床播种量为150kg/hm²，在移栽上采用宽行窄株，移栽时秧龄25～30d为宜，叶龄在4.5叶左右，不超过6叶，平均每苗2～3分蘖，栽插密度22.5万～27.0万穴/hm²，每穴栽1～2粒种子苗，基本苗约为90万苗/hm²。施肥原则是"重底、轻蘖、增施穗肥"，底肥深施，追肥与泥浆充分混合，施纯氮270kg/hm²，磷肥150kg/hm²，钾肥225kg/hm²，磷肥全部作基肥，氮肥底、蘖、穗肥比为3：1：1，钾肥蘖肥、穗肥各占50%；移栽后5d内施用分蘖肥。浅水勤灌，移栽后15～20d内排水晒田至丝裂，晒田复水后湿润浅水管理，抽穗扬花期灌浅水养花。该组合具有明显的两次灌浆特性，必须坚持湿润灌溉和间隙灌溉，以利养根保叶，收获前5～7d断水，保证活熟到老。苗期注意稻蓟马的防治，大田注意防治稻瘟病、纹枯病、稻曲病、稻纵卷叶螟、稻飞虱等病虫害。

丰两优3号 (Fengliangyou 3)

品种来源：合肥丰乐种业股份有限公司用广占63S/丰恢929配组选育而成，2006年、2007年分别通过江西省和安徽省品种审定委员会审定。

形态特征和生物学特性：属籼型两系杂交迟熟中稻。感光性弱，感温性中等，基本营养生长期短。株型紧凑，叶片坚挺上举，茎叶淡绿，植株生长整齐，分蘖力一般，熟期转色较好，长穗型，主蘖穗整齐。颖壳及颖尖均黄色，种皮白色，稀间短芒。全生育期140d，株高120cm左右，每穗总粒数178粒，结实率80%，千粒重27.5g。

品质特性：糙米率80.2%，精米率69.4%，整精米率61.8%，粒长6.9mm，长宽比3.1，垩白粒率22%，垩白度4.4%，胶稠度86mm，直链淀粉含量15.0%。米质达国家《优质稻谷》标准3级。

抗性：高抗白叶枯病，中抗稻瘟病。

产量及适宜地区：2005—2006年两年安徽省中籼区试，平均单产分别为8 649.0kg/hm² 和8 767.5kg/hm²，比对照汕优63分别增产8.0%和10.2%。2006年生产试验，平均单产8 466.0kg/hm²，比对照汕优63增产9.4%。2004—2005年参加江西省水稻区试，平均单产分别为8 551.5kg/hm²和7 686.0kg/hm²，比对照汕优63分别增产8.0%和8.8%。适宜安徽、江西两省一季稻区种植。

栽培技术要点：4月底至5月中旬播种，秧龄30d，株行距16.7cm× 26.7cm，栽插密度为22.5万穴/hm²。施纯氮210 ～ 270kg/hm²，磷肥300 ～ 450kg/hm²，钾肥225kg/hm²，总用氮肥的60%作基面肥，磷钾肥全部用作基肥，移栽活棵后追施75kg/hm²尿素，孕穗至破口期追施45kg/hm²尿素。浅水插秧，寸水活棵，薄水分蘖，足苗晒田，深水抽穗，后期干干湿湿。重点防治稻瘟病等病虫害。

丰两优4号 (Fengliangyou 4)

品种来源：合肥丰乐种业股份有限责任公司用丰39S/盐稻4号选于2001年配组选育而成，原名丰两优4号，2006年、2007年和2009年先后通过安徽省、河南省及国家农作物品种审定委员会审定，定名皖稻187。2007年通过农业部超级稻品种确认。

形态特征和生物学特性：属籼型两系杂交迟熟中稻。感光性弱，感温性中等，基本营养生长期短。株型紧凑，叶片坚挺上举，茎叶淡绿，长穗型，主蘖穗整齐。颖壳及颖尖均黄色，种皮白色，无芒。全生育期平均135d，株高124.8cm，穗长24.2cm，平均每穗总粒数180.6粒，结实率79.7%，千粒重28.2g。

品质特性：糙米率81.0%，精米率73.7%，整精米率57.6%，粒长7.1mm，长宽比3.1，垩白粒率18%，垩白度3.2%，透明度1级，碱消值5.7级，胶稠度70mm，直链淀粉含量24.1%，蛋白质含量11.5%。米质达部颁四等食用稻品种品质标准。

抗性：中感稻瘟病、白叶枯病和褐飞虱。

产量及适宜地区：2007—2008年参加长江中下游迟熟中籼组品种区域试验，平均单产分别为8 943.0kg/hm²和9 249.0kg/hm²，比对照Ⅱ优838分别增产7.3%和6.9%；两年区域试验，平均单产9 096.0kg/hm²，比对照Ⅱ优838增产7.0%。2008年生产试验，平均单产8 628.0kg/hm²，比对照Ⅱ优838增产9.4%。2004—2005年安徽省中籼区域试验，平均单产分别为9 546.0kg/hm²和8 586.0kg/hm²，比对照汕优63分别增产8.9%和9.0%。2005年生产试验，平均单产8 329.5kg/hm²，比对照汕优63增产6.5%。适宜江西、湖南、湖北、安徽、浙江、江苏的长江流域稻区（武陵山区除外）及福建北部、河南南部稻区稻瘟病、白叶枯病轻发区作一季中稻种植。

栽培技术要点：适时播种，培育多蘖壮秧。秧龄以30d为宜，中上等肥力田块株行距16.7cm×26.7cm，中等及肥力偏下的田块适当增加密度。大田需肥总量纯氮210～270kg/hm²、磷肥600～750kg/hm²、钾肥225kg/hm²。采取"浅水栽秧、寸水活棵、薄水分蘖、深水抽穗、后期干干湿湿"的灌溉方式，及时排水晒田控苗。注意及时防治稻瘟病、白叶枯病、稻飞虱、稻曲病等病虫危害。

丰两优6号 (Fengliangyou 6)

品种来源：合肥丰乐种业股份有限公司用广占63S/丰恢6号配组选育而成，2008年、2012年分别通过安徽省、江苏省、重庆市和广西壮族自治区农作物品种审定委员会审定。

形态特征和生物学特性：属籼型两系杂交迟熟中稻。感光性弱，感温性中等，基本营养生长期短。株型紧凑，叶片坚挺上举，茎叶淡绿，长穗型，主蘖穗整齐。颖壳及颖尖均黄色，种皮白色，稀间短芒。全生育期136d，株高123cm，每穗总粒数190粒，结实率80%，每穗实粒数152粒，千粒重29g。

品质特性：糙米率80%，精米率71.9%，整精米率58.7%，粒长6.9mm，长宽比3.0，垩白粒率22%，垩白度2.8%，透明度1级，碱消值6.5级，胶稠度86mm，直链淀粉含量15%，蛋白质含量10.1%。米质达部颁三等食用稻品种品质标准。

抗性：抗白叶枯病、中抗稻瘟病。

产量及适宜地区：2006—2007年参加安徽省中籼区试，平均单产分别为9 075.0kg/hm^{2}和9 600.0kg/hm^2，较对照Ⅱ优838分别增产13.1%和10.1%。2007年生产试验，单产为9 150.0kg/hm^2，较对照Ⅱ优838增产10.6%。适宜安徽省作一季稻种植。

栽培技术要点：4月中旬至5月上旬播种，秧田播种量150 ~ 225kg/hm^2，秧龄30 ~ 35d。宽行窄株栽培，株行距13.3cm×23.3cm，栽插密度27万 ~ 30万穴/hm^2，基本苗数120万 ~ 150万苗/hm^2。高产栽培施纯氮150 ~ 187.5kg/hm^2。宜早追重追，促早发，长好苗架，提高成穗率，适时烤田，以防过苗。湿润灌溉，后期不能过早断水，直到成熟都应保持湿润，以保证叶青籽黄，提高结实率。注意白叶枯病、纹枯病、稻蓟马、稻纵卷叶螟等病虫害的及时防治，保证高产丰收。

丰两优80 (Fengliangyou 80)

品种来源：合肥丰乐种业股份有限公司用广占63S/D208选配组选育而成，2010年通过安徽省农作物品种审定委员会审定。

形态特征和生物学特性：属籼型两系杂交迟熟中稻。感光性弱，感温性中等，基本营养生长期短。株型紧凑，叶片坚挺上举，茎叶淡绿，长穗型，主蘖穗整齐。颖壳及颖尖均黄色，种皮白色，稀间短芒。全生育期135d，株高128cm，每穗总粒数215粒，结实率80%，千粒重27g。

品质特性：糙米率82.2%，精米率74.1%，整精米率66.3%，粒长7.4mm，长宽比3.15，垩白粒率28.0%，垩白度3.7%，透明度1.5级，碱消值6.0级，胶稠度58.0mm，直链淀粉含量17.4%，蛋白质含量9.1%。米质达部颁二等食用稻品种品质标准。

抗性：中抗白叶枯病、抗稻瘟病。

产量及适宜地区：2007—2008年参加安徽省中籼区试，平均单产分别为9 495.0kg/hm²和9 315.0kg/hm²，较对照Ⅱ优838分别增产6.5%和5.0%。2009年安徽省中籼生产试验，单产为9 180.0kg/hm²，较对照Ⅱ优838增产8.4%。适宜安徽省作一季稻种植。

栽培技术要点：4月中旬至5月上旬播种，秧田播种量150～225kg/hm²，秧龄30～35d。宽行窄株栽培，株行距13.3cm×23.3cm，栽插密度27万～30万穴/hm²，基本苗数120万～150万苗/hm²。高产栽培施纯氮150～187.5kg/hm²。宜早追重追，促早发，长好苗架，提高成穗率，适时烤田，以防过苗。湿润灌溉，后期不能过早断水，直到成熟都应保持湿润，以保证叶青籽黄，提高结实率。注意白叶枯病、纹枯病、稻蓟马、稻纵卷叶螟等病虫害的及时防治，保证高产丰收。

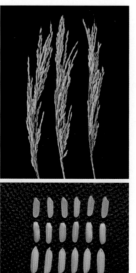

丰两优香1号 （Fengliangyouxiang 1）

品种来源：合肥丰乐种业股份有限责任公司用广占63S/香恢1号配组选育而成，2006年、2007年分别通过江西省、湖南省、安徽省和国家农作物品种审定委员会审定。2009年通过农业部超级稻品种确认。

形态特征和生物学特性：属籼型两系杂交早熟中稻。感光性弱，感温性中等，基本营养生长期短。株型紧凑，叶片坚挺上举，茎叶深绿，长穗型，主蘖穗整齐。颖壳及颖尖均黄色，种皮白色，稀间短芒。全生育期130d，株高116.9cm，穗长23.8cm，每穗总粒数168.6粒，结实率82.0%，千粒重27.0g。

品质特性：糙米率82.2%，精米率75.5%，整精米率62.2%，粒长6.8mm，长宽比3.1，垩白粒率18.0%，垩白度2.8%，胶稠度56mm，直链淀粉含量16.0%，蛋白质含量9.3%。米质达三等食用稻品种品质标准。米饭清香柔软，适口性好。

抗性：中感稻瘟病和白叶枯病。

产量及适宜地区：2005—2006年参加长江中下游中籼迟熟组品种区域试验，平均单产分别为8 224.5kg/hm² 和8 836.5kg/hm²，比对照Ⅱ优838增产5.6%和6.8%；两年区域试验，平均单产8 530.5kg/hm²，比对照Ⅱ优838增产6.2%。2006年生产试验，平均单产8 554.5kg/hm²，比对照Ⅱ优838增产7.8%。适宜江西、湖南、湖北、安徽、浙江、江苏的长江流域稻区（武陵山区除外）以及福建北部、河南南部稻区的稻瘟病、白叶枯病轻发区作一季中稻种植。

栽培技术要点：适期播种，适时移栽：根据各地中稻播种季节，适时播种。稀播匀播，培育多蘖壮秧，秧龄30d左右，株行距16.7cm×26.7cm，栽插密度22.5万穴/hm²。合理施肥：构建丰产苗架，以基肥为主，适时适量追肥。一般施氮肥总量210～270kg/hm²，过磷酸钙600～750kg/hm²，钾肥225kg/hm²。晒田复水时追施尿素60～90kg/hm²作穗粒肥，破口期追45～75kg/hm²尿素作花粒肥。科学管水：浅水栽秧，寸水活棵，薄水分蘖，深水抽穗，后期干干湿湿。苗够及时排水晒田，防止苗发过头。综合防治病虫害：在抽穗后防治1～2次稻曲病，其余病虫防治注意当地病虫预测预报。

丰优126（Fengyou 126）

品种来源：合肥丰乐种业股份有限责任公司用丰8A/989配组选育而成。2006年、2007年分别通过江西省和安徽省农作物品种审定委员会审定。

形态特征和生物学特性：属籼型三系杂交迟熟中稻。感光性强，感温性中等，基本营养生长期短。株型适中，叶片坚挺上举，茎叶淡绿，长穗型，分蘖力强，主蘖穗整齐。颖壳及颖尖均黄色，种皮白色，稀间短芒。在安徽作中稻种植全生育期141d，株高123cm左右，每穗总粒数160粒左右，结实率80%以上，千粒重27.5g。在江西作晚籼种植全生育期124d，株高102.3cm，每穗总粒数125.5粒，实粒数108.8粒，结实率86.7%，千粒重25.3g。

品质特性：糙米率81.8%，精米率67.4%，整精米率43.1%，粒长6.4mm，米粒长宽比2.6，垩白粒率100%，垩白度17.0%，直链淀粉含量22.75%，胶稠度40mm。米质达部颁二级食用稻品种品质标准。

抗性：稻瘟病抗性自然诱发鉴定，中感穗颈瘟，感叶瘟病。感白叶枯病。

产量及适宜地区：2005—2006年两年安徽省中籼区试，平均单产分别为8 752.5g/hm²和8 746.5kg/hm²，对比照汕优63分别增产11.8%和9.9%。2006年生产试验，平均单产8 677.5kg/hm²，对比照汕优63增产9.6%。2004—2005年两年参加江西省晚籼水稻区试，平均单产分别为7 698.0kg/hm²和6 899.0kg/hm²，比对照汕优46分别增产0.3%和2.5%。适宜安徽省作一季中稻种植，江西省作晚稻稻瘟病轻发区种植。

栽培技术要点：育秧：作一季稻栽培，一般在4月底5月初播种，秧龄30～35d。晚稻6月中下旬播种，旱育秧或湿润育秧方式，培育多蘖壮秧。移栽：适时移栽，秧龄25～28d，株行距16.7cm×20.0cm，栽插密度30万穴/hm²，肥力中等及偏下的田块适当增加密度。肥水管理：大田需肥总量纯氮210～240kg/hm²、磷肥600～750kg/hm²、钾肥225kg/hm²，总用肥量的60%作基面肥，移栽活棵后追施75～120kg/hm²尿素促分蘖，孕穗至破口期追施45～75kg/hm²尿素作穗粒肥。采取浅水栽秧、寸水活棵、薄水分蘖、深水抽穗、后期干干湿湿的灌溉方式，苗够及时排水晒田控苗。病虫防治：注意及时防治稻瘟病和白叶枯病等。

丰优29 (Fengyou 29)

品种来源：合肥丰乐种业股份有限公司用中9A/丰恢929配组选育而成，2006年通过河南省农作物品种审定委员会审定。

形态特征和生物学特性：属籼型三系杂交迟熟中稻。感光性弱，感温性中等，基本营养生长期中。株型适中，分蘖力较强；叶片深绿，剑叶宽大且上举；穗大粒多，后期转色好，成熟一致；全生育期148d，株高127.3cm，每穗总粒数201.7粒，结实率76.4%，千粒重27.0g。

品质特性：糙米率80.5%，整精米率53.3%，糙米长宽比3.1，垩白粒率34%，垩白度6.8%，直链淀粉含量21.72%，胶稠度53mm。

抗性：抗叶瘟病，感穗颈瘟病，抗白叶枯病，感纹枯病。

产量及适宜地区：2004—2005年豫南稻区中籼稻品种区域试验，平均单产分别为8 662.5kg/hm²和8 137.5kg/hm²，比对照Ⅱ优838分别增产4.9%和0.5%。2005年生产试验，平均单产8 062.5kg/hm²，比对照Ⅱ优838增产1.4%。适宜豫南籼稻区作一季中稻种植。

栽培技术要点：播种：4月中下旬播种，大田用种量15～22.5kg/hm²，秧龄30d为宜，培育多蘖适龄壮秧。栽插：中上等肥力田块，株行距17cm×26cm，栽插密度22.5万穴/hm²；中等及肥力偏下的田块，适当增加密度，以16cm×（20～22）cm为宜，栽插密度27.0万/hm²，每穴1～2苗。田间管理：秧田要施足基肥，适施断奶肥，巧施送嫁肥；磷、钾肥多作基肥施用；施用原则是前重、中控、后补。病虫防治：及时防治二化螟、三化螟、稻纵卷叶螟和稻曲病。

丰优293（Fengyou 293）

品种来源：安徽荃银高科种业股份有限公司（原安徽荃银农业高科技研究所）用农丰A/YR293配组选育而成，原名丰优293，2005年、2006年和2007年分别通过湖北省、安徽省和江苏省农作物品种审定委员会审定，定名皖稻197。

形态特征和生物学特性：属籼型三系杂交迟熟中稻。感光性弱，感温性中等，基本营养生长期短。株型略松散，叶片略披，茎叶淡绿，长穗型，主蘖穗整齐，抗倒性较强。颖壳黄色，颖尖紫色，种皮白色，稀间短芒。分蘖力中等，穗型较大，全生育期140d，株高115cm，每穗总粒数180粒左右，结实率78%，千粒重27.5g。

品质特性：糙米率79.8%，整精米率60.8%，糙米长宽比3.2，垩白粒率20%，垩白度2.6%，直链淀粉含量21.1%，胶稠度60mm。米质主要理化指标达国家《优质稻谷》2级标准。

抗性：感白叶枯病，中感稻瘟病。

产量及适宜地区：2003—2004年两年安徽省中籼区域试验，平均单产分别为7 845.0kg/hm² 和9 478.5kg/hm²，比对照汕优63分别增产3.7%和9.7%。2005年安徽省中籼生产试验，平均单产8 002.5kg/hm²，比对照汕优63增产2.3%。一般单产8 250.0kg/hm²。适宜安徽、湖北、江苏一季稻白叶枯病和稻瘟病轻发区种植。

栽培技术要点：育秧：适时播种，4月底至5月初播种，秧田播种量225kg/hm²，大田用种量15kg/hm²，稀播、匀播，培育壮秧。移栽：秧龄30～35d，合理密植，栽插密度30万

穴/hm²左右，每穴栽插1～2粒谷苗。肥水管理：该品种秆粗、抗倒力强、分蘖力一般，需加大基肥比例，宜中高肥水平种植，施足基肥，早施分蘖肥，适施穗肥。浅水栽秧、深水活棵、干干湿湿促分蘖，80%够苗搁田，扬花期保持浅水层，后期切忌断水过早。病虫防治：注意二化螟二代、白叶枯病和稻瘟病的防治。

丰优502 (Fengyou 502)

品种来源：合肥丰乐种业股份有限责任公司用丰7A/丰恢502配组选育而成，原名丰优18，2007年通过安徽省农作物品种审定委员会审定，定名丰优502。

形态特征和生物学特性：属籼型三系杂交迟熟中稻。感光性弱，感温性中等，基本营养生长期短。株型紧凑，叶片坚挺上举，茎叶淡绿，长穗型，主蘖穗整齐。颖壳及颖尖均黄色，种皮白色，分蘖力较强，穗着粒较密，稀间短芒。全生育期138d，株高115cm，平均每穗总粒数165粒，结实率83%，千粒重28g。

品质特性：糙米率82.2%，精米率74.5%，整精米率51.6%，粒长7.0mm，长宽比3.15，垩白粒率52.0%，垩白度10.2%，透明度2.5级，碱消值4.3级，胶稠度71mm，直链淀粉含量18.6%，蛋白质含量8.8%。

抗性：高抗白叶枯病，感稻瘟病。

产量及适宜地区：2005—2006年两年安徽省中籼区试，平均单产8 353.5kg/hm² 和 8 980.5kg/hm²，比对照汕优63分别增产6.7%和10.5%。2006年生产试验，平均单产 8 232.0kg/hm²，比对照汕优63增产6.7%。适宜安徽省作一季稻种植，但不宜在山区和沿淮稻瘟病重发区种植。

栽培技术要点：育秧：适时播种，旱育秧或湿润育秧，培育多蘖壮秧。移栽：秧龄30d，合理密植，中上等肥力田块株行距为16.7cm×26.7cm，栽插密度22.5万穴/hm²，中等及偏下肥力田块适当增加密度。科学施肥：大田施纯氮肥总量210～270kg/hm²、磷肥600～750kg/hm²、钾肥225kg/hm²。施肥总量的60%作基面肥，移栽活棵后追施75～120kg/hm²尿素促分蘖，孕穗至破口期追施45～75kg/hm²尿素作穗粒肥。科学管水，采取"浅水栽秧、寸水活棵、薄水分蘖、够苗搁田、深水抽穗、后期干干湿湿"的灌溉方式。病虫防治：注意及时防治稻瘟病、白叶枯病和稻曲病等。

丰优512（Fengyou 512）

品种来源：安徽省黄山市农业科学研究所与安徽荃银高科种业股份有限公司用农丰A/YR512配组选育而成，2010年通过安徽省农作物品种审定委员会审定。

形态特征和生物学特性：属籼型三系杂交中熟中稻。感光性弱，感温性中等，基本营养生长期短。株型适中，茎秆粗壮，分蘖力较强。剑叶较长，叶片坚挺上举，茎叶绿色，主蘖穗整齐。颖尖紫色，颖壳黄色，种皮白色，无芒，谷粒长粒形。全生育期134d，株高117cm，每穗总粒数178粒，结实率84%左右，千粒重29g。

品质特性：糙米率82.1%，精米率74.4%，整精米率58.9%，粒长7.1mm，长宽比2.8，垩白粒率21%，垩白度3.4%，透明度1级，碱消值5.0级，胶稠度72mm，直链淀粉含量22.5%，蛋白质含量9.6%。米质达到部颁三等食用稻品种品质标准。

抗性：抗白叶枯病、中抗稻瘟病。

产量及适宜地区：2007—2008年参加安徽省中籼区试，平均单产分别为9 315.0kg/hm^{2}和9 480.0kg/hm^2，较对照Ⅱ优838分别增产4.4%和6.8%。2009年生产试验，单产9 195.0kg/hm^2，较对照Ⅱ优838增产7.2%。适宜安徽省作一季稻种植。自2010年以来累计推广面积5.33万hm^2。

栽培技术要点：4月中旬至5月上旬播种，秧田播种量150～225kg/hm^2，秧龄30～35d。株行距13.3cm×23.3cm，栽插密度22.5万～30.0万穴/hm^2，基本苗数60万～90万苗/hm^2。肥料运筹上宜采取"前重、中控、后补"的施肥原则。高产栽培施纯氮150～187.5kg/hm^2，注意磷、钾肥和有机肥的配合施用。宜早追重追，促早发，长好苗架，提高成穗率，浅水栽插、寸水活棵、薄水分蘖，及时分次搁田，以防过苗，后期干干湿湿，收割前1周断水。注意白叶枯病、纹枯病、稻蓟马、稻纵卷叶螟等病虫害的及时防治，保证高产丰收。

丰优58 （Fengyou 58）

品种来源：合肥丰乐种业股份有限责任公司用丰7A/丰恢58配组选育而成，原名丰优58，2005年通过安徽省农作物品种审定委员会审定，定名皖稻149。

形态特征和生物学特性：属籼型三系杂交迟熟中稻。感光性弱，感温性中等，基本营养生长期中。株型适中，叶片坚挺上举，茎叶淡绿，长穗型，分蘖力中等，成穗率较高，主蘖穗整齐。颖壳及颖尖均黄色，种皮白色，稀间短芒。全生育期138d左右，株高120cm，平均每穗180粒，结实率80%，千粒重26.5g。

品质特性：糙米细长型，米质较优，6项指标达国家1级优质米标准，两项指标达国家2级优质米标准。

抗性：抗稻瘟病，中抗白叶枯病。

产量及适宜地区：2003—2004年两年安徽省中籼区域试验，平均单产分别为8 169.0kg/hm^{2}和9 520.5kg/hm^2，比对照汕优63分别增产8.4%和10.2%。2004年生产试验，平均单产8 808.0kg/hm^2，比对照汕优63增产8.5%。一般单产8 250.0kg/hm^2。适宜安徽省作一季稻种植。

栽培技术要点：育秧：适时播种，作一季中稻栽培，一般5月上旬播种，旱育秧或湿润育秧，培育多蘖壮秧。移栽：秧龄30d，合理密植，中上等肥力田块株行距为16.7cm×26.7cm，栽插密度30万穴/hm^2，每穴1～2粒种子苗，中等及偏下肥力田块适当增加密度。合理施肥：大田施纯氮肥总量210～270kg/hm^2、磷肥600～750kg/hm^2、钾肥225kg/hm^2。施肥总量的60%作基面肥，移栽活棵后追施75～120kg/hm^{2}尿素促分蘖，孕穗至破口期追施45～75kg/hm^{2}尿素作穗粒肥。科学管水，采取浅水栽秧、寸水活棵、薄水分蘖、够苗搁田、深水抽穗、后期干干湿湿的灌溉方式。病虫防治：注意及时防治稻瘟病、白叶枯病和稻曲病等。

丰优989 （Fengyou 989）

品种来源：合肥丰乐种业股份有限公司用丰7A/989配组选育而成，2009年通过国家农作物品种审定委员会审定。

形态特征和生物学特性：属籼型三系杂交早熟中稻。感光性弱，感温性中等，基本营养生长期中。株型适中，叶片易披，抗倒性一般，芽鞘、叶鞘、颖尖紫色，叶色淡绿，长穗型，主蘖穗整齐。颖壳黄色，种皮白色，稀间短芒。全生育期131d，株高127.0cm，穗长25.4cm，每穗总粒数199.4粒，结实率79.5%，千粒重27.1g。

品质特性：整精米率62.5%，糙米中间型，糙米长宽比2.8，垩白粒率26%，垩白度3.0%，胶稠度75mm，直链淀粉含量13.8%。米质达部颁三等食用稻品种品质标准。

抗性：中抗稻瘟病，中感白叶枯病，高感褐飞虱。

产量及适宜地区：2007—2008年参加国家长江中下游迟熟中籼组品种区域试验，平均单产分别为8 877.90kg/hm² 和9 250.20kg/hm²，比对照Ⅱ优838分别增产6.46%和6.87%。2008年同步生产试验，平均单产8 419.50kg/hm²，比对照Ⅱ优838增产7.01%。适宜江西、湖南、湖北、安徽、浙江、江苏的长江流域稻区（武陵山区除外）以及福建北部、河南南部稻区的稻瘟病、白叶枯病轻发区作一季中稻种植。

栽培技术要点：育秧：适时播种，旱育秧或湿润育秧方式，培育多蘖壮秧。移栽：适时移栽，秧龄30d为宜，中上等肥力田块株行距16.7cm×26.7cm，肥力中等及偏下的田块适当增加密度。肥水管理：大田需肥总量纯氮210～240kg/hm²、磷肥600～750kg/hm²、钾肥225kg/hm²，总用肥量的60%作基面肥，移栽活棵后追施75～120kg/hm²尿素促分蘖，孕穗至破口期追施45～75kg/hm²尿素作穗粒肥。采取"浅水栽秧、寸水活棵、薄水分蘖、深水抽穗、后期干干湿湿"的灌溉方式，苗够及时排水晒田控苗。病虫防治：注意及时防治稻瘟病、白叶枯病、稻飞虱和稻曲病等。抽穗期注意防高温危害。

辐香优98 (Fuxiangyou 98)

品种来源：滁州市原子能利用研究所用辐香A/滁辐5098于1998年配组选育而成，原名辐香优98，2005年通过安徽省农作物品种审定委员会审定，定名皖稻171。

形态特征和生物学特性：属籼型三系杂交迟熟中稻。感光性弱，感温性中等，基本营养生长期短。株型略松散，叶片坚挺上举，茎叶淡绿，长穗型，分蘖力稍弱，成穗率较高，主蘖穗整齐。颖壳及颖尖均黄色，种皮白色，稀间短芒。全生育期138d左右，株高115cm，平均每穗总粒数190粒，结实率80%，千粒重26.5g。

品质特性：糙米率80.5%，精米率73.0%，长宽比3.4，碱消值6.6级，胶稠度65mm，直链淀粉含量12.1%，蛋白质含量11.4%。12项指标中有10项达到部颁二等以上食用稻品种品质标准。

抗性：中感白叶枯病，感稻瘟病。

产量及适宜地区：2003—2004年两年安徽省中籼区域试验，平均单产分别为8 206.5kg/hm²和9 064.5kg/hm²，比对照汕优63分别增产8.5%和4.5%。2004年生产试验，平均单产8 469.0kg/hm²，比汕优63增产4.4%。一般单产8 250.0kg/hm²左右。适宜安徽省作一季稻区种植。

栽培技术要点：适时早播：5月初播种，秧龄30d左右，株行距13.3cm×20.0cm，每穴1～2粒种子苗。稀播育壮秧：秧田播种量不超过225kg/hm²。1叶1心期用20%多效唑粉剂3 000g对水1 500kg/hm²喷施。合理施肥：施优质人畜粪22 500～30 000kg/hm²或菜饼肥750kg/hm²或105kg/hm²的氮肥，450kg/hm²过磷酸钙，75kg/hm²氯化钾作基肥，375kg/hm²磷酸氢铵作秒口肥。14叶展开时，施105kg/hm²尿素作穗肥；始穗期用15g/hm²赤霉素+7 500g/hm²磷酸二氢钾+7 500g/hm²尿素对水3 750kg/hm²喷施，以增实粒，保粒重。提前轻晒田：在大田达270万～285万苗/hm²（指含3叶以上的茎蘖苗）即开始烤田，后期采用浅水湿润灌溉。及时防治病虫害：注意防治稻瘟病和白叶枯病。大田期注意防治二化螟、三化螟、稻纵卷叶螟及稻飞虱的危害。

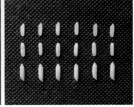

辐优136（Fuyou 136）

品种来源：寿县农业科学研究所用辐88A/恢136配组选育而成，2010年通过安徽省农作物品种审定委员会审定。

形态特征和生物学特性：属籼型三系杂交迟熟中稻。感光性弱，感温性中等，基本营养生长期中。株型紧凑，叶片坚挺上举，茎叶淡绿，长穗型，主蘖穗整齐。颖壳黄色，颖尖褐色，种皮白色，稀间短芒。全生育期138d，株高125cm，每穗总粒数177粒，结实率83%，千粒重29g。

品质特性：糙米率80.2%，精米率73.7%，垩白粒率17%，垩白度4.3%，透明度1级，碱消值6.2级，胶稠度63mm，直链淀粉含量22.7%，蛋白质含量8.7%。米质达部颁三等食用稻品种品质标准。

抗性：中抗白叶枯病和稻瘟病。

产量及适宜地区：2007年安徽省中籼区试，平均单产9 240.0kg/hm²，较对照Ⅱ优838增产3.5%；2008年续试，平均单产9 600.0kg/hm²，较对照Ⅱ优838增产6.7%。2009年安徽省中籼生产试验，平均单产8 850.0kg/hm²，较对照Ⅱ优838增产2.3%，适宜安徽省沿淮、江淮及江南地区作一季稻种植。

栽培技术要点：沿淮地区4月20～25日播种，移栽期不超过6月10日；江淮地区5月1日前后播种，6月10～15日移栽；江南地区5月5～10日播种，6月15日前后移栽；秧龄在30～35d的秧田播种量120～150kg/hm²，秧龄在40d以上的播种量105～120kg/hm²；栽插密度22.5万～27.0万穴/hm²，基本苗75万～90万苗/hm²。在施足基、面肥的前提下，早施分蘖肥，达到前期早发稳长，促花肥和粒肥要重施，尤其要注意磷、钾肥的施用。中等肥力稻田施总氮量255～270kg/hm²，肥沃的稻田施225kg/hm²左右；注意白叶枯病、纹枯病、稻蓟马、稻纵卷叶螟等病虫害的及时防治，保证高产丰收。

辐优138 (Fuyou 138)

品种来源：合肥市峰海标记水稻研究所用庐州98A/恢138配组选育而成，2008年通过安徽省农作物品种审定委员会审定。

形态特征和生物学特性：属籼型三系杂交迟熟中稻。感光性弱，感温性中等，基本营养生长期中。株型紧凑，叶片坚挺上举，茎叶淡绿，长穗型，主蘖穗整齐。颖壳黄色，颖尖褐色，种皮白色，稀间短芒。全生育期136d，株高125cm，每穗总粒数179粒，结实率82%，每穗实粒数148粒，千粒重27g。

品质特性：糙米率80.02%，精米率73.7%，垩白粒率16%，垩白度2.3%，透明度1级，碱消值6.0级，胶稠度77mm，直链淀粉含量23.7%，蛋白质含量8.5%。米质达部颁三等食用稻品种品质标准。

抗性：中抗白叶枯病和稻瘟病。

产量及适宜地区：2006年安徽省中籼区试平均单产9 015.0kg/hm²，较对照Ⅱ优838增产10.9%；2007年续试平均单产9 405.0kg/hm²，较对照Ⅱ优838增产7.9%。2007年同步生产试验，平均单产8 865.0kg/hm²，较对照Ⅱ优838增产7.2%。适宜安徽省沿淮、江淮及江南地区作一季稻种植。

栽培技术要点：沿淮地区4月20～25日播种，移栽期不超过6月10日；江淮地区5月1日前后播种，6月10～15日移栽；江南地区5月5～10日播种，6月15日前后移栽；秧龄在30～35d的秧田播种量120～150kg/hm²，秧龄在40d以上的播种量105～120kg/hm²；栽插密度22.5万～27.0万穴/hm²，基本苗75万～90万苗/hm²。在施足基、面肥的前提下，早施分蘖肥，达到前期早发稳长，促花肥和粒肥要重施，尤其要注意磷、钾肥的施用。中等肥力稻田施总氮量255～270kg/hm²，肥沃的稻田施225kg/hm²左右。注意白叶枯病、纹枯病、稻蓟马、稻纵卷叶螟等病虫害的及时防治，保证高产丰收。

辐优155 (Fuyou 155)

品种来源：安徽省铜陵县农业科学研究所用辐88A/恢155配组选育而成，2010年通过安徽省农作物品种审定委员会审定。

形态特征和生物学特性：属籼型三系杂交迟熟中稻。感光性弱，感温性中等，基本营养生长期短。株型紧凑，叶片坚挺上举，茎叶淡绿，长穗型，主蘖穗整齐。颖壳及颖尖均呈黄色，种皮白色，稀间短芒。全生育期138d，株高122cm，每穗总粒数183粒，结实率83%，千粒重29g。

品质特性：糙米率81.3%，精米率73.7%，垩白粒率13%，垩白度2.5%，透明度2级，碱消值6.3级，胶稠度74mm，直链淀粉含量22.7%，蛋白质含量8.5%。米质达到部颁三等食用稻品种品质标准。

抗性：中抗白叶枯病和稻瘟病。

产量及适宜地区：2005—2006年两年安徽省中籼区试，平均单产分别为8 556kg/hm² 和8 976.0kg/hm²，比对照汕优63分别增产9.3%和10.4%。2006年生产试验，平均单产8 335.5kg/hm²，比对照汕优63增产6.7%。适宜安徽省沿淮、江淮及江南地区作一季稻种植。

栽培技术要点：沿淮地区4月20～25日播种，移栽期不超过6月10日；江淮地区5月1日前后播种，6月10～15日移栽；江南地区5月5～10日播种，6月15日前后移栽；秧龄在30～35d的秧田播种量120～150kg/hm²，秧龄在40d以上的播种量105～120kg/hm²；

栽插密度22.5万～27.0万穴/hm²，基本苗75万～90万苗/hm²。在施足基、面肥的前提下，早施分蘖肥，达到前期早发稳长，促花肥和粒肥要重施，尤其要注意磷、钾肥的施用。中等肥力稻田施总氮量255～270kg/hm²，肥沃的稻田施225kg/hm²左右。注意白叶枯病、纹枯病、稻蓟马、稻纵卷叶螟等病虫害的及时防治，保证高产丰收。

辐优 827 （Fuyou 827）

品种来源：合肥峰海标记水稻研究所用庐州86A/恢827配组选育而成，原名庐优827，2007年通过安徽省农作物品种审定委员会审定，定名辐优827。

形态特征和生物学特性：属籼型三系杂交迟熟中稻。感光性弱，感温性中等，基本营养生长期中。株型紧凑，叶片坚挺上举，茎叶淡绿，长穗型，主蘖穗整齐。颖壳黄色，颖尖褐色，种皮白色，稀间短芒。株高115cm，分蘖力中等，穗大粒多，每穗总粒数180粒，结实率80%，千粒重27.5g。全生育期142d，后期转色好。

品质特性：糙米率80.02%，精米率73.7%，垩白粒率16%，垩白度2.3%，透明度1级，碱消值6.0级，胶稠度77mm，直链淀粉含量23.7%，蛋白质含量8.5%。米质达部颁三等食用稻品种品质标准。

抗性：感白叶枯病和稻瘟病。

产量及适宜地区：2004—2005年两年安徽省中籼区试，平均单产分别为9 147.0kg/hm^{2}和8 481.0kg/hm^2，比对照汕优63分别增产4.92%和8.14%。2006年安徽省中籼生产试验，平均单产8 359.5kg/hm^2，比对照汕优63增产7.4%。适宜安徽省沿淮、江淮及江南地区作一季稻种植，但不宜在低洼易涝地区种植。

栽培技术要点：沿淮地区4月20～25日播种，移栽期不超过6月10日；江淮地区5月1日前后播种，6月10～15日移栽；江南地区5月5～10日播种，6月15日前后移栽；秧龄在30～35d的秧田播种量120～150kg/hm^2，秧龄在40d以上的播种量105～120kg/hm^2；栽插密度22.5万～27.0万穴/hm^2，基本苗75万～90万苗/hm^2。在施足基、面肥的前提下，早施分蘖肥，达到前期早发稳长，促花肥和粒肥要重施，尤其要注意磷、钾肥的施用。中等肥力稻田施总氮量255～270kg/hm^2，肥沃的稻田施225kg/hm^{2}左右。注意防治白叶枯病、稻曲病、三化螟等病虫危害。

福丰优6号 （Fufengyou 6）

品种来源：合肥市峰海标记水稻研究所用辐78A/恢928配组选育而成，原名三丰1号，2010年通过安徽省农作物品种审定委员会审定。

形态特征和生物学特性：属籼型三系杂交迟熟中稻。感光性弱，感温性中等，基本营养生长期短。株型紧凑，叶片坚挺上举，茎叶淡绿，长穗型，主蘖穗整齐。颖壳及颖尖均黄色，种皮白色，稀间短芒。全生育期137d，株高120cm，每穗总粒数182粒，结实率84%，千粒重27g。

品质特性：糙米率79.4%，精米率73.7%，垩白粒率17%，垩白度2.5%，透明度2级，碱消值5.5级，胶稠度92mm，直链淀粉含量22.59%，蛋白质含量8.5%，心白、腹白较轻。米质达部颁三等食用稻品种品质标准。

抗性：中抗白叶枯病和稻瘟病。

产量及适宜地区：2007年安徽省中籼区试平均单产9 270.0kg/hm²，较对照Ⅱ优838增产4.3%；2008年续试，平均单产9 315.0kg/hm²，较对照Ⅱ优838增产5.1%。2009年安徽省中籼生产试验，平均单产8 925.0kg/hm²，较对照Ⅱ优838增产3.4%。适宜安徽省沿淮、江淮及江南地区作一季稻种植。

栽培技术要点：育秧：适时播种，旱育秧或湿润育秧，培育多蘖壮秧。移栽：适时移栽，秧龄30d为宜，中上等肥力田块株行距16.7cm×26.7cm，肥力中等及偏下的田块适当增加密度。肥水管理：大田需肥总量纯氮210～240kg/hm²、磷肥600～750kg/hm²、钾肥225kg/hm²，总用肥量的60%作基面肥，移栽活棵后追施75～120kg/hm²尿素促分蘖，孕穗至破口期追施45～75kg/hm²尿素作穗粒肥。采取浅水栽秧、寸水活棵、薄水分蘖、深水抽穗、后期干干湿湿的灌溉方式，基本苗达270万苗/hm²时及时排水晒田控苗。病虫防治：注意及时防治稻瘟病、白叶枯病、稻飞虱、稻曲病等病虫危害。抽穗期注意防高温危害。

冈优906（Gangyou 906）

品种来源：成都市第二农业科学研究所安蓉高科种业用冈46A/蓉恢906配组选育而成，原名蓉稻4号，2007年通过安徽省农作物品种审定委员会审定，定名冈优906。

形态特征和生物学特性：属籼型三系杂交迟熟中稻。感光性弱，感温性中等，基本营养生长期中。株型紧凑，生长清秀，叶片坚挺上举，茎叶淡绿，长穗型，主蘖穗整齐。颖壳黄色，颖尖褐色，种皮白色，稀间短芒。全生育期141d，株高122cm，分蘖力中等，每穗总粒数170粒，结实率80%，千粒重27.5g。

品质特性：糙米率72.6%，精米率70.6%，长宽比2.7，碱消值6.4级，胶稠度49mm，直链淀粉含量24.6%，米粒腹白无或极少，心白小，半透明。米质达到部颁四等食用稻品种品质标准。

抗性：感白叶枯病，中感稻瘟病。

产量及适宜地区：2005—2006年两年安徽省中籼区试，平均单产分别为8 500.5kg/hm²和8 314.5kg/hm²，比对照汕优63分别增产9.5%和3.8%。2006年生产试验，平均单产8 310.0kg/hm²，比对照汕优63增产6.9%。适宜安徽省沿淮及以南区域作一季中稻种植，但不宜在低洼易涝区种植。

栽培技术要点：4月中旬至5月上旬播种，秧田净播种量150～225kg/hm²，秧龄30～35d。宽行窄株栽培，株行距13.3cm×23.3cm，大田栽插密度27万～30万穴/hm²，基本苗数120万～150万苗/hm²。高产栽培施纯氮150～187.5kg/hm²，宜早追重追，促早发，长好苗架，提高成穗率，适时烤田，以防过苗。湿润灌溉，后期不能过早断水，直到成熟都应保持湿润，以保证叶青籽黄，提高结实率。注意稻瘟病、白叶枯病、纹枯病、稻蓟马、稻纵卷叶螟等病虫害的及时防治，保证高产丰收。

广两优100（Guangliangyou 100）

品种来源：安徽省农业科学院水稻研究所用广茉S/紫恢100配组选育而成，2007年通过安徽省农作物品种审定委员会审定。

形态特征和生物学特性：属籼型两系杂交迟熟中稻。感光性弱，感温性中等，基本营养生长期短。株型紧凑，叶片披散，茎叶淡绿，长穗型，主蘖穗整齐。颖壳黄色，颖尖紫色，种皮白色，稀间短芒。全生育期139d，株高125cm，分蘖力中等偏弱，穗大粒多，每穗总粒数220粒左右，结实率75%，千粒重25g左右。

品质特性：糙米率81.1%，精米率72.9%，整精米率65.1%，粒长6.1mm，长宽比2.8，垩白粒率40%，垩白度4.5%，透明度2级，碱消值6.2级，胶稠度62mm，直链淀粉含量23.5%，蛋白质含量8.6%。米质达部颁三等食用稻品种品质标准。

抗性：感白叶枯病，中感稻瘟病。

产量及适宜地区：2005—2006年两年安徽省中籼区试，平均单产分别为8 449.5kg/hm²和8 545.5kg/hm²，比对照汕优63分别增产8.0%和6.7%。2006年生产试验，平均单产8 014.5kg/hm²，比对照汕优63增产2.6%。适宜安徽沿淮以南稻区作一季稻种植。

栽培技术要点：4月底至5月初播种，秧龄30～35d；株行距16.7cm×20.0cm，栽插密度30万穴/hm²，每穴1～2粒种子苗；施肥水平控制纯氮在150kg/hm²以内；孕穗期以后注意适时防治白叶枯病。

广两优4号（Guangliangyou 4）

品种来源：广德县农业科学研究所用广选S/广恢499配组选育而成，2008年通过安徽省农作物品种审定委员会审定。

形态特征和生物学特性：属籼型两系杂交迟熟中稻。感光性弱，感温性中等，基本营养生长期短。株型紧凑，剑叶略披，叶片坚挺上举，茎叶淡绿，长穗型，主蘖穗整齐。颖壳及颖尖均黄色，种皮白色，稀间短芒。全生育期134d，株高126cm，每穗总粒数186粒，结实率83%，千粒重28g。

品质特性：糙米率80.8%，精米率72.9%，整精米率53.4%，粒长6.8mm，长宽比3.0，垩白粒率30%，垩白度2.5%，透明度2级，碱消值5.2级，胶稠度82mm，直链淀粉含量15.0%，蛋白质含量8.7%。米质达部颁三等食用稻品种质量标准。

抗性：中抗白叶枯病和稻瘟病。

产量及适宜地区：2006—2007年参加安徽省中籼区试，平均单产分别为8 820.0kg/hm^{2}和9 315.0kg/hm^2，较对照Ⅱ优838分别增产8.6%和9.7%。2007年生产试验，单产9 075.0kg/hm^2，较对照Ⅱ优838增产9.7%。适宜安徽省作一季稻种植。

栽培技术要点：4月中旬至5月上旬播种，秧田播种量150～225kg/hm^2，秧龄30～35d。宽行窄株栽培，株行距13.3cm×23.3cm，栽插密度27万～30.0万穴/hm^2，基本苗数120万～150万苗/hm^2。高产栽培施纯氮150～187.5kg/hm^2。宜早追重追，促早发，长好苗架，提高成穗率，适时烤田，以防过苗。湿润灌溉，后期不能过早断水，直到成熟都应保持湿润，以保证叶青籽黄，提高结实率。注意白叶枯病、纹枯病、稻蓟马、稻纵卷叶螟等病虫害的及时防治，保证高产丰收。

国丰1号（Guofeng 1）

品种来源：合肥丰乐种业股份有限公司和中国水稻研究所国丰杂交水稻育种中心用不育系中9A/恢复系838选配组选育而成，原名中9优838选和中优838，2000—2005年分别通过国家、广西、江西、安徽和湖北省（自治区）农作物品种审定委员会审定，定名国丰1号；2004年和2007年贵州省和陕西省引种。

形态特征和生物学特性：属籼型三系杂交中熟中稻。感光性中，感温性中等，基本营养生长期短。株叶型好，剑叶直立，分蘖力中等，成穗率较高，茎叶淡绿，长穗型，主蘖穗整齐。颖壳及颖尖均黄色，种皮白色，稀间短芒。作一季中稻栽培，全生育期135d左右；株高120cm，每穗总粒数170粒左右，结实率80%，千粒重29g；作双晚稻种植，全生育期121d左右。株高99cm，穗长22.8cm，每穗总粒数135粒，结实率78.8%，长粒型，千粒重27.5g。

品质特性：糙米率82.2%，精米率73.4%，整精米率51.0%，长宽比3.0，垩白粒率42%，垩白度7.1%，透明度2级，胶稠度47mm，直链淀粉含量22.2%，糙米蛋白质含量10.6%。

抗性：中感稻瘟病，中抗白叶枯病。耐冷性较强。

产量及适宜地区：1998—1999年参加江西省杂交晚稻早熟组区试，平均单产分别为6 823.5kg/hm² 和6 687.0kg/hm²，比对照汕优晚3分别增产0.1%和5.0%；1999年参加广西壮族自治区早造迟熟组筛选试验，平均单产7 785.0kg/hm²，比对照汕优桂99增产2.9%。2000年和2001年参加安徽省两年中籼区域试验和一年生产试验，平均单产8 406.2～9 198.0kg/hm²，比对照汕优63增产6.4%～8.1%。适宜广西作早稻种植，在江西省作双季晚稻种植，安徽省一季稻区中等肥力条件下作早熟中籼稻种植，贵州省铜仁地区、安顺市海拔1 100m中籼迟熟稻区作一季稻种植。

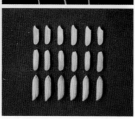

栽培技术要点：4月下旬至5月上旬播种，稀播培育多蘖壮秧。因该组合分蘖力不强，大田必须插足基本苗，株行距16cm×20cm，栽插密度30.0万穴/hm²，每穴1～2粒种子苗，基本苗90万～120万苗/hm²。注意防治白叶枯病和稻瘟病。

国豪国香8号 （Guohaoguoxiang 8）

品种来源：四川省绵阳市农业科学研究所用绵香1A/绵恢725配组选育而成，2008年通过安徽省农作物品种审定委员会审定，定名国豪国香8号。

形态特征和生物学特性：属籼型三系杂交中熟中稻。感光性弱，感温性中等，基本营养生长期短。株型紧凑，叶片坚挺上举，茎叶淡绿，长穗型，主蘖穗整齐。颖壳及颖尖均黄色，种皮白色，稀间短芒。全生育期136d左右，株高119cm，每穗总粒数174粒，结实率78%，每穗实粒数135粒，千粒重28g。

品质特性：糙米率82.3%，精米率75.6%，整精米率66.3%，粒长6.7mm，长宽比3.0，垩白粒率28%，垩白度5.7%，透明度2级，碱消值6.0级，胶稠度66mm，直链淀粉含量15.4%，蛋白质含量9.6%，米质达到部颁三等食用稻品种品质标准。米饭适口性好，有香味。

抗性：中抗白叶枯病，抗稻瘟病。

产量及适宜地区：2005—2006年参加安徽省中籼区试，平均单产分别为8 100.0kg/hm²和8 145.0kg/hm²，较对照Ⅱ优838分别增产3.3%和1.6%。两年区试平均单产8 130.0kg/hm²，较对照Ⅱ优838增产2.5%。2007年安徽省中籼生产试验，单产9 060.0kg/hm²，较对照Ⅱ优838增产9.6%。适宜安徽省大别山区和皖南山区以外区域种植。

栽培技术要点：4月中旬至5月上旬播种，秧田播种量150～225kg/hm²，秧龄30～35d。宽行窄株栽培，株行距13.3cm×23.3cm，栽插密度27万～30万穴/hm²，基本苗数120万～150万苗/hm²。高产栽培施纯氮150～187.5kg/hm²。宜早追重追，促早发，长好苗架，提高成穗率，适时烤田，以防过苗。湿润灌溉，后期不能过早断水，直到成熟都应保持湿润，以保证叶青籽黄，提高结实率。注意白叶枯病、纹枯病、稻蓟马、稻纵卷叶螟等病虫害的及时防治，保证高产丰收。

华安3号 （Hua'an 3）

品种来源：安徽省农业科学院水稻研究所用 X07S/ 紫恢 100 配组选育而成，原名华安 3 号，2000 年通过安徽省农作物品种审定委员会审定，定名皖稻 79。

形态特征和生物学特性：属籼型两系杂交迟熟中稻。感光性弱，感温性中等，基本营养生长期中。株型松散，茎秆粗壮，分蘖力中等；叶片坚挺上举，叶片淡绿，叶鞘和稃尖紫色，长穗型，穗大粒多，主蘖穗整齐。颖壳黄色，种皮白色，稀间短芒。全生育期 140d，株高 120cm，穗长 26.5cm，每穗总粒数 235 粒，结实率 81%，千粒重 27g。

品质特性：糙米率 81.0%，精米率 72.4%，整精米率 51.2%，米粒长 6.1mm，长宽比 2.5，垩白粒率 70%，垩白度 9.7%，透明度 3 级，碱消值 4.8 级，胶稠度 45mm，直链淀粉含量 20.2%，蛋白质含量 8.4%。米质 12 项指标中 8 项达部颁二等以上优质米标准。

抗性：中抗白叶枯病和稻瘟病。后期高肥水条件下易倒伏。

产量及适宜地区：1998 年参加安徽省中籼区试，平均单产 8 422.5kg/hm²，比对照汕优 63 减产 0.8%；1999 年续试，平均单产 8 467.5kg/hm²，比对照汕优 63 增产 7.22%；2000 年生产试验，平均单产 7 576.5kg/hm²，比对照汕优 63 增产 4.9%。适宜安徽省沿淮、江淮及江南地区作一季稻种植。最大年种植面积 1.5 万 hm²（2005 年），累计推广面积 10 万 hm²。

栽培技术要点：适时播种：4 月底至 5 月初播种；稀播培育壮秧：30 ～ 35d 秧龄，旱育秧田播种量 450kg/hm²；合理密植：适当稀植，宽窄行栽插，栽插 15 万～ 22.5 万穴 /hm² 为宜，每穴 1 粒种子苗；水肥管理：要注意及时烤田，最高茎蘖数控制在 300 万穴 /hm² 以内；施纯氮量 150kg/hm²，以基肥为主，后期控制施氮量，以免发生倒伏。病虫害防治：注意二化螟等的防治。

华安501 （Hua'an 501）

品种来源：安徽省农业科学院水稻研究所用2301S/七秀占配组选育而成，原名2301S/七秀占、华安501，2005年通过安徽省农作物品种审定委员会审定，定名皖稻161。

形态特征和生物学特性：属籼型两系杂交中熟中稻。感光性弱，感温性中等，基本营养生长期短。株型适中，叶片披散，茎叶淡绿，长穗型，主蘖穗整齐。颖壳及颖尖均黄色，种皮白色，稀间短芒。全生育期135d左右，比对照汕优63早熟3d左右，株高115cm，平均每穗总粒数175粒，结实率80%，千粒重26g。

品质特性：糙米率81.2%，精米率74.6%，整精米率65.1%，粒长6.3mm，长宽比3.1，垩白粒率37%，垩白度10%，透明度3级，碱消值6.5级，胶稠度58mm，直链淀粉含量22.3%，蛋白质含量9.4%。米质达部颁四等食用稻品种品质标准。

抗性：抗稻瘟病，感白叶枯病。

产量及适宜地区：2002—2003年两年安徽省中籼区域试验，平均单产分别为8 857.5kg/hm² 和7 813.5kg/hm²，比对照汕优63分别增产3.3%和5.1%；2004年安徽省中籼生产试验，平均单产8 565.0kg/hm²，比对照汕优63增产5.5%。适宜安徽沿淮以南稻区尤其是江淮分水岭地区、山区和稻瘟病病区种植。

栽培技术要点：作一季中稻栽培，5月初播种，秧龄32d左右；株行距16.7cm×20.0cm，栽插密度30万穴/hm²，每穴1～2粒种子苗；纯氮控制在150kg/hm²以内，孕穗后慎施氮肥。

华安503 （Hua'an 503）

品种来源：安徽省农业科学院水稻研究所用2301S与四川农业大学选育的中籼品种蜀恢527（R527）配组，于2001年选育而成，原名2301S/R527、华安503，2006年通过安徽省农作物品种审定委员会审定，定名皖稻181。

形态特征和生物学特性：属籼型两系杂交中迟熟中稻。感光性弱，感温性中等，基本营养生长期短。株型紧凑，叶片坚挺上举，茎叶淡绿，长穗型，主蘖穗整齐。颖壳及颖尖均呈黄色，种皮白色，稀间短芒。全生育期137d左右，株高115cm，株型适中，剑叶短挺，分蘖力较强，每穗总粒数165粒，结实率80%，千粒重27.5g。

品质特性：糙米率81.2%，精米率72.0%，整精米率46.3%，糙米粒长6.7mm，长宽比3.0，垩白粒率41%，垩白度12.7%，透明度3级，碱消值6.2级，胶稠度78mm，直链淀粉含量21.8%，糙米蛋白质含量11.4%。米质达到部颁四等食用稻品种品质标准。

抗性：抗稻瘟病，感白叶枯病。

产量及适宜地区：2003—2004年两年安徽省中籼区域试验，平均单产分别为7 924.5kg/hm² 和9 106.5kg/hm²，比对照汕优63分别增产4.7%和5.0%。2005年安徽省中籼生产试验，平均单产8 107.5kg/hm²，比对照汕优63增产3.6%。适宜安徽沿淮以南稻区尤其是江淮分水岭地区、山区和稻瘟病病区种植。

栽培技术要点：作一季中稻栽培，5月上旬播种，秧龄30d左右；株行距16.7cm×20.0cm，栽插密度30万穴/hm²，每穴1～2粒种子苗；纯氮控制在150kg/hm²以内，孕穗后慎施氮肥；成熟期注意防治白叶枯病。

怀优4号 （Huaiyou 4）

品种来源：安徽省怀远纯王种业有限责任公司用怀A/恢复系4号配组选育而成，2007年通过安徽省农作物品种审定委员会审定。

形态特征和生物学特性：属籼型三系杂交迟熟中稻。感光性弱，感温性中等，基本营养生长期中。株型紧凑，叶片坚挺上举，茎叶淡绿，长穗型，主蘖穗整齐。颖壳黄色，颖尖褐色，种皮白色，无芒。全生育期139d，株高125cm左右，分蘖力中等偏弱，大穗型。平均每穗总粒数178粒，结实率80%，千粒重28.3g。

品质特性：糙米率79.8%，精米率73.1%，整精米率60.9%，粒长7.2mm，长宽比3.2，垩白粒率18.0%，垩白度4.4%，透明度1级，碱消值5.5级，胶稠度73mm，直链淀粉含量23.8%，蛋白质含量9.7%。米质达部颁三等食用稻品种品质标准。

抗性：感白叶枯病，轻感稻瘟病。

产量及适宜地区：2004—2005年两年安徽省中籼区试，平均单产9 100.5kg/hm^{2}和8 599.5kg/hm^2，比对照汕优63分别增产5.3%和7.3%。2006年生产试验，平均单产8 005.5kg/hm^2，比对照汕优63增产3.7%。适宜安徽省作一季稻种植。

栽培技术要点：适时播种，培育适龄带蘖壮秧：4月底至5月初播种，秧田播种量150～225kg/hm^2，秧龄30～35d。合理密植，栽足适宜的基本苗数：宽行窄株栽培，每穴1～2粒种子苗，株行距13.3cm×23.3cm，栽插密度30万穴/hm^2，基本苗数120万～150万苗/hm^2。合理水肥控制：高产栽培施纯氮150～187.5kg/hm^2，宜早追重追，促早发，长好苗架，提高成穗率，适时烤田，以防过苗。注意后期管理，确保亮秆籽黄：湿润灌溉，后期不能过早断水，直到成熟都应保持湿润，以保证叶青籽黄，提高结实率。注意白叶枯病、纹枯病、稻蓟马、稻纵卷叶螟等病虫害的及时防治，保证高产丰收。

淮两优3号（Huailiangyou 3）

品种来源：淮南市种子公司用培矮64S/恢9810，于2000年配组选育而成，原名淮两优3号，2006年通过安徽省农作物品种审定委员会审定，定名皖稻195。

形态特征和生物学特性：属籼型两系杂交迟熟中稻。感光性弱，感温性中等，基本营养生长期短。株型紧凑，总叶数16～17片，叶片坚挺上举，茎叶淡绿，长穗型，主蘖穗整齐。颖壳及颖尖均黄色，种皮白色，稀间短芒。全生育期146d，株高120cm，穗长23.5cm，茎秆粗壮，生长繁茂，叶片较长、挺直，分蘖力较强；穗型较大，每穗总粒数175粒，结实率80%，千粒重25g。

品质特性：糙米率81.0%，精米率73.4%，整精米率63.5%，粒长6.5mm，长宽比3.1，垩白粒率18%，垩白度4.6%，胶稠度89mm，直链淀粉含量20.3%，蛋白质含量11.5%。米质12项指标中有10项达部颁三等以上优质米标准。

抗性：抗白叶枯病和稻瘟病。

产量及适宜地区：2003—2004年参加安徽省中籼区试，平均单产分别为7 590.0kg/hm^{2}和9 168.3kg/hm^2，比对照汕优63分别增产0.3%和5.7%。2005年安徽省中籼生产试验，平均单产为8 671.5kg/hm^2，比对照汕优63增产10.9%。一般单产8 250.0kg/hm^2。自2006年以来累计推广面积253.33万hm^2。

栽培技术要点：适时播种，培育适龄带蘖壮秧：4月底至5月初播种，秧龄30～35d，秧田播种量150～225kg/hm^2。合理密植，栽足适宜的基本苗数：每穴1～2粒种子苗，株行距13.3cm×23.3cm，栽插密度30万穴/hm^2，基本苗数120万～150万苗/hm^2。合理水肥控制：高产栽培施纯氮150～187.5kg/hm^2，宜早追重追，促早发，长好苗架，提高成穗率，适时烤田，以防过苗。注意后期水分管理，确保亮秆籽黄：湿润灌溉，后期不能过早断水，直到成熟都应保持湿润，以保证叶青籽黄，提高结实率。注意白叶枯病、纹枯病、稻蓟马、稻纵卷叶螟等病虫害的及时防治，保证高产丰收。

徽两优3号 (Huiliangyou 3)

品种来源：安徽省农业科学院水稻研究所用1892S/RH3168配组选育而成，原名杂优H3，2007年通过安徽省农作物品种审定委员会审定，定名徽两优3号。

形态特征和生物学特性：属籼型两系杂交迟熟中稻。感光性弱，感温性中等，基本营养生长期中。株型紧凑，叶片坚挺上举，茎叶淡绿，分蘖力较强，长穗型，主蘖穗整齐。颖壳黄色，颖尖褐色，种皮白色，稀间短芒。全生育期139d，株高114cm，大穗型，每穗总粒数190粒，结实率80%左右，千粒重25.3g。

品质特性：糙米率81.3%，精米率75.4%，整精米率65.8%，细长形，粒长6.8mm，长宽比3.2，垩白粒率42%，垩白度9.3%，透明度2级，碱消值6.4级，胶稠度69mm，直链淀粉含量22.2%，蛋白质含量9.4%。米质达部颁四等食用稻品种品质标准。

抗性：感白叶枯病，中感稻瘟病。

产量及适宜地区：2004—2005年两年参加安徽省中籼区试，平均单产分别为9 172.5kg/hm²和8 566.5kg/hm²，比对照汕优63分别增产5.2%和9.3%。2006年生产试验，平均单产8 406.0kg/hm²，比对照汕优63增产7.8%。适宜安徽省作一季稻种植，但不宜在低洼易涝区种植。

栽培技术要点：适时播种，培育适龄带蘖壮秧：4月下旬至5月上旬播种，秧田播种量150～225kg/hm²，秧龄30～35d。合理密植，栽足适宜的基本苗数：宽行窄株栽培，株行距13.3cm×23.3cm，栽插密度27.0万～30.0万穴/hm²，基本苗数120万～150万苗/hm²。合理水肥控制：高产栽培施纯氮150～187.5kg/hm²，宜早追重追，促早发，长好苗架，提高成穗率，适时烤田，以防过苗。注意后期管理，确保亮秆籽黄：湿润灌溉，后期不能过早断水，直到成熟都应保持湿润，以保证叶青籽黄，提高结实率。注意白叶枯病、纹枯病、稻蓟马、稻纵卷叶螟等病虫害的及时防治，保证高产丰收。

徽两优6号 (Huiliangyou 6)

品种来源: 安徽省农业科学院水稻研究所用1892S/扬稻6号配组选育而成, 原名杂优 H-1, 2008年通过安徽省农作物品种审定委员会审定, 定名徽两优6号。2011年通过农业部 超级稻品种确认。

形态特征和生物学特性: 属籼型两系杂交迟熟中稻。感光性弱, 感温性中等, 基本营 养生长期中。株型紧凑, 叶片坚挺上举, 茎叶淡绿, 长穗型, 主蘖穗整齐。颖壳黄色, 颖 尖褐色, 种皮白色, 稀间短芒。剑叶中长, 叶片较宽, 穗着粒较密, 有顶芒。全生育期 136d, 株高118cm, 每穗总粒数194粒, 结实率80%, 每穗实粒数156粒, 千粒重27g。

品质特性: 糙米率80.8%, 精米率72.5%, 整精米率61.3%, 细长形, 粒长7.1mm, 长宽 比3.1, 垩白粒率25%, 垩白度3.0%, 透明度2级, 碱消值4.8级, 胶稠度74mm, 直链淀粉含 量15.3%, 蛋白质含量11.2%。米质达部颁三等食用稻品种品质标准。

抗性: 中抗白叶枯病和稻瘟病。

产量及适宜地区: 2006—2007年参加安徽省中籼区试, 平均单产分别为8 775.0kg/hm² 和9 285.0kg/hm², 较对照Ⅱ优838分别增产9.5%和6.5%。两年区试平均单产9 030kg/hm², 较对照Ⅱ优838增产7.9%。2007年同步生产试验, 单产9 090.0kg/hm², 较对照Ⅱ优838增产 10.0%。适宜安徽省作一季中稻种植。

栽培技术要点: 4月中旬至5月上旬播种, 秧田播种量150 ~ 225kg/hm², 秧龄30 ~ 35d。

宽行窄株栽培, 株行距13.3cm×23.3cm, 栽 插密度27.0万 ~ 30.0万穴/hm², 基本苗数 120万 ~ 150万苗/hm²。高产栽培施纯氮 150.0 ~ 187.5kg/hm²。宜早追重追, 促早发, 长好苗架, 提高成穗率, 适时烤田, 以防 过苗。湿润灌溉, 后期不能过早断水, 直 到成熟都应保持湿润, 以保证叶青籽黄, 提高结实率。注意白叶枯病、纹枯病、稻 蓟马、稻纵卷叶螟等病虫害的及时防治, 保证高产丰收。

金优R源5（Jinyou R yuan 5）

品种来源：源泉农业技术服务有限责任公司用金23A/R源5配组选育而成，原名金23A/R源5，2007年通过安徽省农作物品种审定委员会审定，定名金优R源5。

形态特征和生物学特性：属籼型三系杂交迟熟中稻。感光性弱，感温性中等，基本营养生长期中。株型紧凑，叶片坚挺上举，茎叶淡绿，长穗型，主蘖穗整齐。颖壳黄色，颖尖褐色，种皮白色，无芒。全生育期138d，株高117cm，分蘖中等，平均每穗总粒数160粒左右，结实率80%以上，千粒重28.0g。

品质特性：糙米率81.5%，精米率73.8%，整精米率51.2%，粒长7.3mm，长宽比3.25，垩白粒率55.0%，垩白度9.0%，透明度2.5级，碱消值5.1级，胶稠度72mm，直链淀粉含量23.1%，蛋白质含量9.2%。米质达部颁三等食用稻品种品质标准。

抗性：感白叶枯病和稻瘟病。

产量及适宜地区：2005—2006年两年安徽省中籼区试，平均单产分别为8 559.0kg/hm²和8 488.5kg/hm²，比对照汕优63分别增产9.2%和4.5%。2006年生产试验，平均单产7 929.5kg/hm²，比对照汕优63增产0.7%。适宜安徽省沿淮及以南区域作一季中稻种植，但不宜在低洼易涝区种植。

栽培技术要点：4月中旬至5月上旬播种，秧田净播种量150～225kg/hm²，秧龄30～35d。宽行窄株栽培，株行距13.3cm×23.3cm，大田栽插密度27万～30万穴/hm²，基本苗数120万～150万苗/hm²。高产栽培施纯氮150～187.5kg/hm²。宜早追重追，促早发，长好苗架，提高成穗率，适时烤田，以防过苗。湿润灌溉，后期不能过早断水，直到成熟都应保持湿润，以保证叶青籽黄，提高结实率。注意稻瘟病、白叶枯病、纹枯病、稻蓟马、稻纵卷叶螟等病虫害的及时防治，保证高产丰收。

开优10号 (Kaiyou 10)

品种来源：淮南市种子公司用开08S/淮恢9816配组选育而成，2010年通过安徽省农作物品种审定委员会审定。

形态特征和生物学特性：属籼型两系杂交中熟中稻。感光性弱，感温性中等，基本营养生长期短。株型紧凑，芽鞘和叶鞘绿色，倒2叶叶耳浅绿色，叶舌形状为二裂；剑叶叶片长、直立；主茎叶数多，茎秆粗，茎秆基部包茎节，长穗型，主蘖穗整齐。颖壳及颖尖均呈黄色，种皮淡黄色，稀间短芒。全生育期136d左右，株高125cm，每穗总粒数183粒，结实率85%左右，千粒重28g。

品质特性：糙米率80.6%，精米率73.6%，整精米率60.6%，粒长6.5mm，长宽比3.1，垩白粒率14%，垩白度1.3%，胶稠度64mm，直链淀粉含量20.4%，蛋白质含量10.2%。

抗性：抗白叶枯病、中抗稻瘟病。

产量及适宜地区：2007—2008年参加安徽省中籼区试，平均单产分别为9 480.0kg/hm² 和9 495.0kg/hm²，较对照Ⅱ优838分别增产6.1%和6.0%。2009年安徽省中籼生产试验，平均单产9 195.0kg/hm²，较对照Ⅱ优838增产6.1%。适宜安徽省作一季中稻种植。

栽培技术要点：4月中旬至5月上旬播种，秧田播种量150 ~ 225kg/hm²，秧龄30 ~ 35d。宽行窄株栽培，株行距13.3cm×23.3cm，栽插密度27万~ 30万穴/hm²。高产栽培施纯氮150 ~ 187.5kg/hm²，宜早追重追，促早发，长好苗架，提高成穗率，适时烤田，以防过苗。湿润灌溉，后期不能过早断水，直到成熟都应保持湿润，以保证叶青籽黄，提高结实率。注意白叶枯病、纹枯病、稻蓟马、稻纵卷叶螟等病虫害的及时防治，保证高产丰收。

开优8号（Kaiyou 8）

品种来源：淮南市种子公司用广占63S/淮恢06配组选育而成，2008年通过安徽省农作物品种审定委员会审定。

形态特征和生物学特性：属籼型两系杂交中熟中稻。感光性弱，感温性中等，基本营养生长期短。株型紧凑，叶片坚挺上举，茎叶淡绿，长穗型，主蘖穗整齐。颖壳及颖尖均黄色，种皮白色，稀间短芒。全生育期137d左右，株高124cm，每穗总粒数172粒，结实率83%，每穗实粒数142粒，千粒重29g。

品质特性：糙米率80.8%，精米率72.5%，整精米率61.3%，粒长6.7mm，长宽比3.0，垩白粒率15%，垩白度1.2%，胶稠度62mm，直链淀粉含量14.8%，蛋白质含量9.6%。

抗性：抗白叶枯病，中抗稻瘟病。

产量及适宜地区：2006—2007年参加安徽省中籼区试，平均单产分别为9 075.0kg/hm^{2}和9 510.0kg/hm^2，较对照汕优63分别增产13.3%和11.9%。2007年生产试验，平均单产8 970.0kg/hm^2，较对照汕优63增产8.5%。适宜安徽省作一季中稻种植。

栽培技术要点：4月中旬至5月上旬播种，秧田播种量150～225kg/hm^2，秧龄30～35d。宽行窄株栽培，株行距13.3cm×23.3cm，栽插密度27万～30万穴/hm^2，每穴1～2粒种子苗。高产栽培施纯氮150～187.5kg/hm^2。宜早追重追，促早发，长好苗架，提高成穗率，适时烤田，以防过苗。湿润灌溉，后期不能过早断水，直到成熟都应保持湿润，以保证叶青籽黄，提高结实率。注意白叶枯病、纹枯病、稻蓟马、稻纵卷叶螟等病虫害的及时防治，保证高产丰收。

两优 036 (Liangyou 036)

品种来源：安徽荃银高科种业股份有限公司（原选育单位安徽荃银禾丰种业有限公司）用03S/安选6号配组选育而成，2006年通过江西、湖南省农作物品种审定委员会审定，2008年通过安徽省、湖北省农作物品种审定委员会审定。

形态特征和生物学特性：属籼型两系杂交中熟中稻。感光性弱，感温性中等，基本营养生长期中。株型紧凑，叶片坚挺上举，茎秆基部包茎节，茎秆节绿色，茎秆节间秆黄色，剑叶较窄、直立，主茎叶数18片左右，二次枝梗多，颖壳茸毛少，芽鞘绿色，叶鞘（基部）绿色，叶片浓绿色，长穗，穗下垂，主蘖穗整齐。颖壳及颖尖均呈黄色，种皮白色，稀间短芒。全生育期138d左右，株高124cm，每穗总粒数191粒，结实率79%，每穗实粒数154粒，千粒重28g。

品质特性：糙米率79.4%，精米率72.4%，整精米率69.0%，粒长6.7mm，长宽比3.0，垩白粒率24.0%，垩白度2.7%，透明度1级，胶稠度66mm，直链淀粉含量15.2%。米质达部颁三等食用稻品种品质标准。

抗性：抗白叶枯病，感稻瘟病。

产量及适宜地区：2006—2007年参加安徽省中籼区试，平均单产分别为8 745.0kg/hm^{2}和9 465.0kg/hm^2，较对照Ⅱ优838分别增产10.0%和8.5%。2007年生产试验，平均单产8 715.0kg/hm^2，较对照Ⅱ优838增产5.4%。适宜安徽、湖南、湖北、江西、重庆等省份稻瘟病无病区或轻病区作中稻种植。

栽培技术要点：合理密植、科学施肥。栽插密度22.5万穴/hm^{2}左右，基本苗数90万~120万苗/hm^2；早施分蘖肥，氮、磷、钾配合施用，拔节期增施钾肥75kg/hm^{2}左右，增强后期茎秆抗倒力。合理灌溉。湿润灌溉，适期烤田，该品种穗较大，两段灌浆现象较重，抽穗灌浆后期不能过早断水，直到成熟都应保持湿润，以保证叶青籽黄，提高结实率。病虫害防治。注意稻纵卷叶螟和二化螟等的防治，抽穗期遇低温阴雨天注意稻瘟病防治，抽穗前12d左右（剑叶抽出时）进行稻曲病的防治，见穗期进行第二次防治。

两优100 (Liangyou 100)

品种来源：安徽省农业科学院水稻研究所用广茉S/紫恢100选配组选育而成，2007年通过安徽省农作物品种审定委员会审定。

形态特征和生物学特性：属籼型两系杂交中迟熟中稻。感光性弱，感温性中等，基本营养生长期中。株型紧凑，叶片坚挺上举，茎秆基部包茎节，茎秆节绿色，茎秆节间秆黄色，剑叶直立，主茎叶数18片左右，二次枝梗多，颖壳茸毛少，芽鞘绿色，叶鞘（基部）绿色，叶片淡绿色，长穗，穗下垂，主蘖穗整齐。颖壳及颖尖均黄色，种皮白色，稀间短芒。全生育期138d，株高120cm，分蘖中等，成穗率高，穗大粒多，平均每穗总粒数190粒，结实率81%，千粒重24.5g。

品质特性：糙米率81.4%，精米率73.8%，整精米率67.3%，粒长6.9mm，长宽比3.1，垩白粒率33%，垩白度6.8%，透明度2级，碱消值6.9级，胶稠度72mm，直链淀粉含量22.3%，蛋白质含量8.2%。米质达部颁三等食用稻品种品质标准。

抗性：感白叶枯病和稻瘟病。

产量及适宜地区：2004—2005年两年安徽省中籼区试，平均单产分别为9 256.5kg/hm² 和8 259.0kg/hm²，比对照汕优63分别增产6.2%和5.4%。2006年生产试验，平均单产8 319.0kg/hm²，比对照汕优63增产6.7%。适宜安徽沿淮以南非低洼易涝地区作一季稻种植。

栽培技术要点：作一季稻栽培，4月底至5月初播种，秧龄35d以内；株行距16.7cm×20.0cm，栽插密度30万穴/hm²，每穴1～2粒种子苗；纯氮控制在180kg/hm²以内，生殖生长期禁用氮肥；穗期注意预防稻瘟病。

两优602（Liangyou 602）

品种来源：安徽省农业科学院水稻研究所用庐白76S（来源于合肥市峰海标记水稻研究所）/602（安徽省农业科学院水稻研究所选育）配组选育而成，原名籼杂优0602，2010年通过安徽省农作物品种审定委员会审定。

形态特征和生物学特性：属籼型两系杂交中熟中稻。感光性弱，感温性中等，基本营养生长期中。株型紧凑，叶片坚挺上举，剑叶较长；茎叶淡绿，长穗型，主蘖穗整齐。颖壳及颖尖均黄色，种皮白色，稀间短芒。全生育期134d左右，株高125cm，每穗总粒数166粒，结实率86%左右，千粒重31g。

品质特性：糙米率82.6%，精米率74.8%，整精米率55.9%，粒长7.0mm，长宽比2.8，垩白粒率79.0%，垩白度15.0%，透明度2.5级，碱消值6.0级，胶稠度70.0mm，直链淀粉含量24.3%，蛋白质含量8.8%。米质达部颁四等食用稻品种品质标准。

抗性：中抗白叶枯病和稻瘟病。

产量及适宜地区：2007—2008年参加安徽省中籼区试，平均单产分别为9 570kg/hm^{2}和9 525kg/hm^2，较对照Ⅱ优838分别增产7.4%和6.2%。2009年安徽省中籼生产试验，单产9 300.0kg/hm^2，较对照Ⅱ优838增产5.2%。适宜安徽省作一季中稻种植。

栽培技术要点：适时早播：4月中旬至5月上旬播种，稀播育壮秧：秧田播种量不超过150～225kg/hm^2，秧龄30～35d。宽行窄株栽培，株行距13.3cm×23.3cm，栽插密度27万～30万穴/hm^2，基本苗数120万～150万苗/hm^2。合理施肥：高产栽培施纯氮150～187.5kg/hm^2，宜早追重追，促早发，长好苗架，提高成穗率。提前轻晒田：适时烤田，以防过苗。湿润灌溉，后期不能过早断水，直到成熟都应保持湿润，以保证叶青籽黄，提高结实率。注意稻瘟病、白叶枯病、纹枯病、稻蓟马、稻纵卷叶螟等病虫害的及时防治，保证高产丰收。

两优6326 (Liangyou 6326)

品种来源：宣城市农业科学研究所用宣69S/中籼WH26配组选育而成，原名两优6326，2004年、2007年分别通过安徽省和国家农作物品种审定委员会审定，定名皖稻119。

形态特征和生物学特性：属籼型两系杂交迟熟中稻。感光性弱，感温性中等，基本营养生长期长。株型适中，剑叶挺直，茎秆粗壮，长势繁茂，叶色浓绿，熟期转色好，长穗型，主蘖穗整齐。颖壳及颖尖均呈黄色，种皮白色，稀间短芒。全生育期130d左右，株高120.0cm，穗长24.3cm，每穗总粒数178.7粒，结实率82.9%，千粒重27.2g。

品质特性：糙米率81.2%，精米率74.5%，整精米率66.5%，粒长6.8mm，长宽比3.0，垩白粒率27%，垩白度3.2%，透明度2级，碱消值6.6级，胶稠度78mm，蛋白质含量9.1%，直链淀粉含量14.8%。

抗性：感稻瘟病和白叶枯病。

产量及适宜地区：2005—2006年参加长江中下游中籼迟熟组品种区域试验，平均单产分别为8 718.0kg/hm² 和8 607.0kg/hm²，比对照Ⅱ优838分别增产7.5%和4.4%；2006年同步生产试验，平均单产8 238.0kg/hm²，比对照Ⅱ优838增产3.7%。适宜江西、湖南、湖北、安徽、浙江、江苏的长江流域稻区（武陵山区除外）以及福建北部、河南南部稻区的稻瘟病、白叶枯病轻发区作一季中稻种植。

栽培技术要点：育秧：适时播种，秧田播种量150kg/hm²，大田用种量22.5kg/hm²，稀播培育带蘖壮秧。移栽：秧龄30～35d，栽插密度22.5万～27万穴/hm²，株行距16.5cm×（23.1～26.6）cm，基本苗90万～120万苗/hm²。肥水管理：中等肥力田块施纯氮225～240kg/hm²，基、追肥比例为7：3，氮、磷、钾配合比例为1：0.5：0.9。苗数达到300万苗/hm²时，及时排水搁田，扬花灌浆期保持浅水层，后期保持湿润，收获前5～7d断水。病虫防治：注意及时防治稻瘟病、白叶枯病、稻蓟马、稻纵卷叶螟、二化螟、三化螟、稻飞虱等病虫危害。

两优827 (Liangyou 827)

品种来源：合肥峰海标记水稻研究所用庐白76S/827配组选育而成，2007年通过安徽省农作物品种审定委员会审定。

形态特征和生物学特性：属籼型两系杂交中迟熟中稻。感光性弱，感温性中等，基本营养生长期中。株型紧凑，叶片坚挺上举，茎秆基部包茎节，茎秆节绿色，茎秆节间秆黄色，剑叶较窄、直立，主茎叶数18片左右，二次枝梗多，颖壳茸毛少，芽鞘绿色，叶鞘（基部）绿色，叶片浓绿色，长穗，穗下垂，主蘖穗整齐。颖壳及颖尖均呈黄色，种皮白色，稀间短芒。全生育期143d，株高120cm，生长清秀，分蘖力强，平均每穗总粒数170粒，属穗粒兼重型品种，结实率80%，千粒重27g。

品质特性：糙米率80.3%，精米率71.7%，垩白粒率52%，垩白度6.9%，透明度2级，碱消值5.6级，胶稠度78mm，直链淀粉含量22.2%，蛋白质含量8.6%。米质达部颁三等食用稻品种品质标准。

抗性：中抗白叶枯病，感稻瘟病。

产量及适宜地区：2005—2006年两年安徽省中籼区试，平均单产分别为8 556.15kg/hm²和8 975.25kg/hm²，比对照汕优63分别增产9.31%和10.44%。2006年生产试验，平均单产8 335.5kg/hm²，比对照汕优63增产6.7%。适宜安徽省沿淮、江淮及江南地区作一季稻种植，但不宜在山区和沿淮稻瘟病重发区种植。

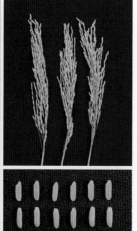

栽培技术要点：沿淮地区4月20～25日播种，移栽期不超过6月10日；江淮地区5月1日前后播种，6月10～15日移栽；江南地区5月5～10日播种，6月15日前后移栽；秧龄在30～35d的秧田播种量120～150kg/hm²，秧龄在40d以上的播种量105～120kg/hm²；栽插密度22.5万～27.0万穴/hm²，基本苗数75万～90万苗/hm²。水肥管理：在施足基、面肥的前提下，早施分蘖肥，达到前期早发稳长，但促花肥和粒肥要重施，尤其要注意磷、钾肥的施用。中等肥力稻田施总氮量255～270kg/hm²，肥沃的稻田施225kg/hm²左右。注意适时预防稻瘟病。

两优华6号 (Liangyouhua 6)

品种来源：安徽荃银高科种业股份有限公司（原选育单位安徽荃银禾丰种业有限公司）用新华S/安选6号配组选育而成，2007年通过安徽省农作物品种审定委员会审定。

形态特征和生物学特性：属籼型两系杂交迟熟中稻。感光性弱，感温性中等，基本营养生长期中。株型紧凑，叶片坚挺上举，茎秆基部包茎节，茎秆节绿色，茎秆节间秆黄色，剑叶较窄、直立，主茎叶数18片左右，二次枝梗多，颖壳茸毛少，芽鞘绿色，叶鞘（基部）绿色，叶片浓绿色，长穗，穗下垂，主蘖穗整齐。颖壳及颖尖均呈黄色，种皮白色，稀间短芒。全生育期141d左右，株高120cm，分蘖中等，平均每穗总粒数175粒，结实率78%左右，千粒重29.5g。

品质特性：糙米率80.8%，精米率72.2%，长宽比3.1，垩白粒率58%，垩白度5.3%，透明度2级，碱消值6.1级，直链淀粉含量17.4%，蛋白质含量8.8%。米质达部颁三等食用稻品种品质标准。

抗性：感白叶枯病，中抗稻瘟病。

产量及适宜地区：2005—2006年两年安徽省中籼区试，平均单产分别为8 442.0kg/hm²和8 881.5kg/hm²，比对照汕优63分别增产8.7%和10.9%。2006年生产试验，平均单产8 505.0kg/hm²，比对照汕优63增产9.41%。适宜安徽省作一季稻种植，但不宜在低洼易涝区种植。

栽培技术要点：育秧：适时播种，4月底至5月初播种，秧田播种量150～225kg/hm²，大田用种量15kg/hm²，稀播、匀播，培育壮秧。移栽：秧龄30d左右移栽，合理密植，栽插密度27万穴/hm²左右，每穴栽插1～2粒谷苗。肥水管理：施足基肥，早施分蘖肥，拔节初期增施钾肥和硅肥，适施穗肥。浅水栽秧、深水活棵、干干湿湿促分蘖，80%够苗搁田，扬花期保持浅水层，后期切忌断水过早。病虫防治：适时预防白叶枯病。

隆安优1号（Long'anyou 1）

品种来源：怀远县纯王种业有限责任公司用协青早A/自育恢复系CW-18配组选育而成，原名隆安优1号、协青早A/CW-18，2003年、2008年分别通过安徽和云南省农作物品种审定委员会审定，定名皖稻91。

形态特征和生物学特性：属籼型三系杂交中迟熟中稻。感光性中，感温性中等，基本营养生长期短。植株较松散，生长整齐，长势强，成穗率高，穗小着粒密，分蘖力强，生长清秀，剑叶短小直立，有二次灌浆和叶片早衰现象，易落粒，性状稳定，长穗型，主蘖穗整齐。颖壳黄色，颖尖褐色，穗外露，颖尖紫色浓且有短芒，种皮白色，全生育期139.5d，株高115cm，穗长24.2cm，平均每穗总粒数155粒，结实率85.7%，千粒重29g。

品质特性：整精米率71.3%，长宽比2.2，垩白粒率48%，垩白度6.2%，蛋白质含量8.8%，直链淀粉含量21.5%，胶稠度41mm。米质有9项指标达部颁二等以上食用稻品种品质标准。

抗性：中抗白叶枯病和稻瘟病。

产量及适宜地区：安徽省两年中籼区域试验，平均单产分别为9 211.5kg/hm²和9 165.0kg/hm²，比对照汕优63增产5.7%。2006—2007年参加云南省红河哈尼族彝族自治州杂交水稻新品种区域试验，两年平均单产10 326.0kg/hm²，比对照汕优63增产5.2%；生产试验，平均单产11 062.5kg/hm²，比对照汕优63增产6.8%。适宜安徽省作一季中稻种植，云南省红河哈尼族彝族自治州内地海拔1 400m以下、边疆1 350m的籼型杂交水稻区种植。

栽培技术要点：适时播种，培育适龄带蘖壮秧：秧田播种量150～225kg/hm²，秧龄30～35d。合理密植，栽足基本苗：宽行窄株栽培，株行距13.3cm×23.3cm，栽插密度27.0万～30.0万穴/hm²，基本苗数120万～150万苗/hm²。合理水肥控制：高产栽培施纯氮150～187.5kg/hm²。注意后期水分管理，确保亮秆籽黄：湿润灌溉，后期不能过早断水，直到成熟都应保持湿润，以保证叶青籽黄，提高结实率。及时防治病虫害：注意白叶枯病、纹枯病、稻蓟马、稻纵卷叶螟等病虫害的防治。

隆安优2号 （Long'anyou 2）

品种来源：池州市种子公司与安徽隆平高科种业有限责任公司合作用D62A/池恢986于2000年配组选育而成，原名D优986和隆安优2号，2005年通过安徽省农作物品种审定委员会审定，定名皖稻159。

形态特征和生物学特性：属籼型三系杂交迟熟中稻。感光性弱，感温性中等，基本营养生长期短。株型紧凑，生长繁茂，叶片坚挺上举，剑叶稍长，茎叶淡绿，长穗型，主蘖穗整齐。颖壳及颖尖均黄色，种皮白色，稀间短芒。全生育期141d左右，株高115cm，平均每穗总粒数160.0粒，结实率80%左右，千粒重27g。

品质特性：糙米率81.3%，精米率74.3%，整精米率51.7%，粒长6.7mm，长宽比3.0，垩白粒率33%，垩白度10.6%，透明度2级，碱消值4.8级，胶稠度69mm，直链淀粉含量22.0%，蛋白质含量8.2%。米质12项指标中9项达部颁二级食用稻品种品质标准。

抗性：中抗稻瘟病和白叶枯病。

产量及适宜地区：2002—2003年两年安徽省中籼区域试验，平均单产分别为8 910kg/hm² 和7 990.5kg/hm²，比对照汕优63分别增产3.9%和7.4%；2004年安徽省中籼生产试验，平均单产8 691.0kg/hm²，比汕优63增产7.1%。一般单产8 250kg/hm²。适宜安徽省作一季籼稻种植。

栽培技术要点：适时播种：5月上旬播种，秧田播种量不超过225kg/hm²。移栽：秧龄30d，株行距13.3cm×23.3cm或13.3cm×26.7cm，每穴1～2粒种子苗。肥水管理：高产栽培施纯氮225kg/hm²，其中70%作基肥，15%在返青时作追肥，其余15%作穗肥，缺钾的田块适当补施钾肥。在水浆管理上，做到浅水间湿润促分蘖；茎蘖苗数达270万苗/hm²时烤田，以轻烤为主，分次烤田；收割前5～7d断水，切忌断水过早。病虫防治：注意及时防治稻瘟病和白叶枯病等。

隆科1号（Longke 1）

品种来源：国家杂交水稻工程技术研究中心安徽试验站用绿三A/WD-3配组选育而成，原名隆科1号、绿丰20和NH0463，2006年分别通过国家和安徽省农作物品种审定委员会审定，定名皖稻207。

形态特征和生物学特性：属籼型三系杂交迟熟中稻。感光性弱，感温性中等，基本营养生长期短。株型紧凑，叶片坚挺上举，茎叶淡绿，茎秆粗壮，长势繁茂，长穗型，主蘖穗整齐。颖壳及颖尖均黄色，种皮白色，稀间短芒。全生育期138d左右。株高119.2cm，穗长24.4cm，每穗总粒数174.3粒，结实率75.4%，千粒重27.3g。

品质特性：糙米率81.6%，精米率74.0%，整精米率67.4%，粒长6.8mm，长宽比3.1，垩白粒率23%，垩白度2.8%，透明度1级，碱消值6.5级，胶稠度50mm，直链淀粉含量22.3%。

抗性：中感稻瘟病，中抗白叶枯病。

产量及适宜地区：2004年参加长江中下游中籼迟熟组品种区域试验，平均单产8 688.0kg/hm²，比对照汕优63增产3.8%；2005年续试，平均单产8 043.0kg/hm²，比对照汕优63增产2.4%；2005年生产试验，平均单产7 741.5kg/hm²，比对照汕优63增产1.5%。适宜福建、江西、湖南、湖北、安徽、浙江、江苏的长江流域稻区（武陵山区除外）以及河南南部稻区的稻瘟病轻发区作一季中稻种植。

栽培技术要点：育秧：根据各地中籼生产季节适时播种，湿润育秧秧田播种量225kg/hm²，旱育秧秧田播种量450kg/hm²，大田用种量15kg/hm²。移栽：适宜秧龄30～35d，株行距16.7cm×23.3cm或13.3cm×26.7cm，栽插密度22.5万～30万穴/hm²，每穴栽1～2粒谷苗。肥水管理：氮、磷、钾配合使用，重施基肥，早施返青分蘖肥，不施或少施穗、粒肥。后期干湿交替，成熟前5d断水。病虫防治：注意及时防治稻瘟病等。

隆两优 340 （Longliangyou 340）

品种来源：安徽隆平高科种业有限责任公司用安隆 3S（来源于安农 S-1/培矮 64）/R40（来源于 4080/绿稻 24）配组选育而成，2010 年、2011 年分别通过国家和安徽省农作物品种审定委员会审定。

形态特征和生物学特性：属籼型两系杂交中熟中稻。感光性强，感温性中等，基本营养生长期中。株型适中，叶片坚挺上举，茎秆基部包茎节，茎秆节绿色，茎秆节间秆黄色，剑叶较窄、直立，主茎叶数 18 片左右，二次枝梗多，颖壳茸毛少，芽鞘绿色，叶鞘（基部）绿色，叶片浓绿色，长穗，穗下垂，主蘖穗整齐。颖壳及颖尖均黄色，种皮白色，稀间短芒。在长江中下游作双季晚稻种植，全生育期 120d 左右，株高 111.3cm，穗长 24.8cm，每穗总粒数 142.4 粒，结实率 80.7%，千粒重 25.7g。作一季稻种植，全生育期 134d 左右，株高 118cm 左右，每穗总粒数 150 粒，结实率 89%，千粒重 25g。

品质特性：整精米率 61.9%，长宽比 3.0，垩白粒率 27%，垩白度 3.3%，胶稠度 71mm，直链淀粉含量 16.3%。

抗性：抗白叶枯病和稻曲病，中抗稻瘟病和纹枯病。

产量及适宜地区：2007—2008 年参加长江中下游晚籼中迟熟组品种区域试验，平均单产分别为 7 558.5kg/hm² 和 7 563.0kg/hm²，比对照汕优 46 分别增产 3.7% 和 5.4%；2009 年生产试验，平均单产 7 522.5kg/hm²，比对照汕优 46 增产 11.7%。2008—2009 年参加安徽省中籼区试，平均单产分别为 9 000.0kg/hm² 和 9 015.0kg/hm²，较对照 II 优 838 分别增产 0.2% 和 4.7%；2010 年安徽省中籼生产试验单产 9 015.0kg/hm²，较对照 II 优 838 增产 5.5%。适宜长江中下游作双季晚稻、一季中稻种植。

栽培技术要点：育秧：适时播种，大田用种量 15kg/hm²，稀播，培育壮秧。移栽：秧龄 25 ～ 30d，株行距 16.7cm×20cm。肥水管理：施足有机肥，总氮量控制在 150kg/hm² 以内。够苗及时烤田，后期干湿交替，收获前 5 ～ 7d 断水。病虫害防治：注意及时防治稻瘟病、纹枯病、螟虫、稻飞虱等病虫危害。

隆两优6号 （Longliangyou 6）

品种来源：安徽隆平高科种业有限责任公司用安隆3S/安选6号配组选育而成，原名安隆3S/安选6号，2010年通过安徽省农作物品种审定委员会审定，定名隆安优6号。

形态特征和生物学特性：属籼型两系杂交中迟熟中稻。感光性弱，感温性中等，基本营养生长期中。株型紧凑，叶片坚挺上举，茎秆基部包茎节，茎秆节绿色，茎秆节间秆黄色，剑叶较窄、直立，主茎叶数18片左右，二次枝梗多，颖壳茸毛少，芽鞘绿色，叶鞘（基部）绿色，叶片浓绿色，长穗，穗下垂，主蘖穗整齐。颖壳及颖尖均黄色，种皮白色，稀间短芒。全生育期139d，株高123cm，每穗总粒数184粒，结实率83%左右，千粒重27g。

品质特性：糙米率81.6%，精米率74.0%，整精米率65.4%，粒长6.8mm，精米长宽比3.0，垩白粒率26.5%，垩白度2.8%，透明度2级，碱消值6.8级，胶稠度67.0mm，直链淀粉含量15.4%，蛋白质含量10.1%。米质达部颁三等食用稻品种品质标准。

抗性：抗白叶枯病，中抗稻瘟病。

产量及适宜地区：2007—2008年参加安徽省中籼区试，平均单产分别为9 225.0kg/hm²和9 180.0kg/hm²，较对照Ⅱ优838分别增产3.3%和3.5%。2009年安徽省中籼生产试验，单产9 330.0kg/hm²，较对照Ⅱ优838增产8.7%。适宜安徽省作一季中稻种植。

栽培技术要点：4月中旬至5月上旬播种，秧田播种量150～225kg/hm²，秧龄30～35d。宽行窄株栽培，株行距13.3cm×23.3cm，栽插密度27.0万～30.0万穴/hm²，基

本苗数120万～150万苗/hm²。高产栽培施纯氮150～187.5kg/hm²。宜早追重追，促早发，长好苗架，提高成穗率，适时烤田，以防过苗。湿润灌溉，后期不能过早断水，直到成熟都应保持湿润，以保证叶青籽黄，提高结实率。注意白叶枯病、纹枯病、稻蓟马、稻纵卷叶螟等病虫害的及时防治，保证高产丰收。

庐优136（Luyou 136）

品种来源：合肥峰海标记水稻研究所用庐州86A/恢136配组选育而成，原名庐优136、红良优166，2005年通过安徽省农作物品种审定委员会审定，定名皖稻175。

形态特征和生物学特性：属籼型三系杂交迟熟中稻。感光性弱，感温性中等，基本营养生长期短。株型紧凑，叶片坚挺上举，繁茂性好，茎叶淡绿，长穗型，主蘖穗整齐。颖壳及颖尖均黄色，种皮白色，稀间短芒。全生育期143d，株高120cm，每穗总粒数160粒，结实率85%，千粒重28g。

品质特性：糙米率81.8%，精米率74.2%，整精米率58.6%，粒长6.2mm，垩白粒率26%，垩白度10.8%，透明度3级，碱消值5.5级，胶稠度84mm，直链淀粉含量19.9%，蛋白质含量10.9%。米质12项指标中有9项达部颁二等以上食用稻品种品质标准。

抗性：抗稻瘟病，中感白叶枯病。

产量及适宜地区：2002—2003年两年安徽省中籼区域试验，平均单产分别为8 917.5kg/hm^2和7 762.5kg/hm^2，比对照汕优63分别增产1.3%和7.5%，2004年安徽省中籼生产试验，平均单产9 013.5kg/hm^2，比对照汕优63增产11.07%。一般单产8 250.0kg/hm^2。适宜安徽省沿淮、江淮及江南地区作一季稻种植。累计推广面积20.0万hm^2。

栽培技术要点：5月初播种，秧龄30d，栽插密度30.0万穴/hm^2左右，每穴1～2粒种子苗。在施足基、面肥的前提下，早施分蘖肥，达到前期早发稳长，促花肥和粒肥要重施，尤其要注意磷、钾肥的施用。中等肥力稻田施氮量255～270kg/hm^2，肥沃的稻田施氮量225kg/hm^2左右。注意防治白叶枯病。

庐优855 (Luyou 855)

品种来源：合肥峰海标记水稻研究所用庐州86A/恢855配组选育而成，2007年通过安徽省农作物品种审定委员会审定。

形态特征和生物学特性：属籼型三系杂交迟熟中稻。感光性弱，感温性中等，基本营养生长期中。株型紧凑，叶片坚挺上举，茎叶淡绿，长穗型，主蘖穗整齐。颖壳黄色，颖尖褐色，种皮白色，无芒。全生育期141d，株高120cm，分蘖力中等，每穗总粒数170粒左右，结实率83%左右，千粒重28.0g。

品质特性：糙米率80.8%，精米率72.4%，垩白粒率31%，垩白度6.7%，透明度3级，碱消值5.6级，胶稠度65mm，直链淀粉含量24.4%，蛋白质含量7.9%。米质达部颁四等食用稻品种品质标准。

抗性：感白叶枯病和稻瘟病。

产量及适宜地区：2005—2006年两年安徽省中籼区试，平均单产分别为8 521.5kg/hm^{2}和8 688.0kg/hm^2，比对照汕优63分别增产8.7%和8.4%。2006年生产试验，平均单产8 313.0kg/hm^2，比对照汕优63增产6.55%。适宜安徽省沿淮、江淮及江南地区作一季稻种植，但不宜在低洼易涝地区和稻瘟病重发区种植。

栽培技术要点：育秧：适时播种，旱育秧或湿润育秧方式，培育多蘖壮秧。移栽：适时移栽，秧龄30d为宜，中上等肥力田块株行距16.7cm×26.7cm，肥力中等及偏下的田块适

当增加密度。肥水管理：大田需肥总量纯氮210～240kg/hm^2、磷肥600～750kg/hm^2、钾肥225kg/hm^2，总用肥量的60%作基、面肥，移栽活棵后追施75～120kg/hm^{2}尿素促分蘖，孕穗至破口期追施45～75kg/hm^{2}尿素作穗粒肥。采取"浅水栽秧、寸水活棵、薄水分蘖、深水抽穗、后期干干湿湿"的灌溉方式，基本苗达270万苗/hm^{2}时及时排水晒田控苗。注意及时防治稻瘟病、白叶枯病、稻飞虱、稻曲病等病虫危害。

庐优875（Luyou 875）

品种来源：合肥峰海标记水稻研究所用庐州98A/恢875于2002年配组选育而成，原品种名称庐优875和安江6号，2006年通过安徽省农作物品种审定委员会审定，定名皖稻189。

形态特征和生物学特性：属籼型三系杂交迟熟中稻。感光性弱，感温性中等，基本营养生长期中。株型紧凑，叶片长挺，茎叶淡绿，长穗型，主蘖穗整齐。颖壳黄色，颖尖褐色，种皮白色。全生育期145d左右，株高120cm，分蘖力强，生长繁茂，平均每穗总粒数165粒左右，结实率80%左右，千粒重28.5g。

品质特性：糙米率80.8%，精米率73.4%，垩白粒率31%，垩白度6.7%，透明度1级，碱消值5.6级，胶稠度65mm，直链淀粉含量24.4%，蛋白质含量7.9%。米质达部颁四等食用稻品种品质标准。

抗性：感白叶枯病，中抗稻瘟病。

产量及适宜地区：2004—2005年两年安徽省中籼区域试验，平均单产分别为9 595.5kg/hm² 和8 851.5kg/hm²，比对照汕优63分别增产9.5%和12.4%。2005年生产试验，平均单产为8 329.5kg/hm²，比对照汕优63增产8.2%。一般单产8 250.0kg/hm²。适宜安徽省沿淮、江淮及江南地区一季稻白叶枯病轻发区种植。

栽培技术要点：4月底至5月初播种，秧龄30～50d；栽插密度30.0万穴/hm²左右，每穴1～2粒种子；在施足基、面肥的前提下，早施分蘖肥，达到前期早发稳长，促花肥和粒肥要重施，尤其要注意磷、钾肥的施用。中等肥力稻田施总氮量255～270kg/hm²，肥沃的稻田施氮量225kg/hm²左右；注意防治白叶枯病。

绿优1号（Lüyou 1）

品种来源：安徽省农业科学院绿色食品工程研究所用绿三A/绿稻24配组选育而成，原名绿优1号、隆安优8号，2004年通过安徽省农作物品种审定委员会审定。2005年通过国家、湖北省农作物品种审定委员会审定，定名皖稻121。

形态特征和生物学特性：属籼型三系杂交迟熟中稻。感光性弱，感温性中等，基本营养生长期长。株型适中，长势繁茂，叶片略长，茎叶淡绿，长穗型，主蘖穗整齐。颖壳及颖尖均黄色，种皮白色，稀间短芒。全生育期平均136d左右，株高123.5cm，穗长23.7cm，每穗总粒数174.2粒，结实率77.6%，千粒重26.0g。

品质特性：糙米率81.0%，精米率75.0%，整精米率64.0%，长宽比3.1，垩白粒率26%，垩白度3.3%，透明度2级，碱消值5.8级，胶稠度73mm，直链淀粉含量23.1%，蛋白质含量8.6%。米质达部颁三等食用稻品种品质标准。

抗性：感稻瘟病，中感白叶枯病，高感褐飞虱。抗倒性较差。

产量及适宜地区：2003年参加国家长江中下游中籼迟熟优质A组区域试验，平均单产7 836.0kg/hm²，比对照汕优63增产4.6%；2004年续试，平均单产8 772.0kg/hm²，比对照汕优63增产3.9%。2004年生产试验，平均单产7 753.5kg/hm²，比对照汕优63增产7.76%。适宜福建、江西、湖南、湖北、安徽、浙江、江苏的长江流域稻区（武陵山区除外）以及河南南部稻区的稻瘟病轻发区作一季中稻种植。

栽培技术要点：育秧：适时播种，湿润育秧秧田播种量225kg/hm²，旱育秧播种量150g/m²。移栽：秧龄30～35d，株行距16.7cm×20cm或16.7cm×23.3cm，栽插密度27万穴/hm²左右。肥水管理：重施基肥，早施分蘖肥，适施穗粒肥，注意合理搭配施用钾肥，以增加抗倒能力。在水浆管理上，做到前期早控，一般大田达270万穴/hm²时开始烤田，后期干湿交替，断水不能过早。病虫防治：注意及时防治稻瘟病、稻曲病和稻粒黑粉病等。

明两优6号 (Mingliangyou 6)

品种来源：安徽省农业科学院水稻研究所用绿敏S（来源于安徽省农业科学院绿色食品工程研究所）/L24（来源于安徽省农业科学院绿色食品工程研究所）配组选育而成，原名MS/L24，2010年通过安徽省农作物品种审定委员会审定，定名明两优6号。

形态特征和生物学特性：属籼型两系杂交中熟中稻。感光性弱，感温性中等，基本营养生长期中。株型紧凑，叶片坚挺上举，茎秆基部包茎节，茎秆节绿色，茎秆节间秆黄色，剑叶较窄、直立，主茎叶数18片左右，二次枝梗多，颖壳茸毛少，芽鞘绿色，叶鞘（基部）绿色，叶片浓绿色，长穗，穗下垂，主蘗穗整齐。颖壳及颖尖均黄色，种皮白色，稀间短芒。全生育期133d，株高122cm，每穗总粒数181粒左右，结实率85%左右，千粒重26g。

品质特性：糙米率80.9%，整精米率72.1%，长宽比2.8，垩白粒率10%，垩白度1.0%，透明度1级，胶稠度72mm，直链淀粉含量15.2%，蛋白质含量10.4%。米质达部颁三等食用稻品种品质标准。

抗性：抗白叶枯病，中抗稻瘟病。

产量及适宜地区：2007年安徽省中籼区试单产8 730.0kg/hm²，较对照Ⅱ优838减产1.9%；2008年安徽省中籼区试，单产9 240.0kg/hm²，较对照Ⅱ优837增产4.3%。2009年安徽省中籼生产试验，单产8 985.0kg/hm²，较对照Ⅱ优838增产4.0%。适宜安徽省作一季中稻种植。

栽培技术要点：4月中旬至5月上旬播种，秧田播种量150～225kg/hm²，秧龄30～35d；宽行窄株栽培，株行距13.3cm×23.3cm，栽插密度27万～30万穴/hm²，基本苗数120万～150万苗/hm²。高产栽培施纯氮150～187.5kg/hm²。宜早追重追，促早发，长好苗架，提高成穗率，适时烤田，以防过苗。湿润灌溉，后期不能过早断水，直到成熟都应保持湿润，以保证叶青籽黄，提高结实率。注意白叶枯病、纹枯病、稻蓟马、稻纵卷叶螟等病虫害的及时防治，保证高产丰收。

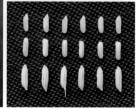

明优98（Mingyou 98）

品种来源：合肥新隆水稻研究所用M98A/丰恢98003配组选育而成，原名称五优1号，定名明优98，2009年通过国家农作物品种审定委员会审定。

形态特征和生物学特性：属籼型三系杂交中熟中稻。感光性弱，感温性中等，基本营养生长期中。株型适中，长势繁茂，整齐度一般，叶片坚挺上举，茎叶淡绿，长穗型，主蘖穗整齐，熟期转色中等。颖壳及颖尖均黄色，种皮白色，稀间短芒。生育期134d左右，株高117.6cm，穗长24cm，每穗总粒数159.5粒，结实率85.6%，千粒重27.1g。

品质特性：整精米率60.5%，长宽比2.5，垩白粒率93.5%，垩白度21.6%，胶稠度48mm，直链淀粉含量20.9%。

抗性：中感稻瘟病，中抗白叶枯病，感褐飞虱。

产量及适宜地区：2001—2002年参加长江中下游中籼迟熟高产组区域试验，平均单产分别为9 321.0kg/hm² 和8 625.0kg/hm²，分别比对照汕优63增产2.4%和3.7%；2003年生产试验，平均单产7 647.0kg/hm²，比对照汕优63增产8.0%。适宜福建、江西、湖南、湖北、安徽、浙江、江苏等省的长江流域（武陵山区除外）以及河南省南部稻瘟病轻发区作一季中稻种植。

栽培技术要点：4月底至5月初播种，肥田旱育秧播种量450kg/hm²，湿润育秧播种量225kg/hm²，秧龄30～35d；高肥力田株行距13.3cm×30cm，栽插90万～120万苗/hm²基本苗；一般肥力田株行距13.3cm×23.3cm，栽插120万～150万苗/hm²基本苗；大田总氮量225～255kg/hm²，基面肥、分蘖肥、穗粒肥的比例为6：2：2，注意补施磷、钾肥；水浆管理要做到浅水插秧，活棵露田，湿润促蘖，适时多次晒田，花期保持水层，后期干湿活熟到老；注意防治稻瘟病和白叶枯病。

农丰优 1671 （Nongfengyou 1671）

品种来源：安徽荃银高科种业股份有限公司和武汉敦煌种业有限责任公司合作用农丰A/YR1671配组选育而成，2010年通过安徽省农作物品种审定委员会审定。

形态特征和生物学特性：属籼型三系杂交中熟中稻。感光性弱，感温性中等，基本营养生长期中。株型紧凑，叶片坚挺上举，茎叶淡绿，长穗型，主蘖穗整齐。颖壳黄色，颖尖褐色，种皮白色，无芒。全生育期136d左右，株高115cm左右，每穗总粒数183粒左右，结实率83%左右，千粒重29g左右。

品质特性：糙米率82.1%，精米率74.3%，整精米率54.6%，粒长7.1mm，长宽比2.9，垩白粒率24.5%，垩白度4.6%，透明度2级，碱消值5.1级，胶稠度81.5mm，直链淀粉含量22.7%，蛋白质含量9.8%。米质达部颁二等食用稻品种品质标准。

抗性：中抗白叶枯病和稻瘟病。

产量及适宜地区：2007—2008年参加安徽省中籼区试，平均单产分别为9 255.0kg/hm²和9 435.0kg/hm²，较对照Ⅱ优838分别增产3.7%和5.0%。2009年参加安徽省中籼生产试验，平均单产9 000kg/hm²，较对照Ⅱ优838增产3.8%。适宜安徽省作一季稻种植。

栽培技术要点：适时播种，秧田播种量150～225kg/hm²，大田用种量15kg/hm²，稀播、匀播，培育壮秧。秧龄30～35d，合理密植，栽插密度22.5万～30万穴/hm²，每穴栽插1～2粒谷苗，基本苗150万苗/hm²左右。该品种秆粗、抗倒力强、分蘖力一般，需加大基肥比例，早施分蘖肥，拔节初期增施钾肥，适施穗肥。浅水栽秧、深水活棵、干干湿湿促分蘖，够苗搁田，扬花期保持浅水层；穗较大，有轻度两段灌浆现象，后期切忌断水过早。注意及时防治稻瘟病和稻曲病等。

农华优808（Nonghuayou 808）

品种来源：合肥新隆水稻研究所用M98A/MR0208配组选育而成，原名M98A/MR0208、农华优808，2005年通过安徽省农作物品种审定委员会审定，定名皖稻163。

形态特征和生物学特性：属籼型三系杂交迟熟中稻。感光性弱，感温性中等，基本营养生长期短。株型紧凑，叶片坚挺上举，株叶形态好，生长繁茂，茎叶淡绿，长穗型，分蘖力较强，主蘖穗整齐。颖壳及颖尖均黄色，种皮白色，稀间短芒，后期转色较好。全生育期135d左右，株高115cm，平均每穗180粒，结实率80%左右，千粒重27.5g。

品质特性：糙米率81.5%，精米率74.3%，整精米率44.7%，粒长6.1mm，长宽比2.5，垩白粒率77%，垩白度21.2%，透明度4级，碱消值5.4级，胶稠度42mm，直链淀粉含量19.3%，蛋白质含量12.0%，米质中等，食味佳。

抗性：抗稻瘟病和白叶枯病。

产量及适宜地区：2003—2004年两年安徽省中籼区域试验，平均单产分别为8 127.0kg/hm²和9 327.0kg/hm²，比对照汕优63分别增产7.4%和7.5%。2004年生产试验，平均单产8 733.0kg/hm²，比汕优63增产7.6%。一般单产8 250.0kg/hm²。适宜安徽省一季稻区种植。

栽培技术要点：培育壮秧：4月底至5月初播种，肥田旱育秧播种量450kg/hm²，湿润育秧播种量225kg/hm²，秧龄30～35d；及时移栽：高肥力田株行距13.3cm×30cm，栽插90万～120万苗/hm²基本苗；一般肥力田株行距13.3cm×23.3cm，栽插120万～150万苗/hm²基本苗；肥水管理：大田总氮量225～255kg/hm²，基面肥、分蘖肥、穗粒肥的比例为6：2：2，注意补施磷、钾肥；水分管理：要做到浅水插秧，活棵露田，湿润促蘖，适时多次晒田，花期保持水层，后期干湿活熟到老；病虫防治：注意防治稻瘟病和白叶枯病。

汕优69 (Shanyou 69)

品种来源：福建省三明市农业科学研究所用珍汕97A/明恢69配组选育而成，1990年通过安徽省农作物品种审定委员会审定。

形态特征和生物学特性：属籼型三系杂交中熟中稻。感光性弱，感温性中等，基本营养生长期中。株型紧凑，茎秆稍细，叶片坚挺上举，茎叶淡绿，长穗型，主蘖穗整齐。分蘖力较强，后期落色好。颖壳及颖尖均黄色，种皮白色，稀间短芒。全生育期135d左右，株高95～100cm。穗长23cm，每穗总粒数135粒，结实率80%左右，千粒重29g。

品质特性：稻米外观品质中上等。

抗性：中抗稻瘟病，感白叶枯病。

产量及适宜地区：安徽省1987—1988年品种区域试验和1989年生产试验，产量平均较对照汕优6号增产6.96%。适宜安徽省沿淮及以南区域作一季中稻，白叶枯病流行地区作搭配品种种植，至2002年累计推广5.33万hm²。

栽培技术要点：4月中旬至5月上旬播种，秧田播种量150～225kg/hm²，秧龄30～35d；宽行窄株栽培，株行距13.3cm×23.3cm，大田栽插密度27万～30万穴/hm²，基本苗数120万～150万苗/hm²。高产栽培施纯氮150～187.5kg/hm²。宜早追重追，促早发，长好苗架，提高成穗率，适时烤田，以防过苗。湿润灌溉，后期不能过早断水，直到成熟都应保持湿润，以保证叶青籽黄，提高结实率。注意白叶枯病、纹枯病、稻蓟马、稻纵卷叶螟等病虫害的及时防治，保证高产丰收。

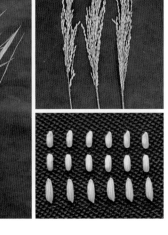

四优6号（Siyou 6）

品种来源：广东省农业科学院水稻研究所用 V41A/IR26 配组选育而成，1983年通过安徽省农作物品种审定委员会审定。

形态特征和生物学特性：属籼型三系杂交中熟中稻。感光性弱，感温性中等，基本营养生长期短。株型紧凑，叶片坚挺上举，茎叶淡绿，长穗型，主蘖穗整齐。颖壳及颖尖均黄色，种皮白色，稀间短芒。作中稻种植全生育期136d，作双季晚稻全生育期125d，株高95cm，每穗总粒数120粒，结实率80%左右，千粒重24g。

品质特性：米质12项指标中8项达部颁二等以上优质米标准。

抗性：中抗白叶枯病和矮缩病，感纹枯病。

产量及适宜地区：一般单产6 750.0kg/hm²。适宜作双晚或高山地区种植，曾在安徽省安庆地区种植面积最大，其他各地均有种植，1983年以来累计推广19.13万hm²。

栽培技术要点：适期播种，培育壮秧：4月中下旬播种，施足基肥，湿润育秧，大田用种量15 ~ 22.5kg/hm²，秧龄30d为宜。合理密植：株行距13.3cm×23.3cm，每穴茎蘖苗1 ~ 2苗，栽插密度22.5万 ~ 27.0万穴/hm²。肥力促控，协调群体：施用纯氮总量210 ~ 240kg/hm²，配合磷、钾肥。移栽活棵后追施75 ~ 120kg/hm² 尿素促分蘖；孕穗—破口期追施穗粒肥45 ~ 60kg/hm²，有良好的增产效果。科学管水，适时烤田：采取浅水栽秧、寸水活棵、薄水分蘖、深水抽穗、后期干干湿湿；田间管理要求早管促早发，中期重视烤田，后期断水不可早。

天两优0501 （Tianliangyou 0501）

品种来源：安徽天禾农业科技股份有限责任公司用T08S/K74配组选育而成，原名TH0501，2010年通过安徽省农作物品种审定委员会审定，定名天两优0501。

形态特征和生物学特性：属籼型两系杂交迟熟中稻。感光性弱，感温性中等，基本营养生长期短。株型紧凑，叶片坚挺上举，芽鞘绿色，叶鞘（基部）绿色。叶片较窄、浓绿色，剑叶直立，主茎叶片数18片左右。茎秆节绿色，茎秆节间秆黄色。长穗，二次枝梗多、较细，成熟时穗下垂，长穗型，主蘖穗整齐。谷粒长形，护颖白色，颖壳亮黄色，颖尖黄色，种皮白色，顶端少有顶芒。全生育期137d，株高122cm，每穗总粒数187粒，结实率78%，千粒重30g。

品质特性：糙米率83.7%，精米率75.4%，整精米率62.2%，粒长7.1mm，长宽比2.7，垩白粒率38%，垩白度3.6%，胶稠度72mm，直链淀粉含量24.4%，蛋白质含量10.1%。

抗性：中抗白叶枯病和稻瘟病。

产量及适宜地区：2007—2008年参加安徽省中籼区试，平均单产分别为9 270.0kg/hm^{2}和9 165.0kg/hm^2，较对照Ⅱ优838分别增产4.0%和2.1%。2009年参加安徽省中籼生产试验，平均单产9 030.0kg/hm^2，较对照Ⅱ优838增产6.7%。适宜安徽省作一季中稻种植，自2010年以来累计推广种植12万hm^2。

栽培技术要点：4月中旬至5月上旬播种，秧田播种量150～225kg/hm^2，秧龄30～35d。宽行窄株栽培，株行距13.3cm×23.3cm，栽插密度27万～30.0万穴/hm^2，基本苗数120万～150万苗/hm^2。高产栽培施纯氮150～187.5kg/hm^2，宜早追重追，促早发，长好苗架，提高成穗率，适时烤田，以防过苗。湿润灌溉，后期不能过早断水，直到成熟都应保持湿润，以保证叶青籽黄，提高结实率。注意白叶枯病、纹枯病、稻蓟马、稻纵卷叶螟等病虫害的及时防治，保证高产丰收。

天两优6号 (Tianliangyou 6)

品种来源: 安徽天禾农业科技股份有限责任公司用天禾1S/安选6号配组选育而成,原名76优6号,2010年通过安徽省农作物品种审定委员会审定,定名天两优6号。

形态特征和生物学特性: 属籼型两系杂交中迟熟中稻。感光性弱,感温性中等,基本营养生长期中。株型紧凑,叶片坚挺上举,稀间无芒。芽鞘及叶鞘无色,叶片浓绿色,剑叶直立,主茎叶片数16～17叶,颖尖无色,无芒,护颖白色,谷粒长形,种皮白色。长穗型,主蘖穗整齐。全生育期137d,株高126cm,每穗总粒数185粒,结实率82%,千粒重28g。

品质特性: 糙米率81.9%,精米率74.3%,整精米率53.4%,粒长6.7mm,长宽比2.8,垩白粒率18%,垩白度1.3%,胶稠度61mm,直链淀粉含量17%,蛋白质含量10.4%。

抗性: 中抗白叶枯病,抗稻瘟病。

产量及适宜地区: 2007—2008年参加安徽省中籼区试,平均单产分别为8 970kg/hm² 和 9 210kg/hm²,较对照Ⅱ优838分别增产1.0%和3.76%。2009年安徽省中籼生产试验,平均单产8 925kg/hm²,较对照Ⅱ优838增产3.77%。到2012年累计推广种植10万hm²。适宜安徽省大别山区和皖南山区以外地区种植。

栽培技术要点: 4月中旬至5月上旬播种,秧田播种量150～225kg/hm²,秧龄30～35d;宽行窄株栽培,株行距13.3cm×23.3cm,栽插密度27万～30.0万穴/hm²,基本苗数120万～150万苗/hm²,高产栽培施纯氮150～187.5kg/hm²。宜早追重追,促早发,长好苗架,提高成穗率,适时烤田,以防过苗。湿润灌溉,后期不能过早断水,直到成熟都应保持湿润,以保证叶青籽黄,提高结实率。注意白叶枯病、纹枯病、稻蓟马、稻纵卷叶螟等病虫害的及时防治,保证高产丰收。

天优3008（Tianyou 3008）

品种来源：安徽天禾农业科技股份有限责任公司和安徽省农作物新品种引育中心用T06A/H41配组选育而成，原名TH3008，2008年通过安徽省农作物品种审定委员会审定，定名天优3008。

形态特征和生物学特性：属籼型三系杂交中迟熟中稻。感光性弱，感温性中等，基本营养生长期短。株型紧凑，叶片坚挺上举，茎叶淡绿，长穗型，主蘖穗整齐。颖壳及颖尖均黄色，种皮白色，稀间短芒。全生育期134d左右，株高125cm，每穗总粒数189粒，结实率80%，每穗实粒数150粒，千粒重27g。

品质特性：糙米率82.5%，精米率74.2%，整精米率39.5%，粒长7.0mm，长宽比3.2，垩白粒率68%，垩白度6.0%，胶稠度78mm，直链淀粉含量21.9%，蛋白质含量9.4%。

抗性：中抗白叶枯病和稻瘟病。

产量及适宜地区：2006—2007年参加安徽省中籼区试，平均单产分别为8 865.0kg/hm²和9 285.0kg/hm²，较对照汕优63分别增产10.7%和9.4%。两年区试平均单产9 075.0kg/hm²，较对照汕优63增产10.0%。2007年参加安徽省中籼生产试验，平均单产9 060.0kg/hm²，较对照Ⅱ优838增产9.6%。适宜安徽省作一季中稻种植。

栽培技术要点：4月中旬至5月上旬播种，秧田播种量150～225kg/hm²，秧龄30～35d。宽行窄株栽培，株行距13.3cm×23.3cm，栽插密度27万～30.0万穴/hm²，基本苗数120万～150万苗/hm²。高产栽培施纯氮150～187.5kg/hm²，宜早追重追，促早发，长好苗架，提高成穗率，适时烤田，以防过苗。湿润灌溉，后期不能过早断水，直到成熟都应保持湿润，以保证叶青籽黄，提高结实率。注意白叶枯病、纹枯病、稻蓟马、稻纵卷叶螟等病虫害的及时防治，保证高产丰收。

天优81 (Tianyou 81)

品种来源：安徽天禾农业科技股份有限责任公司和安徽省农作物新品种引育中心用协青早A/W81（绿稻24/广恢499系统选育）配组选育而成，原名协A×W81，2008年通过安徽省农作物品种审定委员会审定，定名天优81。

形态特征和生物学特性：属籼型三系杂交迟熟中稻。感光性弱，感温性中等，基本营养生长期短。株型紧凑，叶片坚挺上举，茎叶淡绿，长穗型，主蘖穗整齐。颖壳及颖尖均黄色，种皮白色，稀间短芒。全生育期136d，株高120cm，每穗总粒数175粒，结实率78%，每穗实粒数138粒，千粒重30g。

品质特性：糙米率80.3%，精米率72.0%，整精米率46.5%，粒长7.2mm，长宽比3.0，垩白粒率78%，垩白度11.9%，胶稠度82mm，直链淀粉含量21.8%，蛋白质含量8.1%。

抗性：中抗白叶枯病和稻瘟病。

产量及适宜地区：2006—2007年参加安徽省中籼区试，平均单产分别为8 715.0kg/hm^{2}和9 300.0kg/hm^2，较对照汕优63分别增产8.7%和6.6%。2007年安徽省中籼生产试验，平均单产8 715.0kg/hm^2，较对照Ⅱ优838增产5.3%。适宜安徽省作一季中稻种植，自2008年以来累计推广种植13.33万hm^2。

栽培技术要点：4月中旬至5月上旬播种，秧田播种量150~225kg/hm^2，秧龄30~35d。宽行窄株栽培，株行距13.3cm×23.3cm，栽插密度27万~30.0万穴/hm^2，基本苗数120万~150万苗/hm^2。高产栽培施纯氮150~187.5kg/hm^2，宜早追重追，促早发，长好苗架，提高成穗率，适时烤田，以防过苗。湿润灌溉，后期不能过早断水，直到成熟都应保持湿润，以保证叶青籽黄，提高结实率。注意白叶枯病、纹枯病、稻蓟马、稻纵卷叶螟等病虫害的及时防治，保证高产丰收。

皖两优16（Wanliangyou 16）

品种来源：宣城市农业科学研究所用X07S/Wh16配组选育而成，原名皖两优16，2003年通过安徽省农作物品种审定委员会审定。2010年湖南省引进种植，定名皖稻93。

形态特征和生物学特性：属籼型两系杂交中熟中稻。感光性中，感温性中等，基本营养生长期短。株型紧凑，茎秆坚韧，耐肥抗倒，分蘖力中等，叶片坚挺上举，茎叶淡绿，长穗型，穗型较大，主蘖穗整齐。颖壳及颖尖均黄色，种皮白色，稀间短芒。全生育期138d左右，比汕优63早熟2～3d，株高120cm，每穗总粒数170粒左右，结实率80%左右，千粒重28～29g。

品质特性：糙米率81.1%，精米率74.3%，整精米率71.7%，粒长6.6mm，长宽比2.8，垩白粒率8%，垩白度15.5%，胶稠度81mm，直链淀粉含量21.27%，蛋白质含量10.8%。

抗性：中感稻瘟病和白叶枯病。

产量及适宜地区：安徽省2007—2008年区域试验和2009年生产试验，平均单产分别为7 677.0kg/hm^{2}和8 857.5kg/hm^2，比对照种汕优63略增产。适宜安徽省作一季中稻种植。

栽培技术要点：适时播种，培育带蘖壮秧：各地可根据当地栽培条件适时播种，秧龄30～35d；合理密植，插足基本苗：高产栽培栽插基本苗90万～105万苗/hm^2；施足基肥，早施追肥：插秧前适当施部分农家肥作底肥，施600～750kg/hm^{2}过磷酸钙，插秧后5～7d内施总肥量的70%，促分蘖，插秧后15d内施完其余的30%；科学用水：秧苗返青后浅水灌溉，20d后应注意搁田，复水后一直保持干干湿湿；防治病虫害：注意防治稻纵卷叶螟、螟虫、稻飞虱，要对黑粉病、稻曲病进行专门防治，一般在始穗期和齐穗期各用药一次。

协优009 (Xieyou 009)

品种来源：安徽省农业科学院水稻研究所用协青早A/2M009，于2002年配组选育而成，原名协优009，2006年通过安徽省农作物品种审定委员会审定，定名皖稻191。

形态特征和生物学特性：属籼型三系杂交迟熟中稻。感光性弱，感温性中等，基本营养生长期短。株型紧凑，叶片坚挺上举，茎叶淡绿，长穗型，主蘖穗整齐。颖壳黄色，颖尖紫色，种皮白色，稀间短芒。全生育期142d，株高115cm，分蘖力较强；穗粒兼顾型，每穗总粒数175粒左右，结实率80%左右，千粒重26.5g。

品质特性：糙米率81.5%，精米率74.1%，整精米率64.2%，粒长6.4mm，长宽比2.6，垩白粒率60%，垩白度8.7%，透明度2级，碱消值5.3级，胶稠度80mm，直链淀粉含量23.6%，蛋白质含量9.2%。米质达部颁四等食用稻品种品质标准。

抗性：感白叶枯病和稻瘟病。

产量及适宜地区：2004—2005年两年安徽省中籼区域试验，平均单产分别为9 454.5kg/hm²和9 118.5kg/hm²，比对照汕优63分别增产7.9%和15.8%。2005年生产试验，平均单产8 667.0kg/hm²，比对照汕优63增产10.8%。一般单产8 250.0kg/hm²。适宜安徽省一季稻白叶枯病和稻瘟病轻发区种植。

栽培技术要点：适时播种：4月底至5月初播种，秧田播种量不超过225kg/hm²。移栽：秧龄30～35d，株行距13.3cm×23.3cm或13.3cm×26.7cm，每穴1～2粒种子苗。肥水管理：高产栽培施纯氮225kg/hm²，其中70%作基肥，15%在返青时作追肥，其余15%作穗肥，缺钾的田块适当补施钾肥。在水浆管理上，做到浅水间湿润促分蘖；茎蘖苗数达270万苗/hm²时烤田，以轻烤为主，分次烤田；收割前5～7d断水，切忌断水过早。病虫防治：注意防治白叶枯病和稻瘟病。

协优035 (Xieyou 035)

品种来源：安徽省农业科学院水稻研究所用协青早A/2P035配组选育而成，原品种名称籼杂优0402，2007年通过安徽省农作物品种审定委员会审定，定名协优035。

形态特征和生物学特性：属籼型三系杂交迟熟中稻。感光性弱，感温性中等，基本营养生长期短。株型紧凑，叶片坚挺上举，茎叶淡绿，长穗型，主蘖穗整齐。颖壳黄色，颖尖紫色，种皮白色，稀间短芒。后期转色好。全生育期141d，株高120cm，分蘖力较强，属穗、粒兼顾型品种。平均每穗总粒数170粒，结实率85%，千粒重26.5g。

品质特性：糙米率82.3%，精米率75.3%，整精米率70.6%，粒长6.1mm，长宽比2.5，垩白粒率81.5%，垩白度17.5%，透明度2.5级，碱消值6.4级，胶稠度64mm，直链淀粉含量25.9%，蛋白质含量8.9%。

抗性：中感白叶枯病，感稻瘟病。

产量及适宜地区：2005—2006年两年安徽省中籼区试，平均单产分别为8 682.0kg/hm^{2}和8 878.5kg/hm^2，比对照汕优63分别增产10.8%和10.0%。2006年生产试验，平均单产8 422.5kg/hm^2，比对照汕优63增产8.0%。适宜安徽省作一季稻种植，但不宜在山区和稻瘟病重发区种植。

栽培技术要点：适时播种：4月底至5月初播种，秧田播种量不超过225kg/hm^2。移栽：秧龄30～35d，株行距13.3cm×23.3cm或13.3cm×26.7cm，每穴1～2粒种子苗。肥水管理：高产栽培施纯氮225kg/hm^2，其中70%作基肥，15%在返青时作追肥，其余15%作穗肥，缺钾的田块适当补施钾肥。在水浆管理上，做到浅水间湿润促分蘖；茎蘖苗数达270万苗/hm^{2}时烤田，以轻烤为主，分次烤田；收割前5～7d断水，切忌断水过早。病虫防治：注意预防白叶枯病和稻瘟病等。

协优 129（Xieyou 129）

品种来源：合肥市农业科学研究院（原巢湖市农业科学研究所）用协青早A/镇恢129于1997年配组选育而成，原名协优129，2003年通过安徽省农作物品种审定委员会审定，定名皖稻97。

形态特征和生物学特性：属籼型三系杂交迟熟中稻。感光性弱，感温性中等，基本营养生长期长。株型紧凑，剑叶挺直，叶片坚挺上举，茎叶淡绿，中穗型，分蘖力较强，主蘖穗整齐。颖壳黄色，颖尖褐色，稀间短芒。全生育期142d左右，株高117cm，每穗145粒，结实率83%左右，千粒重29g。

品质特性：糙米率80.2%，精米率72.9%，整精米率54.5%，粒长5.9mm，长宽比2.5，垩白粒率67%，垩白度10.7%，胶稠度68mm，直链淀粉含量21.6%，蛋白质含量6.4%。

抗性：抗稻瘟病，感白叶枯病。

产量及适宜地区：安徽省两年中籼区域试验，平均单产分别为8 935.5kg/hm² 和9 157.5kg/hm²，比对照汕优63分别增产8.3%和4.7%；2000年生产试验产量与汕优63相当。适宜安徽省作一季中稻栽培。

栽培技术要点：适时播种，培育适龄带蘖壮秧：4月中旬至5月上旬播种，秧田播种量150～225kg/hm²，秧龄30～35d。合理密植，栽足基本苗：宽行窄株栽培，株行距13.3cm×23.3cm，栽插密度27万～30万穴/hm²，基本苗数120万～150万苗/hm²。合理水肥控制：高产栽培施纯氮150～187.5kg/hm²。宜早追重追，促早发，长好苗架，提高成穗率，适时烤田，以防过苗。注意后期管理，确保秆青籽黄：湿润灌溉，后期不能过早断水，直到成熟都应保持湿润，以保证叶青籽黄，提高结实率。及时防治白叶枯病、纹枯病、稻蓟马、稻纵卷叶螟等病虫危害，保证高产丰收。

协优152（Xieyou 152）

品种来源：定远县双丰农业科学研究中心和成都视达生物技术开发研究所用协青早A/R152配组选育而成，2009年通过国家农作物品种审定委员会审定。

形态特征和生物学特性：属籼型三系杂交早中熟中稻。感光性弱，感温性中等，基本营养生长期短。株型适中，长势繁茂，叶片较长易披，抗倒性一般，茎叶淡绿，长穗型，主蘖穗整齐。颖壳黄色，颖尖黄褐色，种皮白色，稀间短芒。全生育期131d左右，株高124.7cm，穗长27.4cm，每穗总粒数165.8粒，结实率81.2%，千粒重28.6g。

品质特性：整精米率54.0%，糙米长宽比3.0，垩白粒率42%，垩白度6.3%，胶稠度75mm，直链淀粉含量23.2%。

抗性：中感稻瘟病，感白叶枯病和褐飞虱7级；抽穗期耐热性7级。

产量及适宜地区：2006—2007年参加长江中下游迟熟中籼组品种区域试验，平均单产分别为8 275.5kg/hm²和8 809.5kg/hm²，比对照Ⅱ优838增产2.8%和4.0%；2008年生产试验，平均单产8 373.9kg/hm²，比对照Ⅱ优838增产4.0%。适宜江西、湖南、湖北、安徽、浙江、江苏的长江流域稻区（武陵山区除外）以及福建北部、河南南部稻区的稻瘟病、白叶枯病轻发区作一季中稻种植。

栽培技术要点：育秧：适时早播，培育壮秧。移栽：栽插密度27.0万～30.0万穴/hm²，株行距16.7cm×20cm或13.3cm×23.3cm，每穴栽插1～2粒种子苗。肥水管理：中等肥力田，底肥施有机肥7 500kg/hm²、尿素150kg/hm²、磷肥450kg/hm²、钾肥150kg/hm²，分蘖肥于返青后施尿素150kg/hm²，酌情施穗肥，尿素45～75kg/hm²。病虫防治：注意及时防治稻蓟马、螟虫、稻瘟病、白叶枯病、稻飞虱等病虫危害。

协优 3026 (Xieyou 3026)

品种来源：安徽省农业科学院水稻研究所用协青早A/3M026配组选育而成，原名籼杂优0401，2007年通过安徽省农作物品种审定委员会审定，定名协优3026。

形态特征和生物学特性：属籼型三系杂交迟熟中稻。感光性弱，感温性中等，基本营养生长期短。株型紧凑，叶片坚挺上举，茎叶淡绿，长穗型，主蘖穗整齐。颖壳黄色，颖尖紫色，种皮白色，稀间短芒。后期转色好，丰产稳产性好。全生育期139d，株高115cm，株型松散，生长清秀，分蘖中等，属穗粒兼顾型品种。平均每穗总粒数160粒，结实率83%，千粒重26.5g。

品质特性：糙米率81.6%，精米率74.7%，整精米率59.0%，粒长7.3mm，长宽比3.2，垩白粒率30%，垩白度5.8%，透明度2级，碱消值5.8级，胶稠度74mm，直链淀粉含量23.7%，蛋白质含量9.2%。综合指标达到部颁三等食用稻品种品质标准。

抗性：感白叶枯病和稻瘟病。

产量及适宜地区：2005—2006年两年安徽省中籼区试，平均单产分别为8 704.5kg/hm² 和8 538.0kg/hm²，比对照汕优63分别增产8.6%和8.6%。2006年生产试验，平均单产8 577.0kg/hm²，比对照汕优63增产9.8%。适宜安徽省作一季稻种植。

栽培技术要点：适时播种：4月底至5月初播种，秧田播种量不超过225kg/hm²。移栽：秧龄30～35d，株行距13.3cm×23.3cm或13.3cm×26.7cm，每穴1～2粒种子苗。肥水管理：高产栽培施纯氮225kg/hm²，其中70%作基肥，15%在返青时施作追肥，其余15%作穗肥，缺钾的田块适当补施钾肥。在水浆管理上，做到浅水间湿润促分蘖；茎蘖苗数达270万苗/hm²时烤田，以轻烤为主，分次烤田；收割前5～7d断水，切忌断水过早。病虫防治：注意适时预防白叶枯病和稻瘟病。

协优335 (Xieyou 335)

品种来源：安徽省农业科学院水稻研究所用协青早A/3M035（恢复系9019/特青）配组选育而成，原名籼杂优0502，2008年通过安徽省农作物品种审定委员会审定，定名协优335。

形态特征和生物学特性：属籼型三系杂交中熟中稻。感光性弱，感温性中等，基本营养生长期短。株型紧凑，剑叶较长，叶片坚挺上举，茎叶淡绿，长穗型，主蘖穗整齐。粒细长形，颖壳黄色，颖尖紫色，种皮白色，稀间短芒。全生育期134d，株高121cm，每穗总粒数178粒，结实率83%，千粒重28g。

品质特性：糙米率82.3%，精米率73.8%，整精米率56.9%，粒长6.8mm，长宽比3.0，垩白粒率85.5%，垩白度13.8%，透明度3级，碱消值6.1级，胶稠度76.5mm，直链淀粉含量25.2%，蛋白质含量8.5%。米质达部颁四等食用稻品种品质标准。

抗性：抗白叶枯病和稻瘟病。

产量及适宜地区：2006—2007年两年安徽省中籼区试，平均单产分别为8 640.0kg/hm²和9 435.0kg/hm²，较对照汕优63分别增产9.8%和11.1%。2007年生产试验，平均单产9 225.0kg/hm²，较对照汕优63增产11.6%。适宜安徽省大别山区和皖南山区以外区域种植。

栽培技术要点：育秧：适时早播，4月底至5月初播种，秧田播种量不超过225kg/hm²。移栽：秧龄30～35d，株行距13.3cm×23.3cm或13.3cm×26.7cm，每穴1～2粒种子苗。肥水管理：高产栽培施纯氮225kg/hm²，其中70%作基肥，15%在返青时施作追肥，其余15%作穗肥，缺钾的田块适当补施钾肥。在水浆管理上，做到浅水间湿润促分蘖；茎蘖苗数达270万苗/hm²时烤田，以轻烤为主，分次烤田；收割前5～7d断水，切忌断水过早。病虫防治：注意及时防治稻蓟马、螟虫、稻瘟病、白叶枯病、稻飞虱等病虫危害。

协优52 (Xieyou 52)

品种来源：安徽省农业科学院水稻研究所用协青早A/0M052于2002年配组选育而成，原名协优52和中农2008，2006年通过安徽省农作物品种审定委员会审定，定名皖稻193。

形态特征和生物学特性：属籼型三系杂交中熟中稻。感光性弱，感温性中等，基本营养生长期短。株型紧凑，叶片坚挺上举，茎叶淡绿，长穗型，主蘖穗整齐。颖壳黄色，颖尖紫色，种皮白色，稀间短芒。全生育期139d，株高115～120cm，叶色深绿，茎秆粗壮，分蘖力中等；成穗率较高，每穗总粒数170粒，结实率80%，千粒重29g。

品质特性：糙米率82.0%，精米率75.0%，整精米率59.3%，粒长6.8mm，长宽比3.0，垩白粒率60%，垩白度10.2%，透明度1级，碱消值6.4级，胶稠度74mm，直链淀粉含量25.8%，蛋白质含量8.8%。米质达部颁四等食用稻品种品质标准。

抗性：中感白叶枯病和稻瘟病。

产量及适宜地区：2004—2005年两年安徽省中籼区域试验，平均单产分别为9 618.0kg/hm²和8 970.06kg/hm²，比对照汕优63分别增产11.3%和13.9%。2005年生产试验，平均单产为8 659.5kg/hm²，比汕优63增产10.7%。一般单产8 250.0kg/hm²。适宜安徽省一季稻区种植。

栽培技术要点：适时播种：4月底至5月初播种，秧田播种量不超过225kg/hm²。移栽：秧龄30～35d，株行距13.3cm×23.3cm或13.3cm×26.7cm，每穴1～2粒种子苗。肥水管理：高产栽培施纯氮225kg/hm²，其中70%作基肥，15%在返青时施作追肥，其余15%作穗肥，缺钾的田块适当补施钾肥。在水浆管理上，做到浅水间湿润促分蘖；茎蘖苗数达270万苗/hm²时烤田，以轻烤为主，分次烤田；收割前5～7d断水，切忌断水过早。病虫防治：注意防治白叶枯病和稻瘟病。

协优57（Xieyou 57）

品种来源：安徽省农业科学院水稻研究所与安徽省种子公司合作用协青早A/2DZ057配组选育而成，原名协优57，1996年、1998年和1999年分别通过安徽省、国家和陕西省农作物品种审定委员会审定，定名皖稻59。

形态特征和生物学特性：属籼型三系杂交迟熟中稻。感光性弱，感温性中，对温光反应均不敏感，基本营养生长期长。株型前紧后松，叶片坚挺上举，剑叶短、窄，茎叶淡绿，长穗型，分蘖中等，主蘖穗整齐。颖壳黄色，颖尖紫色，种皮白色，稀间短芒。全生育期143.5d，株高110cm，每穗总粒数145粒，结实率84%，千粒重27g。

品质特性：米质中等，糙米率81.3%，精米率69.8%，整精米率59.4%，长宽比2.4，垩白粒率55%，垩白度15%，胶稠度84mm，直链淀粉含量25.6%。

抗性：中抗稻瘟病，抗白叶枯病，抗稻飞虱。耐肥抗倒，耐旱、耐瘠。

产量及适宜地区：1994—1995年参加安徽省杂交中籼区试及生产试验，平均单产9 091.5kg/hm²，比汕优63增产9.5%。1995—1996年参加国家杂交中籼迟熟组区试，两年平均单产8 473.5kg/hm²，比汕优63增产5.8%。适宜安徽、江苏、江西、湖南、湖北、四川、重庆等省份及云南、贵州部分地区种植，适应性强。

栽培技术要点：力争早播：5月上旬播种，秧龄30～35d，株行距13.3cm×23.3cm或13.3cm×26.6cm，每穴1～2粒种子苗。稀播育壮秧：秧田播种量不超过225kg/hm²。1叶1心期用20%多效唑粉剂150～200g/hm²兑水1 500kg喷施。合理施肥：高产栽培施纯氮225kg/hm²，茎、蘖、穗肥比例为7：1.5：1.5，增施磷、钾肥。提前轻晒田：在大田达270万～285万苗/hm²（指含3叶以上的茎蘖苗）即开始烤田，后期采用浅水湿润灌溉。防治病虫害：大田期注意防治二化螟、三化螟、稻纵卷叶螟及稻飞虱的危害。

协优58 (Xieyou 58)

品种来源：安徽省农业科学院水稻研究所用协青早A/恢复系1058于2001年配组选育而成，原名协优58，2005年通过安徽省农作物品种审定委员会审定，定名皖稻167。

形态特征和生物学特性：属籼型三系杂交中迟熟中稻。感光性弱，感温性中等，基本营养生长期短。株型紧凑，叶片坚挺上举，茎叶淡绿，长穗型，主蘗穗整齐。颖壳黄色，颖尖紫色，种皮白色，稀间短芒。全生育期137d，株高113cm，叶色较深，剑叶稍窄，分蘗力强，有效穗多，平均每穗总粒数180粒，结实率80%，千粒重24.5g。

品质特性：米质12项指标中有9项达部颁二等以上优质米标准。

抗性：中感稻瘟病和白叶枯病。

产量及适宜地区：2003—2004年两年安徽省中籼区域试验，平均单产分别为8 056.5 kg/hm^{2}和9 250.5kg/hm^2，比对照汕优63分别增产7.7%和7.1%；2004年生产试验，平均单产8 787.0kg/hm^2，比对照汕优63增产8.3%。一般单产8 250.0kg/hm^2。适宜安徽省一季稻区种植。

栽培技术要点：适时播种：5月上旬播种，秧田播种量不超过225kg/hm^2。移栽：秧龄30d，株行距13.3cm×23.3cm或13.3cm×26.7cm，每穴1～2粒种子苗。肥水管理：高产栽培施纯氮225kg/hm^2，其中70%作基肥，15%在返青时施作追肥，其余15%作穗肥，缺钾的田块适当补施钾肥。在水浆管理上，做到浅水间湿润促分蘗；茎蘗苗数达270万苗/hm^{2}时烤田，以轻烤为主，分次烤田；收割前5～7d断水，切忌断水过早。病虫防治：注意防治稻瘟病和白叶枯病。

协优63 (Xieyou 63)

品种来源：巢湖市种子公司和安徽省种子公司用协青早A/明恢63配组选育而成，原名协优63，1988年、1994年和2000年分别通过四川省、安徽省和贵州省农作物品种审定委员会审定，定名皖稻55。

形态特征和生物学特性：属籼型杂交迟熟中稻。感光性弱，感温性中等，基本营养生长期长。株型集散适中，茎秆粗壮坚韧，剑叶较短挺直，叶色浓绿，长穗型，分蘖力较强，主蘖穗整齐。颖壳黄色，颖尖褐色，种皮白色，稀间短芒。全生育期140d左右，株高110cm，穗长25cm，每穗总粒数137粒，着粒较稀，结实率85%，千粒重29g。

品质特性：糙米率76.5%，精米率72.2%，整精米率64%，粒长6.9mm，长宽比2.9，垩白粒率8%，垩白度15.5%，胶稠度34mm，直链淀粉含量21.8%，蛋白质含量10.1%。

抗性：中抗稻瘟病，田间抗白叶枯病能力强于汕优63。较耐肥抗倒。

产量及适宜地区：安徽省1991年品种区域试验和1992—1993年国家南方稻区区域试验，平均单产7 500.0kg/hm²。适宜安徽省作一季中稻种植，贵州省海拔900m以下的中低海拔地区种植，稻瘟病重发区慎用。

栽培技术要点：4月中旬至5月上旬播种，秧田播种量150～225kg/hm²，秧龄30～35d。宽行窄株栽培，株行距13.3cm×23.3cm，栽插密度27万～30万穴/hm²，基本苗数120万～150万苗/hm²。高产栽培施纯氮150～187.5kg/hm²，宜早追重追，促早发，长好苗架，提高成穗率，适时烤田，以防过苗。湿润灌溉，后期不能过早断水，直到成熟都应保持湿润，以保证叶青籽黄，提高结实率。注意白叶枯病、纹枯病、稻蓟马、稻纵卷叶螟等病虫害的及时防治，保证高产丰收。

协优64（Xieyou 64）

品种来源：广德县农业科学研究所用协青早A/测64-7配组选育而成，原名协优64，1985年和2000年分别通过安徽省、湖北省农作物品种审定委员会审定，定名皖稻5号。

形态特征和生物学特性：属籼型杂交早熟中稻。感光性中，感温性强，基本营养生长期短。株型适中，叶片坚挺上举，茎叶绿色，长穗型，主蘖穗整齐，颖壳黄色，颖尖褐色，种皮白色，无芒。作中稻栽培，全生育期135d左右，株高95cm，穗长20.1cm，每穗总粒数104.6粒，结实率80%，千粒重28g。作双季晚稻栽培，全生育期111d，株高90cm，穗长18.0cm，总有效穗数390万～405万/hm²，每穗总粒数85粒，结实率75%左右，千粒重28g。

品质特性：糙米率81.9%，精米率69.5%，整精米率57.3%，粒长7.0mm，长宽比3.2，垩白粒率91.5%，垩白度15.5%，胶稠度89mm，直链淀粉含量26.6%，蛋白质含量7.5%。

抗性：抗稻瘟病和白叶枯病，中感纹枯病。

产量及适宜地区：1983—1985年安徽省双晚区试，平均单产分别为7 690.5kg/hm²、6 187.5kg/hm²和6 205.5kg/hm²，比对照威优64增产5.4%、减产0.6%和增产8.4%。参加南方稻区杂交晚稻和杂交中稻两组区试，经3年6组试验，平均单产6 187.5～7 690.5kg/hm²。在长江流域各省份既可作杂交中稻栽培，也可作双季晚稻种植。

栽培技术要点：适时播种，稀播壮秧。作一季中稻栽培，5月上、中旬播种，播种量225kg/hm²，秧龄30d左右，株行距16.7cm×20.0cm。作双季晚稻栽培，6月下旬播种，播种量300kg/hm²，秧龄25d左右，株行距13.3cm×16.7cm。合理施肥。施足基肥，早施追肥。要防止施肥过迟、过多而造成倒伏或加重病虫危害。由于结实率低，应增施磷、钾肥。适时晒田，后期水浆管理，要做到湿润灌溉，不能过早断水，直到成熟都应保持湿润，以保证叶青籽黄，提高结实率。及时防治稻纵卷叶螟等。

协优 78039 （Xieyou 78039）

品种来源：安徽省农业科学院水稻研究所用协青早A/78039配组选育而成，原名协优78039，1990年通过安徽省农作物品种审定委员会审定，定名皖稻29。

形态特征和生物学特性：属籼型三系杂交中熟中稻。感光性中，感温性中等，基本营养生长期中。株型松散适中，内松外紧，叶片坚挺上举，内卷，主茎总叶片17叶，茎叶淡绿，长穗型，主蘖穗整齐，颖壳黄色，颖尖紫色，种皮白色，稀间短芒。作中稻栽培全生育期140d左右，作双晚栽培，全生育期135d左右，株高98cm，穗长22.0cm，每穗总粒数135粒左右，结实率80%，千粒重28g。

品质特性：糙米率80.78%，精米率72.18%，整精米率68.08%，粒长7.0mm，长宽比3.05，垩白粒率91.5%，垩白率15.5%，胶稠度34mm，直链淀粉含量21.3%，蛋白质含量7.5%。

抗性：中抗白叶枯病和稻瘟病。

产量及适宜地区：1996—1998年安徽省区域试验和1989年生产试验，平均单产7 708.5kg/hm²，最高单产11 799.0kg/hm²。适宜安徽一季稻地区作搭配品种种植。

栽培技术要点：力争早播：5月上旬播种，秧龄35d左右，株行距13.3cm×20.0cm。稀播育壮秧：秧田播种量不超过225kg/hm²。1叶1心期用20%多效唑粉剂3 000g对水1 500kg/hm²喷施。合理施肥：施优质人畜粪22 500～30 000kg/hm²或菜饼750kg/hm²或105kg/hm²的氮肥，450kg/hm²过磷酸钙，75kg/hm²氯化钾作基肥，375kg/hm²磷酸氢铵作秒口肥。14叶展开时，施105kg/hm²尿素作穗肥；始穗期用15g赤霉素+7 500g磷酸二氢钾+7 500g尿素兑水1 125kg/hm²喷施，以增实粒，保粒重。提前轻晒田：在大田达270万～285万苗/hm²（指含3叶以上的茎蘖苗）即开始烤田，后期采用浅水湿润灌溉。及时防治病虫害：大田期注意防治二化螟、三化螟、稻纵卷叶螟及稻飞虱的危害。

协优8019（Xieyou 8019）

品种来源：安徽省农业科学院水稻研究所用协青早A/恢复系8019配组选育而成，原名协优8019、农丰2号，2003年通过安徽省农作物品种审定委员会审定，定名皖稻105。

形态特征和生物学特性：属籼型三系杂交迟熟中稻。感光性弱，感温性中等，基本营养生长期中。株型紧凑，叶片坚挺上举，茎叶淡绿，剑叶稍窄，分蘖力中等，长穗型，穗型较大，主蘖穗整齐。颖壳黄色，颖尖紫色，种皮白色，稀间短芒。全生育期153d，株高110cm，每穗总粒数170粒，结实率80%左右，千粒重27g。

品质特性：糙米率82.3%，精米率74.7%，整精米率61.8%，粒长6.8mm，长宽比3.2，垩白粒率19%，垩白度4.3%，透明度2级，胶稠度75mm，直链淀粉含量21.8%，蛋白质含量9.4%。

抗性：中抗稻瘟病，中感白叶枯病。

产量及适宜地区：2000—2001年安徽省中籼区域试验，平均单产分别为8 062.5kg/hm² 和9 112.5kg/hm²，两年平均比对照汕优63增产6.1%，2002年安徽省中籼生产试验，平均单产7 942.5kg/hm²，比对照汕优63略减产。适宜安徽省作一季中稻种植。

栽培技术要点：育秧：4月底或5月初播种，秧田播种量不超过225kg/hm²。移栽：秧龄30d，株行距13.3cm×23.3cm或13.3cm×26.7cm，每穴栽插1～2粒种子苗。肥水管理：高产栽培施纯氮225kg/hm²，其中70%作基肥，15%在返青时施作追肥，其余15%作穗肥，缺钾的田块适当补施钾肥。在水浆管理上，做到浅水间湿润促分蘖；茎蘖苗数达270万苗/hm²时烤田，以轻烤为主，分次烤田；收割前5～7d断水，切忌断水过早。病虫防治：注意及时防治稻瘟病等。

协优9019 （Xieyou 9019）

品种来源：安徽省农业科学院水稻研究所用协青早A/优质恢复系9019配组选育而成，原名协优9019、农丰1号，2003年、2005年分别通过安徽省和国家农作物品种审定委员会审定，定名皖稻107。

形态特征和生物学特性：属籼型三系杂交中熟中稻。感光性弱，感温性中等，基本营养生长期中。株型适中，茎秆粗壮，叶片较披，茎叶淡绿，长穗型，主蘖穗整齐。颖壳黄色，颖尖紫色，种皮白色，稀间短芒。全生育期132d，株高117.3cm，穗长25.4cm，每穗总粒数161.7粒，结实率77.7%，千粒重28.5g。

品质特性：糙米率80.9%，精米率74.6%，整精米率55.5%，粒长6.9mm，长宽比3.0，垩白粒率67%，垩白度4.0%，透明度2级，胶稠度80mm，直链淀粉含量20.5%，蛋白质含量8.2%。

抗性：稻瘟病平均6.7级，最高9级；白叶枯病5级；褐飞虱9级。中抗稻瘟病，轻感白叶枯病。

产量及适宜地区：2003年参加国家长江中下游中籼迟熟高产组区域试验，平均单产7 770.0kg/hm²，比对照汕优63增产5.4%；2004年续试，平均单产8 923.5kg/hm²，比对照汕优63增产5.5%。2004年生产试验，平均单产8 172.0kg/hm²，比对照汕优63增产10.8%。适宜福建、江西、湖南、湖北、安徽、浙江、江苏的长江流域稻区（武陵山区除外）以及河南南部稻区的稻瘟病轻发区作一季中稻种植。

栽培技术要点：育秧：4月底或5月初播种，秧田播种量不超过225kg/hm²。移栽：秧龄30d，株行距13.3cm×23.3cm或13.3cm×26.7cm，每穴栽插1～2粒种子苗。肥水管理：高产栽培施纯氮225kg/hm²，其中70%作基肥，15%在返青时施作追肥，其余15%作穗肥，缺钾的田块适当补施钾肥。在水浆管理上，做到浅水间湿润促分蘖；茎蘖苗数达270万苗/hm²时烤田，以轻烤为主，分次烤田；收割前5～7d断水，切忌断水过早。病虫防治：注意及时防治稻瘟病等。

新两优223 (Xinliangyou 223)

品种来源：安徽荃银高科种业股份有限公司用新华S/YR223配组选育而成，2010年通过国家农作物品种审定委员会审定。

形态特征和生物学特性：属籼型两系杂交中熟中稻。感光性弱，感温性中等，基本营养生长期中。株型适中，长势繁茂，叶色浓绿，熟期转色好，叶鞘无色，长穗型，主蘖穗整齐。颖壳及颖尖黄色，种皮白色，稀间短芒。全生育期平均134.4d，株高129.9cm，穗长25.7cm，每穗总粒数176.5粒，结实率81.1%，千粒重29.5g。

品质特性：整精米率45.9%，长宽比2.9，垩白粒率39%，垩白度4.6%，胶稠度74mm，直链淀粉含量16.1%。

抗性：中感稻瘟病和白叶枯病。

产量及适宜地区：2007—2008年参加长江中下游中籼迟熟组品种区域试验，平均单产分别为8 902.5kg/hm² 和9 357.0kg/hm²，比对照Ⅱ优838分别增产4.9%和8.6%。2009年生产试验，平均单产8 695.5kg/hm²，比对照Ⅱ优838增产7.2%。适宜江西、湖南、湖北、安徽、浙江、江苏的长江流域稻区（武陵山区除外）以及福建北部、河南南部稻区的稻瘟病、白叶枯病轻发区作一季中稻种植。

栽培技术要点：育秧：适时播种，培育多蘖壮秧。移栽：秧龄控制在35d以内，适龄移栽，栽插密度约28万穴/hm²，基本苗达到105万～135万苗/hm²。肥水管理：适量增施氮肥，注意氮、磷、钾配合，以基肥为主，早施分蘖肥，幼穗分化6～7期时施45～75kg/hm²尿素作粒肥。移栽后浅水促早发，中期够苗适度晒田，孕穗至灌浆期保持浅水层，以后干湿交替，收获前1周断水。病虫防治：注意及时防治稻瘟病、稻曲病、白叶枯病、螟虫、稻飞虱等病虫害。

新两优343（Xinliangyou 343）

品种来源：安徽荃银高科种业股份有限公司用新安S/YR343配组选育而成，2010年通过国家农作物品种审定委员会审定。

形态特征和生物学特性：属籼型两系杂交中熟中稻。感光性弱，感温性中等，基本营养生长期中。株型适中，长势繁茂，熟期转色好，叶鞘无色，护颖白色，叶片坚挺上举，茎叶淡绿，长穗型，主蘖穗整齐。颖壳及颖尖黄色，种皮白色，穗顶部有短芒。全生育期134.2d，株高128.5cm，穗长24.2cm，每穗总粒数187.8粒，结实率80.5%，千粒重28.5g。

品质特性：整精米率61.6%，长宽比2.8，垩白粒率22%，垩白度2.8%，胶稠度78mm，直链淀粉含量15.7%。

抗性：感稻瘟病，中抗白叶枯病；高感褐飞虱。

产量及适宜地区：2008—2009年参加长江中下游中籼迟熟组品种区域试验，平均单产分别为9 213.0kg/hm² 和8 997.0kg/hm²，比对照Ⅱ优838增产7.3%和8.2%。2009年生产试验，平均单产8 922.0kg/hm²，比对照Ⅱ优838增产9.2%。适宜江西、湖南、湖北、安徽、浙江、江苏的长江流域稻区（武陵山区除外）以及福建北部、河南南部稻区的稻瘟病轻发区作一季中稻种植。

栽培技术要点：早播早栽，空闲田4月中旬播种，麦油茬4月底5月初播种，秧龄控制在35d以内，栽插密度约27万穴/hm²，基本苗达到105万～135万苗/hm²。重施基肥，早追肥，后期根据长势少施氮肥、增施钾肥。浅水促分蘖，够苗及时晒田。加强病虫害防治，抽穗前10～12d预防稻曲病，抽穗开花期遇阴雨天注意防治好稻瘟病等。

新两优6号（Xinliangyou 6）

品种来源：安徽荃银高科种业股份有限公司（原安徽荃银农业高科技研究所）用新安S/安选6号配组选育而成，原名新两优6号，2005年、2006年和2007年分别通过安徽、江苏和国家农作物品种审定委员会审定。2007年通过广西壮族自治区农作物品种审定委员会审定，定名皖稻147。2006年通过农业部超级稻品种确认。

形态特征和生物学特性：属籼型两系杂交中熟中稻。感光性弱，感温性中等，基本营养生长期短。株型适中，叶片坚挺上举，叶色浓绿，长穗型着粒密，主蘗穗整齐。颖壳及颖尖均呈黄色，种皮白色，稀间短芒，熟期转色好。全生育期130d，株高118.7cm，穗长23.2cm，每穗总粒数169.5粒，结实率81.2%，千粒重27.7g。

品质特性：糙米率78.8%，精米率71.1%，整精米率62.6%，粒长6.8mm，糙米长宽比3.2，垩白粒率38%，垩白度4.3%，透明度2级，碱消值6.2级，胶稠度54mm，直链淀粉含量16.2%，糙米蛋白质含量10.4%。

抗性：中抗稻瘟病，抗白叶枯病。

产量及适宜地区：2005—2006年参加长江中下游中籼迟熟组品种区域试验，两年区域试验平均单产8 586.0kg/hm²，比对照Ⅱ优838增产5.7%。2006年生产试验，平均单产8 245.5kg/hm²，比对照Ⅱ优838增产3.3%。适宜江西、湖南、湖北、安徽、浙江、江苏的长江流域稻区（武陵山区除外）以及福建北部、河南南部稻区的稻瘟病轻发区作一季中稻种植。

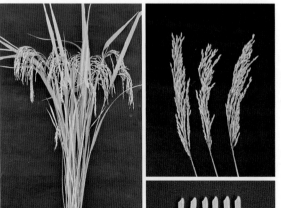

栽培技术要点：育秧：适时播种，秧田播种量225kg/hm²，大田用种量15kg/hm²，稀播、匀播，培育壮秧。移栽：秧龄30～35d移栽，合理密植，栽插密度22.5万～30万穴/hm²，每穴栽插1～2粒种子苗。肥水管理：施足基肥，早施分蘗肥，适施穗肥。浅水栽秧、深水活棵、干干湿湿促分蘗，80%够苗搁田，扬花期保持浅水层，后期切忌断水过早。病虫防治：注意及时防治稻纵卷叶螟、稻瘟病、稻曲病等病虫危害。

新两优香4号（Xinliangyouxiang 4）

品种来源：安徽荃银高科种业股份有限公司（原安徽荃银禾丰种业有限公司）用新安S/CX-24配组选育而成，2007年通过安徽省农作物品种审定委员会审定。

形态特征和生物学特性：属籼型两系杂交中熟中稻。感光性弱，感温性中等，基本营养生长期短。株型紧凑，叶片坚挺上举，茎叶淡绿，长穗型，主蘖穗整齐。颖壳及颖尖均为黄色，种皮白色，稀间短芒。全生育期135d左右，株高120cm，分蘖力中等偏弱，穗大粒多，平均每穗总粒数180粒，结实率80%，千粒重27g。

品质特性：糙米率81.2%，精米率74.2%，整精米率61.3%，粒长6.9mm，长宽比3.0，垩白粒率21.5%，垩白度2.6%，透明度1.5级，碱消值6.8级，胶稠度65mm，直链淀粉含量15.8%，蛋白质含量9.2%。米质达部颁三等食用稻品种品质标准。

抗性：中抗白叶枯病，感稻瘟病。

产量及适宜地区：2005—2006年两年安徽省中籼区试，平均单产分别为8 640.0kg/hm^{2}和8 911.5kg/hm^2，比对照汕优63分别增产10.2%和12.0%。2006年生产试验，平均单产8 323.5kg/hm^2，比对照汕优63增产6.9%，丰产稳产性好。适宜安徽省作一季稻种植，但不宜在山区和稻瘟病重发区种植。

栽培技术要点：育秧：适时播种，4月底至5月初播种，秧田播种量150～225kg/hm^2，大田用种量15kg/hm^2，稀播、匀播，培育壮秧。移栽：秧龄30～35d移栽，合理密植，栽插密度27万穴/hm^2，每穴1～2粒种子苗。肥水管理：中高肥种植，施足基肥，早施分蘖肥，适施穗肥。浅水栽秧、深水活棵、浅水促分蘖，80%够苗搁田，扬花期保持浅水层，后期不宜断水过早，干干湿湿养好稻。病虫防治：注意及时防治稻瘟病和稻曲病等。

新隆优1号（Xinlongyou 1）

品种来源：合肥新隆水稻研究所用M98A/XR03003配组选育而成，2007年通过安徽省农作物品种审定委员会审定。

形态特征和生物学特性：属籼型三系杂交迟熟中稻。感光性弱，感温性中等，基本营养生长期短。株型紧凑，叶片坚挺上举，茎叶淡绿，长穗型，主蘖穗整齐。颖壳及颖尖均黄色，种皮白色，稀间短芒。后期转色好。全生育期141d，株高125cm，分蘖力较强，属穗粒兼顾型品种。平均每穗总粒数165粒，结实率82%，千粒重28.2g。

品质特性：糙米率82.4%，精米率76.0%，整精米率68.1%，粒长6.6mm，长宽比2.7，垩白粒率26.0%，垩白度4.5%，透明度1级，碱消值6.0级，胶稠度42mm，直链淀粉含量23.2%，蛋白质含量10.7%，食味佳。米质达部颁三等食用稻品种品质标准。

抗性：中感白叶枯病，中抗稻瘟病。

产量及适宜地区：2005—2006年两年安徽省中籼区试，平均单产分别为8 322.0kg/hm² 和8 493.0kg/hm²，比对照汕优63分别增产5.7%和8.0%。2006年生产试验，平均单产8 406.0kg/hm²，比对照汕优63增产8.9%。适宜安徽省作一季稻种植。

栽培技术要点：育秧：适时早播，培育壮秧。移栽：栽插密度27万～30万穴/hm²，株行距16.7cm×20cm或13.3cm×23.3cm，每穴栽插1～2粒种子苗。肥水管理：大田总氮量225～255kg/hm²，基面肥、分蘖肥、穗粒肥的比例为6：2：2，注意补施磷、钾肥；水浆管理要做到浅水插秧，活棵露田，湿润促蘖，适时多次晒田，花期保持水层，后期干湿活熟到老。病虫防治：注意及时防治稻蓟马、螟虫、稻瘟病、白叶枯病、稻飞虱等病虫危害。

新隆优9号（Xinlongyou 9）

品种来源：合肥新隆水稻研究所用新6A/R05019配组选育而成，2010年通过安徽省农作物品种审定委员会审定。

形态特征和生物学特性：属籼型三系杂交迟熟中稻。感光性弱，感温性中等，基本营养生长期短。株型紧凑，叶片坚挺上举，茎叶淡绿，长穗型，主蘖穗整齐。颖壳及颖尖均黄色，种皮白色，稀间短芒。全生育期138d，株高123cm，每穗总粒数166粒，结实率83%，千粒重28g。

品质特性：糙米率82.1%，精米率73.5%，整精米率63.5%，粒长7.0mm，长宽比2.9，垩白粒率17.5%，垩白度2.9%，透明度1.5级，碱消值5.2级，胶稠度77.0mm，直链淀粉含量22.4%，蛋白质含量9.7%。米质达到部颁三等食用稻品种品质标准。

抗性：中抗白叶枯病、稻瘟病。

产量及适宜地区：2007—2008年参加安徽省中籼区试，平均单产分别为9 555.0kg/hm²和9 450.0kg/hm²，较对照Ⅱ优838分别增产7.3%和5.2%。2009年安徽省中籼生产试验，平均单产9 300.0kg/hm²，较对照Ⅱ优838增产5.2%。适宜安徽省作一季中稻种植。

栽培技术要点：4月中旬至5月上旬播种，秧田播种量150～225kg/hm²，秧龄30～35d。宽行窄株栽培，株行距13.3cm×23.3cm，栽插密度27万～30万穴/hm²，基本苗数120万～150万苗/hm²。高产栽培施纯氮150～187.5kg/hm²。宜早追重追，促早发，长好苗架，提高成穗率，适时烤田，以防过苗。湿润灌溉，后期不能过早断水，直到成熟都应保持湿润，以保证叶青籽黄，提高结实率。注意白叶枯病、纹枯病、稻蓟马、稻纵卷叶螟等病虫害的及时防治，保证高产丰收。

新强8号（Xinqiang 8）

品种来源：合肥新强种业科技有限公司用新强03S/R18配组选育而成，2007年通过安徽省农作物品种审定委员会审定。

形态特征和生物学特性：属籼型两系杂交中迟熟中稻。感光性弱，感温性中等，基本营养生长期短。株型紧凑，叶片坚挺上举，茎叶淡绿，长穗型，主蘖穗整齐。颖壳及颖尖均黄色，种皮白色，分蘖力偏弱，穗型较大，稀间短芒。全生育期138d，株高120cm左右，平均每穗总粒数180粒，结实率80%，千粒重27.6g。

品质特性：糙米率80.4%，精米率73.3%，整精米率66.8%，粒长6.8mm，长宽比3.1，垩白粒率27.0%，垩白度4.0%，透明度1级，碱消值7.0级，胶稠度72mm，直链淀粉含量15.2%，蛋白质含量9.1%。

抗性：中抗白叶枯病，中感稻瘟病。

产量及适宜地区：2004—2005年两年安徽省中籼区试，平均单产分别为9 181.5kg/hm²和8 335.5kg/hm²，比对照汕优63分别增产4.7%和7.3%。2006年生产试验，平均单产8 344.5kg/hm²，比对照汕优63增产7.4%。适宜安徽省作一季稻种植。

栽培技术要点：4月底至5月初播种，秧田播种量150～225kg/hm²，秧龄30～35d。宽行窄株栽培，株行距13.3cm×23.3cm，栽插密度30.0万穴/hm²，每穴1～2粒种子苗，基本苗数120万～150万苗/hm²。高产栽培施纯氮150～187.5kg/hm²。宜早追重追，促早发，长好苗架，提高成穗率，适时烤田，以防过苗。湿润灌溉，后期不能过早断水，直到成熟都应保持湿润，以保证叶青籽黄，提高结实率。注意白叶枯病、纹枯病、稻蓟马、稻纵卷叶螟等病虫害的及时防治，保证高产丰收。

中优1671 (Zhongyou 1671)

品种来源：中国科学院等离子体物理研究所、武汉敦煌种业有限责任公司、安徽荃银高科种业股份有限公司用中9A/YR1671配组选育而成，2010年通过安徽省农作物品种审定委员会审定。

形态特征和生物学特性：属籼型三系杂交中熟中稻。感光性弱，感温性中等，基本营养生长期短。株型紧凑，叶片坚挺上举，茎叶淡绿，长穗型，主蘖穗整齐。颖壳黄色，颖尖褐色，种皮白色，稀间短芒。全生育期135d，株高126cm，每穗总粒数191粒，结实率85%，千粒重29g。

品质特性：糙米率82.0%，精米率74.0%，整精米率61.7%，粒长7.1mm，长宽比2.85，垩白粒率47.0%，垩白度7.4%，透明度1.5级，碱消值5.2级，胶稠度77.0mm，直链淀粉含量22.4%，蛋白质含量9.7%。米质达到部颁三等食用稻品种品质标准。

抗性：中抗白叶枯病和稻瘟病。

产量及适宜地区：2007—2008年参加安徽省中籼区试，平均单产分别为9 465.0kg/hm² 和 9 570.0kg/hm²，较对照Ⅱ优838分别增产6.3%和6.4%。2009年参加安徽省中籼生产试验，平均单产9 195.0kg/hm²，较对照Ⅱ优838增产8.6%。适宜安徽省作一季中稻种植。

栽培技术要点：育秧：适时播种，秧田播种量225kg/hm²左右，大田用种量15kg/hm²，稀播、匀播，培育壮秧。移栽：秧龄30～35d移栽，合理密植，栽插22.5万～30.0万穴/hm²，每穴栽插1～2粒种子苗。肥水管理：宜中高肥水平种植，施足基肥，早施分蘖肥，拔节初期增施钾肥，适施穗肥。浅水栽秧、深水活棵、浅水促分蘖，平均每穴9个分蘖时烤田，多次轻烤，扬花期保持浅水层，后期不宜断水过早，干湿交替保米粒充实度。病虫防治：遇连阴雨天气注意防治稻曲病，山区及稻瘟病重发区种植时注意稻瘟病防治。

中浙优608 (Zhongzheyou 608)

品种来源：安徽喜多收种业科技有限责任公司和中国水稻研究所用中浙A/禾恢608配组选育而成。2007年通过安徽省农作物品种审定委员会审定。

形态特征和生物学特性：属籼型三系杂交迟熟中稻。感光性弱，感温性中等，基本营养生长期短。株型紧凑，叶片坚挺上举，茎叶淡绿，长穗型，主蘖穗整齐。颖壳及颖尖均呈黄色，种皮白色，稀间短芒。全生育期140d，株高120cm，分蘖力较强，平均每穗总粒数165粒，结实率82%，千粒重26.5g。

品质特性：糙米率81.7%，精米率73.8%，整精米率63.7%，粒长6.9mm，长宽比3.15，垩白粒率29.0%，垩白度3.5%，透明度2级，碱消值6.2级，胶稠度64mm，直链淀粉含量14.8%，蛋白质含量9.5%。米质达到部颁三等食用稻品种品质标准。

抗性：中抗白叶枯病，感稻瘟病。

产量及适宜地区：2005—2006年两年安徽省中籼区试，平均单产分别为8 536.5kg/hm²和8 734.50kg/hm²，比对照汕优63分别增产8.4%和11.1%。2006年生产试验，平均单产8 529.0kg/hm²，比对照汕优63增产9.4%。适宜安徽省作一季稻种植，但不宜在山区和沿淮稻瘟病重发区种植。

栽培技术要点：育秧：适时播种，秧田播种量225kg/hm²左右，大田用种量15kg/hm²，稀播、匀播，培育壮秧。移栽：秧龄30～35d移栽，合理密植，栽插22.5万～30.0万穴/hm²，每穴栽插1～2粒种子苗。肥水管理：宜中高肥水平种植，施足基肥，早施分蘖肥，拔节初期增施钾肥，适施穗肥。浅水栽秧、深水活棵、浅水促分蘖，平均每穴9个分蘖时烤田，多次轻烤，扬花期保持浅水层，后期不宜断水过早，干湿交替保米粒充实度。病虫防治：遇连阴雨天气注意防治稻曲病，山区及稻瘟病重发区种植时注意稻瘟病的防治。

紫两优2号（Ziliangyou 2）

品种来源：定远县双丰农业科学研究中心用紫5S/CHR01配组选育而成，2008年通过安徽省农作物品种审定委员会审定。

形态特征和生物学特性：属籼型两系杂交迟熟中稻。感光性弱，感温性中等，基本营养生长期短。株型紧凑，叶片坚挺上举，茎叶淡绿，长穗型，主蘖穗整齐。颖壳及颖尖均黄色，种皮白色，稀间短芒。全生育期136d左右，株高127cm，有效穗数225万穗/hm²，每穗总粒数189粒，结实率81%，每穗实粒数154粒，千粒重29g。

品质特性：糙米率80.8%，精米率73.3%，整精米率57.3%，粒长6.8mm，长宽比3.0，垩白粒率26%，垩白度3.0%，透明度1级，碱消值6.5级，胶稠度71mm，直链淀粉含量13.8%，蛋白质含量9.0%。米质达到部颁三等食用稻品种品质标准。

抗性：中抗白叶枯病和稻瘟病。

产量及适宜地区：2006—2007年安徽省中籼区试，单产分别为9 120.0kg/hm²和9 525.0kg/hm²，较对照Ⅱ优838增产13.0%和9.3%；两年区试平均单产9 330.0kg/hm²，较对照Ⅱ优838增产11.1%。2007年生产试验，单产9 045.0kg/hm²，较对照Ⅱ优838增产9.3%。适宜安徽省作一季中稻种植。

栽培技术要点：4月中旬至5月上旬播种，秧田播种量150～225kg/hm²，秧龄30～35d。宜采取宽行窄株栽培，株行距13.3cm×23.3cm，栽插密度27万～30万穴/hm²，基本苗数120万～150万苗/hm²。高产栽培施纯氮15～18.8kg/hm²。宜早追重追，促早发，长好苗架，提高成穗率，适时烤田，以防过苗。湿润灌溉，后期不能过早断水，直到成熟都应保持湿润，以保证叶青籽黄，提高结实率。注意白叶枯病、纹枯病、稻蓟马、稻纵卷叶螟等病虫害的及时防治，保证高产丰收。

第三节 晚 籼

一、常规晚籼

小冬稻 （Xiaodongdao）

品种来源：小冬稻又名小寒稻，安徽省主要农家品种。

形态特征和生物学特性：属籼型常规迟熟晚稻。茎秆细软，叶片宽厚，叶色淡绿。穗大，着粒较稀，谷粒细长，颖壳棕褐色，颖尖均呈黄色，无芒，分蘖力较强，成穗率低，抽穗快而整齐。全生育期140d，株高120cm，穗长15.0cm，每穗总粒数70粒，结实率80%左右，千粒重25.0g。

品质特性：糙米率82.0%，精米率73.9%，糙米蛋白质含量7.5%，赖氨酸含量0.2%，粗总淀粉含量79.9%，直链淀粉含量18.5%，碱消值6.5级，胶稠度83mm。

抗性：中抗稻瘟病，抗白叶枯病。高感褐飞虱，高感白背飞虱。不易倒伏。

产量及适宜地区：一般单产6 000kg/hm²。1957年种植面积6万hm²以上，1979年安庆、芜湖和六安种植面积990.3hm²。作为安徽省主要农家品种栽培历史悠久，主要在来安、滁县、全椒、寿县、霍邱、肥东、肥西等县（市）种植，安庆和芜湖沿江地区也有少量种植。

栽培技术要点：作双季晚稻栽培，6月上旬播种，培育壮秧，秧龄40～45d。株行距10.0cm×16.7cm或13.3cm×16.7cm，每穴8～10苗。以基肥和有机肥为主，后期少追肥，避免倒伏。注意中期烤田，特别要防止后期氮肥过多，造成倒伏和引起病害，后期注意防治螟虫。要求7月下旬移栽加强田间管理，达到9月中旬安全齐穗，其前作早稻应选用早熟品种。

小红稻（Xiaohongdao）

品种来源：安徽省主要农家品种。

形态特征和生物学特性：属籼型常规早熟晚稻。感光性强，感温性中等，基本营养生长期短。株型松散适中，茎秆粗壮，叶片宽直，叶色浓绿。穗型较大，长穗型，分蘖力较强，主蘖穗整齐。颖壳呈黄色，颖尖褐色，种皮淡红色，稀间短芒，后期熟相好。全生育期120d，株高110cm左右，穗长20cm，平均每穗70粒左右，结实率80%左右，千粒重26g。

品质特性：糙米率79.8%，精米率72.2%，蛋白质含量11.0%，赖氨酸含量0.4%，粗总淀粉含量75.5%，直链淀粉含量22.7%，碱消值6.0级，胶稠度42mm。米质中等。米粒红色，饭味好。

抗性：抗性一般。耐旱，不耐肥，易倒伏。

产量及适宜地区：1954年起为了扩大双季稻，成为安徽省双季晚稻的主要品种。主要分布在芜湖、安庆市的双季稻区，怀宁、潜山、芜湖、宣城、郎溪等县栽培较多，寿县、六安、肥东、肥西等县也有栽培。至1976年累计种植面积约112.47万hm²，1958年扩大到20万hm²以上，超过全省双晚面积的50%。随着晚粳品种的推广，20世纪60年代末逐渐缩小种植面积，到1979年只有2 120.7hm²。作双晚栽培一般单产2 250～3 000kg/hm²，高的3 750kg/hm²。适宜安徽省沿江、江南作双季晚籼种植。

栽培技术要点：育秧：适时播种，秧田播种量300～450kg/hm²，大田用种量60～75kg/hm²，稀播、匀播，培育带蘖壮秧。移栽：秧龄30d内移栽，合理密植，株行距16.7cm×20cm或20cm×20cm，栽插密度30万穴/hm²，基本苗150万苗/hm²。肥水管理：施肥以基肥和有机肥为主，前期重施，约占总施肥量的70%左右；早施分蘖肥，后期看苗补肥。灌浆期湿润管理，切忌断水过早。病虫防治：注意及时防治稻瘟病、白叶枯病、纹枯病、螟虫和稻飞虱等。

小麻稻（Xiaomadao）

品种来源：小麻稻又名麻壳籼、麻籼，安徽省主要农家品种。

形态特征和生物学特性：属籼型常规迟熟晚稻。株型松散，茎秆较细，剑叶角度较大，叶色绿。穗大，着粒较稀，谷粒细长，颖壳麻褐色，颖尖呈黄色，无芒，分蘖力强，成穗率低，抽穗快而整齐，米粒白色。全生育期140d，株高120cm，穗长19cm，每穗总粒数115粒，结实率80%，千粒重23.0g。

品质特性：糙米率78.1%，精米率70.7%，蛋白质含量8.5%，赖氨酸含量0.3%，粗总淀粉含量78.8%，直链淀粉含量21.1%，碱消值5.7级，胶稠度50mm。品质优良，食味可口。俗称"麻壳籼，一人吃饭两人添"。

抗性：中抗稻瘟病和白叶枯病。高感褐飞虱，高感白背飞虱。不耐肥，易倒伏。

产量及适宜地区：一般单产3 000～3 750kg/hm²，当涂县最高单产6 000kg/hm²。1957年种植面积3.3万hm²，1979年种植面积4 416.1hm²。作为安徽省主要农家品种栽培历史悠久，主要在安庆、六安、池州、巢湖、滁县、芜湖等县（市）种植。

栽培技术要点：作双季晚稻栽培，6月上旬播种，培育壮秧，秧龄40～45d。株行距13.3cm×20.0cm，每穴6～8苗。以基肥和有机肥为主，后期少追肥，避免倒伏。注意中期烤田，特别要防止后期氮肥过多造成倒伏和引起病害，后期注意防治螟虫。

二、杂交晚籼

2301S/288（2301 S/288）

品种来源：安徽省农业科学院水稻研究所和安庆市农业科学研究所用2301S/288（引自湖南农大）于1999年配组选育而成，原名2301S/288，2003年通过安徽省农作物品种审定委员会审定，定名皖稻111。

形态特征和生物学特性：属籼型两系杂交中熟晚稻。感光性较强，感温性中等，基本营养生长期短。分蘖力强。株型紧凑，叶片坚挺上举，茎叶淡绿，中穗型，抽穗整齐。颖壳及颖尖均黄色，种皮白色，稀间短芒。全生育期119d，株高89.7cm，穗长22.4cm，每穗总粒数117粒，结实率83%，千粒重25g。

品质特性：糙米率81.9%，精米率74.9%，整精米率67.6%，粒长6.7mm，长宽比3.1，垩白粒率14%，垩白度3.2%，透明度2级，碱消值6.5级，胶稠度38mm，直链淀粉含量22.4%，蛋白质含量10.8%。米质12项指标中10项达部颁二等食用稻品种品质标准。

抗性：抗稻瘟病，中抗白叶枯病。

产量及适宜地区：2000—2001年参加安徽省双季晚籼组区域试验，平均单产分别为7 324.5kg/hm² 和8 370.0kg/hm²，比对照协优92分别减产0.6%和1.1%。2002年参加安徽省双季晚籼组生产试验，平均单产7 105.8kg/hm²，比对照协优92减产1.9%。适宜安徽省沿江、江南作双季晚稻种植。最大年种植面积3.0万hm²（2005年），自2003年以来累计推广面积12万hm²。

栽培技术要点：适时播种：6月15～20日播种。湿润育秧播种量150kg/hm²。合理密植：移栽秧龄25～30d，株行距13.3cm×20.0cm，基本苗150万～180万苗/hm²。科学施肥：施纯氮150kg/hm²，采用前重、中稳、后补的方法，配合使用磷钾肥。水分管理：注意浅水栽秧，深水活棵，薄水促蘖，抽穗扬花期保持一定水层，后期干湿交替直到灌浆成熟。病虫害防治：重点防治好秧田和本田期的稻蓟马、纹枯病、大田螟虫、稻纵卷叶螟等，破口前7～10d注意防治稻曲病，后期注意防治稻飞虱和蚜虫。

2301S／3401 （2301S／3401）

品种来源：安徽省农业科学院水稻研究所用2301S/3401配组选育而成，原名2301S/3401，2006年通过安徽省农作物品种审定委员会审定。2008年通过江西省农作物品种审定委员会引种认可，定名皖稻199。

形态特征和生物学特性：属籼型两系杂交迟熟晚稻。感光性较强，感温性中等，基本营养生长期短。株型紧凑，叶片坚挺上举，茎叶淡绿，中穗型、穗下垂，抽穗整齐。颖壳及颖尖均黄色，种皮白色，稀间短芒。全生育期120d，株高95cm，穗长21.0cm，每穗总粒数130粒，结实率80%，千粒重24.5g。

品质特性：糙米率82.2%，精米率76.2%，整精米率68.5%，粒长6.6mm，长宽比3.0，垩白粒率14%，垩白度1.9%，透明度1级，碱消值6.4级，胶稠度79mm，直链淀粉含量22.0%，蛋白质含量9.8%。米质达部颁一等食用稻品种品质标准。

抗性：感白叶枯病，中抗稻瘟病。

产量及适宜地区：2003—2004年参加安徽省双季晚籼组区域试验，平均单产分别为7 791.0kg/hm² 和8 347.5kg/hm²，比对照协优92分别增产3.2%和8.7%。2005年参加安徽省双季晚籼组生产试验，平均单产7 556.4kg/hm²，比对照协优92增产5.7%。适宜安徽省沿江、江南作双晚种植。最大年种植面积5万hm²（2009年），自2006年以来累计推广面积14万hm²。

栽培技术要点：6月15～18日播种。湿润育秧播种量150kg/hm²，肥床旱育秧播种量

300kg/hm²。秧龄控制在30d以内，培育矮化多蘖壮秧，株行距13.3cm×20.0cm，基本苗180万～225万苗/hm²。施纯氮150～180kg/hm²，氮、磷、钾比为1：0.6：1，磷肥和70%的钾肥作基肥一次施用，30%的钾肥作保花肥，氮肥按5：3：1：1的比例依次作基肥、分蘖肥、保花肥和粒肥。田间灌溉要浅水栽秧，深水活棵，薄水促蘖，抽穗扬花期保持一定水层，后期干湿交替直到灌浆成熟。重点防治好秧田和本田期的稻蓟马、大田螟虫、稻纵卷叶螟、纹枯病等，破口前7～10d注意防治稻曲病，后期注意防治稻飞虱和蚜虫。

351A／明恢63（351A／Minghui 63）

品种来源：宣城市种子公司用351A/明恢63配组于1996年选育而成，原名351A/明恢63，2003年通过安徽省农作物品种审定委员会审定，定名皖稻109。

形态特征和生物学特性：属籼型三系杂交迟熟晚稻。感光性强，感温性中等，基本营养生长期短。株型略松散，叶片宽长，茎叶淡绿，中穗型，分蘖力中等，主蘖穗整齐。颖壳及颖尖均黄色，种皮白色，稀间短芒。全生育期126d，株高95cm，平均每穗115粒，结实率85%，千粒重29.5g。

品质特性：米质达部颁三等食用稻品种品质标准。

抗性：中抗白叶枯病，感稻瘟病。

产量及适宜地区：安徽省两年双季晚籼区域试验和一年生产试验，平均单产分别为6 150kg/hm² 和7 039.5kg/hm²，比对照种汕优64增产4%左右。适宜安徽省沿江、江南作双季晚稻种植。

栽培技术要点：6月15日播种。秧龄30d以内。栽插密度37.5万～45万穴/hm²，每穴2粒种子苗。施足基肥，早施分蘖肥，增施磷钾肥，切忌偏施氮肥。适时晒田，防止孕穗期受旱，后期田间干湿交替，不宜断水过早。注意防治稻瘟病。

K优583 (K You 583)

品种来源：铜陵县农业科学研究所用K17A/35-28-3配组于1999年选育而成，原名K优583、德农583，2004年通过安徽省农作物品种审定委员会审定，定名皖稻133。

形态特征和生物学特性：属籼型三系杂交中迟熟晚稻。感光性强，感温性中等，基本营养生长期中。株型适中，叶片上举，叶色深绿，穗大粒多，长穗型，分蘖力强，成穗率高，主蘖穗整齐。颖壳黄色，颖尖褐色，种皮白色，稀间短芒。全生育期120d，株高100cm左右，平均每穗135粒，结实率78%左右，千粒重30g。

品质特性：米质12项指标中除垩白粒率稍高（14%），其余11项指标均达部颁二等以上食用稻品种品质标准。

抗性：中抗稻瘟病，中感白叶枯病。

产量及适宜地区：安徽省两年区域试验和一年生产试验，平均单产分别为7 512kg/hm² 和8 577kg/hm²，比对照协优92略增产。适宜安徽省沿江、江南地区作双季晚籼种植。

栽培技术要点：适期播种，培育壮秧：6月18～22日播种。药剂浸种消毒，浸种时间不宜超过18h，播种时应稀播、匀播，秧龄30d左右，大田用种量22.5～30.0kg/hm²。合理密植：栽插密度13.3cm×20.0cm或16.7cm×16.7cm，每穴栽1～2粒种子苗。科学管理肥水，防治病虫害：施足基肥，早施分蘖肥，增施磷钾肥，切忌偏施氮肥。适时晒田，防止孕穗期受旱，后期田间干湿交替，不宜断水过早。后期注意防治白叶枯病和螟虫危害。

K优晚3号 （K Youwan 3）

品种来源：安徽省潜山县种子公司用K17A/晚3配组选育而成，原名K优晚3，1999年通过安徽省农作物品种审定委员会审定，定名皖稻75。

形态特征和生物学特性：属籼型三系杂交迟熟晚稻。感光性强，感温性中等，基本营养生长期短。株型较松散，分蘖力中等偏弱，成穗率较高，穗大粒多，茎叶淡绿，长穗型，主蘖穗整齐。颖壳及颖尖均黄色，种皮白色，稀间短芒。作双晚栽培，全生育期125d左右，株高98cm，每穗总粒数120粒，结实率80%左右，千粒重29g。

品质特性：米质中等偏上。

抗性：轻感稻瘟病和白叶枯病。

产量及适宜地区：1997—1998年安徽省双晚区域试验和生产试验，平均产量分别为7 102.5kg/hm² 和6 936.0kg/hm²，比对照汕优64分别增产11.3%和4.3%。适宜安徽省沿江、江南作双季晚籼种植。

栽培技术要点：育秧：根据各地双季晚籼生产季节适时播种，6月上、中旬播种，秧田播种量120～150kg/hm²，大田用种量15～22.5kg/hm²。移栽：秧龄控制在30d以内。株行距13.3cm×20.0cm或16.7cm×20.0cm，每穴2～3粒种子苗，插足基本苗120万～150万苗/hm²。肥水管理：施肥以基肥和有机肥为主，前期施肥应占总施肥量的70%左右，早施分蘖肥，后期看苗补肥。灌浆期湿润管理，切忌断水过早。病虫防治：注意及时防治稻瘟病、白叶枯病、纹枯病、螟虫、稻飞虱等病虫危害。

安两优821（Anliangyou 821）

品种来源：黄山市农业科学研究所用新安S/YR821配组选育而成，2008年通过安徽省农作物品种审定委员会审定。

形态特征和生物学特性：属籼型两系杂交早熟晚稻。感光性强，感温性中等，基本营养生长期短。株型紧凑，叶片坚挺上举，茎叶淡绿，长穗型，主蘖穗整齐。颖壳及颖尖均黄色，种皮白色，稀间短芒。全生育期117d左右，株高103cm，每穗总粒数174粒，每穗实粒数133粒左右，结实率77%左右，千粒重26g。

品质特性：糙米率81.3%，精米率73.0%，整精米率52.5%，粒长7.0mm，长宽比3.2，垩白粒率28%，垩白度3.5%，透明度2级，碱消值4.9级，胶稠度62mm，直链淀粉含量14.6%，蛋白质含量10.4%。米质达部颁三等食用稻品种品质标准。

抗性：中抗白叶枯病，抗稻瘟病。

产量及适宜地区：2006—2007年参加安徽省双季晚籼区试，平均单产分别为8 505kg/hm² 和7 860kg/hm²，较对照金优207分别增产12.0%和1.6%；两年区试平均单产8 175kg/hm²，较对照金优207增产6.7%。2007年生产试验，单产7 335kg/hm²，较对照金优207增产7.5%。适宜安徽省皖西丘陵区、沿江区和皖南山区双季晚籼种植。最大年推广面积0.2万hm²，自2008年以来累计推广面积1.07万hm²。

栽培技术要点：育秧：根据各地双季晚籼生产季节适时播种，6月上、中旬播种，秧田播种量120～150kg/hm²，大田用种量15～22.5kg/hm²。移栽：秧龄控制在30d以内。栽插密度以13.3cm×20.0cm或16.7cm×20.0cm为宜，每穴2～3粒种子苗，插足基本苗120万～150万苗/hm²。肥水管理：施肥以基肥和有机肥为主，前期施肥应占总施肥量的70%左右，早施分蘖肥，后期看苗补肥。灌浆期湿润管理，切忌断水过早。病虫防治：注意及时防治稻瘟病、白叶枯病、纹枯病、螟虫、稻飞虱等病虫危害。

丰两优晚三 （Fengliangyouwansan）

品种来源：合肥丰乐种业股份有限责任公司用丰39S（用离子束诱变处理广占63S，经5年7代育成）/丰恢3号（FR90-05/明恢63//FR99-03///先恢207/马坝小占）配组选育而成，2009年、2010年分别通过国家、安徽省农作物品种审定委员会审定。

形态特征和生物学特性：属籼型两系杂交中熟晚稻。感光性强，感温性中等，基本营养生长期短。株型略散，叶色浓绿，长穗型，穗层欠整齐。颖壳及颖尖均黄色，种皮白色，无芒。在长江中下游作双季晚稻种植，平均全生育期110d，株高107.4cm，穗长23.6cm，每穗总粒数173.8粒，结实率80.0%，千粒重23.4g。在安徽作双晚种植，全生育期117d。

品质特性：整精米率65.0%，长宽比3.1，垩白粒率20%，垩白度2.4%，胶稠度60mm，直链淀粉含量23.6%。米质达到国家《优质稻谷》标准3级。

抗性：中抗白叶枯病和稻瘟病。

产量及适宜地区：2007—2008年参加长江中下游早熟晚籼组品种区域试验，平均单产分别为7 596.6kg/hm²和7 922.10kg/hm²，比对照金优207增产5.9%和8.3%；两年区域试验，平均单产7 758.0kg/hm²，比对照金优207增产7.1%。2008年生产试验，平均单产8 364.5kg/hm²，比对照金优207增产4.4%。适宜江西、湖南、浙江、湖北及安徽长江以南的稻瘟病、白叶枯病轻发的双季稻区作晚稻种植。

栽培技术要点：6月15日播种，秧龄25d；株行距16.7cm×20.0cm，每穴2粒种子苗，肥力偏下田块适当增加密度；施足基肥：施农家肥11 250～15 000kg/hm²、碳酸氢铵750kg/hm²、氯化钾150kg/hm²、硫酸锌22.5kg/hm²，早施分蘖肥：移栽后3～5d用尿素150kg/hm²、钾肥150kg/hm²追施；浅水栽秧、寸水活棵、薄水分蘖、深水抽穗、后期干干湿湿，苗够时排水晒田，注意预防稻瘟病。

丰晚籼优1号 （Fengwanxianyou 1）

品种来源：合肥丰乐种业股份有限责任公司用广占63S/丰恢8号配组选育而成，2007年通过安徽省农作物品种审定委员会审定。

形态特征和生物学特性：属籼型两系杂交迟熟晚稻。感光性强，感温性中等，基本营养生长期短。株型略散，叶色浓绿，长穗型，穗层欠整齐。颖壳及颖尖均黄色，分蘖力中等，穗大粒多，种皮白色，无芒。全生育期121d左右，株高100cm左右，每穗总粒数160粒左右，结实率78%左右，千粒重26.5g。

品质特性：米质达部颁四等食用稻品种品质标准。

抗性：高抗白叶枯病，感稻瘟病。

产量及适宜地区：2005—2006年两年安徽省晚籼区试，平均单产分别为7 290kg/hm^{2}和8 437.5kg/hm^2，比对照协优92分别增产3.9%和11.2%。2006年生产试验，平均单产为7 350.0kg/hm^2，比对照协优92增产10.2%。适宜安徽省沿江、江南作双季晚籼种植。

栽培技术要点：育秧：适时播种，采取旱育秧或湿润育秧，培育多蘖壮秧。移栽：秧龄25～30d移栽，中上等肥力田块，株行距16.7cm×20.0cm，中等及肥力偏下的田块适当增加密度。肥水管理：施用纯氮180～210kg/hm^2、五氧化二磷150kg/hm^2、氧化钾150kg/hm^2，氮肥施用原则为前重、中控、后补，基肥60%、追肥20%、穗肥20%；科学管水，采取"浅水栽秧、寸水活棵、薄水分蘖、深水抽穗、后期干干湿湿"的灌溉方式，基本苗达到300万苗/hm^{2}时及时排水晒田。病虫防治：注意及时防治稻瘟病、白叶枯病、褐飞虱、稻曲病等病虫危害。

丰优188 （Fengyou 188）

品种来源：安徽荃银高科种业股份有限公司（原安徽荃银禾丰种业有限公司）用农丰A/YR188配组选育而成，原名丰优188、农丰优188，2006年通过安徽省农作物品种审定委员会审定，定名皖稻201。

形态特征和生物学特性：属籼型三系杂交早中熟晚稻。感光性弱，感温性中等，基本营养生长期短。株型紧凑，叶片坚挺上举，茎叶淡绿，长穗型，主蘖穗整齐。颖壳黄色，颖尖褐色，种皮白色，稀间短芒。全生育期117d，株高95cm，分蘖力强，抽穗整齐，穗多粒重，每穗总粒数105粒，结实率80%，千粒重28g。

品质特性：糙米率81.8%，精米率74.3%，整精米率64.3%，粒长6.9mm，长宽比3.0，垩白粒率18%，垩白度2.0%，透明度1级，碱消值6.1级，胶稠度84 mm，直链淀粉含量21.3%，蛋白质含量10.6%。米质达部颁一等食用稻品种品质标准。

抗性：感白叶枯病，中抗稻瘟病。

产量及适宜地区：2003—2004年两年参加安徽省晚籼杂交稻区域试验，平均单产分别为7 596kg/hm²和7 845kg/hm²，比对照协优92分别增产0.6%和2.2%。2005年参加安徽省晚籼杂交稻生产试验，平均单产为7 770.3kg/hm²，比对照协优92增产8.7%。一般单产6 750kg/hm²，高产栽培单产可达9 000kg/hm²。适宜安徽作晚稻栽培。

栽培技术要点：育秧：作双晚栽培，6月15日左右播种，秧田播种量150～225kg/hm²，稀播、匀播，培育壮秧。移栽：秧龄25d左右移栽，合理密植，栽插密度375万穴/hm²，每穴栽插2粒种子苗。肥水管理：施足基肥，早施分蘖肥，适施穗肥。浅水栽秧、深水活棵、干干湿湿促分蘖，80%够苗搁田，扬花期保持浅水层，后期不宜断水过早。病虫防治：注意防治白叶枯病、稻瘟病、稻飞虱等病虫危害。

丰优909 (Fengyou 909)

品种来源：安徽荃银高科种业股份有限公司（原安徽荃银禾丰种业有限公司）用丰源A/YR909配组于2001年选育而成，原名丰优909，2004年通过安徽省农作物品种审定委员会审定，定名皖稻135。

形态特征和生物学特性：属籼型三系杂交迟熟晚稻。感光性弱，感温性中等，基本营养生长期中。株型紧凑，叶片坚挺上举，长势繁茂，茎叶淡绿，穗型较大，长穗型，分蘖力强，主蘖穗整齐。颖壳黄色，颖尖褐色，种皮白色，稀间短芒。作双晚栽培，全生育期121d，株高95cm左右，平均每穗总粒数115粒，结实率80%，千粒重27g。

品质特性：米质达部颁三等食用稻品种品质标准。

抗性：高抗白叶枯病，抗稻瘟病。

产量及适宜地区：安徽省两年区域试验和一年生产试验，平均单产分别为7 020 kg/hm²和8 677.5kg/hm²，比对照协优92分别增产0.3%和6.7%。适宜安徽省沿江、江南地区作双季晚籼种植。

栽培技术要点：适期播种，培育壮秧：6月中下旬播种。药剂浸种消毒，浸种时间不宜超过18h，播种时应稀播、匀播，秧龄25d左右，大田用种量22.5 ~ 30.0kg/hm²。合理密植：株行距13.3cm×20.0cm或16.7cm×16.7cm，每穴栽1 ~ 2粒种子苗。科学管理肥水，防治病虫害：要求施足基肥，早施分蘖肥，增施磷钾肥，切忌偏施氮肥。适时晒田，防止孕穗期受旱，后期田间干湿交替，孕穗后期不宜断水过早。后期注意及时防治稻飞虱和螟虫等。

国丰2号 (Guofeng 2)

品种来源：中国水稻研究所、合肥丰乐种业股份有限责任公司用中9A/中恢218-51配组选育而成，原名中优218，2003年分别通过江西省和国家农作物品种审定委员会审定，定名国丰2号。

形态特征和生物学特性：属籼型三系杂交中迟熟晚稻。感光性强，感温性中等，基本营养生长期短。株型适中，剑叶较披，茎叶淡绿，长穗型，长势繁茂，熟期转色好，主蘖穗整齐。颖壳及颖尖均黄色，种皮白色，稀间短芒。全生育期平均118d左右，株高108.5cm，穗长25.5cm，每穗总粒数128.1粒，结实率79.0%，千粒重30.0g。

品质特性：糙米率82.8%，精米率74.8%，整精米率63.4%，粒长7.3mm，长宽比3.1，垩白粒率36%，垩白度5.1%，透明度1级，碱消值6.8级，胶稠度53 mm，直链淀粉含量23.8%，蛋白质含量9.9%。上述12项测试指标中有8项达到部颁一等优质米标准，2项达到二等标准。米饭洁白有光泽。

抗性：高感稻瘟病，抗白叶枯病，高感褐飞虱。

产量及适宜地区：2002—2003年参加长江中下游晚籼中迟熟优质组区域试验，平均单产分别为6 684.5kg/hm^{2}和7 199.1kg/hm^2，比对照汕优46分别增产3.6%和1.2%。2003年生产试验，平均单产6 980.3kg/hm^2，比对照汕优46增产10.0%。适宜广西中北部、福建中北部、江西中南部、湖南中南部以及浙江南部稻瘟病轻发区作双季晚稻种植。

栽培技术要点：培育壮秧：适时播种，秧田播种量150kg/hm^2；移栽：秧龄35d左右，栽插密度22.5万穴/hm^{2}左右，行株距21.0cm×（21.0～24.0）cm，基本苗105万～120万苗/hm^2；肥水管理：重施基肥，早施追肥。施农家肥15 000kg/hm^2，移栽时施尿素112.5kg/hm^2、磷肥750kg/hm^{2}作面肥，返青后追施尿素105～150kg/hm^2。水浆管理应做到浅水插秧，深水护苗，薄水分蘖，及时脱水晒田，后期不可断水过早。防治病虫：特别注意防治稻瘟病。

金奉8号（Jinfeng 8）

品种来源：宣城市种子公司用T98A/C29配组选育而成，原名金奉8号，2006年通过安徽省农作物品种审定委员会审定，定名皖稻203。

形态特征和生物学特性：属籼型三系杂交迟熟晚稻。感光性强，感温性中等，基本营养生长期短。株型紧凑，叶片坚挺上举，茎叶淡绿，长穗型，分蘖力较强，主蘖穗整齐。颖壳及颖尖均黄色，种皮白色，稀间短芒。全生育期119d，株高100cm，每穗总粒数130粒左右，结实率80%，千粒重25.5g。

品质特性：糙米率81.9%，精米率74.1%，整精米率65.1%，粒长6.8mm，长宽比3.1，垩白粒率12%，垩白度1.7%，透明度1级，碱消值6.3级，胶稠度79mm，直链淀粉含量21.3%，蛋白质含量10.4%。米质达部颁一等食用稻品种品质标准。

抗性：中感白叶枯病和稻瘟病。

产量及适宜地区：2004—2005年两年安徽省晚籼区域试验，平均单产分别为8 407.5kg/hm² 和7 317.0kg/hm²，比对照协优92分别增产9.5%和4.2%。2005年生产试验，平均单产7 413.9kg/hm²，比协优92增产3.7%。一般单产6 750.0kg/hm²。适宜安徽省沿江、江南作晚稻种植。

栽培技术要点：作双季晚稻栽培，6月15日左右播种，秧龄30d；栽插密度37.5万穴/hm²，每穴2粒种子苗。施足基肥，早施分蘖肥，增施磷钾肥，切忌偏施氮肥。适时晒田，防止孕穗期受旱，后期田间干湿交替，不宜断水过早。注意防治白叶枯病和稻瘟病。

两优18 (Liangyou 18)

品种来源：合肥丰乐种业股份有限责任公司用广占63S/丰恢18杂交配组选育而成，2008年通过江西省农作物品种审定委员会审定。

形态特征和生物学特性：属籼型两系杂交中熟晚稻。株型适中，叶色绿，叶片挺直，分蘖力强，有效穗较多，田间长相清秀，秆尖紫色，穗粒数较多，结实率较高，千粒重大，熟期转色好。属中熟晚籼。全生育期119.3d，比对照汕优46早熟3.0d，株高92.7cm，每穗总粒数114.0粒，实粒数85.3粒，结实率74.8%，千粒重29.2g。

品质特性：出糙率80.7%，精米率74.7%，整精米率65.3%，垩白粒率5%，垩白度0.5%，直链淀粉含量18.5%，胶稠度72mm，粒长7.2mm，长宽比3.1。米质达国家《优质稻米》标准1级。

抗性：稻瘟病抗性自然诱发鉴定，高感稻瘟病。

产量及适宜地区：2006—2007年参加江西省水稻区试，平均单产分别为6 808.2kg/hm^{2}和6 722.1kg/hm^2，比对照汕优46分别减产1.2%和0.6%。两年平均单产6 765.1kg/hm^2，比对照汕优46减产0.9%。适宜江西省稻瘟病轻发区作晚稻种植。

栽培技术要点：6月中下旬播种，秧龄25～28d，株行距16.7cm×20.0cm，栽插密度30万穴/hm^2。大田施纯氮210～240kg/hm^2，磷肥150kg/hm^2，钾肥112.5kg/hm^2，其中基肥占60%，追肥占20%，穗肥占20%。浅水栽秧，寸水活棵，浅水分蘖，够苗晒田，浅水孕穗，后期采取湿润灌溉，不要断水过早。综合防治病虫害等，特别注意防治稻瘟病。

两优4826（Liangyou 4826）

品种来源：安徽荃银高科种业股份有限公司（原安徽荃银农业高科技研究所）用2148S/Q026配组选育而成，原名先农22号，2004年、2006年和2012年分别通过江西省、广西壮族自治区和安徽省农作物品种审定委员会审定，定名两优4826。

形态特征和生物学特性：属籼型两系杂交中迟熟晚稻。感温性较强，基本营养生长期短。株型前期紧凑、后期较松散，叶色浓绿，抽穗较整齐，分蘖力一般，有效穗较少，穗大粒重，叶片坚挺上举，茎叶淡绿，主蘖穗整齐。抗倒性较强，颖壳及颖尖均黄色，种皮白色，稀间短芒。在江西作双晚种植，全生育期117d。在安徽作一季中稻种植，全生育期138d左右，株高126cm，每穗总粒数181粒，结实率77%，千粒重29g。

品质特性：粒长7.2mm，长宽比3.3，出糙率81.0%，整精米率46.1%，垩白粒率58.0%，垩白度6.4%，直链淀粉含量17.00%，胶稠度80mm。米质达部颁三等食用稻品种品质标准。

抗性：中抗白叶枯病、稻瘟病和稻曲病。

产量及适宜地区：2002—2003年两年参加江西省中籼水稻区试，平均单产分别为7 743.3kg/hm² 和7 267.8kg/hm²，比对照汕优63分别增产5.3%和6.9%。适宜桂南稻作区作早稻，桂中稻作区作早、晚稻种植；江西省各地均可种植；安徽作一季稻种植。

栽培技术要点：在广西种植与特优63、金优253同期播种；在江西6月20日前播种，秧田播种量225kg/hm²，大田用种量15～22.5kg/hm²；在安徽省作一季稻种植，4月底5月初播种。移栽叶龄5～6叶，株行距23.0cm×13.0cm，每穴栽2粒种子苗，适量增施氮肥，磷、钾肥配合作基肥；灌水采取"浅水栽秧、寸水活棵、薄水分蘖、深水养花、后期干干湿湿"；及时晒田，控制无效分蘖。生长期内重视螟虫防治；抽穗期遇连阴雨，注意防治稻曲病，于初花和尾花期各防治一次；同时注意稻瘟病、稻飞虱、稻蓟马等病虫害的防治。

农丰优909 (Nongfengyou 909)

品种来源：安徽荃银高科种业股份有限公司（原安徽荃银农业高科技研究所）用农丰A/YR909配组选育而成，2006年通过国家农作物品种审定委员会审定。

形态特征和生物学特性：属籼型三系杂交中迟熟晚稻。感光性强，感温性中等，基本营养生长期短。株型适中，长势繁茂，茎秆粗壮，叶姿挺直，叶片坚挺上举，茎叶淡绿，长穗型，主蘗穗整齐。颖壳黄色，颖尖褐色，种皮白色，少有短芒。在长江中下游作双季晚稻种植全生育期115.9d，株高99.5cm，穗长24.7cm，每穗总粒数122.4粒，结实率81.1%，千粒重27.0g。

品质特性：整精米率56.7%，长宽比2.9，垩白粒率62%，垩白度9.0%，胶稠度61mm，直链淀粉含量24.7%。米质达部颁三等食用稻品种品质标准。

抗性：高感稻瘟病，中感白叶枯病和褐飞虱。

产量及适宜地区：2003—2004年参加长江中下游晚籼早熟组品种区域试验，平均单产分别为7 759.7kg/hm² 和7 944.9kg/hm²，比对照金优207分别增产2.4%和4.2%。2005年生产试验，平均单产7 482.8kg/hm²，比对照金优207增产0.9%。适宜江西、湖南、浙江及湖北和安徽长江以南的稻瘟病、白叶枯病轻发区的双季稻区作晚稻种植。

栽培技术要点：育秧：根据各地双季晚籼生产季节适时播种，秧田播种量150～225kg/hm²，大田用种量22.5kg/hm²。移栽：秧龄控制在25d左右。株行距16.7cm×20.0cm或20.0cm×20.0cm，插足基本苗120万～150万苗/hm²。肥水管理：施肥以基肥和有机肥为主，前期施肥应占总施肥量的70%左右，早施分蘖肥，后期看苗补肥。灌浆期湿润管理，切忌乳熟后期脱水过早。病虫防治：注意及时防治稻瘟病、白叶枯病、纹枯病、螟虫、稻飞虱等病虫危害。

培两优288 (Peiliangyou 288)

品种来源：湖南农业大学用培矮64S/288配组选育而成，2003年通过安徽省农作物品种审定委员会审定。

形态特征和生物学特性：属籼型两系杂交迟熟晚稻。感光性强，感温性中等，基本营养生长期短。株型较松散，分蘖力中等偏弱，成穗率较高，穗大粒多，茎叶淡绿，长穗型，主蘖穗整齐。剑叶直立，叶色淡绿，生长清秀，后期落色好。颖壳黄色，颖尖褐色，种皮白色，稀间短芒，谷壳薄。全生育期122d，株高95cm左右，每穗总粒数120粒，结实率80%左右，千粒重26g。

品质特性：糙米率80.78%，精米率72.69%，整精米率64.58%，粒长6.3mm，长宽比3.1，碱消值7.0级，直链淀粉含量15.02%，胶稠度42mm，蛋白质含量10.38%。

抗性：耐肥抗倒性强，易感稻瘟病。

产量及适宜地区：安徽省双季稻区域试验，平均产量与对照汕优64和协优92相仿，2001年生产试验，比对照种协优92减产5.6%。适宜安徽省沿江、江南作双季晚籼种植。

栽培技术要点：育秧：根据各地双季晚籼生产季节适时播种，秧田播种量120 ~ 150kg/hm²，大田用种量15 ~ 22.5kg/hm²。移栽：秧龄控制在30d以内。株行距16.7cm×20.0cm或20.0cm×20.0cm，插足基本苗120万~ 150万/hm²。肥水管理：施肥以基肥和有机肥为主，前期施肥应占总施肥量的70%左右，早施分蘖肥，后期看苗补肥。灌浆期湿润管理，切忌断水过早。病虫防治：注意及时防治稻瘟病、白叶枯病、纹枯病、螟虫、稻飞虱等病虫危害。

培两优98 (Peiliangyou 98)

品种来源：安庆市农业科学研究所用培矮64S/红98配组选育而成，原名培两优98，2004年通过安徽省农作物品种审定委员会审定，定名皖稻129。

形态特征和生物学特性：属籼型两系杂交迟熟晚稻。感光性强，感温性中等，基本营养生长期短。株型适中，剑叶直立，叶色淡绿，生长清秀，后期转色好，茎叶淡绿，中穗型，主蘖穗整齐。颖壳黄色，颖尖褐色，种皮淡红色，稀间短芒，谷壳薄。作双晚栽培，全生育期122d，株高95cm左右，每穗总粒数125粒，结实率80%左右，千粒重25g。

品质特性：糙米率82.4%，精米率74.6%，整精米率62.3%，粒长6.7mm，长宽比3.1，垩白粒率31%，垩白度4.0%，透明度2级，碱消值6.3级，胶稠度80mm，直链淀粉含量22.0%，蛋白质含量9.3%。米质12项指标中垩白粒率偏高，其余11项指标均达部颁二等食用稻品种品质标准。

抗性：高抗稻瘟病，中抗白叶枯病。

产量及适宜地区：安徽省两年区域试验和一年生产试验，平均单产分别为7 506.8kg/hm^{2}和8 424.0kg/hm^2，与对照协优92产量持平。自2004年以来累计种植面积8.3万hm^2。适宜安徽省沿江、江南作双季晚籼种植。

栽培技术要点：适期播种，培育壮秧：6月中下旬播种。药剂浸种消毒，浸种时间不宜超过18h，播种时应稀播、匀播，秧龄30d以内，大田用种量22.5 ～ 30.0kg/hm^2。合理密植：株行距13.3cm×20.0cm或16.7cm×16.7cm，每穴栽1 ～ 2粒种子苗。科学管理肥水，防治病虫害：施足基肥，早施分蘖肥，增施磷钾肥，切忌偏施氮肥。适时晒田，防止孕穗期受旱，后期田间干湿交替，不宜断水过早。注意防治白叶枯病和螟虫危害。

青优1号 (Qingyou 1)

品种来源：青阳县种子公司用中9A/恢复系207配组选育而成，原名青优1号，2005年通过安徽省农作物品种审定委员会审定，定名皖稻177。

形态特征和生物学特性：属籼型三系杂交迟熟晚稻。感光性强，感温性中等，基本营养生长期中。株型较紧凑，剑叶略长，叶片坚挺上举，茎叶淡绿，半直立穗型，分蘖力中等，主蘖穗整齐。颖壳及颖尖均黄色，种皮白色，稀间短芒。该组合全生育期120d，株高105cm，平均每穗总粒数135粒，结实率79%左右，千粒重26g。

品质特性：糙米率81.6%，精米率74.0%，整精米率54.8%，粒长6.2mm，长宽比3.1，垩白粒率27%，垩白度3.0%，透明度2级，碱消值4.8级，胶稠度64 mm，直链淀粉含量21.8%，蛋白质含量9.7%。米质达部颁二等食用稻品种品质标准。

抗性：中抗稻瘟病，中感白叶枯病。

产量及适宜地区：2002—2003年两年安徽省双季晚籼区域试验，平均单产分别为7 989kg/hm^{2}和7 449kg/hm^2，比对照协优92分别减产1.8%和1.4%。2004年安徽省双季晚籼生产试验，平均单产8 143.5kg/hm^2，比对照协优92增产10.6%。一般单产6 750kg/hm^2。适宜安徽省沿江、江南作双季晚籼种植。

栽培技术要点：6月20日以前播种，早播早栽。推迟播种或作三熟制早稻栽培，培育壮秧，秧龄控制在30d、叶龄在5.5叶以内。大田行株距13.0cm×20.0cm或13.0cm×17.0cm，每穴2粒种子苗，栽植密度基本苗300万苗/hm^2。要适时晒田，使最高苗数达750万苗/hm^{2}左右，争取525万～570万穗/hm^{2}有效穗。施足基肥，早施追肥。要防止施肥过迟、过多，造成倒伏或加重病虫危害。要及时晒田，及时防治稻纵卷叶螟等虫害。灌浆速度较慢，后期不能过早断水，直到成熟都应保持湿润。注意防治白叶枯病。

汕优C98（Shanyou C 98）

品种来源：贵池市农业科学研究所用珍汕97A/C98配组选育而成，原名汕优C98，1985年通过安徽省农作物品种审定委员会审定，定名皖稻11。

形态特征和生物学特性：属籼型三系杂交迟熟晚稻。感光性强，感温性中等，基本营养生长期短。株型较松散，分蘖力中等偏弱，成穗率较高，穗大粒多，茎叶淡绿，长穗型，主蘖穗整齐。株型适中，剑叶直立，叶色淡绿，生长清秀，后期转色好。颖壳黄色，颖尖褐色，种皮白色，稀间短芒，谷壳薄。作双晚栽培，全生育期122d，株高95cm左右，每穗总粒数125粒，结实率80%左右，千粒重27g。

品质特性：米质达部颁四等食用稻品种品质标准。

抗性：抗性一般。

产量及适宜地区：一般单产6 750 ～ 8 250kg/hm²。适宜安徽省沿江、江南作双季晚籼种植。

栽培技术要点：适时播种，早播早栽。推迟播种或作三熟制早稻栽培，培育壮秧，秧龄控制在30d、叶龄在5.5叶以内。每穴5 ～ 7种子苗，栽植密度基本苗300万苗/hm²。要适时晒田，使最高苗数达750万苗/hm²左右，争取525万～ 570万穗/hm²有效穗。施足基肥，早施追肥。要防止施肥过迟、过多而造成倒伏或加重病虫危害。要及时晒田，及时防治稻纵卷叶螟等虫害。由于籽粒较大，灌浆速度较慢，后期不能过早断水，直到成熟都应保持湿润。

协优29 (Xieyou 29)

品种来源：宣城市种子公司用协青早A/恢29配组于1999年选育而成，原名协优29，2004年通过安徽省农作物品种审定委员会审定，定名皖稻131。

形态特征和生物学特性：属籼型三系杂交迟熟晚稻。感光性强，感温性中等，基本营养生长期短。株型紧凑，叶片窄挺，茎叶淡绿，中穗型，分蘖力强，成穗率高，主蘗穗整齐。颖壳黄色，颖尖褐色，种皮白色，稀间短芒。全生育期123d，株高92cm，平均每穗总粒数120粒左右，结实率80%左右，千粒重28g。

品质特性：米质12项指标中除垩白粒率略高，其余11项指标均达部颁二等食用稻品种品质标准。

抗性：中抗白叶枯病和稻瘟病。

产量及适宜地区：安徽省2001—2002年区域试验和2003年生产试验，平均单产7 140.8 ～ 8 463.0kg/hm²，与对照协优92产量相仿。适宜安徽省沿江江南作双季晚籼种植。

栽培技术要点：适期播种，培育壮秧：6月18 ～ 22日播种。药剂浸种消毒，浸种时间不宜超过18h，播种时应稀播、匀播，秧龄30d左右，大田用种量22.5 ～ 30.0kg/hm²。合理密植：株行距13.3cm×20.0cm或16.7cm×16.7cm，每穴栽1 ～ 2粒种子苗。科学管理肥水，防治病虫害：要求施足基肥，早施分蘖肥，增施磷钾肥，切忌偏施氮肥。适时晒田，防止孕穗期受旱，后期田间干湿交替，不宜断水过早。本品种抗稻瘟病性较强，后期注意防治白叶枯病和螟虫危害。

协优978（Xieyou 978）

品种来源：池州市种子公司用协青早A/R978配组选育而成，原名协优978和金穗1号，2004年通过安徽省农作物品种审定委员会审定，定名皖稻127。

形态特征和生物学特性：属籼型三系杂交中迟熟晚稻。感光性弱，感温性中等，基本营养生长期短。早发性好，植株整齐，茎秆粗壮，生长清秀，株型集散适宜，齐穗后剑叶挺直，长宽适中，茎叶淡绿，中穗型，分蘖力中等偏上，成穗率高，主蘖穗整齐。颖壳黄色，颖尖褐色，种皮白色，稀间短芒。全生育期119d左右，株高92.5cm，穗长22cm左右，每穗总粒数120粒左右，结实率83%，千粒重28g。

品质特性：糙米率80.8%，精米率72.7%，整精米率60.8%，粒长6.9mm，长宽比3.2，垩白粒率20%，垩白度3.1%，透明度2级，碱消值5.9级，胶稠度82 mm，直链淀粉含量22.1%，蛋白质含量10.9%。米质达部颁三等食用稻品种品质标准。

抗性：抗稻瘟病，中感白叶枯病和纹枯病。抗倒性好。

产量及适宜地区：2000—2001年参加安徽省双季晚稻区试，平均单产分别为7 489.5kg/hm²和8 769kg/hm²，比对照协优92分别增产1.7%和3.6%。2003年生产试验，平均单产7 537.1kg/hm²，较对照协优92增产1.8%。适宜安徽省沿江江南作双季晚籼种植。

栽培技术要点：适期播种，培育壮秧：6月中下旬播种。药剂浸种消毒，浸种时间不宜超过18h，播种时应稀播、匀播，秧龄30d以内，大田用种量22.5 ~ 30.0kg/hm²。合理密植：株行距13.3cm×20.0cm或16.7cm×16.7cm，每穴栽1 ~ 2粒种子苗。科学管理肥水，防治病虫害：要求施足基肥，早施分蘖肥，增施磷钾肥，切忌偏施氮肥。适时晒田，防止孕穗期受旱，后期田间干湿交替，不宜断水过早。注意防治白叶枯病和螟虫危害。

协优晚3号 （Xieyouwan 3）

品种来源：潜山县种子公司用协青早A与晚3配组选育而成，2000年通过安徽省农作物品种审定委员会审定。

形态特征和生物学特性：属籼型三系杂交迟熟晚稻。感光性强，感温性中等，基本营养生长期长。株型松散适中，茎秆粗壮，叶片宽直，叶色浓绿。穗型较大，长穗型，分蘖力较强，主蘖穗整齐。颖壳黄色，颖尖褐色，种皮白色，稀间短芒，后期熟相好。全生育期136 ~ 140d，株高110cm左右，平均每穗148.8粒，结实率80%左右，千粒重30g。

品质特性：米质较优，米质达部颁二等食用稻品种品质标准。

抗性：中抗白叶枯病，抗稻瘟病。

产量及适宜地区：2007—2008年安徽省双季晚籼区试，单产6 277.5kg/hm²，较对照汕优64增产2.7%；2009年生产试验，单产7 122.0kg/hm²，较对照汕优64增产9.3%。适宜安徽省沿江、江南作双季晚籼种植。

栽培技术要点：育秧：作双晚栽培，6月上、中旬播种。适时播种，秧田播种量300 ~ 450kg/hm²，大田用种量60 ~ 75kg/hm²，稀播、匀播，培育带蘖壮秧。移栽：秧龄30d，合理密植，株行距16.7cm×20cm或20cm×20cm，栽插密度30万穴/hm²，每穴1 ~ 2粒种子苗，基本苗150万苗/hm²左右。肥水管理：施肥以基肥和有机肥为主；前期重施，约占总施肥量的70%左右；早施分蘖肥；后期看苗补肥。灌浆期湿润管理，切忌断水过早。病虫防治：注意及时防治稻瘟病、白叶枯病、纹枯病、螟虫、稻飞虱等病虫危害。

新两优106 （Xinliangyou 106）

品种来源：安徽荃银高科种业股份有限公司（原选育单位安徽荃银禾丰种业有限公司）用新安S/YR106（辐恢838/R466）配组选育而成，2008年、2010年分别通过国家和安徽省农作物品种审定委员会审定。

形态特征和生物学特性：属籼型两系杂交迟熟晚稻。感光性强，感温性中等，基本营养生长期中。株型适中，叶片较宽长、直挺，茎叶淡绿，长穗型，主蘖穗整齐。颖壳及颖尖均呈黄色，种皮白色，稀间短芒。在长江中下游作双季晚稻种植，全生育期平均112.7d，株高107.4cm，穗长23.9cm，每穗总粒数137.7粒，结实率74.5%，千粒重29.4g。在安徽作双晚种植，全生育期119d左右。

品质特性：整精米率65.4%，长宽比3.0，垩白粒率12%，垩白度1.5%，胶稠度70mm，直链淀粉含量15.1%。米质达到国家《优质稻谷》标准3级。

抗性：高抗白叶枯病，中抗稻瘟病。

产量及适宜地区：2006—2007年参加长江中下游早熟晚籼组品种区域试验，平均单产分别为7 549.5kg/hm²和7 540.5kg/hm²，比对照金优207分别增产7.8%和3.6%。2007年生产试验，平均单产7 966.5kg/hm²，比对照金优207增产4.1%。适宜江西、湖南、浙江和安徽长江以南的稻瘟病轻发的双季稻区作晚稻种植。

栽培技术要点：育秧：适时播种，秧田播种量控制在150kg/hm²，大田用种量19.5kg/hm²左右，稀播、匀播，培育壮秧。移栽：30d秧龄以内移栽，栽插密度30万穴/hm²，每穴栽插1～2粒种子苗。肥水管理：施足基肥，早施分蘖肥，适施穗肥，氮肥用量以150kg/hm²为宜，氮、磷、钾比例为1：0.6：1，磷肥和70%钾肥用作基肥，30%钾肥作保花肥，氮肥按5：2：2：1比例分别作基肥、分蘖肥、促花肥、保花肥。浅水栽秧，深水活棵，干干湿湿促分蘖，够苗搁田，扬花期保持浅水层，后期干湿交替，不可断水过早。病虫防治：注意及时防治稻瘟病、白叶枯病、褐飞虱、稻曲病等病虫危害。

新两优901（Xinliangyou 901）

品种来源：安徽荃银高科种业股份有限公司用新安S/YR901配组选育而成，2010年通过国家农作物品种审定委员会审定。

形态特征和生物学特性：属籼型两系杂交中迟熟晚稻。感光性弱，感温性中等，基本营养生长期短。株型适中，叶片较宽长、直挺，叶色浓绿，长穗型，长势繁茂，主蘖穗整齐。颖壳、颖尖黄色，种皮白色，穗顶部有短芒。全生育期116d，株高118.2cm，穗长22.9cm，每穗总粒数171.7粒，结实率78.7%，千粒重27.3g。

品质特性：整精米率56.9%，长宽比3.0，垩白粒率36%，垩白度8.3%，胶稠度44mm，直链淀粉含量22.1%。米质达部颁三等食用稻品种品质标准。

抗性：高感稻瘟病，中感白叶枯病，高感褐飞虱。

产量及适宜地区：2008—2009年参加长江中下游晚籼中迟熟组品种区域试验，平均单产分别为7 615.5kg/hm² 和7 930.5kg/hm²，比对照汕优46分别增产6.0%和7.5%。2009年生产试验，平均单产7 318.5kg/hm²，比对照汕优46增产4.9%。适宜广西桂中和桂北稻作区、福建中北部、江西中南部、湖南中南部、浙江南部的稻瘟病、白叶枯病轻发的双季稻区作晚稻种植。

栽培技术要点：育秧：适时播种，培育壮秧。移栽：秧龄25～30d，适龄移栽，合理密植，株行距16.7cm×20.0cm，栽插30万穴/hm²左右，基本苗达到120万～150万苗/hm²。肥水管理：适量增施氮肥，注意氮、磷、钾配合，以基肥为主，早施分蘖肥，幼穗分化6～7期时补施45～75kg/hm²尿素作粒肥。移栽后浅水促早发，中期够苗适度烤田，孕穗至灌浆期保持浅水层，以后干湿交替，收获前7d断水。病虫防治：注意及时防治稻瘟病、白叶枯病、纹枯病、螟虫、稻飞虱等病虫危害。

新两优98 （Xinliangyou 98）

品种来源：安庆市农业科学研究所和安徽荃银高科种业股份有限公司（原安徽荃银农业高科技研究所）用新安S/红98配组选育而成，2007年通过安徽省农作物品种审定委员会审定。

形态特征和生物学特性：属籼型两系杂交中迟熟晚稻。感光性弱，感温性中等，基本营养生长期短。株型紧凑，叶片坚挺上举，叶色深绿，长穗型，属穗粒并重型品种。分蘖力强，有效穗多，主蘖穗整齐。颖壳及颖尖均呈黄色，种皮红色，稀间短芒。全生育期121d，株高105cm左右，每穗总粒数140粒左右，结实率79%，千粒重25.4g。

品质特性：糙米率80.7%，精米率72.8%，整精米率65.8%，粒长6.8mm，长宽比3.1，垩白粒率12%，垩白度1.6%，透明度2级，碱消值6.5级，胶稠度59mm，直链淀粉含量15.4%，蛋白质含量12.3%。米质达部颁三等食用稻品种品质标准。

抗性：中抗白叶枯病，感稻瘟病。

产量及适宜地区：2005—2006年两年安徽省晚籼区试，平均单产分别为7 650kg/hm²和8 355kg/hm²，比对照协优92分别增产9.0%和10.1%。2006年生产试验，平均单产为7 318.8kg/hm²，比对照协优92增产9.7%。适宜安徽省作双晚种植。

栽培技术要点：育秧：6月中下旬播种，稀播、匀播，培育壮秧。移栽：秧龄30d内移栽，合理密植，栽插密度30万穴/hm²，每穴栽插1～2粒种子苗。肥水管理：施足基肥，早施分蘖肥，适施穗肥。浅水栽秧、深水活棵、干干湿湿促分蘖，80%够苗搁田，扬花期保持浅水层，后期切忌断水过早。病虫防治：注意及时防治稻瘟病和稻曲病等。

新优188 （Xinyou 188）

品种来源：安徽荃银高科种业股份有限公司（原安徽荃银禾丰种业有限公司）用新星A/YR188配组选育而成，原名新优188，2006年和2007年分别通过安徽省和国家农作物品种审定委员会审定，定名皖稻205。

形态特征和生物学特性：属籼型三系杂交早中熟晚稻。感光性弱，感温性中等，基本营养生长期短。株型适中，叶片坚挺上举，茎叶淡绿，长穗型，长势繁茂，主蘗穗整齐。颖壳及颖尖均呈黄色，种皮白色，稀间短芒。在长江中下游作双季晚稻种植全生育期112.4d，株高101.0cm，穗长24.0cm，每穗总粒数127.9粒，结实率82.3%，千粒重25.9g。

品质特性：糙米率82.2%，精米率74.2%，整精米率61.9%，粒长7.1mm，长宽比3.3，垩白粒率4%，垩白度0.5%，透明度1级，碱消值6.7级，直链淀粉含量22.0%，胶稠度86.0mm，蛋白质含量10.3%。

抗性：高感稻瘟病，中抗白叶枯病。

产量及适宜地区：2005—2006年参加长江中下游晚籼早熟组品种区域试验，平均单产分别为7 390.7kg/hm² 和7 344.2kg/hm²，比对照金优207增产3.8%和4.9%。2006年生产试验，平均单产7 024.5kg/hm²，比对照金优207增产3.4%。适宜江西、湖南、浙江、湖北和安徽长江以南的稻瘟病、白叶枯病轻发的双季稻区作晚稻种植。

栽培技术要点：育秧：适时播种，秧田播种量120 ～ 150kg/hm²，大田用种量15 ～

22.5kg/hm²，稀播、匀播，培育带蘗壮秧。移栽：秧龄25d左右移栽，合理密植，株行距16.7cm×20cm或20cm×20cm，栽插30万穴/hm²、150万苗/hm²基本苗。肥水管理：施肥以基肥和有机肥为主，前期重施，约占总施肥量的70%左右；早施分蘗肥，后期看苗补肥。灌浆期湿润管理，切忌断水过早。病虫防治：注意及时防治稻瘟病、白叶枯病、纹枯病、螟虫、稻飞虱等病虫危害。

中2优1286 (Zhong 2 you 1286)

品种来源：中国水稻研究所用中2A/中恢1286（明恢63/IR841）配组选育而成，2009年通过安徽省农作物品种审定委员会审定。

形态特征和生物学特性：属籼型三系杂交中熟晚稻。感光性强，感温性中等，基本营养生长期短。株型适中，叶片较宽长、直挺，芽鞘紫色，叶鞘（基部）紫色，叶片浓绿色，长穗型，主蘖穗整齐。颖壳黄色，颖尖紫色，种皮白色，无芒。全生育期117d左右，株高101cm左右，每穗总粒数153粒左右，结实率79%左右，千粒重26g。

品质特性：米质达部颁四等食用稻品种品质标准。

抗性：感白叶枯病，抗稻瘟病。

产量及适宜地区：2005年安徽省双季晚籼区试单产7 260kg/hm²，较对照品种协优92增产3.4%；2006年区试单产8 535kg/hm²，较对照协优92增产12.4%。2007年生产试验单产7 590kg/hm²，较对照协优92增产11.2%。适宜安徽省沿江区和皖南山区作晚稻种植。

栽培技术要点：育秧：适时播种，培育壮秧。移栽：秧龄控制在35d以内，适龄移栽，合理密植，株行距16.7cm×20.0cm，栽插穴数30万穴/hm²左右，基本苗达到120万～150万苗/hm²。肥水管理：适量增施氮肥，注意氮、磷、钾配合，以基肥为主，早施分蘖肥，幼穗分化6～7期时补施45～75kg/hm²尿素作粒肥。移栽后浅水促早发，中期够苗适度烤田，孕穗至灌浆期保持浅水层，以后干湿交替，收获前7d断水。病虫防治：注意及时防治稻瘟病、白叶枯病、纹枯病、螟虫、稻飞虱等病虫危害。

第四节 中 粳

一、常规中粳

83-D（83-D）

品种来源：安徽省农业科学院水稻研究所从台湾引进的中粳常规稻，原编号C012，1994年通过安徽省农业主管部门认定，定名83-D。

形态特征和生物学特性：属粳型常规中熟中稻。感光性中，感温性中等，基本营养生长期中。株型紧凑，叶片坚挺上举，茎叶淡绿，长穗型，主蘖穗整齐。颖壳及颖尖均呈黄色，易脱粒，种皮白色，无芒。全生育期135d左右，株高98cm左右，主茎叶片数15叶，每穗总粒数约120粒，结实率85%，千粒重26g。

品质特性：12项米质测定指标中8项达到部颁一等食用稻品种品质标准。

抗性：抗稻瘟病、细条病，中抗白叶枯病，耐旱、耐涝。

产量及适宜地区：一般单产6 750.0 ～ 7 500.0kg/hm²，比当地常规中粳品种增产10%左右。适宜安徽省沿淮及以南区域作中粳稻种植，适应性强，宜作一季中粳、双季晚稻栽培。自1994年以来在安徽、江西、江苏、河南、湖北等省累计推广种植86.7万hm²。

栽培技术要点：育秧：作一季稻栽培，一般4月底至5月初播种，培育壮秧。移栽：秧龄控制在35d以内，适龄移栽，合理密植，株行距16.7cm×20.0cm，栽插穴数30万穴/hm²左右，每穴2 ～ 3粒种子苗，基本苗达到120万 ～ 150万苗/hm²。肥水管理：适量增施氮肥，注意氮、磷、钾配合，以基肥为主，早施分蘖肥，幼穗分化6 ～ 7期时补施45 ～ 75kg/hm²尿素作粒肥。移栽后浅水促早发，中期够苗适度烤田，孕穗至灌浆期保持浅水层，以后干湿交替，收获前7d断水。病虫防治：注意及时防治稻瘟病、白叶枯病、纹枯病、螟虫、稻飞虱等病虫危害。

R96-2 （R96-2）

品种来源：凤台县农业技术推广中心从西光中选择的自然变异株，经系统选育而成，原品种名R96-2，2006年通过安徽省农作物品种审定委员会审定，定名皖稻90。

形态特征和生物学特性：属粳型常规迟熟中稻。感光性弱，感温性中等，基本营养生长期长。株型紧凑，叶片坚挺上举，茎叶淡绿，半直立穗型，主蘖穗整齐。颖壳及颖尖均呈黄色，种皮白色，稀间短芒。全生育期150d左右，株高100cm，分蘖力强；每穗总粒数120粒，结实率85%左右，千粒重27.5g。

品质特性：糙米率84.0%，精米率75.8%，整精米率63.4%，粒长5.0mm，长宽比1.7，垩白粒率20%，垩白度1.6%，碱消值7.0级，胶稠度88mm，直链淀粉含量16.2%，蛋白质含量8.4%。米质达部颁二等食用稻品种品质标准。

抗性：轻感白叶枯病，中抗稻瘟病。

产量及适宜地区：2003—2004年两年安徽省中粳区域试验，平均单产分别为6 649.5kg/hm² 和8 698.5kg/hm²，比对照天协1号分别减产2.8%和2.5%。2005年安徽省中粳生产试验，平均单产7 933.5kg/hm²，比天协1号增产7.0%。一般单产7 500.0kg/hm²。适宜安徽省一季稻区作中粳种植，2008年最大年推广面积1.9万hm²，到2013年累计推广面积12.4万hm²。

栽培技术要点：4月底至5月上旬播种，秧龄35d左右，秧田播种量375 ~ 450kg/hm²；用3 000倍咪酰胺浸种48h防治恶苗病和稻瘟病，科学施肥，施纯氮240 ~ 270kg/hm²，五氧化二磷60 ~ 75kg/hm²，氧化钾120 ~ 135kg/hm²，基追肥比例6：4，注意施好穗肥。合理栽插密度，大田栽插30.0万穴/hm²左右，基本苗150.0万苗/hm²左右。加强水浆管理，浅水栽秧，干干湿湿，多次烤田，防止后期断水过早。注意防治水稻病虫草害，特别是稻曲病和纹枯病的防治。

阜88-93 （Fu 88-93）

品种来源：阜阳市农业科学研究所从88-22/T1003后代材料中经系统选育，于1996年育成，原名阜88-93，1999年、2003年分别通过安徽省和国家农作物品种审定委员会审定，定名皖稻54。

形态特征和生物学特性：属粳型常规迟熟中稻。感光性中，感温性中等，基本营养生长期长。株型紧凑，茎秆粗壮，叶片上举，叶片宽厚，茎叶色浓绿，长穗型，根系发达，分蘖力中等，主蘖穗整齐。颖壳及颖尖均呈黄色，种皮白色，稀间短芒，成熟时秆青籽黄。沿淮和淮南地区，全生育期142d左右，在黄淮地区种植全生育期156.2d，比对照豫粳6号晚熟4.1d。株高105.6cm，主茎叶片14片，每穗总粒数173.2粒，结实率77.2%，千粒重26.1g。

品质特性：精米率75.6%，整精米率72.4%，粒长5.1mm，长宽比1.6，垩白粒率24.5%，垩白度2.5%，透明度1级，碱消值6.9级，胶稠度79mm，直链淀粉含量16.6%，蛋白质含量8.3%，米质达部颁二等食用稻品种品质标准。

抗性：中感白叶枯病和稻瘟病。耐肥抗倒。

产量及适宜地区：1997—1998年安徽省中粳区域试验和生产试验，平均比对照83-D增产10%左右。2000年参加北方稻区国家水稻品种区域试验，平均单产8 185.5kg/hm²，比对照豫粳6号减产0.6%；2001年续试，平均单产8 586.0kg/hm²，比对照豫粳6号减产7.0%。2002年生产试验，平均单产7 879.5kg/hm²，比对照豫粳6号减产4.6%。适宜江苏，安徽省北部，河南沿黄稻区，山东省南部以及陕西省关中地区作一季中稻种植。

栽培技术要点：适时播种：5月上中旬播种，秧田播种375 ～ 450kg/hm²，秧龄30d左右。合理密植：株行距26.5cm×13.2cm或21cm×16.5cm，栽插密度25.5万 ～ 30万穴/hm²，每穴插2 ～ 3粒种子苗，基本苗120万 ～ 150万苗/hm²。肥水管理：增施农家肥，基肥施尿素225 ～ 300kg/hm²，磷酸二铵150kg/hm²，氯化钾37.5kg/hm²，分蘖肥追施尿素75kg/hm²，穗肥37.5kg/hm²。水分管理：要做到浅水勤灌，适时晒田，成熟前7d断水。防治病虫：注意防治纹枯病、稻曲病以及稻飞虱的危害。

粳糯4921 （Gengnuo 4921）

品种来源：宣城地区农业科学研究所用广40糯/粳8619配组于1996年选育而成，原名粳糯4921，1999年通过安徽省农作物品种审定委员会审定，定名皖稻56。

形态特征和生物学特性：属粳型常规中迟熟中稻。感光性中，感温性中等，基本营养生长期中。株型松散适中，繁茂性好，叶片坚挺上举，茎叶深绿，中穗型，主蘖穗整齐。颖壳及颖尖均呈黄色，种皮白色，稀间短芒。作中稻栽培，全生育期141d左右，株高90cm，每穗总粒数120粒左右，结实率90%左右，千粒重26g。

品质特性：糙米率84%，精米率76.4%，整精米率62.1%，粒长4.7 mm，长宽比1.6，碱消值6.0级，胶稠度90mm，直链淀粉含量1.3%，蛋白质含量10.6%。糯性较强，6项指标达部颁二等食用稻品种品质标准。去糠率10%时，留胚米率为33.3%，因此，营养价值较高。

抗性：中感白叶枯病和稻瘟病。

产量及适宜地区：1997—1998年安徽省中粳区域试验和生产试验，比对照种中粳83-D和中粳63分别增产6.6%和11.1%。适宜安徽省油—稻或麦—稻地区作中稻种植。

栽培技术要点：5月初播种，秧龄30～35d；大田用种量60kg/hm²，株行距16.7cm×20.0cm。每穴4～5苗。后期田间干湿交替，不宜断水过早，注意防治白叶枯病和稻瘟病。

桂花球 （Guihuaqiu）

品种来源：原滁县地区农业科学研究所从木樨球中系统选育而成。

形态特征和生物学特性：属粳型常规中迟熟中稻。株型适中，茎秆粗壮坚韧。剑叶较窄，直立，叶色绿。穗大，着粒较稀，谷粒饱满圆形，颖壳及颖尖均呈黄色，有芒，分蘖力强，成穗率低，抽穗快而整齐，米粒白色。全生育期140d，株高90cm，穗长16.5cm，每穗总粒数85粒，结实率80%，千粒重23g。

品质特性：糙米率82.2%，精米率70.3%，整精米率57.7%，长宽比1.8，垩白粒率40.87%，垩白度12.2%，碱消值3.0级，胶稠度62.5mm，直链淀粉含量21.4%，蛋白质含量8.7%。米质好。

抗性：中抗稻瘟病和白叶枯病。不耐肥，易倒伏。

产量及适宜地区：一般单产6 000kg/hm²，最高单产7 500kg/hm²。1953年开始推广，在淮北和沿淮一带曾有一定的种植面积，1979年种植面积509.1hm²。适宜淮北和沿淮等县（市）种植。

栽培技术要点：作中粳稻栽培，适时早播早栽，使抽穗期避开高温，否则影响结实灌浆，空秕率增高。5月上旬播种，培育壮秧，6月上旬移栽，秧龄30d。作双晚6月底7月初播种，7月25日左右移栽，秧龄25d左右。株行距13.3cm×20.0cm，每穴6～8苗。以基肥和有机肥为主，后期少追肥，避免倒伏。抽穗期尽量避开高温季节，注意中期烤田，特别要防止后期氮肥过多，造成倒伏和引起病害，后期注意防治螟虫。

桂三3号 （Guisan 3）

品种来源：原滁县地区农业科学研究所用桂花球/中籼399配组选育而成。

形态特征和生物学特性：属粳型常规早熟中粳。株型紧凑，茎秆细韧。剑叶狭长，披斜度小，叶色深绿。穗大，着粒较稀，谷粒饱满圆形，颖壳及颖尖均呈黄色，有芒，分蘖力强，成穗率高，抽穗整齐，成熟一致，米粒白色。全生育期127d，株高90cm，穗长17cm，每穗总粒数70粒左右，作双晚每穗总粒数50粒左右，结实率80%，千粒重23g。

品质特性：糙米率75%～80%，腹白小，米质好。

抗性：中感稻瘟病、纹枯病和白叶枯病。不耐高肥，易倒伏。

产量及适宜地区：一般单产4 500～5 250kg/hm^2，最高单产6 000kg/hm^2。滁县地区20世纪60年代种植面积比较大，1979年种植面积103.3hm^2。适宜淮北和沿淮等县（市）种植。

栽培技术要点：作中粳稻栽培，适时早播早栽，使抽穗期避开高温，否则影响结实灌浆，空秕率增高。5月上旬播种，培育壮秧，6月上旬移栽，秧龄30d。作双晚6月底7月初播种，7月25日左右移栽，秧龄25d左右。株行距13.3cm×20.0cm，每穴6～8苗。以基肥和有机肥为主，后期少追肥，避免倒伏。抽穗期尽量避开高温季节，注意中期烤田，特别要防止后期氮肥过多，造成倒伏和引起病害，后期注意防治螟虫。

西光（Xiguang）

品种来源：安徽农业大学农学系1986年从日本引进的粳稻品种农林265中的优异单株，经多代选育而成。2003年通过安徽省农作物品种审定委员会审定。

形态特征和生物学特性：属粳型常规迟熟中稻。感光性中，感温性中等，基本营养生长期长。株型适中，叶片坚挺上举，茎秆较细、坚韧，茎叶淡绿，短穗型，分蘖力强，有效穗多，主蘖穗整齐。颖壳及颖尖均呈黄色，种皮白色，稀间短芒。全生育期150d左右，株高93cm，平均每穗90粒，结实率90%左右，千粒重25g。

品质特性：糙米率82.9.0%，精米率74.82%，整精米率74.3%，粒长4.7mm，长宽比1.8，垩白粒率0.0%，垩白度0%，透明度1级，碱消值7.0级，直链淀粉含量14.5%，胶稠度64mm，蛋白质含量7.8%。米质达部颁一等食用稻品种品质标准。

抗性：中抗白叶枯病和稻瘟病。抗倒性强。

产量及适宜地区：平均单产6 750.0kg/hm²。适宜安徽省沿淮一季稻区中早茬种植，该品种1983年以来累计推广面积10万hm²。

栽培技术要点：在适宜播种时间内，应早播早栽，接油菜、大麦茬4月中旬播种，接小麦茬5月10日播种，稀播，培育壮秧，秧龄控制在30d以内，大田宽行窄株栽插，栽插密度30.0万穴/hm²，每穴2粒种子苗。施足基肥，早施追肥。防止施肥过迟、过多而造成倒伏或加重病虫危害。及时晒田，及时防治稻纵卷叶螟等虫害。后期不能过早断水，直到成熟都应保持湿润。

中粳564（Zhonggeng 564）

品种来源：沈阳农业大学稻作研究室以辽粳5号为母本，以（C126×丰锦）×C57杂交后代的选系为父本，进行复交于1984年选育而成，原名中粳564，1996年通过安徽省农作物品种审定委员会审定，定名皖稻38。

形态特征和生物学特性：属粳型常规中熟中稻。感光性强，感温性中等，基本营养生长期中。株型前松后紧，茎秆粗壮，叶片坚挺上举，茎叶淡绿，中穗型，主蘖穗整齐。颖壳及颖尖均呈黄色，种皮白色，稀间短芒。全生育期135d左右，株高98cm左右，主茎总叶片数15叶，每穗总粒数100粒左右，结实率85%左右，千粒重26g。

品质特性：糙米率81.6%，精米率73.9%，整精米率68.4%，粒长5.2mm，粒宽2.8mm，长宽比1.84，垩白粒率12%，垩白大小11%，垩白度1.32，透明度3级，碱消值6.8级，胶稠度83mm，直链淀粉含量18.6%，蛋白质含量8.46%。中粳564的精米晶莹透亮，成饭洁白有光泽，饭粒软而不黏结，食味好，冷后不回生。

抗性：中抗白叶枯病和稻瘟病，抗稻曲病。

产量及适宜地区：两年省区域试验和生产试验，平均单产7 125.0kg/hm²。适宜安徽省沿淮及以南区域作中粳稻种植。

栽培技术要点：育秧：一般4月中旬至5月上旬播种，适时播种，培育壮秧，秧田播种量600kg/hm²左右。移栽：秧龄30～35d，合理密植，株行距16.7cm×20.0cm，栽插穴数30万穴/hm²左右，每穴2～3粒种子苗，基本苗达到120万～150万苗/hm²。肥水管理：适量增施氮肥，注意氮、磷、钾配合，以基肥为主，早施分蘖肥，幼穗分化6～7期时补施45～75kg/hm²尿素作粒肥。移栽后浅水促早发，中期够苗适度烤田，孕穗至灌浆期保持浅水层，以后干湿交替，收获前7d断水。病虫防治：注意及时防治白叶枯病、纹枯病、稻曲病、螟虫、稻飞虱等病虫危害。

中粳63（Zhonggeng 63）

品种来源：安徽省农业科学院水稻研究所和中国科学院等离子体物理研究所用离子注入辐照处理台粳67，于1994年选育而成，原名中粳63，1997年通过安徽省农作物品种审定委员会审定，定名皖稻42。

形态特征和生物学特性：属粳型常规中熟中稻。感光性中，感温性中等，基本营养生长期中。株型紧凑，剑叶挺举，茎叶深绿，半直立穗型，分蘖力中等偏强，主蘖穗整齐。颖壳及颖尖均呈黄色，种皮白色，稀间短芒。后期转色快，熟相好，易脱粒。作单季稻种植，全生育期135d左右，株高105cm，每穗总粒数125粒左右，结实率80%，千粒重26.0g。

品质特性：糙米率82.8%，精米率71.7%，整精米率70.2%，基本无腹白、心白，具有良好的外观商品品质，食味品质佳。

抗性：中抗稻瘟病，感叶枯病。

产量及适宜地区：1995—1996年安徽省中粳区域试验和生产试验，平均比对照种83-D增产4.8%～5.8%。适宜安徽省稻区作一季中粳种植。

栽培技术要点：育秧：一般4月底或5月初播种，秧田播种量375kg/hm²。移栽：秧龄30～35d，合理密植，株行距16.7cm×20.0cm，栽插穴数30万穴/hm²左右，每穴2～3粒种子苗，基本苗达到120万～150万苗/hm²。肥水管理：适量增施氮肥，注意氮、磷、钾配合，以基肥为主，早施分蘖肥，幼穗分化6～7期时补施45～75kg/hm²尿素作粒肥。移栽后浅水促早发，中期够苗适度烤田，孕穗至灌浆期保持浅水层，以后干湿交替，收获前7d断水。病虫防治：注意防治白叶枯病。

中粳糯86120-5 (Zhonggengnuo 86120-5)

品种来源: 凤台县水稻原种场用武育粳2号/太湖糯配组于1990年选育而成, 原名中粳糯86120-5, 2003年通过安徽省农作物品种审定委员会审定, 定名皖稻68。

形态特征和生物学特性: 属粳型常规迟熟中糯稻。感光性中, 感温性中等, 基本营养生长期长。株型紧凑, 剑叶短挺, 茎叶深绿, 长穗型, 分蘖力强, 主蘖穗整齐。颖壳及颖尖均呈黄色, 种皮白色, 稀间短芒。全生育期149d左右, 与80优121相当, 熟相好。株高95cm, 每穗总粒数105粒左右, 结实率90%左右, 千粒重26g。

品质特性: 糙米率83.4%, 精米率76.3%, 整精米率72.0%, 粒长4.3mm, 长宽比1.5, 碱消值7.0级, 胶稠度100mm, 直链淀粉含量1.5%, 蛋白质含量8.5%。米质达部颁二等食用稻品种品质标准。

抗性: 抗白叶枯病, 感稻瘟病。

产量及适宜地区: 安徽省2000—2001年区域试验和2002年生产试验, 平均单产8 131.5kg/hm², 比对照80优121平均减产3.0%左右。适宜安徽省作一季稻种植。2006年最大年推广面积5.7万hm², 到2010年累计推广面积50.1万hm²左右。

栽培技术要点: 4月底5月上旬播种, 净秧田播种量375～450kg/hm², 加强药剂浸种, 秧龄控制在35d以内。株行距13.3cm×23.3cm, 大田栽30万穴/hm²以上, 每穴2～3粒种子苗。科学施肥, 氮、磷、钾配合, 施纯氮240～270kg/hm², 五氧化二磷75～90kg/hm², 氧化钾150kg/hm²左右, 加强水浆管理, 采取间歇灌溉, 收割前5d断水, 切忌断水过早。注意防治水稻条纹叶枯病、稻曲病、稻瘟病等。

二、杂交中粳

36优959（36 You 959）

品种来源：安徽省农业科学院水稻研究所用YA/9M059配组选育而成，原名36优959、YA/9M059，2004年通过安徽省农作物品种审定委员会审定，定名皖稻78。

形态特征和生物学特性：属粳型三系杂交中熟中稻。感光性弱，感温性中等，基本营养生长期长。株型适中，叶片坚挺上举，茎叶淡绿，穗型较大，长穗型，分蘖力强，主蘖穗整齐。颖壳及颖尖均呈黄色，种皮白色，稀间短芒，着粒较密。全生育期140d左右，比80优121短6～8d，株高113cm，平均每穗170粒，结实率80%左右，千粒重26g。

品质特性：米质12项指标中7项达部颁二等食用稻品种品质标准。

抗性：感白叶枯病，中感稻瘟病。

产量及适宜地区：安徽省两年区域试验和一年生产试验，平均单产6 525.0～9 867.0kg/hm²，比80优121增产3.6%～12.7%。适宜安徽省白叶枯病轻发区作一季稻种植。

栽培技术要点：一般5月初播种，湿润育秧，净秧田播种量225kg/hm²，旱育秧播量450kg/hm²；秧龄30～35d，株行距13cm×23cm，栽培密度120万～150万苗/hm²基本苗；后期控制氮肥施量，以防倒伏。注意防治白叶枯病和稻瘟病。

80优1号 (80 You 1)

品种来源：安徽省农业科学院水稻研究所用80-4A/粳恢1号配组选育而成，原名粳杂优1号，2007年通过安徽省农作物品种审定委员会审定，定名80优1号。

形态特征和生物学特性：属粳型三系杂交迟熟中稻。感光性中，感温性中，基本营养生长期长。株型紧凑，叶片坚挺上举，茎叶淡绿，长穗型，分蘖力较强，主蘖穗整齐。颖壳及颖尖均呈黄色，种皮白色，稀间短芒，落粒性中等。全生育期150d，株高115cm左右，每穗总粒数165粒，结实率80%，千粒重27g。

品质特性：糙米率81.5%，精米率73.7%，整精米率66.3%，垩白粒率26%，垩白度2.9%，透明度2级，碱消值7.0级，胶稠度52mm，直链淀粉含量17.0%，蛋白质含量10.6%。米质达部颁三等食用稻品种品质标准。

抗性：感白叶枯病，感稻瘟病。

产量及适宜地区：2005—2006年两年安徽省中粳区域试验，平均单产分别为7 942.5kg/hm² 和8 404.5kg/hm²，比对照天协1号分别增产7.5%和6.4%。2006年生产试验，平均单产7 884.0kg/hm²，比对照天协1号增产7.3%。适宜安徽省作中粳稻种植，但不宜在低洼易涝地区种植。

栽培技术要点：适时播种，培育壮秧，4月底至5月初播种。秧龄30～35d，合理密植，株行距16.7cm×20.0cm，栽插穴数30万穴/hm²左右，每穴1～2粒种子苗，基本苗120万～150万苗/hm²。适量增施氮肥，早施分蘖肥，幼穗分化6～7期时补施45～75kg/hm²尿素作粒肥。移栽后浅水促早发，中期够苗适度烤田，孕穗至灌浆期保持浅水层，以后干湿交替，收获前7d断水。注意预防白叶枯病和稻瘟病。

80优121 (80 You 121)

品种来源：安徽省农业科学院水稻研究所与安徽省种子公司合作用80-4A/HP121配组选育而成，原名80优121，1996年通过安徽省农作物品种审定委员会审定，定名皖稻34。

形态特征和生物学特性：属粳型三系杂交中迟熟中稻。感光性中，感温性中等，基本营养生长期长。株型松紧适中，主茎叶片数16～18叶，茎秆粗壮，剑叶内卷挺立，茎叶淡绿，伞穗型，成穗率高，主蘖穗整齐。颖壳呈黄色，颖尖浅红色，种皮白色，无芒。耐肥抗倒，分蘖力强。易脱粒，较耐高温，转色较好。全生育期144d左右，株高105cm，平均穗长22cm左右，每穗总粒数180粒，结实率80%左右，谷粒椭圆形，千粒重26g。

品质特性：粒长5.4mm，长宽比1.76，糙米率85.4%，精米率76.4%，整精米率74.6%，垩白粒率40%，垩白度3.2%，透明度好，碱消值6.8级，胶稠度90mm，直链淀粉含量14.8%，蛋白质含量8.0%。米质优，食味好。

抗性：耐肥，抗倒，较耐高温，中抗褐飞虱、白叶枯病和稻瘟病，较易感恶苗病和稻曲病。

产量及适宜地区：1993—1994年参加安徽省两年品种区域试验、一年生产试验，平均比对照83-D分别增产12.8%和16.9%。平均单产8 400.0kg/hm²。2000年最大年推广面积3.9万hm²，至2010年累计推广面积17.00万hm²左右。适宜安徽省单季稻地区作一季中稻种植。

栽培技术要点：适期播种，培育多蘖壮秧。一般5月初播种，播种量为225kg/hm²。适时移栽，合理密植。秧龄35～40d，6月上旬移栽，最迟不超过6月15日。株行距为16.7cm×

(23.3～26.7) cm或20cm×20cm，每穴栽1～2粒种子苗。水肥管理：基肥施腐熟有机肥15t/hm²或750kg/hm²菜饼肥，150kg/hm²尿素，450kg/hm²磷肥，150kg/hm²氯化钾。栽后5～7d追尿素112.5kg/hm²（淮河以南老稻田排水晾田1～2d，结合耘田追肥），浅水促蘖，栽后20d左右，每穴达12苗，270万蘖/hm²左右开始烤田，烤至田不陷脚即可，浅水2～3d后再烤，反复2～3次。抽穗前后10d保持浅水层，后期干干湿湿，成熟收割前7d断水，忌断水过早。加强病虫测报，及时防治稻蓟马、螟虫类及稻飞虱。

9201A/R-8（9201A/R-8）

品种来源：安徽省农业科学院水稻研究所用9201A/R-8配组，于2001年选育而成，原名9201A/R-8，2006年通过安徽省农作物品种审定委员会审定，定名皖稻88。

形态特征和生物学特性：属粳型三系杂交迟熟中稻。感光性中等，感温性弱，基本营养生长期长。株型较紧凑，叶片挺举，稍内卷，茎叶绿色，主茎叶片数17片，地上部伸率较强，剑叶角度小，熟色佳，谷粒饱满、椭圆形，颖壳及颖尖呈黄色，种皮白色。穗粒结构合理，后期转色好，不早衰，易脱粒。全生育期151d左右，株高120cm，每穗总粒数200粒，结实率80%左右，千粒重26g。

品质特性：糙米粒长5.4mm，糙米长宽比2.0，糙米率81%，精米率73.5%，整精米率66.4%，垩白粒率53%，垩白度6.4%，胶稠度68mm，直链淀粉含量15.5%，糙米蛋白质含量9.4%。米质达国家《优质稻谷》标准4级。

抗性：抗稻瘟病，中感白叶枯病。

产量及适宜地区：2003年参加安徽省中粳区试，平均单产6 810.0kg/hm²，比对照80优121增产13.3%。2004年区试，平均单产9 015.0kg/hm²，比对照天协1号增产1.3%。2005年参加安徽省中粳生产试验，平均单产7 770.0kg/hm²，比对照天协1号增产47%。适宜安徽省一季稻地区作中稻栽培，2006年推广面积0.5万hm²，自2006年以来累计推广面积2.7万hm²。

栽培技术要点：适时播种：5月上旬播种，秧田播种量225kg/hm²。及时移栽：秧龄30～35d，株行距16.5cm×19.9cm，每穴1～2粒种子苗。科学施肥：一般施纯氮195kg/hm²。配合使用磷钾肥，肥料运筹应掌握基肥足、追肥早为原则。水浆管理：前期掌握浅水勤灌促进早发，足苗适时搁田，中期干干湿湿强秆壮根，后期保持田间湿润，收获前7d断水。病虫草害防治：秧田期注意灰飞虱、稻蓟马等的防治，大田期注意防治纹枯病、稻纵卷叶螟、螟虫、稻飞虱及稻曲病等，特别要注意穗颈稻瘟病、白叶枯病的防治。

Ⅲ优98 （Ⅲ You 98）

品种来源：安徽省农业科学院水稻研究所、日本三井化学株式会社及中国种子集团公司合作利用日本优质粳稻转育成的BT型不育系23A与具有爪哇稻特点的恢复系R98配组育成，原名Ⅲ优98，2002年、2006年分别通过安徽省和国家农作物品种审定委员会审定，定名皖稻66。2005年通过农业部超级稻品种确认。

形态特征和生物学特性：属粳型杂交三系迟熟中稻。感光性中，感温性中等，基本营养生长期长。株型松散适中，茎秆健壮，叶片坚挺上举，茎叶深绿，穗大粒多，长穗型，分蘖力较强，主蘖穗整齐。颖壳及颖尖均呈黄色，种皮白色，长顶芒，不易脱粒。全生育期148d，株高120cm左右，穗长24cm，每穗总粒数180粒左右，结实率80%左右，千粒重25g。

品质特性：粒长5.4mm，长宽比2.0，糙米率81.8%，精米率75.0%，整精米率73.6%，垩白粒率20%，垩白度3.8%，透明度2级，碱消值7.0级，胶稠度82mm，直链淀粉含量16.7%，蛋白质含量8.8%。米质达国家《优质稻谷》标准2级。

抗性：抗稻瘟病，中感白叶枯病。

产量及适宜地区：1998—1999年安徽省中粳区域试验和生产试验，平均单产比对照80优121增产10.8%～14.7%。适宜河南沿黄、山东南部、江苏淮北、安徽沿淮及淮北、陕西关中稻区种植。2003年最大年推广面积3.6万hm²，至2010年累计推广面积15.0万hm²左右。

栽培技术要点：育秧：黄淮麦茬稻区根据当地生产情况适时播种，湿润育秧播种量控制在187.5kg/hm²以内，旱育秧苗床播量不超过375kg/hm²，大田用种量一般22.5kg/hm²。移栽：秧龄30d，株行距13.3cm×（23.3～26.6）cm，栽插密度27万～30万穴/hm²。肥水管理：高产田块施纯氮225kg/hm²，其中基肥占70%、分蘖肥占15%、穗肥占15%，提倡增施有机肥，氮、磷、钾配合施用。水浆管理上采用浅水栽秧，适时烤田，后期田间保持干干湿湿，在收割前1周断水。病虫防治：注意恶苗病、稻曲病、二化螟、三化螟、稻纵卷叶螟以及草害的防治。

T优5号（T You 5）

品种来源：安徽省农业科学院水稻研究所用951A/R981配组选育而成，2007年通过安徽省农作物品种审定委员会审定。

形态特征和生物学特性：属粳型三系杂交迟熟中稻。感光性中，感温性中等，基本营养生长期长。株型松紧适中，叶片坚挺上举，茎叶淡绿，主茎叶片17片左右，伞状穗型，分蘖力较强，主蘖穗整齐。颖壳及颖尖均呈黄色，种皮白色，有顶芒。后期转色较好。全生育期152d，株高125cm左右，平均每穗总粒数170粒，结实率75%，千粒重25g。

品质特性：糙米率80.9%，精米率73.7%，整精米率67.5%，米粒长5.0mm，米粒长宽比1.8，垩白粒率8%，垩白度1.4%，透明度2级，碱消值7.0级，胶稠度74mm，直链淀粉含量16.1%，蛋白质含量9.9%。米质达到部颁四等食用稻品种品质标准。

抗性：感白叶枯病和稻瘟病。

产量及适宜地区：2004—2005年两年安徽省中粳区试，平均单产分别为8 691.0kg/hm² 和7 461.0kg/hm²，比对照天协1号分别减产4.0%和增产1.0%。2006年生产试验，平均单产7 626.0kg/hm²，比对照天协1号增产3.8%。适宜安徽省作一季稻种植，但不宜在低洼易涝地区、山区和沿淮稻瘟病重发区种植。

栽培技术要点：适时播种：一般5月5～10日播种，播种量为225 kg/hm²。适时移栽，合理密植：6月5～10日移栽。株行距为13.2cm×（23.3～26.7）cm，每穴栽1～2粒种子苗。水浆管理：浅水插秧，深水活棵，浅水或湿润促蘖，苗蘖达到最高苗数300万蘖/hm²时开始烤田，烤至田不陷脚即可，抽穗前后10d保持浅水层。后期干干湿湿，成熟前7d断水，切忌断水过早。肥料管理：基肥施腐熟有机肥15t/hm²，尿素150kg/hm²，磷肥750kg/hm²，氯化钾150kg/hm²。栽后5～7d追尿素150kg/hm²。穗肥以施用保花肥为宜，施尿素控制在45～60kg。病虫害防治：加强病虫测报，及时防治稻蓟马、螟虫类及稻飞虱。有稻飞虱发生时，用25%扑虱灵粉剂450g/hm²对水600kg防治。用5%井冈霉素4 500mL对水562.5kg喷雾防治纹枯病。始穗前7～10d用12.5%纹霉清水剂6 000～7 500mL或5%井冈霉素水剂6 000～7 500mL对水562.5kg防治稻曲病等后期病害。

爱优18（Aiyou 18）

品种来源：合肥新隆水稻研究所用爱知香A/MC20518配组于2001年选育而成，原名爱优18、爱优518，2004年通过安徽省农作物品种审定委员会审定，定名皖稻76。

形态特征和生物学特性：属粳型三系杂交迟熟中稻。感光性弱，感温性中等，基本营养生长期长。株型紧凑，剑叶内卷挺直，茎叶深绿，长穗型，分蘖力强，主蘖穗整齐。颖壳及颖尖均呈黄色，种皮白色，稀间短芒。全生育期148d，与80优121相仿，株高120cm，平均每穗总粒数160粒左右，结实率83%，千粒重26g。

品质特性：糙米率82.7%，精米率76.1%，整精米率74.8%，粒长5.3 mm，长宽比2.1，透明度2级，垩白粒率20%，垩白度1.6%，碱消值7.0级，胶稠度82 mm，直链淀粉含量14.6%，蛋白质含量8.2%，食味佳。米质12项指标中除垩白粒率为15%外，其余11项指标均达部颁二等食用稻品种品质标准。

抗性：中抗白叶枯病和稻瘟病。

产量及适宜地区：安徽省2001—2002年区域试验和2003年生产试验平均单产6 744.0～8 952.0kg/hm²，比对照80优121增产13.0%～19.1%。适宜安徽省作一季中粳种植。

栽培技术要点：5月初播种，湿润育秧，净秧田播种量225kg/hm²，旱育秧种播量450kg/hm²；秧龄30～35d，株行距13cm×23cm，120万～150万苗/hm²基本苗。施肥宜早追重追，促早发，长好苗架，提高成穗率。适时烤田，以防过苗。湿润灌溉，后期不能过早断水，直到成熟都应保持湿润，以保证叶青籽黄，提高结实率。后期控制氮肥施量，以防倒伏。注意白叶枯病、纹枯病、稻蓟马、稻纵卷叶螟等病虫害的及时防治，保证高产丰收。

爱优39（Aiyou 39）

品种来源：合肥新隆水稻研究所用爱知香A/MR39配组选育而成，2006年通过国家农作物品种审定委员会审定。

形态特征和生物学特性：属粳型三系杂交迟熟中稻。感光性弱，感温性中等，基本营养生长期长。株型紧凑，叶片坚挺上举，茎叶淡绿，长穗型，主蘖穗整齐。颖壳及颖尖均呈黄色，种皮白色，稀间短芒。全生育期159d，株高117.6cm，穗长23.4cm，每穗总粒数142.1粒，结实率81.1%，千粒重26.7g。

品质特性：整精米率67.2%，垩白粒率28.5%，垩白度5.2%，胶稠度76mm，直链淀粉含量16.8%。米质达到部颁二等食用稻品种品质标准。

抗性：感稻瘟病。

产量及适宜地区：2004—2005年参加豫粳6号组品种区域试验，平均单产分别为8 596.5kg/hm²和7 923.0kg/hm²，比对照豫粳6号分别增产9.5%和9.0%。2005年生产试验，平均单产8 691.0kg/hm²，比对照豫粳6号增产15.4%。适宜河南沿黄、山东南部、江苏淮北、安徽沿淮及淮北、陕西关中的稻瘟病轻发稻区种植。

栽培技术要点：育秧：黄淮麦茬稻区根据当地生产情况适时播种，旱育秧播种量450kg/hm²，湿润育秧播种量225kg/hm²。移栽：秧龄20～30d，株行距13.2cm×30cm，基本苗90万～120万苗/hm²。肥水管理：大田总氮量225～255kg/hm²，基肥、分蘖肥、穗粒肥的比例以6：2：2为宜，重施基肥，早施分蘖肥，适施穗粒肥，注意补施磷钾肥。大田浅水插秧，活棵露田，湿润促蘖，适时多次搁田，花期保持水层，后期干干湿湿，活熟到老。病虫防治：适时防治恶苗病和稻蓟马，注意防治苗瘟和穗颈瘟、稻曲病、螟虫等。

金奉19 (Jinfeng 19)

品种来源：宣城市种子公司和安徽省农业科学院用80-4A/MR19配组于2000年选育而成，原名金奉19，2003年通过安徽省农作物品种审定委员会审定，定名皖稻70。

形态特征和生物学特性：属粳型三系杂交迟熟中稻。感光性中，感温性中等，基本营养生长期长。株型紧凑，叶片坚挺上举，剑叶内卷挺直，茎叶深绿，穗大粒多，长穗型，分蘖力强，繁茂性好，主蘖穗整齐。颖壳及颖尖均呈黄色，种皮白色，稀间短芒。全生育期150d左右，比80优121长3d。株高117cm，穗长24cm，平均每穗总粒数170粒，结实率85%左右，千粒重26g。

品质特性：粒长5.4mm，长宽比1.7，糙米率81.4%，精米率73.4%，整精米率64.9%，垩白度4.2%，透明度2级，碱消值7.0级，胶稠度90mm，直链淀粉含量16.7%，蛋白质含量8.2%，9项指标达部颁二等食用稻品种品质标准。

抗性：中抗白叶枯病，中感稻瘟病。

产量及适宜地区：安徽省2000—2001年中粳区域试验和2002年生产试验，平均单产分别为8 004kg/hm^{2}和10 413kg/hm^2，比对照种80优121分别增产8.6%和9.6%。安徽省作一季中粳种植。2004年最大年推广面积1.01万hm^2，至2010年累计推广面积3.00万hm^{2}左右。

栽培技术要点：育秧：黄淮麦茬稻区根据当地生产情况适时播种，旱育秧播种量450kg/hm^2，湿润育秧播种量225kg/hm^2。移栽：秧龄20～30d，株行距13.2cm×30cm，基本苗90万～120万苗/hm^2。肥水管理：大田总氮量225～255kg/hm^2，基肥、分蘖肥、穗粒肥的比例以6：2：2为宜，重施基肥，早施分蘖肥，适施穗粒肥，注意补施磷钾肥。大田浅水插秧，活棵露田，湿润促蘖，适时多次搁田，花期保持水层，后期干干湿湿，活熟到老。病虫防治：适时防治恶苗病和稻蓟马，注意防治苗瘟和穗颈瘟、稻曲病、螟虫等。

六优121 (Liuyou 121)

品种来源：安徽省农业科学院水稻研究所用六千辛A与HP121杂交，于1994年配组选育而成，1998年通过安徽省农作物品种审定委员会审定。

形态特征和生物学特性：属粳型三系杂交中熟中稻。株型松散适中，主茎叶片16～18片，分蘖力较强，剑叶内卷挺立。谷粒椭圆形、无芒，秕毛少而长、黄色。作麦茬中稻种植，全生育期145d左右，株高108cm，穗长21cm，每穗总粒数160粒，结实率80%左右，千粒重27g。

品质特性：糙米率85%，精米率76.2%，整精米率74.8%，透明度好，直链淀粉含量16.3%，碱消值高，胶稠度软，食味佳，米质优。

抗性：中抗白叶枯病和稻瘟病。

产量及适宜地区：1995—1996年参加安徽省中粳区试，1995年6点平均单产7 650kg/hm²，比对照83-D增产7.14%；1996年6点平均单产8 210kg/hm²，比对照83-D增产11.62%。1996年参加安徽省中粳组生产试验，平均7 690kg/hm²，比对照83-D增产9.9%。适宜安徽、江苏、河南、湖北等省的沿淮、淮北稻区作油（麦）茬中稻种植。

栽培技术要点：适时播种移栽。播种期为4月下旬至5月初，播种量为225kg/hm²，秧大田比为1∶8～10。种子进行药剂包衣处理；没有包衣的种子，播种前用强氯精稀释液浸种12h，洗净后催芽至露白播种，秧龄30～35d，5月底至6月初移栽，最迟不超过6月15日。培育壮秧。肥田湿润育秧，秧田追施断奶肥和送嫁肥各75kg/hm²尿素。合理密植。株行距16.7cm×（23.3～26.7）cm，双本栽插，基本苗90万～105万苗/hm²，最高茎蘖数315万蘖/hm²，力争成穗率80%以上，有效穗270万穗/hm²。管好肥水。施肥上掌握"前重、中稳、后补"的原则。施肥总量以纯氮300kg/hm²、过磷酸钙450kg/hm²、氯化钾150kg/hm²为宜。栽后浅水促蘖，达最高茎蘖时烤田，抽穗后保持浅水层，收割前7d断水，切忌过早断水。防治病虫害。生育期间注意做好稻蓟马、螟虫、稻飞虱、纹枯病及稻曲病的防治工作。

天协13（Tianxie 13）

品种来源：江苏徐淮地区徐州农业科学研究所用徐9320A/徐恢11733配组选育而成，安徽天禾农业科技股份有限公司引进，2007年通过安徽省农作物品种审定委员会审定。

形态特征和生物学特性：属粳型三系杂交迟熟中稻。感光性弱，感温性中等，基本营养生长期长。株型紧凑，叶片坚挺上举，茎叶淡绿，长穗型，主蘖穗整齐。颖壳及颖尖均呈黄色，种皮白色，稀间短芒。分蘖力中等，穗大粒多，抽穗整齐，后期转色一般。全生育期145d，株高110cm左右，平均每穗总粒数210粒，结实率73%，千粒重25g。

品质特性：米质达部颁二等食用稻品种品质标准。

抗性：感白叶枯病，中感稻瘟病。

产量及适宜地区：2004—2005年两年安徽省中粳区试，平均单产分别为8 472.0kg/hm^{2}和7 221.0kg/hm^2，比对照天协1号分别减产5.0%和2.3%。2006年生产试验，平均单产7 488.0kg/hm^2，比对照天协1号增产1.9%。适宜安徽省沿淮及以南区域作中粳稻种植，但不宜在低洼易涝区种植。

栽培技术要点：育秧：4月底至5月初播种，培育壮秧。移栽：秧龄30～35d，合理密植，株行距栽插规格16.7cm×20.0cm，栽插穴数30万穴/hm^{2}左右，每穴1～2粒种子苗，基本苗达到120万～150万苗/hm^2。肥水管理：适量增施氮肥，注意氮、磷、钾配合，以基肥为主，早施分蘖肥，幼穗分化6～7期时补施45～75kg/hm^{2}尿素作粒肥。移栽后浅水促早发，中期够苗适度烤田，孕穗至灌浆期保持浅水层，以后干湿交替，收获前7d断水。病虫防治：注意及时防治白叶枯病、纹枯病、螟虫、稻飞虱、稻曲病等病虫危害。

皖旱优1号（Wanhanyou 1）

品种来源：安徽省农业科学院水稻研究所和中国农业大学农学与生物技术学院合作用N422S/R8272配组选育而成，原名N422S/R8272，2004年通过国家农作物品种审定委员会审定。

形态特征和生物学特性：属粳型水旱兼用两系杂交早熟中稻。感光性中，感温性中等，基本营养生长期短。株型紧凑，叶片坚挺上举，茎叶淡绿，半直立穗型，分蘖力较强，耐旱抗倒，易脱粒，主蘖穗整齐。颖壳及颖尖均呈黄色，种皮白色，稀间短芒。在云南高海拔地区可作水稻种植，全生育期168d左右。株高115cm左右，穗长24cm，每穗总粒数160粒左右，结实率85%左右，千粒重28g左右。在黄淮地区作旱稻种植，株高98.5cm，穗长20cm左右，有效穗305万穗/hm²，成穗率60.6%，每穗总粒数150粒，结实率83.2%左右，千粒重24.5g。

品质特性：糙米率78.0%，精米率68.0%，整精米率58.0%，垩白粒率43%，垩白度6.5%，胶稠度80mm，直链淀粉含量16.2%，粒长5.7mm，长宽比2.1，透明度3级，碱消值7.0级。米饭硬软适中，口感较好。

抗性：抗旱3级，抗稻瘟病和胡麻叶斑病。

产量及适宜地区：2002—2003年参加黄淮海麦茬稻区中晚熟组旱稻区域试验，平均单产分别为4 987.5kg/hm²和4 732.5kg/hm²，比对照郑州早粳增产30.5%和44.4%，比对照旱稻277增产27.2%。2003年生产试验，平均单产5 175.0kg/hm²。适宜安徽、江苏、河南的黄淮流域、山东临沂地区和陕西南部地区接麦茬或油菜茬旱作种植。

栽培技术要点：①种子处理。提前7d晒种2d，用种衣剂进行种子包衣，增强种子吸水，保证苗全、苗齐、苗壮。②播种。采用条播，行距20～30cm，播种量75kg/hm²，播深2～3cm。③灌水。一般在黄淮地区需要灌溉1～3次，灌溉方法用漫灌。拔节期和灌浆中后期持续干旱10d左右不降雨，需要灌水。孕穗直到抽穗和灌浆前期是旱稻产量形成的关键时期，要保持土壤潮湿。④追肥。可分两次追肥，总追肥量尿素180kg/hm²左右。拔节期追施尿素105kg/hm²左右，孕穗至抽穗扬花期追施尿素75kg/hm²，结合灌水或降雨撒施。⑤病虫害防治。注意防治二化螟、三化螟、稻纵卷叶螟等。

新8优122 (Xin 8 you 122)

品种来源：合肥新隆水稻研究所用新8A/GR03122[（LH422/HP121）F$_8$株系，属爪哇型恢复系]配组选育而成，2008年通过安徽省农作物品种审定委员会审定。

形态特征和生物学特性：属粳三系杂交迟熟中稻。感光性弱，感温性中等，基本营养生长期长。株型紧凑，叶片坚挺上举，剑叶内卷挺立，苗期叶片深绿，主茎叶片16片左右，伸长节间5个，茎叶淡绿，半直立穗型，主蘖穗整齐。颖壳及颖尖均呈黄色，种皮白色，稀间短芒。全生育期147d左右，比对照品种（天协1号）迟熟3~4d，株高118cm左右，每穗总粒数190粒左右，结实率76%左右，每穗实粒数145粒左右，千粒重28g。

品质特性：糙米率83.8%，精米率76.0%，整精米率75.2%，粒长5.4mm，长宽比1.9，垩白粒率7%，垩白度0.8%，透明度1级，碱消值7.0级，胶稠度80mm，直链淀粉含量16.2%，蛋白质含量8.0%。米质达部颁一等食用稻品种品质标准。

抗性：中抗白叶枯病和稻瘟病。

产量及适宜地区：2006—2007年参加安徽省中粳区试，平均单产分别为8 385.0kg/hm^{2}和8 565.0kg/hm^2，较对照分别增产6.1%和5.3%。2007年生产试验，单产8 880.0kg/hm^2，较对照增产8.1%。适宜安徽省沿淮一季稻种植。

栽培技术要点：4月底至5月上旬播种，秧龄35d左右，秧田播种量375~450kg/hm^2；用3 000倍咪酰胺浸种48h防治恶苗病和稻瘟病，科学施肥，施纯氮240~270kg/hm^2，五氧化二磷60~75kg/hm^2，氧化钾120~135kg/hm^2，基追肥比例6：4，注意施好穗肥。合理栽插密度，大田栽插30.0万穴/hm^{2}左右，基本苗150.0万苗/hm^{2}左右。加强水浆管理，浅水栽秧，干干湿湿，多次烤田，防止后期断水过早，注意防治水稻病虫草害，特别是稻曲病和纹枯病的防治。

第五节　晚　　粳

一、常规晚粳

88-23（88-23）

品种来源：安庆市农业科学研究所于1988年用望城-6系统选育而成，原名88-23，1996年通过安徽省农作物品种审定委员会审定，定名皖稻30。

形态特征和生物学特性：属粳型常规晚熟晚稻。感光性强，感温性中等，基本营养生长期短。株型紧凑，剑叶短挺，茎叶深绿，短穗型，分蘖力中等，主蘖穗整齐。颖壳及颖尖均呈黄色，种皮白色，稀间短芒。全生育期135d，株高80cm左右，每穗总粒数80粒左右，结实率80%左右，千粒重25g。

品质特性：糙米率83.6%，精米率75.7%，整精米率71.1%，粒长5.3mm，长宽比2.05，垩白粒率3%，垩白度0.20%，透明度1级，碱消值6.8级，胶稠度77.0mm，直链淀粉含量18.9%，蛋白质含量9.8%。米质较优，1992年被评选为安徽省级优质米粳稻品种之一。

抗性：中抗白叶枯病、褐飞虱，中感稻瘟病。

产量及适宜地区：安徽省1993—1994年品种区域试验和1995年生产试验，平均单产比鄂宜105分别增产8.0%和2.8%。适宜安徽省沿江及江淮之间作单晚或双晚种植。

栽培技术要点：一般6月上中旬播种，秧田播种量525kg/hm²，秧龄40d左右，每穴5～6粒种子苗，基本苗不少于180万苗/hm²，株行距13cm×23cm。要施足基肥，适当控制分蘖肥，后期分期施好穗、粒肥，切忌断水过早，以免早衰降低结实率和千粒重。

B9038 （B 9038）

品种来源：合肥市农业科学研究院（原巢湖地区农业科学研究所）和上海市农业科学院作物研究所于1988年用花培528/87B1807杂交一代花粉经组织培养而成，原名B9038，1996年通过安徽省农作物品种审定委员会审定，定名皖稻28。

形态特征和生物学特性：属粳型常规中熟晚稻。感光性强，感温性中等，基本营养生长期短。株型紧凑，茎秆粗壮，叶片坚挺上举，茎叶淡绿，长穗型，分蘖力中等，主蘖穗整齐。颖壳及颖尖均呈黄色，种皮白色，稀间短芒。全生育期128d左右，株高78cm，主茎叶15片，每穗总粒数80粒，结实率85%，千粒重28g。

品质特性：糙米率84.0%，精米率78%，整精米率69%，蛋白质含量8.7%，米质较优，无腹白。1995年参加省优质稻米评定，总分86.3分获全省第2名，在上海评定亦获优质米称号。

抗性：中抗白叶枯病，抗稻瘟病和褐飞虱。

产量及适宜地区：安徽省1993—1994年品种区域试验和1995年生产试验，平均单产比对照鄂宜105分别增产4.0%和5.8%。适宜安徽省双季稻区作双季晚稻种植。

栽培技术要点：6月底至7月初播种，秧田播种量600kg/hm²，大田用种90～105kg/hm²，秧龄30～35d，每穴栽4～6粒种子苗，株行距13cm×17cm。要施足基肥，适当控制分蘖肥，后期分期施好穗、粒肥，切忌断水过早，以免早衰降低结实率和千粒重。

D9055 (D 9055)

品种来源：安徽省农业科学院水稻研究所用离子束注入诱变鄂宜105于1990年经系统选育而成，原名D9055，1994年通过安徽省农作物品种审定委员会审定，定名皖稻20。

形态特征和生物学特性：属粳型常规中熟晚稻。感光性强，感温性中等，基本营养生长期短。株型松散适中，茎秆较粗壮，叶片坚挺上举，叶片较短，茎叶色淡黄，穗大粒多，长穗型，分蘖力较强，主蘖穗整齐。种皮白色，稀间短芒，谷粒金黄色。全生育期130d左右，株高85cm左右，主茎节16节，每穗总粒数110粒，结实率85%左右，千粒重24g。

品质特性：糙米率83%，精米率75%，整精米率72%，米粒长5.1mm，长宽比1.76，米粒腹白2.6%，无心白，碱消值7.0级，胶稠度73mm，直链淀粉含量18%，蛋白质含量9.0%。米质较优，综合指标达国家《优质稻谷》标准2级。

抗性：抗白叶枯病和稻飞虱，中抗稻瘟病。

产量及适宜地区：安徽省1991—1992年品种区域试验和1993年生产试验，较对照鄂宜105分别增产6.8%和6.9%。适宜安徽省沿淮、淮北与江淮丘陵地区作晚粳搭配品种种植，代替鄂宜105作双晚种植。

栽培技术要点：在适宜播种时间内，应早播早栽，6月下旬播种，秧龄30d左右，秧田播种量300 ~ 450kg/hm²，每穴栽3 ~ 4粒种子苗，株行距13.3cm×16.7cm。早施追肥。防止施肥过迟、过多而造成倒伏或加重病虫危害。及时晒田，及时防治稻纵卷叶螟等。后期不能过早断水，直到成熟都应保持湿润。

H8398 （H 8398）

品种来源：安徽省农业科学院水稻研究所用六千辛/青林9号配组经系统选育而成，原名H8398，1996年通过安徽省农作物品种审定委员会审定，定名皖稻36。

形态特征和生物学特性：属粳型常规中熟晚稻。感光性强，感温性弱，基本营养生长期短。株型较松散，叶片较短，剑叶稍宽不内卷，叶片角度小，叶色较淡。穗型半弯，主蘖穗整齐。颖壳及颖尖均呈黄色，种皮白色，无芒。成熟时，籽粒饱满、谷色好。全生育期130d，株高90cm，穗长21cm，平均穗粒数85粒，结实率85%左右，千粒重26g。

品质特性：糙米率82.9%，精米率74.3%，垩白度1.3%，透明度1级。无腹白、外观色泽好、食味佳。1995年被安徽省评为优质米。

抗性：抗稻瘟病和白叶枯病、中抗稻飞虱。

产量及适宜地区：2004—2005年分别参加安徽省双晚区试，平均单产比对照鄂宜105增产7.2%和4.1%。适宜安徽省沿江及江南地区作双季晚稻种植。1997年种植面积达1.3万hm²，累计推广8.7万hm²。

栽培技术要点：播种：6月20日左右播种，秧田播种量450kg/hm²；移栽：秧龄30d左右，株行距13.2cm×16.5cm，每穴3～4粒种子苗。科学施肥：重施基肥85%，早施分蘖肥15%。水浆管理：做到深水栽、浅水活、早晾田、促分蘖，切忌断水过早，干干湿湿到黄熟。病虫害防治：苗期注意防治稻蓟马和稻飞虱，大田主要防治三化螟和稻纵卷叶螟。

M1148 （M 1148）

品种来源：安徽省农业科学院水稻研究所和中国科学院等离子体物理研究所用（枣红儿/中作87//城特231）F_6经离子束辐照处理选育而成，原名称M1148，2000年通过安徽省农作物品种审定委员会审定，定名皖稻60。

形态特征和生物学特性：属粳型常规中熟晚稻。感光性强，感温性中等，基本营养生长期短。株型适中，茎秆粗壮，叶片稍长，叶片坚挺上举，茎叶深绿，长穗型，分蘖力中等，主蘖穗整齐。颖壳及颖尖均呈黄色，种皮白色，稀间短芒。全生育期130d，株高88cm，平均每穗总粒数95粒，结实率85%，千粒重28g。

品质特性：糙米率84.8%，精米率77.5%，整精米率71.7%，粒长5.4mm，长宽比1.8，垩白粒率25%，垩白度18.0%，透明度2级，碱消值7.0级，胶稠度58mm，直链淀粉含量17.8%，蛋白质含量9.4%。

抗性：中抗白叶枯病，中感稻瘟病。

产量及适宜地区：安徽省1997—1998年双季晚粳区试和1999年生产试验，平均单产为5 707.5～7 627.5kg/hm²，比对照种D9055增产2.7%～8.08%。适宜安徽省沿江、江南作双季晚稻种植。

栽培技术要点：一般6月中旬播种，大田用种量75kg/hm²，秧龄30～35d；株行距13cm×20cm，每穴4～5粒种子苗。施足基肥，适当控制分蘖肥，后期分期施好穗、粒肥，切忌断水过早，以免早衰降低结实率和千粒重。注意防治稻瘟病。

M3122 （M 3122）

品种来源：安徽省农业科学院水稻研究所和中国科学院等离子体物理研究所从6769×泸选19杂交产生的F_1经离子束辐照处理的变异株中选育而成，原名M3122，1997年通过安徽省农作物品种审定委员会审定，定名皖稻44。

形态特征和生物学特性：属粳型常规中迟熟晚稻。感光性强，感温性中等，基本营养生长期短。株型松散适中，叶片稍短，上挺，下披，透光性好，茎叶绿，属穗、粒、重兼顾型品种，分蘖力强，主蘖穗整齐。颖壳及颖尖均呈黄色，种皮白色，谷粒椭圆形，谷壳较薄，无芒，熟相好。全生育期131d，株高90cm左右。每穗80粒左右，结实率85%，千粒重28g。

品质特性：米粒外观品质好。

抗性：中抗稻瘟病和白叶枯病。

产量及适宜地区：1995—1996年安徽省区域试验和生产试验，平均比对照种鄂宜105增产3.9%～7.7%。适宜安徽省沿江、江南地区作双季晚稻种植。

栽培技术要点：一般6月上、中旬播种，秧田播种量450kg/hm²，秧龄30～35d，每穴5～6粒种子苗，基本苗不少于180万苗/hm²。施足基肥，适当控制分蘖肥，后期分期施好穗、粒肥，切忌断水过早，以免早衰降低结实率和千粒重。

安庆晚2号（Anqingwan 2）

品种来源：安庆市农业科学研究所用853/农垦58配组选育而成，1983年通过安徽省农业主管部门认定。

形态特征和生物学特性：属粳型常规早熟晚稻。感光性强，感温性中等，基本营养生长期短。株型松散，叶片较大，叶片坚挺上举，茎叶浓绿，中穗型，分蘖力中等，主蘖穗整齐。颖壳及颖尖均呈黄色，种皮白色，稀间短芒。全生育期110d左右，株高75cm左右。成穗率68%左右，穗型中等，较易脱粒，每穗总粒数70粒，千粒重26g。

品质特性：糙米率83.5%，精米率75.2%，糙米粗蛋白质含量7.8%，赖氨酸含量0.3%，直链淀粉含量16.5%，碱消值7.0级，胶稠度81mm。米质较优。

抗性：中抗稻瘟病，中感白叶枯病。

产量及适宜地区：平均单产6 750kg/hm²。适宜安徽沿江、江南地区作双季晚稻种植。

栽培技术要点：在适宜播种时间内，应早播早栽，6月25日左右播种，7月底以前移栽；秧龄控制在30d以内，稀播、匀播、培育壮秧，秧田播种量不超过120～150kg/hm²；株行距13.3cm×16.7cm。每穴7～8苗，适时晒田，施足基肥，早施追肥，防止施肥过迟、过多而造成倒伏或加重病虫危害。后期干干湿湿，不能过早断水，直到成熟都应保持湿润。及时防治稻瘟病和稻纵卷叶螟等。

安选晚1号 （Anxuanwan 1）

品种来源：安徽农业大学农学院用秀水664/粳系212配组，经系谱法于2000年选育而成，原名安选晚1号，2005年通过安徽省农作物品种审定委员会审定，定名皖稻84。

形态特征和生物学特性：属粳型常规中迟熟晚稻。感光性强，感温性中等，基本营养生长期中。株型适中，叶片坚挺上举，生长清秀，茎叶深绿，分蘖力较强，主蘖穗整齐。颖壳及颖尖均呈黄色，种皮白色，稀间短芒。全生育期132d，株高84cm，平均每穗总粒数90粒左右，结实率85%。

品质特性：除垩白粒率25%未达标，其余11项指标均达部颁二等以上优质米标准。

抗性：高抗稻瘟病，中抗白叶枯病。

产量及适宜地区：2002—2003年两年安徽省双季晚粳区域试验，平均单产分别为7 846.50kg/hm^{2}和6 133.50kg/hm^2，比对照M1148分别减产0.4%和增产1.8%，2004年安徽省双季晚粳生产试验，平均单产6 622.5kg/hm^2，比M1148减产4.0%。自2005年以来累计推广面积30万hm^2。适宜安徽省双季稻区作双晚种植。

栽培技术要点：6月15日前后播种，培育多蘖壮秧，秧龄30d；株行距13.3cm×20cm，每穴2粒种子苗。大田施用纯氮180～210kg/hm^2、五氧化二磷和氧化钾各150kg/hm^2，氮肥施用原则为前重、中控、后补，基肥60%、追肥20%、穗肥20%。科学管水，基本苗达到300万/hm^{2}时及时排水晒田。后期切忌断水过早，以免早衰降低结实率和千粒重。

巢粳1号 （Chaogeng 1）

品种来源：合肥市农业科学研究院（原巢湖地区农业科学研究所）用20285/日晴红配组选育而成，原名巢粳1号，1992年通过安徽省农作物品种审定委员会审定，定名皖稻14。

形态特征和生物学特性：属粳型常规中迟熟晚稻。感光性强，感温性中等，基本营养生长期短。株型紧凑，茎秆粗壮，叶片短窄立，生长清秀，茎叶叶色深绿，中穗型，分蘖力强，主蘖穗整齐。颖壳及颖尖均呈黄色，种皮白色，无芒，熟色好。全生育期133d左右，株高90cm左右，主茎叶16～17片，每穗57粒，结实率90%，千粒重28g。

品质特性：粒长5.1mm，长宽比1.7，糙米率81.5%，精米率73%，整精米率65%，垩白粒率11%，垩白度1.5%，透明度1级，碱消值7.0级，胶稠度56mm，直链淀粉含量18%，蛋白质含量10.5%。

抗性：抗稻瘟病，中抗白叶枯病和褐飞虱。

产量及适宜地区：1989—1990年安徽省区域试验和1991年生产试验，平均单产比对照鄂宜105分别增产0.7%和3.46%。适宜安徽省双季稻地区代替鄂宜105作双晚种植。

栽培技术要点：在适宜播种时间内，应早播早栽，6月20日以前播种，培育壮秧，秧龄控制在30d、叶龄在5.5叶以内。株行距13.3cm×16.7cm或13.3cm×20.3cm，每穴3～4粒种子苗。早施追肥，要防止施肥过迟、过多而造成倒伏或加重病虫危害。前期浅水勤灌，分蘖末期及时晒田，后期不能过早断水，直到成熟都应保持湿润。根据病虫测报，及时防治稻纵卷叶螟等。

当选晚2号 （Dangxuanwan 2）

品种来源：当涂县农业科学研究所从农垦58中系统选育而成，1983年通过安徽省农业主管部门认定。

形态特征和生物学特性：属粳型常规中熟晚稻。感光性强，感温性中等，基本营养生长期短。株型松散、茎秆细韧，叶片窄长，剑叶长度中等，抽穗后与穗颈所成角度大，苗期叶色较淡，中后期叶色浓绿，穗露出叶面，成熟时转色较好，中穗型，主蘖穗整齐，小分枝较长，穗下垂。颖壳及颖尖均呈黄色，种皮白色，有顶芒。全生育期130d，株高90cm左右，穗长20cm，有效穗数11.2个，穗粒数114.2粒，结实率88.6%，千粒重26g。

品质特性：粒长6.8mm，长宽比3.0，糙米率83.5%，精米率75.6%，整精米率54.5%，垩白粒率81%，垩白度18.2%，透明度2级，碱消值7.0级，胶稠度83mm，直链淀粉含量19.5%，蛋白质含量7.4%，赖氨酸含量0.18%。

抗性：中抗稻瘟病，抗白叶枯病，感褐飞虱和白背飞虱。易倒伏。

产量及适宜地区：1973年起参加地、省及南方稻区区域试验，平均单产4 500kg/hm²，高的达6 000kg/hm²。适宜安徽沿江、江南地区做三熟制晚稻搭配品种，也可在江淮之间做双晚搭配品种种植，是安徽省晚粳主要品种之一。1979年种植面积2.8万hm²。

栽培技术要点：在适宜播种时间内，应早播早栽，6月25日左右播种，7月底以前移栽；秧龄控制在30d以内，稀播、匀播、培育壮秧；株行距13.3cm×16.7cm或16.7cm×16.7cm。

每穴7～8苗；适时晒田，施足基肥，早施追肥，防止施肥过迟、过多而造成倒伏或加重病虫危害。后期干干湿湿，不能过早断水，直到成熟都应保持湿润。及时防治稻纵卷叶螟等。

当育粳2号 （Dangyugeng 2）

品种来源：马鞍山神农种业有限公司用武运粳7号/丙96-50配组，经系统选育而成，原名当育粳2号，2006年通过安徽省农作物品种审定委员会审定，定名皖稻92。

形态特征和生物学特性：属粳型常规早熟晚稻。感光性强，感温性中等，基本营养生长期短。株型紧凑，叶片坚挺上举，茎叶绿，中穗型，分蘖力中等偏强，主蘖穗整齐，易脱粒。颖壳及颖尖均呈黄色，种皮白色，稀间短芒。全生育期127d，株高78cm，平均每穗总粒数85粒，结实率85%，千粒重28g。

品质特性：糙米率85.6%，精米率77.3%，整精米率73.0%，粒长5.1mm，长宽比1.8，垩白粒率9%，垩白度1.2%，透明度1级，碱消值7.0级，直链淀粉含量17.0%，胶稠度77mm，蛋白质含量9.1%。米质达部颁二等食用稻品种品质标准。

抗性：感白叶枯病，中抗稻瘟病。

产量及适宜地区：2004—2005年两年安徽省双季晚粳区域试验，平均单产分别为7 960.5kg/hm² 和6 967.5kg/hm²，比对照M1148分别增产5.8%和5.9%。2005年生产试验，平均单产为6 063.3kg/hm²，比对照M1148增产7.2%。一般单产6 750.0 ～ 7 500.0kg/hm²。年推广4万hm²。自2006年以来累积推广33.3万hm²。适宜安徽省双季稻区作晚稻种植。

栽培技术要点：6月25日前播种，大田用种量75 ～ 120kg/hm²，用药剂浸种预防恶苗病；秧龄不超过35d；株行距13.3 cm×16.7cm或13.3cm×20.0cm，大田栽插基本苗180万～ 210万苗/hm²，大田施纯氮300kg/hm²，增施有机肥；浅水栽秧，寸水活棵，浅水促蘖，够苗烤田，浅水孕穗，有水抽穗，干湿交替到成熟，收获前1周断水。注意螟虫、稻飞虱、纹枯病、稻瘟病、白叶枯病、稻曲病及条纹叶枯病的防治。

辐农 3-5（Funong 3-5）

品种来源：舒城县农业科学研究所用农垦58经^{60}Co-γ射线处理选育而成。

形态特征和生物学特性：属粳型常规中熟晚稻。株型紧凑，茎秆细韧，叶片宽挺，叶色深绿。穗大，着粒较稀，谷粒饱满圆形，颖壳及颖尖均呈黄色，有芒，分蘖力弱，成穗率高，抽穗整齐，生长整齐清秀，米粒白色。全生育期130d，株高75cm，穗长17cm，每穗总粒数70粒左右，结实率80%，千粒重23g。

品质特性：糙米率75%～80%，腹白小，米质好。

抗性：中感稻瘟病、纹枯病和白叶枯病。不耐高肥，易倒伏。

产量及适宜地区：一般单产4 500～5 250kg/hm^2，比对照早熟农垦稍有增产，比对照农垦58增产10%左右。1979年舒城县种植面积83.6hm^2。适宜江淮等地区种植。

栽培技术要点：适时播种，6月中下旬播种，培育壮秧，7月底移栽，秧龄40d以内。因叶片较宽，以小株密植为宜，株行距10.0cm×16.7cm，每穴6～8苗。以基肥和有机肥为主，后期少追肥，避免倒伏。注意中期烤田，特别要防止后期氮肥过多，造成倒伏和引起病害，后期注意防治螟虫。

复虹糯6号 （Fuhongnuo 6）

品种来源：江苏省武进县农业科学研究所用矮箕白壳糯与在本地推广的日本晚粳糯品种虹糯杂交后，再与农垦58和黄壳早廿日杂交后代复交，于1976年育成，1983年通过安徽省农业主管部门认定。

形态特征和生物学特性：属粳糯型常规早熟晚稻。感光性强，感温性中等，基本营养生长期短。株型松散，叶片较大，叶片坚挺上举，茎叶浓绿，中穗型，分蘖力中等，主蘖穗整齐。颖壳及颖尖均呈黄色，种皮白色，稀间短芒。全生育期110d左右，株高75cm左右，成穗率70%，穗型中等，较易脱粒，每穗总粒数65粒左右，千粒重26g。

品质特性：米质较优。

抗性：中感稻瘟病，感白叶枯病。

产量及适宜地区：一般单产6 750kg/hm²。适宜安徽、江苏两省淮南地区单季或南部地区早中茬后季稻种植。

栽培技术要点：6月20日以前播种，秧龄30d以内，7月底以前移栽；秧龄控制在30d以内。稀播、匀播、培育壮秧；株行距13.3 cm×16.7cm或16.7 cm×16.7cm，每穴2粒以上种子苗；施足基肥，早施追肥，防止施肥过迟、过多而造成倒伏或加重病虫危害。前期浅水勤灌，中期适时晒田，后期干干湿湿，不能过早断水，直到成熟都应保持湿润。及时防治稻纵卷叶螟等。

粳系212（Gengxi 212）

品种来源：安徽农业大学从农垦58中系统选育而成，原名粳系212，1989年通过安徽省农作物品种审定委员会审定，定名皖稻10号。

形态特征和生物学特性：属粳型常规中迟熟晚稻。感光性强，感温性中等，基本营养生长期短。株型紧凑，茎秆粗壮，叶片短窄，生长清秀，茎叶叶色深绿，中穗型，分蘖力强，主蘖穗整齐。颖壳及颖尖均呈黄色，种皮白色，无芒，熟色好。全生育期133d左右，株高90cm左右，主茎叶16～17片，每穗60粒，结实率91%，千粒重29g。

品质特性：糙米率85.6%，精米率77.5%，整精米率76.7%，米粒长5.1mm，长宽比1.8，垩白粒率61%，垩白度4.6%，透明度1级，碱消值7.0级，胶稠度77mm，直链淀粉含量17.5%，蛋白质含量8.5%。

抗性：抗性一般。

产量及适宜地区：平均单产6 750kg/hm²。到2002年累计推广面积10万hm²。适宜安徽沿江、江南地区作双季晚稻种植。

栽培技术要点：在适宜播种时间内，应早播早栽，稀播，培育壮秧，秧龄控制在30d以内，叶龄在5.5叶以内。每穴5～7苗，株行距13.3cm×16.7cm。施足基肥，早施追肥，防止施肥过迟、过多造成倒伏或加重病虫危害。前期浅水勤灌，中期及时晒田，后期不能过早断水，直到成熟都应保持湿润。及时防治稻纵卷叶螟等。

广粳 102（Guanggeng 102）

品种来源：安徽省广德县农业科学研究所以广粳40为母本与嘉粳104杂交，经系谱法于2001年选育而成，原名广粳102，2005年通过安徽省农作物品种审定委员会审定，定名皖稻86。

形态特征和生物学特性：属粳型常规迟熟晚稻。感光性强，感温性中等，基本营养生长期中。株型紧凑，叶片坚挺上举，茎叶淡绿，生长清秀，半直立穗型，分蘖力中等，主蘖穗整齐。颖壳及颖尖均呈黄色，种皮白色，稀间短芒，脱粒性中等。全生育期133d，比M1148迟熟2d，株高85cm，每穗总粒数85粒，结实率87%，千粒重28g。

品质特性：糙米率83.1%，精米率75.0%，整精米率71.2%，粒长5.2mm，长宽比1.8，垩白粒率28%，垩白度1.7%，透明度1级，碱消值7.0级，胶稠度80mm，直链淀粉含量17.3%，糙米蛋白质含量7.7%。

抗性：抗稻瘟病，感白叶枯病。

产量及适宜地区：2002—2003年两年安徽省双季晚粳区域试验，平均单产分别为7 614.00kg/hm^{2}和6 015.00kg/hm^2，比对照M1148分别减产3.4%和0.1%。2004年安徽省双季晚粳生产试验，平均单产6 975.00kg/hm^2，比对照M1148增产1.1%。一般单产6 000.00 ～ 6 750.00kg/hm^2。适宜安徽省双季稻区作双晚种植。

栽培技术要点：6月15日前后播种，秧龄30d；株行距13.3cm×16.7cm或13.3 cm×20.0cm，大田栽插基本苗180万～ 210万苗/hm^2；大田施纯氮300kg/hm^2，增施有机肥；浅水栽秧，寸水活棵，浅水促蘖，够苗烤田，浅水孕穗，有水抽穗，干湿交替到成熟，收获前1周断水。注意螟虫、稻飞虱、纹枯病、稻瘟病、白叶枯病、稻曲病及条纹叶枯病等病虫害的防治。

广香40（Guangxiang 40）

品种来源：广德县农业科学研究所用C81-40/加香糯1号，经人工去雄杂交于1990年选育而成，原名广香40，1996年通过安徽省农作物品种审定委员会审定，定名皖稻32。

形态特征和生物学特性：属粳型常规迟熟晚香糯稻。感光性强，感温性中等，基本营养生长期短。株型紧凑，剑叶长挺，茎叶色浓绿，穗型较大，长穗型，分蘖力中等偏强，主蘖穗整齐。颖壳及颖尖均呈黄色，种皮白色，稀间短芒。全生育期137d左右，株高85cm左右，每穗总粒数105粒，结实率80%左右，千粒重27.5g。

品质特性：糙米率82.8%，精米率74.9%，整精米率72.9%，直链淀粉含量1.0%，蛋白质含量11.3%。

抗性：轻感白叶枯病，中感稻瘟病。耐肥抗倒。

产量及适宜地区：1993—1995年参加安徽省区域试验和生产试验，平均单产比对照鄂宜105分别增产4.6%和13.9%。适宜安徽省沿江、江南地区作双季晚稻种植。

栽培技术要点：作一季中稻5月中旬以前播种，作双季晚稻6月25日以前播种，秧田播种量450～525kg/hm²，秧龄30d左右；株行距13cm×17cm，每穴5～6粒种子苗。施足基肥，适当控制分蘖肥，后期分期施好穗、粒肥；切忌断水过早，以免早衰降低结实率和千粒重。

红糯（Hongnuo）

品种来源：太湖县种子公司引进的晚粳糯常规稻，1983年通过安徽省农业主管部门认定。

形态特征和生物学特性：属粳糯型常规早熟晚稻。感光性强，感温性中等，基本营养生长期短。株型松散，叶片较大，叶片坚挺上举，茎叶浓绿，中穗型，分蘖力中等，主蘖穗整齐。颖壳及颖尖均呈黄色，种皮白色，稀间短芒。全生育期110d左右，株高75cm左右，成穗率70%，较易脱粒，每穗总粒数70粒，千粒重27g。

品质特性：米质较优。

抗性：中感稻瘟病，感白叶枯病。

产量及适宜地区：平均单产6 750kg/hm²。适宜安徽沿江、江南地区作双季晚稻种植。

栽培技术要点：在适宜播种时间内，应早播早栽，6月20日左右播种，秧龄控制在30d、叶龄在5.5叶以内。株行距13.3 cm×16.7cm或16.7cm×16.7cm，每穴5～7苗；早施追肥，要防止施肥过迟、过多而造成倒伏或加重病虫危害。要及时晒田，及时防治稻纵卷叶螟等。后期不能过早断水，直到成熟都应保持湿润。

花培18（Huapei 18）

品种来源：合肥市农业科学研究院（原安徽省巢湖市农业科学研究所）用闵优128F₁代花粉，通过花粉离体培养和植株培育于1999年选育而成，原名花培18，2006年通过安徽省农作物品种审定委员会审定，定名皖稻94。

形态特征和生物学特性：属粳型常规中熟晚稻。感光性强，感温性中等，基本营养生长期短。株型紧凑，茎秆粗壮，剑叶挺直，叶片坚挺上举，茎叶淡绿，中穗型，分蘖力较强，主蘖穗整齐，着粒较密，脱粒性中等。颖壳及颖尖均呈黄色，种皮白色，稀间短芒。全生育期130d，株高85cm，每穗总粒数105粒，结实率85%左右，千粒重26.5g。

品质特性：糙米率85.0%，精米率76.4%，精米粒长5.0mm，精米长宽比1.7，垩白粒率18.0%，垩白度2.0%，透明度2级，碱消值7.0级，胶稠度70.0mm，直链淀粉含量17.0%。米质达部颁三等食用稻品种品质标准。

抗性：中抗白叶枯病和稻瘟病。

产量及适宜地区：2003—2004年两年安徽省双季晚粳区域试验，平均单产分别为5 940.0kg/hm²和7 831.5kg/hm²，比对照M1148分别减产3.9%和增产4.1%。2005年安徽省双季晚粳生产试验，平均单产为6 082.1kg/hm²，比对照M1148增产7.5%。一般单产6 000.0kg/hm²。适宜安徽省双季稻区作晚稻种植。

栽培技术要点：6月20日以前播种，秧龄30d；栽插37.50万穴/hm²左右，每穴2～3粒种子苗。要施足基肥，适当控制分蘖肥，后期分期施好穗、粒肥；前期浅水勤灌，中期适时晒田，后期干干湿湿，切忌断水过早，以免早衰降低结实率和千粒重。

黄糯2号 （Huangnuo 2）

品种来源：黄山市农业科学研究所用农垦58/红壳糯//沈农1071///IR71218配组选育而成，2007年通过安徽省农作物品种审定委员会审定。

形态特征和生物学特性：属粳糯型常规迟熟晚稻。感光性强，感温性中等，基本营养生长期短。株型紧凑，叶片坚挺上举，茎叶淡绿，短穗型，主蘖穗整齐。颖壳及颖尖均呈黄色，种皮白色，稀间短芒。熟色中等，落粒性中等。全生育期130d，株高90cm左右，平均每穗总粒数95粒，结实率78%，千粒重29.2g。

品质特性：糙米率83.9%，精米率75.6%，整精米率63.6%，粒长5.3mm，长宽比1.8，碱消值7.0级，胶稠度100mm，直链淀粉含量1.4%，糙米蛋白质含量9.1%。米质达部颁四等食用稻品种品质标准。

抗性：感白叶枯病，中感稻瘟病。

产量及适宜地区：2005—2006年两年安徽省晚粳区试，平均单产分别为7 155.0kg/hm^{2}和7 672.5kg/hm^2，比对照M1148分别增产8.8%和3.1%。2006年生产试验，平均单产为6 738.0kg/hm^2，比对照M1148增产8.29%。最大年推广面积1.33万hm^2，自2007年以来累计推广面积8.67万hm^2。适宜安徽省作双季晚粳种植。

栽培技术要点：作双晚栽培，6月20日以前播种，秧龄25d；稀播、匀播、培育壮秧，秧田播种量不超过1 125kg/hm^2；株行距13.3 cm×16.7cm或16.7 cm×16.7cm，每穴7～8苗。适时晒田，施足基肥，早施追肥，防止施肥过迟、过多而造成倒伏或加重病虫危害。前期浅水勤灌，中期适时晒田，后期干干湿湿，不能过早断水，直到成熟都应保持湿润。及时防治稻纵卷叶螟等。

徽粳804 (Huigeng 804)

品种来源：贵池市农业科学研究所用农垦58-7/红壳糯配组选育而成，原名徽粳804，1985年通过安徽省农作物品种审定委员会审定，定名皖稻2号。

形态特征和生物学特性：属粳型常规早中熟晚稻。感光性强，感温性中等，基本营养生长期短。株型适中，茎秆粗壮抗倒，叶片长宽适中上举，茎叶绿，中穗型，分蘖力中等，抽穗快而集中，成穗率高，主蘖穗整齐，成熟时转色较好。颖壳及颖尖均呈黄色，种皮白色，稀间短芒。全生育期126.4d，株高79.7cm，穗长17cm，每穗总粒数70粒左右，结实率87.5%，千粒重26.6g。

品质特性：糙米率82%，碱消值6.0级，胶稠度86mm，直链淀粉含量14.6%，糙米蛋白质含量7.77%。

抗性：中感稻瘟病，中抗白叶枯病，感褐飞虱和白背飞虱。

产量及适宜地区：平均单产6 750kg/hm²。适宜安徽沿江、江南地区作双季晚稻种植。

栽培技术要点：6月25日左右播种，秧龄应控制在30d以内，稀播、匀播、培育壮秧，株行距13.3 cm×16.7cm或16.7 cm×16.7cm，每穴8苗左右，适时晒田，施足基肥，早施追肥，防止施肥过迟、过多而造成倒伏或加重病虫危害。前期浅水勤灌，中期适时晒田，后期不能过早断水，直到成熟都应保持湿润。及时防治稻纵卷叶螟等。

夹沟香稻（Jiagouxiangdao）

品种来源：宿县夹沟农家品种。

形态特征和生物学特性：属粳型常规迟熟晚稻。株型紧凑，茎秆细韧，叶片狭窄，叶色深绿，穗大，着粒较稀，谷粒饱满圆形。颖壳黄色，颖尖呈赤褐色，有芒，芒赤褐色。分蘖力弱，成穗率高，抽穗整齐，生长整齐清秀，米粒白色。全生育期160d，株高125cm，穗长17cm，每穗总粒数70粒左右，结实率90%左右，千粒重28g。

品质特性：糙米率79.0%，精米率70.7%，蛋白质含量8.4%，直链淀粉含量21.1%，碱消值6.3级，胶稠度52mm。

抗性：中抗稻瘟病，中抗白叶枯病。高感褐飞虱，中抗白背飞虱。

产量及适宜地区：一般单产3 750kg/hm²，高的达6 750kg/hm²。已有200多年栽培历史。米质优，饭香浓溢，"一家煮饭十家香，十家煮饭香满庄"，是誉满省内外的名贵品种。中华人民共和国成立前，仅宿县镇町寺周围种植2hm²。中华人民共和国成立后，濉溪、灵璧、五河、怀远、定远都引种栽培，但香味都不及镇町寺泉水灌溉的。1979年镇町寺附近种植6.7hm²。

栽培技术要点：6月中下旬播种，培育壮秧，7月底移栽，秧龄40d以内。株行距10.0cm×16.7cm或10.0cm×120.0cm，每穴6～8苗。以基肥和有机肥为主，后期少追肥，避免倒伏。注意中期烤田，特别要防止后期氮肥过多，造成倒伏和引起病害。易受虫害，后期注意防治螟虫。

铜花2号 （Tonghua 2）

品种来源：铜陵县农业科学研究所1979年用农垦58/农菊33杂交F_2材料的花药离体人工培养选育而成。

形态特征和生物学特性：属粳型常规迟熟晚稻。株型紧凑，茎秆粗壮，剑叶短而厚，挺直，叶色深绿。穗大，着粒较稀，谷粒椭圆形。颖壳深黄色，颖尖呈赤褐色，无芒或偶有顶芒。分蘖力弱，成穗率80%左右，抽穗整齐，生长整齐清秀，穗直立型，米粒白色。作单晚全生育期150d，株高100cm。作双晚全生育期135d，株高100cm，穗长15.9cm，每穗总粒数60粒左右，结实率90%，千粒重26.5g。

品质特性：糙米率82.9%，精米率74.8%，糙米蛋白质含量8.3%，赖氨酸含量0.3%，粗总淀粉含量79.5%，直链淀粉含量18.1%，支链淀粉含量70.3%，碱消值6.2级，胶稠度83mm。

产量及适宜地区：1977年参加芜湖地区晚稻品种试验，9个点平产，8个点增产，单产4 792.5 ~ 6 900kg/hm²，比对照农垦58增产5.0% ~ 36.0%。1978年参加安徽省双季晚稻区域试验，居10个参试品种的第二位。1978年铜陵县示范农场作双晚种植4.9hm²，平均单产6 802.5kg/hm²。1979年铜陵市种植面积353hm²。

栽培技术要点：适时播种，作单晚，5月25日播种，6月25 ~ 30日移栽，株行距13.3cm×16.7cm，栽插密度45万穴/hm²，每穴4 ~ 5苗。作双晚，6月10日播种，秧田播种量600 ~ 750kg/hm²，株行距10.0cm×16.7cm，栽插密度60万穴/hm²，每穴6 ~ 8苗。需肥量较大，应在肥田种植。并注意增施基肥，合理施用追肥。后期注意防治螟虫。

晚粳22 （Wangeng 22）

品种来源：桐城市种子公司用武运粳7号经系统选育而成，2007年通过安徽省农作物品种审定委员会审定。

形态特征和生物学特性：属粳型常规中熟晚稻。感光性强，感温性中等，基本营养生长期短。株型紧凑，叶片坚挺上举，茎叶绿，中穗型，分蘖力中等，成穗率高，主蘖穗整齐。颖壳及颖尖均呈黄色，种皮白色，稀间短芒。株高80cm左右，平均每穗总粒数96粒，结实率83%，千粒重28.5g。全生育期127d，比对照M1148短3d。后期熟色好，易脱粒。

品质特性：整精米率74.7%，垩白粒率28.0%，垩白度5.7%，谷粒长7.65mm，宽3.58mm，长宽比2.14，胶稠度78mm，直链淀粉含量16.5%。米饭松软适口，冷后不硬。

抗性：中抗白叶枯病，中感稻瘟病。

产量及适宜地区：2005—2006年两年参加安徽省双季晚粳区试，平均单产分别为6 907.50kg/hm² 和7 672.50kg/hm²，比对照M1148分别增产5.0%和5.6%。2006年生产试验，平均单产为6 684.0kg/hm²，比对照M1148增产7.34%。适宜安徽省作双晚粳种植。

栽培技术要点：6月20日以前播种，秧龄25d左右。培育壮秧，秧龄控制在30d、叶龄在5.5叶以内。株行距（13.3 ~ 16.7）cm×16.7cm，每穴5 ~ 7苗。早施追肥，防止施肥过迟、过多而造成倒伏或加重病虫危害。前期浅水勤灌，中期及时晒田，后期不能过早断水，直到成熟都应保持湿润。及时防治稻纵卷叶螟等。

晚粳48（Wangeng 48）

品种来源：安徽省农业科学院水稻研究所和中国科学院等离子体物理研究所合作，用N离子注入（CO12/薄稻//SR19），诱变处理，于1994年选育而成，原名晚粳48，1999年通过安徽省农作物品种审定委员会审定，定名皖稻58。

形态特征和生物学特性：属粳型常规中熟晚稻。感光性强，感温性中等，基本营养生长期短。株型紧凑，茎秆粗壮，叶片较长，叶片坚挺上举，茎叶色深绿，短穗型，分蘖力中等，主蘖穗整齐。颖壳及颖尖均呈黄色，种皮白色，稀间短芒，转色快，熟相较好。作双晚栽培，全生育期128d，株高100cm，每穗总粒数95粒，结实率85%以上，千粒重30g。

品质特性：米粒外观品质较好。

抗性：抗稻瘟病，中抗白叶枯病。

产量及适宜地区：1996—1998年安徽省区域试验和生产试验，平均比对照鄂宜105和D9055分别增产6.23%和8.10%。适宜安徽省作双季晚稻种植。

栽培技术要点：一般6月中旬播种，秧龄30～35d；大田用种量75kg/hm²，株行距13.3cm×20.0cm，每穴4粒种子苗；施足基肥，适当控制分蘖肥，后期分期施好穗、粒肥。前期浅水勤灌，中期及时晒田，后期不能过早断水，直到成熟都应保持湿润。注意防治螟虫。

晚粳 9515 （Wangeng 9515）

品种来源：巢湖市炯炀农业技术推广站从秀水664中选择的变异单株，经系谱法于1995年选育而成，原名晚粳9515，2002年通过安徽省农作物品种审定委员会审定，定名皖稻62。

形态特征和生物学特性：属粳型常规中熟晚稻。感光性强，感温性中等，基本营养生长期短。株型紧凑，茎秆粗壮，剑叶窄挺，茎叶色深绿，短穗型，抽穗整齐，主蘖穗整齐。颖壳及颖尖均呈黄色，种皮白色，稀间短芒，易脱粒。作双晚栽培全生育期130d左右，株高92.5cm，每穗总粒数90粒左右，结实率85%，千粒重27.5g。

品质特性：米质较好，经农业部稻米及制品质量监督检验测试中心检测8项指标达部颁1级优质米标准，2项达2级优质米标准。

抗性：中抗稻瘟病和白叶枯病。

产量及适宜地区：1998—2000年安徽省双季晚粳区域试验和生产试验，平均单产比对照D9055增产5%和7.5%。适宜安徽省双季稻区作双晚种植。

栽培技术要点：6月中旬播种，秧龄30d，栽插37.5万～45.0万穴/hm²，每穴4～5粒种子苗。要施足基肥，适当控制分蘖肥，后期分期施好穗、粒肥。前期浅水勤灌，中期及时晒田，后期不能过早断水，直到成熟都应保持湿润。注意防治白叶枯病、稻曲病和褐飞虱等病虫害。

晚粳97（Wangeng 97）

　　品种来源：安徽省农业科学院水稻研究所用2277与丙814（引自浙江）杂交，经多代选育而成，原名晚粳97，2002年通过安徽省农作物品种审定委员会审定，定名皖稻64。

　　形态特征和生物学特性：属粳型常规早中熟晚稻。感光性强，感温性中等，基本营养生长期短。株型紧凑，茎秆粗壮，生长清秀，叶片坚挺上举，茎叶深绿，中穗型，穗直立，分蘖力强，主蘖穗整齐。颖壳及颖尖均呈黄色，种皮白色，稀间短芒。易脱粒。全生育期作双晚126d，作单晚145d左右，株高80cm，穗长14.5cm，每穗总粒数75粒，结实率90%，千粒重26g。

　　品质特性：糙米率82.4%，精米率74.0%，整精米率71.5%，粒长5.5mm，长宽比1.9，垩白粒率4%，垩白度0.2%，透明度2级，碱消值7.0级，胶稠度72mm，直链淀粉含量16.4%，蛋白质含量11.2%。米质达部颁二等食用稻品种品质标准。

　　抗性：中抗白叶枯病和稻瘟病，感稻曲病。

　　产量及适宜地区：1999年参加安徽省双季晚粳组区域试验，平均单产5 760.0kg/hm²，比对照D9055（CK1）增产3.6%，比对照70优04（CK2）减产1.7%；2000年续试，平均单产7 303.5kg/hm²，比对照70优04减产7.9%。2001年安徽省双季晚粳生产试验，平均单产7 117.5kg/hm²，比对照70优04增产7.7%。适宜安徽省沿江及江南地区作晚粳种植。最大年推广面积5.4万hm²（2000年），至2010年累计推广面积30万hm²。

　　栽培技术要点：作双晚栽培，一般6月中旬播种，秧龄30d左右。大田用种量60kg/hm²左右，栽插45万穴/hm²，每穴2粒种子苗。施足基肥，适当控制分蘖肥，后期分期施好穗、粒肥。前期浅水勤灌，中期及时晒田，后期不能过早断水，直到成熟都应保持湿润。作单季稻栽培要注意防治稻曲病。

晚粳9707（Wangeng 9707）

品种来源：江苏省武进县农业科学研究所用浙农大40/香粳9325//宁波1号复交选育而成，2004年通过安徽省农作物品种审定委员会审定。

形态特征和生物学特性：属粳型常规中熟晚稻。感光性强，感温性中等，基本营养生长期短。株型紧凑，叶片坚挺上举，茎叶绿，中穗型，分蘖力中等，成穗率高，主蘖穗整齐。颖壳及颖尖均呈黄色，种皮白色，稀间短芒。后期熟色佳，易脱粒。全生育期127d，株高80cm左右，每穗总粒数96粒，结实率83%，千粒重28.5g。

品质特性：稻米的心腹白较小，有清香味，米质一般。

抗性：抗性一般。

产量及适宜地区：平均单产6 750kg/hm²。适宜安徽沿江、江南地区作双季晚稻种植。

栽培技术要点：在适宜播种时间内，应早播早栽，6月25日左右播种，稀播、匀播、培育壮秧，秧田播种量不超过1 125kg/hm²；7月底以前移栽；秧龄控制在30d以内，株行距13.3cm×16.7cm或16.7 cm×16.7cm，每穴7～8苗；施足基肥，早施追肥，防止施肥过迟、过多而造成倒伏或加重病虫危害。前期浅水勤灌，中期及时晒田，后期干干湿湿，不能过早断水，直到成熟都应保持湿润。及时防治稻纵卷叶螟等。

晚粳M002 （Wangeng M 002）

品种来源：安徽省农业科学院水稻研究所和中国科学院等离子体物理研究所用晚粳M3122/春江03（糯），对F_3代种子经离子束辐照处理后再经系统选育而成，原名晚粳M002，2006年通过安徽省农作物品种审定委员会审定，定名皖稻96。

形态特征和生物学特性：属粳型常规中熟晚稻。感光性强，感温性中等，基本营养生长期短。株型紧凑，茎秆粗壮，叶片挺直，茎叶深绿，小穗型，分蘖力强，主蘖穗整齐。颖壳及颖尖均呈黄色，种皮白色，稀间短芒。全生育期129d，株高85cm，每穗总粒数80粒，结实率80%，易脱粒，千粒重27.5g。

品质特性：糙米率82.0%，精米率75.6%，整精米率72.1%，粒长4.8 mm，长宽比1.6，碱消值6.3级，胶稠度100mm，直链淀粉含量1.8%，蛋白质含量10.3%，米质优。米质达部颁一等食用稻品种品质标准。

抗性：中感白叶枯病和稻瘟病。

产量及适宜地区：2004—2005年两年安徽省双季晚粳区域试验，平均单产分别为8 325.0kg/hm^{2}和6 862.5kg/hm^2，比对照M1148分别增产10.7%和4.3%。2005年安徽省双季晚粳生产试验，平均单产5 802.2kg/hm^2，比M1148增产2.6%。一般单产6 000.0～6 750.0kg/hm^2。适宜安徽省双季稻白叶枯病和稻瘟病轻发区作晚稻种植。

栽培技术要点：一般6月20日以前播种，秧龄30d；栽插37.5万穴/hm^{2}左右，每穴2粒种子苗。施足基肥，适当控制分蘖肥，后期分期施好穗、粒肥。前期浅水勤灌，中期及时晒田，后期不能过早断水，直到成熟都应保持湿润。注意防治白叶枯病和稻瘟病。

晚粳糯74-24（Wangengnuo 74-24）

品种来源：原安徽省农业科学院作物研究所用矮利3号/矮脚桂花黄配组选育而成。

形态特征和生物学特性：属粳型常规迟熟晚糯稻。株型紧凑，茎秆粗壮，剑叶短而厚，挺直，叶色深绿。穗大，着粒较稀，谷粒椭圆形。颖壳深黄色，颖尖呈赤褐色，无芒或偶有顶芒。分蘖力弱，成穗率80%左右，抽穗整齐，生长整齐清秀，穗直立型，米粒白色。全生育期148d，株高85cm，穗长15.9cm，每穗总粒数80粒左右，结实率88%左右，千粒重28g。

品质特性：糙米率78.6%，精米率70.4%，糙米蛋白质含量7.9%，赖氨酸含量0.3%，粗总淀粉含量80.0%，直链淀粉含量1.3%，支链淀粉含量87.6%，碱消值6.0级，胶稠度100mm。

抗性：中抗稻瘟病，中抗白叶枯病。

产量及适宜地区：一般单产6 750kg/hm^2。适宜安徽江淮及沿江地区作单晚、双晚种植。

栽培技术要点：适时播种，作单晚，5月25日播种，6月25～30日移栽，株行距13.3cm×16.7cm，栽插密度45万穴/hm^2，每穴4～5苗。作双晚，6月10日播种，秧田播种量600～750kg/hm^2，株行距10.0cm×16.7cm，栽插密度60万穴/hm^2，每穴6～8苗。需肥量较大，应在肥田种植，并注意增施基肥，合理施用追肥。后期注意防治螟虫。

晚粳糯90-2 （Wangengnuo 90-2）

品种来源：安徽省铜陵县农业科学研究所从秀水664中选择的变异株，经系统选育于1990年育成，原名晚粳糯90-2，1998年通过安徽省农作物品种审定委员会审定，定名皖稻52。

形态特征和生物学特性：属粳型常规中熟晚糯稻。感光性强，感温性中等，基本营养生长期短。株型紧凑，叶片坚挺上举，茎叶深绿，短穗型，分蘖力强，主蘖穗整齐。颖壳及颖尖均呈黄色，种皮白色，稀间短芒。不易脱粒。作双晚栽培全生育期128d左右，作单晚栽培全生育期135d左右，株高86cm，每穗总粒数90粒，结实率85%，千粒重26g。

品质特性：糯性强。

抗性：较抗稻瘟病，中抗白叶枯病。

产量及适宜地区：安徽省1995—1996年区域试验和1997年生产试验，平均比对照鄂宜105增产2.2%～7.79%。适宜安徽省沿江、江南作双季晚稻或江淮之间作单季稻栽培。

栽培技术要点：沿江、江南作双晚栽培，6月上、中旬播种，江淮之间作单晚栽培，5月20日播种；秧田净播种量525～600kg/hm²，秧龄30～35d；栽插不少于45万穴/hm²，每穴4～5个茎蘖苗。要施足基肥，适当控制分蘖肥，后期分期施好穗、粒肥。前期浅水勤灌，中期及时晒田，切忌断水过早，以免早衰降低结实率和千粒重。注意防治白叶枯病、稻曲病和褐飞虱。

晚粳糯M99037 （Wangengnuo M 99037）

品种来源：安徽省农业科学院水稻研究所用测59/春江03糯进行杂交，经离子束辐照处理选育而成，原名晚粳糯M99037，2005年通过安徽省农作物品种审定委员会审定，定名皖稻82。

形态特征和生物学特性：属粳型常规中熟晚糯稻。感光性强，感温性中等，基本营养生长期长。株型紧凑，茎秆粗壮，叶片坚挺上举，茎叶色深绿，中穗型，分蘖力较强，主蘖穗整齐。颖壳及颖尖均呈黄色，种皮白色，稀间短芒，脱粒性中等。全生育期129d，比M1148早熟2d，株高92cm，平均每穗总粒数130粒，结实率83%，千粒重26g。

品质特性：糙米率82.4%，精米率73.3%，整精米率69.3%，粒长4.7mm，长宽比1.6，碱硝值7.0级，胶稠度100mm，直链淀粉含量1.5%，蛋白质含量9.2%。

抗性：中抗白叶枯病，感稻瘟病。

产量及适宜地区：2002—2003年两年安徽省双季晚粳区域试验，平均单产分别为8 065.5kg/hm²和6 178.5kg/hm²，比对照M1148分别增产2.3%和2.6%，2004年安徽省双季晚粳生产试验，平均单产6 862.5kg/hm²，比对照减产0.5%。适宜安徽省双季稻区作双晚种植。

栽培技术要点：6月20日以前播种，秧龄30d；株行距13cm×20cm，每穴2粒种子苗。施足基肥，适当控制分蘖肥，后期分期施好穗、粒肥。前期浅水勤灌，中期及时晒田，后期不能过早断水，直到成熟都应保持湿润。注意防治稻瘟病。

皖粳1号（Wangeng 1）

品种来源：安徽省农业科学院作物研究所用嘉农15/南粳15配组选育而成，原名皖粳1号，定名皖稻6号。1987年通过安徽省农作物品种审定委员会审定。

形态特征和生物学特性：属粳型常规早熟晚稻。感光性强，感温性中等，基本营养生长期短。株型适中，茎秆粗壮抗倒，叶片长宽适中上举，茎叶淡绿，中穗型，分蘖力中等，抽穗快而集中，成穗率高，主蘖穗整齐。成熟时转色较好。颖壳及颖尖均呈黄色，种皮白色，稀间短芒。全生育期126.4d，株高79.7cm，穗长17cm，每穗总粒数70粒左右，结实率87.5%，千粒重26.6g。

品质特性：糙米率82.7%，精米率74.8%，糙米蛋白质含量8.1%，赖氨酸含量0.3%，粗总淀粉含量79.2%，直链淀粉含量18.3%，支链淀粉含量69.7%，碱消值6.9级，胶稠度75mm。

抗性：抗稻瘟病和白叶枯病。高感褐飞虱，中抗白背飞虱。

产量及适宜地区：平均单产6 750kg/hm²。适宜在安徽省的巢湖、安庆、宣城、六安、合肥、铜陵、马鞍山、芜湖等地作单季和双季晚稻种植。

栽培技术要点：在适宜播种时间内，应早播早栽，6月20日以前播种，培育壮秧，秧龄控制在30d、叶龄在5.5叶以内。株行距（13.3 ~ 16.7）cm×16.7cm，每穴5 ~ 7苗；早施追肥，防止施肥过迟、过多而造成倒伏或加重病虫危害。前期浅水勤灌，中期及时晒田，后期不能过早断水，直到成熟都应保持湿润。及时晒田。及时防治稻纵卷叶螟等。

皖垦糯1号 （Wankennuo 1）

品种来源：安徽皖垦种业有限公司大圹圩水稻研究所从武育糯16的变异株中系统选育而成，2010年通过安徽省农作物品种审定委员会审定。

形态特征和生物学特性：属粳型常规中熟晚糯稻。感光性强，感温性中等，基本营养生长期中。株型紧凑，叶片坚挺上举，茎叶淡绿，直穗型，主蘖穗整齐。颖壳及颖尖均呈黄色，种皮白色，稀间短芒。全生育期126d，株高86cm，每穗总粒数110粒左右，结实率85%左右，千粒重26g。

品质特性：糙米率84.8%，精米率77.1%，整精米率70.4%，粒长4.8mm，长宽比1.7，碱消值7.0级，胶稠度100mm，直链淀粉含量1.6%，蛋白质含量9.2%。

抗性：抗白叶枯病，抗稻瘟病。

产量及适宜地区：2007—2008年参加安徽省双季晚粳新品种区试，平均单产分别为7 440.0kg/hm^{2}和7 665.00kg/hm^2，较对照M1128分别增产10.2%和6.3%。2009年生产试验单产7 725.0kg/hm^2，较对照M1128增产5.3%。适宜安徽省沿江稻区和皖南山区作双季晚粳种植。

栽培技术要点：在适宜播种时间内，应早播早栽，6月20日以前播种，秧龄控制在30d、叶龄在5.5叶以内。株行距13.3 cm×16.7cm或16.7cm×16.7cm，每穴5～7苗；早施追肥，防止施肥过迟、过多而造成倒伏或加重病虫危害。前期浅水勤灌，中期及时晒田，后期不能过早断水，直到成熟都应保持湿润。及时防治稻纵卷叶螟等。

新隆粳3号（Xinlonggeng 3）

品种来源：安徽益海嘉里水稻科技有限公司用爱知香（日本引进）/武运粳3号采用系谱法选育而成，2009年通过安徽省农作物品种审定委员会审定。

形态特征和生物学特性：属粳型常规早熟晚稻。感光性强，感温性中等，基本营养生长期中。株型紧凑，叶片坚挺上举，茎叶绿，长穗型，主蘖穗整齐。颖壳及颖尖均呈黄色，稃毛疏短，种皮白色，稀间短芒。全生育期125d左右，株高82cm，每穗总粒数93粒左右，结实率85%左右，千粒重29g。

品质特性：米质达部颁三等食用稻品种品质标准。

抗性：中抗白叶枯病，抗稻瘟病。

产量及适宜地区：2006年参加安徽省双季晚粳新品种区试，单产7 545.0kg/hm^2，较对照M1148增产1.3%；2007年区试单产7 425.0kg/hm^2，较对照M1148增产10.1%。2008年生产试验单产6 975.0kg/hm^2，较对照M1148增产9.0%。适宜安徽省沿江稻区和皖南山区作双季晚粳种植。

栽培技术要点：在适宜播种时间内，应早播早栽，6月20日以前播种，秧龄控制在30d、叶龄控制在5.5叶以内。株行距（13.3 ~ 16.7）cm×16.7cm，每穴5 ~ 7苗；早施追肥，防止施肥过迟、过多而造成倒伏或加重病虫危害。前期浅水勤灌，中期及时晒田，后期不能过早断水，直到成熟都应保持湿润。及时防治稻纵卷叶螟等。

宣鉴90-1 (Xuanjian 90-1)

品种来源：安徽省宣城地区农业科学研究所用越美5号//抗二杂交后代的优异单株//城堡作父本进行复交选育而成，原名宣鉴90-1，1996年通过安徽省农作物品种审定委员会审定，定名皖稻40。

形态特征和生物学特性：属粳型常规迟熟晚稻。感光性强，感温性中等，基本营养生长期短。株型紧凑，叶片短挺，透光性好，茎叶淡绿，穗型稍小，分蘖力强，主蘖穗整齐。颖壳及颖尖均呈黄色，种皮白色，谷粒椭圆，谷壳较薄，无芒，熟相好。全生育期135d左右，株高84cm，结实率85%左右，千粒重23g。

品质特性：糙米率84.4%，精米率76.6%，整精米率72.3%，垩白粒率9.0%，垩白度0.8%，透明度1级，碱消值6.0级，胶稠度51mm，直链淀粉含量20.7%，蛋白质含量9.7%。

抗性：抗稻瘟病，中抗白叶枯病。

产量及适宜地区：1993—1994年安徽省两年品种区域试验和1995年生产试验，平均单产比对照鄂宜105分别增产6.9%和7.6%。适宜安徽省双季稻地区作双季晚稻种植。

栽培技术要点：一般6月中下旬播种，秧龄35～40d，大田用种量90～120kg/hm^2，每穴栽5～6粒种子苗，株行距13cm×17cm。施足基肥，适当控制分蘖肥，后期分期施好穗、粒肥；切忌断水过早，以免早衰降低结实率和千粒重。

宣粳 9397 （Xuangeng 9397）

品种来源：宣城市农业科学研究所用香粳9325/晚粳97杂交选育而成。2007年通过安徽省农作物品种审定委员会审定。

形态特征和生物学特性：属粳型常规中熟晚稻。感光性强，感温性中等，基本营养生长期短。株型紧凑，叶片坚挺上举，茎叶淡绿，半直立穗型，主蘖穗整齐。生长清秀，后期转色中等，较易脱粒。颖壳及颖尖均呈黄色，种皮白色，稀间短芒。全生育期130d，株高85cm左右，分蘖力较强，成穗率较高，平均每穗总粒数90粒，结实率85%，千粒重25g。

品质特性：糙米率84.8%，精米率76.0%，整精米率74.3%，粒长5.3mm，长宽比1.8，垩白粒率88%，垩白度8.6%，透明度2级，碱消值7.0级，胶稠度61 mm，直链淀粉含量14.5%，蛋白质含量9.4%。

抗性：中感白叶枯病，感稻瘟病。

产量及适宜地区：2005—2006年两年参加安徽省双季晚粳区试，平均单产分别为6 997.5kg/hm² 和8 077.5kg/hm²，比对照M1148分别增产6.4%和8.6%。2006年生产试验，平均单产6 517.2kg/hm²，比对照M1148增产4.7%。适宜安徽省作双季晚粳种植。

栽培技术要点：作双晚栽培，6月20日以前播种，秧龄30d；栽插37.50万穴/hm²左右，每穴3～4粒种子苗。早施追肥，要防止施肥过迟、过多而造成倒伏或加重病虫危害。前期浅水勤灌，中期及时晒田，后期不能过早断水，直到成熟都应保持湿润。注意预防白叶枯病、稻瘟病、稻纵卷叶螟等病虫害。

扬糯5号（Yangnuo 5）

品种来源：江苏农学院从农垦57中选育而成，1985年通过安徽省农作物品种审定委员会审定。

形态特征和生物学特性：属粳糯型常规中熟晚稻。感光性强，感温性中等，基本营养生长期短。株型松散适中，茎秆较粗壮，叶片坚挺上举，叶片较短，茎叶色淡黄，穗大粒多，长穗型，分蘖力较强，主蘖穗整齐。种皮白色，稀间短芒，谷粒金黄色。作一季中稻全生育期140d，株高90cm，每穗总粒数90粒；双晚全生育期130d左右，株高80cm，每穗总粒数55粒左右，结实率85%左右，千粒重26g。

品质特性：米质较优。

抗性：中抗白叶枯病，中感稻瘟病。

产量及适宜地区：适宜安徽省作一季中稻或双季晚稻种植。

栽培技术要点：作双晚栽培，一般6月20日以前播种，秧龄30d；栽插37.50万穴/hm² 左右，每穴2粒种子苗；早施追肥，防止施肥过迟、过多造成倒伏或加重病虫危害。前期浅水勤灌，中期及时晒田，后期不能过早断水，直到成熟都应保持湿润。注意防治白叶枯病和稻瘟病。

二、杂交晚粳

4008S／秀水04（4008 S／Xiushui 04）

品种来源：安徽省农业科学院水稻研究所用4008S/秀水04配组于1994年选育而成，原名4008S/秀水04，1999年通过安徽省农作物品种审定委员会审定，定名皖稻50。

形态特征和生物学特性：属粳型两系杂交早熟晚稻。感光性强，感温性中等，基本营养生长期短。株型松散适中，剑叶短而上举，茎叶绿，长穗型，分蘖力较强，主蘖穗整齐。颖壳及颖尖均呈黄色，种皮白色，稀间短芒。作双晚栽培，全生育期122d，比70优04短3～4d，株高100cm左右，每穗总粒数135粒，结实率80%左右，千粒重25g。

品质特性：糙米率84.6%，精米率77.2%，整精米率63.2%，直链淀粉含量18.2%，碱消值7.0级，胶稠度90mm，蛋白质含量7.6%，透明度好，食味佳。

抗性：抗稻瘟病，感白叶枯病。

产量及适宜地区：1996年参加安徽省双晚区试，平均单产6 960kg/hm²，比对照鄂宜105增产10.46%。1997年参加安徽省双晚区试，平均单产6 920kg/hm²，比对照鄂宜105增产3.01%，比对照70优04减产3.25%。1997年参加安徽省双晚生产试验，平均单产7.13t/hm²，比对照鄂宜105增产8.6%。1998年参加中国超级稻产量潜力试验（云南），平均单产11 170kg/hm²，比对照鄂粳杂1号增产33.54%。至2010年累计推广面积3万hm²左右。适宜安徽省双季稻区种植。

栽培技术要点：适时播种，培育多蘖壮秧：作单晚5月中旬播种，6月中下旬栽秧；作双晚6月18日前播种，7月下旬至月底栽秧。播种量225kg/hm²。秧田与大田面积之比1：6。合理密植：双晚株行距10cm×23cm，每穴2粒种子苗。大田施肥：施纯氮180kg/hm²。以基肥、有机肥、分蘖肥、速效肥为主，齐穗后2～3d适量补施粒肥，一般以500g/hm²尿素加200g/hm²磷酸二氢钾混合液叶面喷施。加强后期管理：后期必须保持浅水灌浆，干湿交替直到成熟，切不可断水过早。中耕除草和病虫防治：主要注意防治白叶枯病、稻曲病和褐飞虱的发生。中耕除草和其他病虫防治参照常规办法进行。

70优04 （70 You 04）

品种来源：安徽省农业科学院水稻研究所用7001S/秀水04（引自浙江）配组选育而成，原名70优04，1994年通过安徽省农作物品种审定委员会审定，定名皖稻26。

形态特征和生物学特性：属粳型两系杂交中熟晚稻。感光性强，感温性中等，基本营养生长期中。株型紧凑，茎秆粗壮坚韧，叶片坚挺上举，叶色深绿，穗轴硬挺，中穗型，穗直立，主蘖穗整齐。颖壳及颖尖均呈黄色，谷粒椭圆形，种皮白色。全生育期130d，株高100cm，穗长17.7cm，主茎叶片数16～18叶，每穗总粒数130粒左右，结实率85%，千粒重26g。

品质特性：糙米率84.4%，精米率76.8%，整精米率62.5%，粒长5.0mm，长宽比1.9，垩白粒率65%，透明度2级，碱消值6.9级，胶稠度58mm，直链淀粉含量19.3%，蛋白质含量9.0%。米质一般，食味好。

抗性：中抗稻瘟病和白叶枯病，感稻曲病，耐肥抗倒。

产量及适宜地区：1992年参加安徽省单季晚粳组区试，平均单产7 260.00kg/hm²，比对照当优C堡和鄂宜105分别增产6.0%和12.9%；1993年续试，平均单产7 534.50kg/hm²，比对照六优C堡增产11.5%。1993年单晚生产试验，平均单产7 072.50kg/hm²，比对照六优C堡增产14.25%。适宜安徽省沿江及江南肥力较高地区作晚稻种植。最大年推广面积3.33万hm²（1997年），至2010年累计推广面积19万hm²。

栽培技术要点：6月10～20日播种，秧龄30～35d，秧田播种量225kg/hm²，每穴栽2粒种子苗，株行距13cm×20cm。要施足基肥，适当控制分蘖肥，后期分期施好穗、粒肥，切忌断水过早，以免早衰降低结实率和千粒重。重点防治稻曲病、白叶枯病和稻飞虱等。

70优9号（70 You 9）

品种来源：安徽省农业科学院水稻研究所用7001S/皖恢9号配组选育而成，原名70优9号，1994年、2000年和2001年分别通过安徽省、云南省和国家农作物品种审定委员会审定，定名皖稻24。

形态特征和生物学特性：属粳型两系杂交迟熟晚稻。感光性强，感温性中等，基本营养生长期中。株型紧凑，叶片坚挺上举，茎叶绿，中穗型，穗下垂，主蘖穗整齐。颖壳呈黄色，颖尖红色，种皮白色，稀间短芒，难脱粒。在安徽省沿淮地区作麦茬单晚种植，全生育期166d左右，在沿江作双晚种植，全生育期131d左右；在云南省种植，全生育期175d左右。株高96cm，穗长18.8cm，穗大粒多，每穗总粒数135粒左右，结实率80%，千粒重25g。

品质特性：糙米率83.5%，精米率75.7%，整精米率72.1%，粒长5.1mm，长宽比2.0，垩白粒率81%，透明度2级，碱消值6.9级，胶稠度52mm，直链淀粉含量19.8%，蛋白质含量12.0%。食味佳。

抗性：高抗稻瘟病，中抗白叶枯病。

产量及适宜地区：1991—1992年在安徽省粳杂双晚组区试中，平均单产分别为6 137.1kg/hm²和5 967.0kg/hm²，比对照鄂宜105分别增产8.2%和6.4%，比三系粳杂对照当优9号分别增产0.84%和5.3%；1992年双晚生产试验，平均单产5 883.0kg/hm²，比对照鄂宜105增产9.4%。最大年种植面积1.7万hm²（1996年），自2000年以来累计推广面积11.8万hm²。适宜安徽沿江、江南作双季晚稻种植，在云南作一季稻种植。

栽培技术要点：作单晚种植，沿淮4月下旬播种，江淮5月初播种，秧田播种量187.5kg/hm²，秧龄30～35d，株行距13.3cm×20cm，栽插37.5万穴/hm²，每穴2粒种子苗；作双晚种植，6月18～20日播种，秧田播种量225kg/hm²，秧龄30d左右，株行距13.3cm×16.7cm，栽插45万穴/hm²，每穴2粒种子苗。要施足基肥，适当控制分蘖肥，后期分期施好穗、粒肥，切忌断水过早。在云南栽培，适时早播，稀播培育壮秧，秧田播种量225～300kg/hm²，搞好种子处理；要适时早栽，合理密植，栽插37.5万～45.0万穴/hm²，每穴2粒种子苗。注意防治白叶枯病和稻曲病。

70优双九（70 Youshuangjiu）

品种来源：安徽省农业科学院水稻研究所用7001S与双九配组选育而成，原名70优双九，1997年通过安徽省农作物品种审定委员会审定，定名皖稻48。

形态特征和生物学特性：属粳型两系杂交中熟晚稻。感光性强，感温性中等，基本营养生长期短。株型松紧适中，叶片坚挺上举，茎叶较淡，中穗型，穗弯曲，分蘖力中等，主蘖穗整齐。颖壳及颖尖均呈黄色，种皮白色。后期熟相好。全生育期130d，早熟。株高92.5cm，穗长20.2cm，每穗110粒左右，结实率75%左右，千粒重25g。

品质特性：糙米率83.1%，精米率75.3%，整精米率74.0%，粒长5.0mm，长宽比1.8，垩白粒率7%，垩白度0.9%，透明度1级，碱消值6.9级，胶稠度80mm，直链淀粉含量18.0%，蛋白质含量9.3%。1995年被评为安徽省优质米，米质达部颁一级标准。

抗性：中抗稻瘟病，抗白叶枯病。

产量及适宜地区：1995年参加安徽省双季晚粳组区域试验，平均单产7 117.5kg/hm²，比对照鄂宜105增产12.4%；1996年续试，平均单产6 696.0kg/hm²，比对照70优04减产2.4%。1996年同步生产试验，平均单产6 321.0kg/hm²，比对照70优04减产2.1%。适宜安徽省双季稻地区中等肥力条件下作双晚种植。最大年推广面积0.8万hm²（1998年），至2010年累计推广面积2.03万hm²。

栽培技术要点：一般6月上、中旬播种，秧田播种量225kg/hm²，秧龄30～35d，每穴2粒种子苗，基本苗不少于180万苗/hm²。要施足基肥，适当控制分蘖肥，后期分期施好穗、粒肥，切忌断水过早，以免早衰降低结实率和千粒重。注意防治稻曲病和褐飞虱。

80优1027 (80 You 1027)

　　品种来源：桐城市农业局用80-4A/T1027配组于1994年选育而成，原名80优1027，1997年通过安徽省农作物品种审定委员会审定，定名皖稻46。

　　形态特征和生物学特性：属粳型三系杂交中熟晚稻。感光性中，感温性中等，基本营养生长期长。株型紧凑，茎秆粗壮，叶片稍宽，茎叶深绿，长穗型，分蘖力中等，主蘖穗整齐。颖壳及颖尖均呈黄色，种皮白色，稀间短芒。全生育期130d左右，株高95cm，每穗110粒左右，结实率85%左右，千粒重29g。

　　品质特性：米质中等偏上。

　　抗性：中抗稻瘟病和白叶枯病。

　　产量及适宜地区：安徽省1994—1995年双季晚粳区域试验和1996年双季晚粳生产试验，比对照70优04增产5.3%～6.3%。平均单产7 200kg/hm²。适宜安徽省沿江、江南及江淮之间作双季晚稻或单晚种植。至2010年累计推广面积0.1万hm²。

　　栽培技术要点：一般6月上、中旬播种，秧田播种量300kg/hm²，秧龄控制在35d以内。每穴2粒种子苗，基本苗不少于150万苗/hm²，施足基肥，适当控制分蘖肥，后期分期施好穗、粒肥，切忌断水过早，以免早衰降低结实率和千粒重。注意防治稻瘟病和白叶枯病。

80优9号 (80 You 9)

品种来源：安徽省农业科学院水稻研究所用80-4A/皖恢9号配组于1988年选育而成，原名80优9号，1994年通过安徽省农作物品种审定委员会审定，定名皖稻22。

形态特征和生物学特性：属粳型杂交中熟晚稻。感光性强，感温性中等，基本营养生长期短。茎秆坚韧，株型松散适中，叶片坚挺上举，茎叶绿，长穗型，穗大粒多，分蘖力中等，主蘖穗整齐，谷粒椭圆形，颖壳呈黄色，颖尖浅红色，种皮白色，稀间短芒。作双晚全生育期130d左右，后期熟相好，株高95cm，主茎叶片15～17叶，每穗总粒数115粒，结实率80%左右，千粒重27g。

品质特性：糙米率83.3%，精米率75.3%，整精米率67.6%，长宽比1.74，垩白粒率85.0%，垩白度9.0%，直链淀粉含量19.7%，蛋白质含量9.5%。1993年被评为安徽省优质米。

抗性：中抗稻瘟病和白叶枯病。

产量及适宜地区：平均单产6 300.0kg/hm²。安徽省1991—1992年双季晚粳新品种区域试验和1993年生产试验，平均单产与对照当优9号相当。适宜安徽省中肥地区作双晚种植。至2010年累计推广面积10.0万hm²左右。

栽培技术要点：作双晚6月20日前播种，秧田播种量225～300kg/hm²，秧龄30～35d，大田用种量30.0～37.5 kg/hm²。大田株行距13.3cm×16.7cm，每穴栽2粒种子苗。基本苗180万～225万苗/hm²，力争早栽。中等肥力田块施纯氮180～225kg/hm²。注意播种时用强氯精500倍液浸种12h，防治恶苗病，破口期用25%粉锈宁750g/hm²兑水750kg/hm²防治稻曲病。

80优98 (80 You 98)

品种来源：安徽省农业科学院水稻研究所1998年用80-4A/皖恢98配组选育而成，原名80优98，2003年通过安徽省农作物品种审定委员会审定，定名皖稻74。

形态特征和生物学特性：属粳型三系杂交中迟熟晚稻。感光性强，感温性中等，基本营养生长期长。株型松紧适中，叶片坚挺上举，茎叶淡绿，中穗型，分蘖力较强，主蘖穗整齐。颖壳及颖尖均呈黄色，种皮白色，有穗顶芒，后期转色好。全生育期132d左右，比70优04长2～3d，株高105cm，平均每穗总粒数155粒，结实率75%，千粒重26g。

品质特性：粒长5.4mm，长宽比1.9，糙米率81.9%，精米率74.8%，整精米率69.3%，垩白粒率59%，垩白度8.3%，透明度2级，碱消值7.0级，胶稠度80mm，直链淀粉含量15.4%，蛋白质含量7.5%。米质12项指标中有10项达部颁二等以上食用稻品种品质标准。

抗性：中抗白叶枯病，中感稻瘟病。

产量及适宜地区：2000年在安徽省双季晚粳（糯）区域试验中，平均单产6 820kg/hm²，平均比对照70优04增产4.9%；2001年续试，平均单产7 580kg/hm²，平均比对照70优04增产3.74%。2002年参加安徽省双季晚粳生产试验，平均单产7 020kg/hm²，比对照M1148增产3.95%。一般单产750g/hm²左右，高产可达8 250kg/hm²。适宜安徽省沿江、江南作双季晚稻种植。2004年最大年推广面积1.10万hm²，至2010年累计推广面积1.5万hm²。

栽培技术要点：适时播种，培育多蘖壮秧：6月18日前播种，7月中下旬栽秧，秧龄30～35d，不宜超过40d。播种前晒种1～2d，秧田播种量225kg/hm²，秧田与大田面积之比1：6。合理密植：株行距为10cm×23cm，每穴2粒种子苗。大田施肥：施纯氮180kg/hm²，氮、磷、钾比例1：0.7：0.7。加强后期管理：后期必须保持浅水灌浆，干湿交替直到成熟，切不可断水过早，全田成熟度达95%左右收割。中耕除草和病虫防治：注意防治稻瘟病、稻曲病和褐飞虱等。中耕除草和其他病虫防治参照常规办法进行。

当优9号 (Dangyou 9)

品种来源：安徽省农业科学院水稻研究所用当选晚2号A/皖恢9号配组选育而成，原名当优9号，1989年通过安徽省农作物品种审定委员会审定，定名皖稻8号。

形态特征和生物学特性：属粳型三系杂交迟熟晚稻。感光性强，感温性中等，基本营养生长期中。株型紧凑，叶片挺直半卷，分蘖力中等，生长清秀，成穗率高，茎叶深绿，穗大，长穗型，主蘖穗整齐。颖壳呈黄色，颖尖红色，种皮白色，稀间短芒。作单晚全生育期150d左右，熟期偏迟，株高95cm左右，每穗总粒数140粒，结实率80%，千粒重28g。

品质特性：糙米率81.4%，精米率71.1%，整精米率65.8%，垩白粒率75.3%，垩白度8.5%，碱消值高，胶稠度软，直链淀粉含量15.8%，蛋白质含量8.5%。

抗性：抗白叶枯病和稻瘟病。

产量及适宜地区：平均单产6 750kg/hm²。适宜安徽沿江、江南地区作双季晚稻种植。

栽培技术要点：在适宜播种时间内，应早播早栽，稀播，培育壮秧，秧龄应控制在30d以内，叶龄在5.5叶以内。大田株行距13.3cm×16.7cm，每穴2～3粒种子苗。施足基肥，早施追肥，要防止施肥过迟、过多而造成倒伏或加重病虫危害。要及时晒田，及时防治稻纵卷叶螟等虫害。后期不能过早断水，直到成熟都应保持湿润。

当优C堡 （Dangyou C bao）

品种来源：安徽省农业科学院作物研究所用当选晚2号A/C堡配组选育而成，原名当优C堡，1985年通过安徽省农业主管部门认定，定名皖稻4号。

形态特征和生物学特性：属粳型三系杂交迟熟晚稻。感光性强，感温性中等，基本营养生长期长。株型紧凑，叶片挺直半卷，分蘖力中等，生长清秀，成穗率高，茎叶深绿，穗大，长穗型，主蘖穗整齐。颖壳及颖尖均呈黄色，种皮白色，稀间短芒。作单晚全生育期150d左右，熟期偏迟，株高95cm左右，每穗总粒数130粒，结实率78%，千粒重28g。

品质特性：糙米率83.2%，精米率75.1%，整精米率71.1%，米粒长宽比1.7，垩白度2.9%，腹白小，透明度好，直链淀粉含量15.6%，碱消值高，胶稠度软，粗蛋白质含量8.6%，16种氨基酸总含量7.3%，其中赖氨酸含量0.28%。

抗性：高抗稻曲病和白叶枯病，中抗白背飞虱及褐飞虱。

产量及适宜地区：平均单产6 750kg/hm²。适宜安徽沿江、江南地区作双季晚稻种植。

栽培技术要点：在适宜播种时间内，应早播早栽，6月20日以前播种，秧龄控制在30d、叶龄在5.5叶以内。大田株行距（13.3～16.7）cm×16.7cm，每穴2～3粒种子苗；早施追肥，防止施肥过迟、过多造成倒伏或加重病虫危害。及时晒田，及时防治稻纵卷叶螟等。后期不能过早断水，直到成熟都应保持湿润。

六优82022 （Liuyou 82022）

品种来源：安徽省农业科学院水稻研究所用六千辛A/82022配组选育而成，原名六优82022，1992年通过安徽省农作物品种审定委员会审定，定名皖稻18。

形态特征和生物学特性：属粳型三系杂交中熟晚稻。感光性强，感温性中等，基本营养生长期长。株型松散适中，叶片挺直半卷，株叶形态好，生长清秀，成穗率高，茎叶深绿，穗大，长穗型，分蘖力中等，主蘖穗整齐。颖壳呈黄色，颖尖呈褐色，种皮白色，稀间短芒。作单晚，全生育期145d左右，作双晚，全生育期130d左右，株高100cm左右，每穗总粒数125粒，结实率80%左右，千粒重27.5g。

品质特性：米质优，长宽比1.74，糙米率83.3%，精米率75.3%，整精米率67.6%，垩白粒率85%，垩白度9.0%，直链淀粉含量19.7%，蛋白质含量9.5%，腹白小，透明，碱消值高，胶稠度软。食味好。

抗性：中抗稻瘟病和白叶枯病。

产量及适宜地区：1989—1990年安徽省区域试验和1991年生产试验，平均单产比对照鄂宜105和当优C堡增产7.3%和0.5%。一般单产6 300kg/hm²。至2010年累计推广面积0.3万hm²。适宜安徽省沿淮、淮北与江淮丘陵地区作一季晚粳搭配品种种植。

栽培技术要点：作单晚栽培，一般5月上中旬播种，秧龄30～40d，稀播培育壮秧。大田用种量22.5～30.0kg/hm²，大田株行距13.3cm×20.0cm，每穴2粒种子苗。早施追肥。要防止施肥过迟、过多而造成倒伏或加重病虫危害。要及时晒田，及时防治稻纵卷叶螟等。后期不能过早断水，直到成熟都应保持湿润。

六优C堡 （Liuyou C bao）

品种来源：安徽省农业科学院水稻研究所用六千辛A/恢复系C堡配组选育而成，原名六优C堡，1992年通过安徽省农作物品种审定委员会审定，定名皖稻16。

形态特征和生物学特性：属粳型三系杂交迟熟晚稻。感光性强，感温性中等，基本营养生长期长。株型紧凑，叶片挺直半卷，分蘖力中等，生长清秀，成穗率高，茎叶深绿，穗大，长穗型，主蘖穗整齐。颖壳及颖尖均呈黄色，种皮白色，稀间短芒。作单晚全生育期150d左右，株高100cm，每穗总粒数140粒，结实率78%左右，千粒重28g。

品质特性：糙米率82.0%，精米率73.5%，整精米率68.0%，米粒长5.4mm，长宽比1.7，垩白粒率20%，垩白度1.8%，透明度1级，碱消值7.0级，胶稠度68mm，直链淀粉含量19.3%，蛋白质含量7.93%。在1985年安徽省优质米评比中粳米名列第一名。

抗性：高抗稻瘟病，中抗白叶枯病。耐肥抗倒，耐高温不耐低温。

产量及适宜地区：1989—1990年安徽省区域试验，平均单产比对照鄂宜105增产4.2%。适宜安徽省沿淮、淮北地区作一季晚粳种植。

栽培技术要点：作单晚栽培，一般5月上中旬播种，秧龄30～40d，稀播培育壮秧，大田用种量22.5～30.0kg/hm²，株行距13.3cm×20cm，每穴2粒种子苗。早施追肥，要防止施肥过迟、过多而造成倒伏或加重病虫危害。要及时晒田，及时防治稻纵卷叶螟等虫害。后期不能过早断水，直到成熟都应保持湿润。

双优3402（Shuangyou 3402）

品种来源：安徽省农业科学院水稻研究所用双九A/皖恢3402配组选育而成，原名双优3402，2004年通过安徽省农作物品种审定委员会审定，定名皖稻80。

形态特征和生物学特性：属粳型三系杂交迟熟晚稻。感光性强，感温性中等，基本营养生长期短。株型紧凑，叶片坚挺上举，茎叶淡绿，中穗型，分蘖力中等，主蘖穗整齐。颖壳及颖尖均呈黄色，种皮白色，稀间短芒。全生育期135d，株高104cm，穗长23.0cm，平均每穗总粒数123粒，结实率78.6%，千粒重24.9g。

品质特性：糙米率81.4%，精米率73.1%，整精米率68.1%，粒长5.4mm，长宽比2.0，垩白粒率24%，垩白度1.8%，透明度1级，碱消值7.0级，胶稠度84mm，直链淀粉含量16.0%，蛋白质含量8.0%。米质12项指标中11项达部颁2级以上优质米标准。

抗性：感稻瘟病，中感白叶枯病。

产量及适宜地区：2002—2003年参加安徽省双季晚粳组区域试验，平均单产分别为8 406.00kg/hm² 和7 060.5kg/hm²，比对照M1148分别增产6.7%和17.2%。2003年生产试验，平均单产7 679.6kg/hm²，比对照M1148增产14.7%。适宜安徽省沿江、江南作双季晚粳稻种植。2004年推广面积0.9万hm²，至2010年累计推广面积3.0万hm²。

栽培技术要点：6月15日左右播种，秧龄35d，秧田播种量112.50kg/hm²；株行距13cm×20cm，每穴2粒种子苗；施足基肥，适当控制分蘖肥，后期分期施好穗、粒肥，切忌断水过早，以免早衰降低结实率和千粒重；注意防治稻曲病、稻瘟病和白叶枯病。

双优3404（Shuangyou 3404）

品种来源：安徽省农业科学院水稻研究所用双九A与皖恢3404配组选育而成，2007年通过安徽省农作物品种审定委员会审定。

形态特征和生物学特性：属粳型三系杂交早熟晚稻。感光性强，感温性中等，基本营养生长期短。株型紧凑，叶片坚挺上举，茎叶绿，长穗型，分蘖力中等，主蘖穗整齐。颖壳及颖尖均呈黄色，种皮白色，稀间短芒。全生育期126d，株高92cm，穗长18.9cm，平均每穗总粒数118粒，结实率80%，千粒重23g。

品质特性：糙米率81.0%，精米率72.4%，整精米率69.0%，粒长5.2mm，长宽比2.0，垩白粒率36%，垩白度5.0%，透明度3级，碱消值6.7级，胶稠度66mm，直链淀粉含量16.1%，蛋白质含量10.5%。米质达部颁四等食用稻品种品质标准。

抗性：中感稻瘟病，感白叶枯病。

产量及适宜地区：2004—2005年参加安徽省双季晚粳组区域试验，平均单产分别为7 950.0kg/hm²和6 517.5kg/hm²，比对照M1148分别增产5.7%和减产0.9%。2006年生产试验，平均单产6 482.4kg/hm²，比对照M1148增产4.1%。适宜安徽省沿江、江南作双季晚粳稻种植。

栽培技术要点：6月10～20日播种，秧田播种量150.00kg/hm²，秧龄25～30d；株行距13.3cm×16.7cm或16.7cm×16.7cm，每穴1～2粒种子苗；早施追肥。防止施肥过迟、过多造成倒伏或加重病虫危害。及时晒田，后期不能过早断水，直到成熟都应保持湿润。注意防治稻瘟病、白叶枯病及稻纵卷叶螟等病虫危害。

双优4183 （Shuangyou 4183）

品种来源：安徽省农业科学院水稻研究所用双九A与4183配组选育而成，原名双优4183，2003年通过安徽省农作物品种审定委员会审定，定名皖稻72。

形态特征和生物学特性：属粳型三系杂交中熟晚稻。感光性强，感温性中等，基本营养生长期中等。株型适中，叶片坚挺上举，茎叶淡绿，中穗型，穗下垂，分蘖力较强，主蘖穗整齐。颖壳及颖尖均呈黄色，种皮白色，易脱粒。全生育期130d，株高105cm，穗长18.9cm，每穗总粒数120粒，结实率80%，千粒重24g。

品质特性：糙米率84.9%，精米率77.8%，整精米率69.1%，粒长5.2mm，长宽比2.0，垩白粒率24%，垩白度3.6%，透明度1级，碱消值5.8级，胶稠度71mm，直链淀粉含量16.7%，蛋白质含量11.1%。米质达国家《优质稻谷》标准3级。

抗性：中抗白叶枯病和稻瘟病。

产量及适宜地区：1997年参加安徽省双季晚粳组区域试验，平均单产7 080.0kg/hm²，比对照鄂宜105增产5.4%，比对照70优04减产1.1%；1998年续试，平均单产7 695.0kg/hm²，比对照D9055增产9.0%，比对照70优04增产9.5%。1999年生产试验，平均单产6 166.5kg/hm²，比对照D9055增产12.3%，比对照70优04增产0.9%。适宜安徽省沿江、江南作双季晚稻种植。2004年最大年推广面积1.7万hm²，至2010年累计推广面积3.0万hm²左右。

栽培技术要点：作双晚栽培，6月15日左右播种，秧龄35d以内；株行距13cm×20cm，每穴2粒种子苗；施足基肥，适当控制分蘖肥，后期分期施好穗、粒肥；切忌断水过早，以免早衰降低结实率和千粒重。适时早收，减少落粒。注意防治稻曲病。

第六节　三系不育系

351A（351 A）

不育系来源：安徽省农业科学院水稻研究所用 V20A//08B/浙辐 9 号配组转育而成，原名 351A，1994 年通过安徽省农作物品种审定委员会审定，定名皖稻 49。

形态特征和生物学特性：属早籼中熟偏迟三系不育系。感光性弱，感温性中等，基本营养生长期短。株型松紧适中，茎秆较细，茎秆韧度好，叶片坚挺上举，茎叶青绿，叶鞘、叶耳、叶枕无色，长穗型，分蘖力中等，成穗率较高，主蘖穗整齐。颖壳及颖尖均呈黄色，柱头无色，种皮白色，稀间短芒。株高 68cm，穗长 20.2cm，包茎率 20.3%，包茎粒率 10.8%，主茎叶片数 12 ～ 13 叶，每穗总粒数 100 粒左右，千粒重 25.0g。在合肥 5 月底播种，播始历期 60d。抽穗后第四天开始进入盛花期，4 ～ 6d 开花数最多，占 60% 以上，且花时较早，8:30 始花，10:00 盛花；不育株率 100%，花粉不育度达 99.8%，套袋自交不实率 100%，不育度 100%。经配合力测定，一般配合力较强，不育性稳定，可恢复性较强，花时较早，柱头外露率达 74.8%，开颖角度 25° ～ 35°。制种产量较高。

品质特性：谷粒长 8.6mm，宽 2.7mm，长宽比 3.19。米质中上等。

抗性：苗期较耐寒，高抗稻瘟病，中抗白叶枯病。

应用情况：适于配制杂交早籼品种，主要育成品种有皖稻 47（351A/制选）、皖稻 67（351A/9279）、皖稻 73（351A/9247）等。

繁殖要点：选择好隔离区，严防生物学混杂，要求隔离区距离不短于 500m，在适宜播种时间内，秧田播种量 150 ～ 225kg/hm²。春繁或夏制秧龄应控制在 20d 以内，培育壮秧；栽植密度 42 万穴/hm²，每穴 2 ～ 3 粒种子苗，要适时晒田；施足基肥，早施追肥，总施纯氮 150 ～ 180kg/hm²。并注意白叶枯病的防治。

80-4A（80-4 A）

不育系来源：安徽省农业科学院水稻研究所、巢湖地区农业科学研究所用当选晚2号/徽粳80-4配组选育而成，1988年通过安徽省农作物品种审定委员会组织的专家技术鉴定。

形态特征和生物学特性：属中粳迟熟三系不育系。感光性中，感温性中等，基本营养生长期短。株型紧凑，叶片坚挺上举，茎叶淡绿，分蘖力中强，中穗型，主蘖穗整齐。全生育期140d左右，播始历期96d左右，株高90cm，主茎叶片数（16.5±0.5）叶。颖壳及颖尖均呈黄色，种皮白色，稀间短芒。不育性稳定，不育株率100%，花粉不育度达99.9%，套袋自交不实率100%，不育度100%。开花习性好，单穗始花至终花6～8d，花时早而集中，开颖角度较大，异交率46.8%，繁殖制种产量高，1989年首次制种产量为2 400kg/hm²，繁殖产量1 500kg/hm²。

品质特性：谷粒长宽比2.6，糙米率80.9%，精米率73.2%，透明度2级，碱消值6.0级，胶稠度86mm，直链淀粉含量14.6%，糙米蛋白质含量7.8%。米质优。

抗性：中抗叶瘟病和白叶枯病，高感白背飞虱和褐飞虱。

应用情况：适宜配制中晚粳稻类型杂交组合，主要育成品种有80优9号、80优121、80优98等。

繁殖要点：选择好隔离区，严防生物学混杂。要求隔离区距离不短于500m；确保适宜的播栽期，保证安全齐穗。正季5月20日左右播种，抽穗期8月25日左右；合理密植，科学管理。施足基肥，早施追肥，单株密植；及时去杂，确保种子质量。

M98A (M 98 A)

不育系来源：合肥新隆水稻研究所用龙特甫A/（龙特甫B × II -32B）F₄优系，经连续回交选育而成的籼型三系不育系，原名M98A，2005年安徽省农作物品种审定委员会审定通过，定名皖稻165。

形态特征和生物学特性：属早籼迟熟三系不育系。感光性弱，感温性中等，基本营养生长期短。花粉败育彻底、不育性状稳定，不育株率100%，花粉镜检，花粉败育率99.9%，套袋自交不实率100%，柱头外露率80%；每穗总颖花数160朵左右，稃尖、柱头均为紫色，花时较早且集中，异交结实率高。分蘖力较强、可恢复性好、配合力强。株高85cm，株型较紧凑，剑叶略宽、短直，主茎叶片14叶。

品质特性：糙米率75.5%，精米率66.5%，整精米率56.5%，粒长5.8mm，长宽比2.4，垩白粒率99.0%，垩白度42.1%，透明度4级，碱消值7.0级，胶稠度42mm，直链淀粉含量23.4%，蛋白质含量11.8%。

抗性：中抗稻瘟病和白叶枯病。

应用情况：适于配制杂交中籼组合，育成的主要品种有明优98、农华优808和新隆优1号等。

繁殖要点：选择好隔离区，严防生物学混杂。要求隔离区距离应不短于500m；确保适宜的播栽期，保证安全齐穗。在合肥地区5月上旬播种，播始历期80d左右；合理密植，科学管理。施足基肥，早施追肥，单株密植；及时去杂，确保种子质量。

当选晚2号A（Dangxuanwan 2 A）

不育系来源：安徽省农业科学院作物研究所用黎明A/当选晚2号B配组，并经多次回交转育而成的BT型粳稻细胞质雄性不育系。

形态特征和生物学特性：属晚粳三系不育系。感光性强，感温性中等，基本营养生长期中。株型紧凑，叶片坚挺上举，茎叶淡绿，长穗型，主蘖穗整齐。颖壳及颖尖均呈黄色，种皮白色，稀间短芒。不育性稳定，不育株率100%，花粉不育度达99.9%，套袋自交不实率100%，不育度100%。配组优势强，但花时晚，繁殖制种产量低。

品质特性：谷粒长宽比2.8，糙米率83.1%，精米率75.1%，整精米率54.5%，垩白粒率81%，垩白度18.2%，透明度2级，碱消值7.0级，胶稠度89mm，直链淀粉含量19.9%，糙米蛋白质含量7.4%。米质较优。

抗性：中感稻瘟病，感白叶枯病。

应用情况：适宜配制晚粳类型杂交组合，主要育成品种有当优C堡、当优9号等。

繁殖要点：选择好隔离区，严防生物学混杂。要求隔离区距离不短于500m；确保适宜的播栽期，保证安全齐穗。正季5月20日左右播种，抽穗期8月25日左右；合理密植，科学管理。施足基肥，早施追肥，单株密植；及时去杂，确保种子质量。

丰7A（Feng 7 A）

不育系来源：合肥丰乐种业股份有限公司用珍汕97A//037（矮秆玻璃粘/V41B）F$_8$优系，经连续回交选育而成，原名丰7A，2005年通过安徽省农作物品种审定委员会审定，定名皖稻151。

形态特征和生物学特性：属中籼型三系不育系。感光性弱，感温性中等，基本营养生长期短。株型紧凑，叶片坚挺上举，茎叶淡绿，中穗型，分蘖力中等，主蘖穗整齐。颖壳呈黄色，稃尖和柱头均为紫色，种皮白色，稀间短芒。不育株率100%，不育性稳定，花粉败育率100%，套袋自交不实率100%。在合肥地区5月中下旬播种，播始历期66d左右，平均每穗颖花数150粒左右，千粒重23g。

品质特性：米质一般。

抗性：高感白叶枯病，中感稻瘟病。

应用情况：适于配制中籼类型杂交组合，主要育成品种有丰优1号、丰优88、丰优502、丰优989和皖稻149等。

繁殖要点：选择好隔离区，严防生物学混杂。要求隔离区距离应不短于500m；确保适宜的播栽期，保证安全齐穗。正季5月20日左右播种，抽穗期8月20日左右；合理密植，科学管理。施足基肥，早施追肥，单株密植；及时去杂，确保种子质量。

丰8A (Feng 8 A)

不育系来源：合肥丰乐种业股份有限公司用中9A//四川江油水稻研究所"WH022"/金23B配组选育而成。

形态特征和生物学特性：属早籼型三系不育系。株型紧凑，剑叶直立，分蘖力强，繁茂性好，生长整齐，农艺性状一致。颖壳及颖尖均呈黄色，柱头无色，无芒，穗型较大，种皮黄色。不育株率100%，花粉败育率100%，套袋自交不实率99.9%。在合肥5月25日播种，播始历期60d，主茎叶片数12.9叶；6月5日播种，播始历期57d，主茎叶片数14.5叶。在合肥不育期平均株高95cm左右，单株穗数8～10个，每穗颖花数120～150朵。

品质特性：米质一般。

抗性：中感白叶枯病和稻瘟病。

应用情况：适宜配制中籼类型杂交组合，主要育成品种有丰优126等。

繁殖要点：选择好隔离区，严防生物学混杂。要求隔离区距离应不短于500m；确保适宜的播栽期，保证安全齐穗。正季6月5日左右播种，合理密植，科学管理。施足基肥，早施追肥，单株密植；及时去杂，确保种子质量。

绿三A（Lüsan A）

不育系来源：合肥三德绿色农业科技开发有限责任公司从粤泰A中选择的变异可育株，用粤泰A进行转育，于2002年选育而成。品种权公告号：CNA001843E。

形态特征和生物学特性：属籼型红莲型三系不育系。感光性弱，感温性中等，基本营养生长期短，迟熟类型。株型紧凑，叶片坚挺上举，剑叶窄、挺，茎叶淡绿，中穗型，主蘖穗整齐。颖壳及颖尖均呈黄色，种皮白色，稀间短芒。在合肥地区5月下旬播种，播始历期短，株高80cm左右，主茎总叶片数14～15叶，见穗后5d进入盛花，花时较早，晴天上午8:00始花，10:00～10:30盛花，单株花期10d左右。柱头无色，柱头外露率85%，双外露率54%，异交结实率高。粒形细长，糙米长宽比3.1，千粒重22.6g。不育性稳定，不育株率100%，套袋自交不实率99.7%，花粉败育率99.7%，可恢复性好，配合力强。

品质特性：糙米细长形，米质较优。

抗性：中抗稻瘟病，抗白叶枯病。

应用情况：适宜配制中籼类型杂交组合，育成主要品种有皖稻207、皖稻121等。

繁殖要点：选择好隔离区，严防生物学混杂。要求隔离区距离应不短于500m；确保适宜的播栽期，保证安全齐穗。正季5月20日左右播种，抽穗期8月20日左右；合理密植，科学管理。施足基肥，早施追肥，单株密植；及时去杂，确保种子质量。

农丰A（Nongfeng A）

不育系来源：安徽荃银高科种业股份有限公司用97A///[（金23B/新露B）F$_3$//珍汕97B] F$_6$多代回交选育而成，2005年通过安徽省农作物品种审定委员会审定。品种权公告号：CNA001677E。

形态特征和生物学特性：属野败型早籼迟熟三系不育系。感光性弱，感温性中等，基本营养生长期短。株型紧凑，叶片坚挺上举，茎叶淡绿，中大穗型，主蘖穗整齐。颖壳黄色，颖尖为褐色，种皮白色，稀间短芒。不育性状稳定，不育株率100%，花粉败育率100%，套袋自交不实率99.7%，柱头外露率高，花时较早且集中，异交结实率高，可恢复性好。在合肥6月前后播种，播始历期63～68d，比珍汕97A长3d左右，株高68cm左右，主茎叶片数13～14叶，抽穗整齐，成穗率高，单株有效穗12个，穗长22cm左右，每穗颖花数120朵，千粒重26g。海南三亚12月中旬前后播种，播始历期为74～86d，与珍汕97A相近，主茎叶片数（13.6±0.4）叶。

品质特性：谷粒长宽比2.8，糙米率80.2%，精米率72.3%，整精米率67.3%，垩白粒率24%，垩白度2.3%，透明度1级，碱消值6.2级，胶稠度46mm，直链淀粉含量24.6%，糙米蛋白质含量11.5%。

抗性：中感稻瘟病。

应用情况：适宜配制中、晚籼类型杂交组合，主要育成品种有农丰909、丰优293等。

繁殖要点：选择好隔离区，严防生物学混杂。要求隔离区距离应不短于500m；确保适宜的播栽期，保证安全齐穗。正季5月20日左右播种，抽穗期8月20日左右；合理密植，科学管理。施足基肥，早施追肥，单株密植；及时去杂，确保种子质量。

双九 A (Shuangjiu A)

不育系来源：安徽省农业科学院水稻研究所用 80-4A 为母本与双九 B（六千辛 B/ 关东 136）配组并经多代回交转育而成，2002 年通过安徽省农作物品种审定委员会审定。

形态特征和生物学特性：属 BT 型粳型三系不育系。感光性和感温性均较强，基本营养生长期中。株型较松散，茎秆细韧富有弹性，叶片坚挺上举，茎叶淡绿，中穗型、穗弯曲，分蘖力强，主蘖穗整齐。颖壳及颖尖均呈黄色，种皮白色，稀间短芒。不育性状稳定，不育株率 100%，花粉败育率 100%，套袋自交不实率 100%，柱头外露率高，花时较早且集中，异交结实率高，可恢复性好。株高 85cm 左右，穗长 19cm，单株有效穗 8 个，每穗总粒数 78 粒左右，千粒重 25g，主茎叶片 14～18 叶。在合肥 4 月底至 5 月初播种，播始历期 110d 左右，主茎 18 叶；5 月下旬播种，播始历期 88d，主茎 16 叶；6 月中旬播种，播始历期 73d，主茎 14～15 叶。随着播种期推迟，生育期缩短，主茎叶数减少。在海南冬季繁殖播始历期 60d。配组优势强，异交率高。

品质特性：糙米率 82.5%，精米率 74.1%，整精米率 72.0%，粒长 5.3mm，长宽比 1.8，垩白粒率 3%，垩白度 0.2%，透明度 1 级，碱消值 6.9 级，胶稠度 88mm，直链淀粉含量 18.0%，蛋白质含量 10.1%。米质达国家《优质稻谷》标准 1 级。

抗性：中抗稻瘟病，中感白叶枯病。

应用情况：适宜配制晚粳类型杂交组合，主要育成品种有双优 4183、双优 3402、双优 3404 和双优 18 等。至 2010 年累计推广面积 6.5 万 hm²。

繁殖要点：选择好隔离区，严防生物学混杂。要求隔离区距离应不短于 500m；确保适宜的播栽期，保证安全齐穗。正季 5 月 20 日左右播种，抽穗期 8 月 25 日左右。施足基肥，早施追肥，单株密植；及时去杂，确保种子质量。

协青早A（Xieqingzao A）

不育系来源：广德县农业科学研究所用矮败/竹军//协珍1号×军协/温选青//秋塘早5号配组选育而成，1985年和1997年分别通过安徽省、湖北省农作物品种审定委员会审定。

形态特征和生物学特性：属籼型早熟三系不育系。感光性弱，感温性中等，基本营养生长期短。株高64.4cm，匍匐状，茎叶淡绿，小穗型，主蘖穗整齐。颖壳及颖尖均呈黄色，种皮白色，稀间短芒。分蘖力中等，平均单穗有效穗7.1个，每穗颖花82.5朵，千粒重27.2g，柱头、稃尖及叶鞘、叶缘紫色，柱头外露率较高，双外露率43.5%；主茎总叶片数13叶左右，不育系在主茎叶片数达到9～10叶时开始幼穗分化，从幼穗分化开始到始穗历时25d。开花习性较好，花时早于野败型V20和珍汕97A。包茎粒率27.4%，张颖角度30°～40°，单穗花时3d，群体花时7～10d。不育性稳定，不育度和不育株率达100%，败育花粉全为典败，其恢保关系与野败型不育系相同，但比野败型V20等代表型不育系难恢复。在安徽广德春播全生育期118d，播始历期80d；在湖南长沙5月上、中旬播种，播始历期60d左右；在福建厦门8月上旬播种，10月上旬始穗，播始历期64d；在海南三亚12月中旬播种，次年3月中旬始穗。

品质特性：谷粒细长，谷壳较薄；米粒有少量心、腹白。

抗性：中抗稻瘟病和白叶枯病。

应用情况：适于配制杂交中籼组合，主要育成品种有协优527、协优5968、协优80、协优1429、协优963、协优57、协优9019、协优52等组合，组配的品种占全国杂交稻面积的比例以2000年最高，种植面积133万hm²，达到9.69%。

繁殖要点：选择好隔离区，严防生物学混杂。要求隔离区距离应不短于500m；确保适宜的播栽期，保证安全齐穗。正季5月20日左右播种，抽穗期8月25日左右；合理密植，科学管理。施足基肥，早施追肥，单株密植；及时去杂，确保种子质量。

新星A（Xinxing A）

不育系来源：安徽荃银高科种业股份有限公司用金23B、广适性的珍汕97B、具有保持能力的瓜畦稻M1、优质及抗性较好的Lemont为亲本材料，采用复合杂交，经多年的系谱选择和择优测交、回交选育成的优质冈型三系不育系。

形态特征和生物学特性：属野败型早籼迟熟三系不育系。感光性弱，感温性中等，基本营养生长期短。花粉败育彻底，不育性状稳定，不育株率100%，花粉败育率100%，套袋自交不实率99.7%，柱头外露率高，花时较早且集中，异交结实率高。分蘖力较强，可恢复性好，配合力强。

品质特性：谷粒长宽比3.0，糙米率81.0%，精米率72.6%，整精米率65.8%，垩白粒率6%，垩白度1.4%，透明度1级，碱消值7.0级，胶稠度67mm，直链淀粉含量16.0%，糙米蛋白质含量10.5%。

抗性：抗性一般。

应用情况：适于配制杂交中、晚籼组合，育成的主要品种有新优188等。

繁殖要点：选择好隔离区，严防生物学混杂。要求隔离区距离应不短于500m；确保适宜的播栽期，保证安全齐穗。正季5月20日左右播种，抽穗期8月20日左右；合理密植，科学管理。施足基肥，早施追肥，单株密植；及时去杂，确保种子质量。

第七节　两系不育系

03S（03 S）

不育系来源：安徽荃银高科种业股份有限公司（原安徽荃银农业高科技研究所）用广占63-4S/多系1号配组，经多代选育而成，2005年通过安徽省技术鉴定。品种权公告号：CNA003343E。

形态特征和生物学特性：属籼型温敏两系不育系。感光性弱，感温性中等，基本营养生长期短。株型好、矮、秆直，叶片短、坚挺、微凹，叶色深绿。长穗型，主蘖穗整齐。颖壳及颖尖均呈黄色，柱头无色，种皮白色，稀间短芒。起点温度低于23.5℃左右。不育期千株以上群体不育株率100%，不育期花粉不育度达99.95%，套袋自交不育率100%，在合肥稳定不育期30d以上；可育期在海南春繁自然结实率40%左右。在合肥5月1日播种，播始历期87d，主茎叶片数14.6叶，随着播期推迟，生育期相应缩短，播始历期变幅为76～87d，主茎叶片数变幅为14.1～14.6叶。在合肥不育期平均株高71cm，穗长20.8cm，单株有效穗数10～13个，每穗颖花数175朵；柱头外露率69.5%，其中双外露率38.5%。在海南可育期平均株高70cm，穗长21.5cm，单株穗数9～13个，每穗颖花数165朵，千粒重26.0g。对赤霉素敏感，异交性好，易制种。

品质特性：糙米率77.4%，精米率70.1%，整精米率66.3%，谷粒长宽比2.6，垩白粒率4%，垩白度0.5%，透明度1级，碱消值7.0级，胶稠度68mm，直链淀粉含量11.1%，蛋白质含量13.7%。

抗性：中抗白叶枯病和稻瘟病。

应用情况：适宜配制中籼类型杂交组合，育成的主要品种有新两优6380、两优036等。

繁殖要点：选择好隔离区，严防生物学混杂。要求隔离区距离应不短于500m；确保适宜的播栽期，保证安全齐穗。正季6月25日左右播种，抽穗期9月10～15日；合理密植，科学管理。施足基肥，早施追肥，单株密植；及时去杂，确保种子质量。

1892S（1892 S）

不育系来源：安徽省农业科学院水稻研究所从培矮64S自然变异株中经系统选育而成，2004年通过安徽省技术鉴定。品种权公告号：CNA001695E。

形态特征和生物学特性：属籼型温敏两系不育系。感光性弱，感温性中等，基本营养生长期短。株型紧凑，叶片坚挺上举，茎叶深绿，长穗型，主蘖穗整齐。颖壳黄色，颖尖呈褐色，柱头紫色，种皮白色，稀间短芒。不育期千株以上群体不育株率100%，花粉不育度99.97%，套袋自交不实率99.97%；可育期在海南春繁自然结实率可达60%以上。在合肥4月中、下旬播种，播始历期87d，主茎叶片数15.6～16.2叶；5月播种，播始历期74～87d，主茎叶片数14.9～16.3叶；6月播种，播始历期53～68d，主茎叶片数14.2～15.0叶。分蘖力强，穗大粒多。开花习性好，晴好天气10:40～11:30开花，花时较集中，柱头外露率67%，其中双露率46%，异交结实率62%，抗倒能力强。不育期平均株高62.7cm，穗长15.8cm，单株穗数8.6个，每穗颖花数136朵。可育期平均株高64cm，穗长16.5cm，千粒重22g。

品质特性：糙米率79.5%，精米率74.1%，整精米率72.6%，谷粒长宽比3.1，垩白粒率19%，垩白度1.6%，透明度3级，碱消值4.2级，胶稠度96mm，直链淀粉含量15.1%，蛋白质含量9.8%。

抗性：中抗白叶枯病，抗稻瘟病。

应用情况：适宜配制中籼类型杂交组合，主要育成品种有皖稻153、徽两优6号、徽两优3号、两优699、两优289等。

繁殖要点：选择好隔离区，严防生物学混杂。要求隔离区距离应不短于500m；确保适宜的播栽期，保证安全齐穗。正季6月25日左右播种，抽穗期9月10～15日；合理密植，科学管理。施足基肥，早施追肥，单株密植；及时去杂，确保种子质量。

2301S（2301 S）

不育系来源：安徽省农业科学院水稻研究所用浙农40/安农S-1-6配组，经1次杂交多代选育而成，2000年通过安徽省技术鉴定。品种权公告号：CNA000935E。

形态特征和生物学特性：属籼型温敏两系不育系。感光性较强，感温性中等，基本营养生长期短。株型适中，植株繁茂，茎秆偏软，叶片坚挺上举，茎叶淡绿，长穗型，主蘖穗整齐。颖壳及颖尖均呈黄色，柱头无色，种皮白色，稀间短芒。不育起点温度23℃左右，在合肥稳定不育期30d以上，不育期株高70.4～85.0cm，穗长16.7～24.3cm，主茎叶片数10～11叶，单株穗数5.4～8.8个，每穗总粒数103.2～202.7粒；可育期株高63.4～78.6cm，穗长16.8～19.8cm，单株穗数5.6～8.4个，每穗总粒数92.1～139.0粒，千粒重22.5g左右。千株以上群体不育株率100%，不育期花粉不育度达100%，自交不育度100%，套袋自交不实率100%。在合肥4月播种，播始历期88～101d；5月播种，播始历期76～88d。开花习性较好，始穗至齐穗历期4～5d，抽穗第二天开花，第四天进入盛花，开花历期8d，全田花期9～10d；正常晴好天气每天10:30～11:00开花较集中。柱头外露率69.2%，其中双露率28.2%，异交率57%。抗倒能力弱。

品质特性：糙米率80.4%，精米率70.7%，整精米率66.9%，精米粒长6.8mm，长宽比3.4，垩白粒率30%，透明度1级，碱消值4.4级，胶稠度54mm，直链淀粉含量26.0%。

抗性：抗白叶枯病和稻瘟病。

应用情况：适宜配制晚籼类型杂交组合，主要育成品种有2301S/H7058、2301S/288、2301S/七秀占、2301S/527、皖稻199（2301S/3401）、云光16、云光32等。

繁殖要点：选择好隔离区，严防生物学混杂。要求隔离区距离应不短于500m；确保适宜的播栽期，保证安全齐穗。正季6月25日左右播种，抽穗期9月10～15日；合理密植，科学管理。施足基肥，早施追肥，单株密植；及时去杂，确保种子质量。

399S （399 S）

不育系来源：安徽省农业科学院水稻研究所用安农S-1-6与421B（引自四川）配组，经1次杂交多代选育而成，1997年通过安徽省技术鉴定。

形态特征和生物学特性：属早籼型温敏两系不育系。感光性弱，感温性中等，基本营养生长期短。株型紧凑，叶片边缘淡紫色，下垂，无中脉。中穗型，主蘖穗整齐。颖壳呈黄色，颖尖紫色，种皮白色，稀间短芒。不育起点温度23℃左右，在合肥稳定不育期60d以上，播始历期55～70d，主茎叶片数10～11叶，千株以上群体不育株率100%，不育期花粉不育度达100%，自交不育度100%，套袋自交不实率100%。在合肥育性转换期在9月15日以后，育性转换明显，花粉可育度7.2%，自交可育度4.7%，柱头外露率54.0%，在合肥不育期株高60cm，每穗颖花数75朵，千粒重23g。

品质特性：米质一般。

抗性：经安徽省农业科学院植物保护研究所鉴定，中感白叶枯病，中抗稻瘟病。

应用情况：适宜配制早籼类型杂交组合，主要育成品种有早籼802、早籼2430等。

繁殖要点：选择好隔离区，严防生物学混杂。要求隔离区距离应不短于500m；确保适宜的播栽期，保证安全齐穗。正季6月25日左右播种，抽穗期9月10～15日；合理密植，科学管理。施足基肥，早施追肥，单株密植，及时去杂，确保种子质量。

4008S（4008 S）

不育系来源：安徽省农业科学院水稻研究所用7001S/热研2号配组，经多代选育而成，1999年通过安徽省技术鉴定。

形态特征和生物学特性：属迟熟粳型光敏两系不育系。感光性强，感温性中等，基本营养生长期短。株型紧凑，叶片坚挺上举，茎叶淡绿，半直立穗型，主蘗穗整齐。颖壳及颖尖均呈黄色，种皮白色，稀间短芒。不育期千株以上群体不育株率100%，花粉不育度达99.1%，套袋自交不实率99.9%，在合肥稳定不育期30d以上。育性转换期在9月5日前后，育性转换明显。在合肥不育期株高80cm，穗长20cm，每穗颖花数150朵，千粒重23g。株型内紧外松，剑叶较挺，分蘗力强，后期灌浆较快，转色较好。开花习性好，花时早，开颖角度230°以上，柱头外露率45.9%。配合力较好。

抗性：中抗白叶枯病，高抗稻瘟病。

应用情况：适宜配制晚粳类型杂交组合，主要育成品种有皖稻50（4008S/秀水04）。

繁殖要点：选择好隔离区，严防生物学混杂。要求隔离区距离应不短于500m；确保适宜的播栽期，保证安全齐穗。4月底或5月初播种，8月上旬末抽穗，一般比7001S早7d左右，有利于安排抽穗扬花期。在海南陵水，3月中旬抽穗自交结实率可达80%以上。在合肥以南地区，6月24日播种，9月10日左右抽穗，结实率可达27%，产量可达2 200kg/hm²；合理密植，科学管理。施足基肥，早施追肥，单株密植，及时去杂，确保种子质量。

7001S （7001 S）

不育系来源：安徽省农业科学院水稻研究所用农垦58S与中粳917（沪选19/IR661//C57）配组，经多代选育而成，1989年通过安徽省技术鉴定。

形态特征和生物学特性：属中熟晚粳型光敏两系不育系。感光性强，感温性中等，基本营养生长期中。株型紧凑，叶片坚挺上举，茎叶淡绿，中穗型，谷粒椭圆；分蘖力中等，主蘖穗整齐。颖壳及颖尖均呈黄色，种皮白色，稀间无芒。光敏适宜温度范围为22～32℃，临界光长14h，在合肥7月底至9月初表现不育，不育期35d左右。不育起点温度22℃。在合肥4月下旬播种，8月10日前后抽穗，株高85～90cm，穗长18.4～21.0cm，单株成穗8～9个，每穗颖花数120～130朵，盛花期开花率85%以上，闭颖率1%以下；花时早，9时左右有明显的开花高峰，张颖角度大、历时长，异交结实率高。一般制种产量在3 000kg/hm²左右，最高单产可达4 000kg/hm²以上。秋季繁殖一般6月底至7月初播种，9月中旬抽穗，自交结实率70%以上，遇有28℃以上高温天气，结实率仍有40%左右，每穗总粒数109.5～119.6粒，千粒重25g左右。较难脱粒。

品质特性：糙米率82.3%，精米率74.5%，整精米率72.9%，粒长5.0mm，长宽比2.0，垩白粒率25%，垩白度1.5%，透明度2级，碱消值7.0级，胶稠度80mm，直链淀粉含量18.0%，蛋白质含量11.4%。

抗性：高抗稻瘟病，中抗白叶枯病。感白背飞虱和褐飞虱。

应用情况：适宜配制晚粳类型杂交组合，主要育成品种有皖稻24（70优9号）、皖稻26（70优04）、皖稻48（70优双九）、双优18、华粳杂1号和云光9号等。至2010年累计推广面积32.87万hm²。

繁殖要点：选择好隔离区，严防生物学混杂。要求隔离区距离应不短于500m；确保适宜的播栽期，保证安全齐穗。正季6月25日左右播种，抽穗期9月10～15日。施足基肥，早施追肥，单株密植，及时去杂，确保种子质量。

7-163S（7-163 S）

不育系来源：安徽省农业科学院水稻研究所用复交组合1892S//广占63S/中籼898选育而成，2009年通过安徽省农作物品种审定委员会审定。品种权公告号：CNA008267E。

形态特征和生物学特性：属中籼型温敏两系不育系。在合肥4月中下旬播种，播始历期90d左右，主茎叶片数15.8～16.4叶；5月播种，播始历期76～88d，主茎叶片数15.2～15.8叶；6月播种，播始历期55～71d，主茎叶片数13.9～15.0叶。在合肥地区5月下旬播种、8月中旬抽穗条件下，株高81.0cm，平均单株成穗8.4个，穗长20.5cm，每穗总粒数123.5粒，穗伸出度良好，平均包颈粒数9.0粒，包颈粒率7.3%，千粒重23.5g，谷粒长形，稃尖无色，剑叶较窄短、直立，剑叶长度24.2cm，剑叶宽度1.6cm，剑叶开张角度为17.5°，株型较紧凑，茎秆较粗壮。

不育系育性：育性稳定，在合肥5月中下旬至6月上旬播种，稳定不育期30d以上。不育株率100%，套袋自交不实率99.8%，以无花粉败育为主，花粉败育率为100%。

开花习性：晴好天气10:40～11:30开花，花时较集中，开花量占全日开花量的75%以上；柱头无色，外露率71.6%，其中双露率42.2%，异交结实率高，小面积制种异交结实率可达50%以上；包颈轻，对赤霉素敏感。

品质特性：糙米率80.5%，精米率73.1%，整精米率68.6%，粒长6.2cm，长宽比3.0，垩白粒率11%，垩白度0.6%，透明度2级，碱消值6.2级，直链淀粉含量16.1%，胶稠度86mm，蛋白质含量9.8%。米质综合指标符合部颁二等食用稻品种品质标准。

抗性：抗白叶枯病，中抗稻瘟病，抗倒伏。

应用情况：适宜配制中稻类型杂交组合，主要育成品种有两优799、两优华363、两优华166、两优2259等。

繁殖要点：选择好隔离区，严防生物学混杂。要求隔离区距应不短于500m；确保适宜的播栽期，保证安全齐穗。在海南12月10日左右播种，抽穗期3月10～15日；合理密植，科学管理。施足基肥，早施追肥，单株密植；及时去杂，确保种子质量。

X07S (X 07 S)

不育系来源：宣城市农业科学研究所（原宣城地区农业科学研究所）用W6154S/2707配组，经多代选育而成，1993年通过安徽省技术鉴定。

形态特征和生物学特性：属籼型温敏两系不育系。感光性弱，感温性中等，基本营养生长期短。株型紧凑，叶片坚挺上举，茎叶淡绿，半直立穗型，主蘖穗整齐。颖壳及颖尖均呈黄色，种皮白色，稀间短芒。不育期千株以上群体不育株率100%，花粉不育度达99.2%～99.9%，套袋自交不实率99.7%～99.9%。在合肥7月底至8月下旬处于稳定的不育期，稳定不育期50d以上。9月上旬开始转为可育，可育阶段结实率18.7%～27.8%，海南三亚冬繁结实率达65.92%。育性主要受控于温度，不育起点温度为24.3℃。开花习性一般，柱头大但生活力差，柱头外露率达87.5%，但花时分散，不利于高产制种。

品质特性：米质中等。

抗性：中抗白叶枯病，中感稻瘟病。

应用情况：适宜配制中籼类型杂交组合，主要育成品种有皖两优16（X07S/WH16）等。

繁殖要点：选择好隔离区，严防生物学混杂。要求隔离区距离应不短于500m；确保适宜的播栽期，保证安全齐穗。海南冬繁12月初播种，秧龄25d；正季6月25日左右播种，抽穗期9月10～15日；合理密植，科学管理。施足基肥，早施追肥，单株密植，及时去杂，确保种子质量。

矮占43S (Aizhan 43 S)

不育系来源：安徽省农业科学院水稻研究所用培矮64S//广占63-4S/Kitaake配组选育而成，2008年通过安徽省技术鉴定。品种权公告号：CNA005736E。

形态特征和生物学特性：属籼型温敏两系不育系。感光性弱，感温性中等，基本营养生长期短。株型紧凑，株高85cm左右，叶片坚挺上举，茎叶淡绿，长穗型，分蘖力较强，单株成穗7～8个，主蘖穗整齐。颖壳黄色，颖尖紫色，种皮白色，稀间短芒。不育起点温度低于23.5℃。不育期千株以上群体不育株率100%，不育期花粉不育度达100%，套袋自交不实率100%，在合肥稳定不育期30d以上。可育期在海南春繁自然结实率40%左右，千粒重22.0g。在合肥，6月初播种，播始历期75d，每穗颖花数166朵。

品质特性：糙米率76.9%，精米率68.9%，整精米率62.7%，粒长5.8mm，长宽比2.7，垩白粒率4%，垩白度0.4%，透明度2级，碱消值3.0级，胶稠度72mm，直链淀粉含量8.9%，蛋白质含量12.8%。

抗性：感白叶枯病，中感稻瘟病。

应用情况：适宜配制中籼类型杂交品种，主要育成品种有矮两优香六、矮两优油占、矮两优717等。

繁殖要点：隔离区垂直距离不短于500m，时间隔离25d以上；适时播种，海南冬繁12月初播种，秧龄25d，安徽秋繁7月上旬播种，秧龄17d左右；株行距13.3cm×16.7cm或13.3cm×20.0cm，每穴栽单粒种子苗；整个生育期都要注意去杂，尤其是抽穗期。

安隆03S（Anlong 03 S）

不育系来源：安徽隆平高科种业有限公司用温敏核两系不育系安农S-1/培矮64S6配组，经多代选育而成，2005年通过安徽省技术鉴定。

形态特征和生物学特性：属籼型温敏两系不育系。感光性中，感温性强，基本营养生长期短。株型紧凑，茎秆粗细适中，叶片挺直内卷，叶色深绿，主茎叶片数为14～15叶，叶枕、叶耳为绿色，柱头无色，分蘖力强，长穗型，主蘖穗整齐。颖壳及颖尖均呈黄色，种皮白色，稀间短芒。不育起点温度低于23.5℃左右。不育期千株以上群体不育株率100%，不育期花粉不育度达99.9%，套袋自交结实率100%，在合肥稳定不育期30d以上；可育期在海南春繁自然结实率40%左右。在合肥5月下旬播种，播始历期77～80d；在海南三亚11月下旬播种，播始历期85～88d。不育期株高85cm，穗长26cm，单株穗数10～13个，每穗颖花数125～130朵；谷粒长7.7mm，开颖角度较大，闭颖好，柱头外露率为75%，其中双外露率45%，异交性好，异交结实率可达65%以上，易制种。

品质特性：米质较优。

抗性：抗性一般。

应用情况：适宜配制中籼类型杂交组合，主要育成品种有隆两优6号、隆安优340等。

繁殖要点：选择好隔离区，严防生物学混杂。要求隔离区距离应不短于500m；确保适宜的播栽期，保证安全齐穗。海南冬繁12月初播种，秧龄25d，正季6月25日左右播种，抽穗期9月10～15日；合理密植，科学管理。施足基肥，早施追肥，单株密植；及时去杂，确保种子质量。

丰39S (Feng 39 S)

不育系来源：合肥丰乐种业股份有限公司用广占63S作诱变材料，通过离子束诱变选育而成，2008年通过安徽省技术鉴定。品种权公告号：CNA007124E。

形态特征和生物学特性：属籼型温敏两系不育系。感光性弱，感温性中等，基本营养生长期短。株型紧凑，叶片坚挺上举，茎叶淡绿，长穗型，主蘖穗整齐。颖壳及颖尖均呈黄色，柱头无色。种皮白色，稀间短芒。不育系起点温度低于23.5℃。不育期千株以上群体不育株率100%，花粉不育度达100.0%，套袋自交不实率99.9%，在合肥稳定不育期30d以上；可育期在海南春繁自然结实率40%左右。在合肥5月17日播种，播始历期87d，主茎叶片数15.6～16.2叶；6月7日播种，播始历期77d，主茎叶片数14.5叶。在合肥不育期平均株高80～85cm，单株穗数9～12个，每穗颖花数150～180朵；在海南可育期平均株高70～75cm，单株穗数9～10个，每穗颖花数150朵，千粒重24g。易制种。

品质特性：糙米率78.8%，精米率72.6%，整精米率68.0%，谷粒长宽比2.8，垩白粒率7%，垩白度0.8%，透明度2级，碱消值7.0级，胶稠度72mm，直链淀粉含量11.6%，蛋白质含量13.6%。

抗性：中抗白叶枯病，中感稻瘟病。

应用情况：适宜配制中籼类型杂交组合，主要育成品种有丰两优4号、两优168等。

繁殖要点：选择好隔离区，严防生物学混杂。要求隔离区距离应不短于500m；确保适宜的播栽期，保证安全齐穗。海南冬繁12月初播种，秧龄25d，正季6月25日左右播种，抽穗期9月10～15日；合理密植，科学管理。施足基肥，早施追肥，单株密植；及时去杂，确保种子质量。

广茉S（Guangmo S）

不育系来源：安徽省农业科学院水稻研究所用广占63S/茉莉香占配组，经1次杂交多代选育而成，2005年通过安徽省技术鉴定。品种权公告号：CNA004061E。

形态特征和生物学特性：属籼型温敏核两系不育系。感光性弱，感温性中等，基本营养生长期短。株型紧凑，叶片坚挺上举，茎叶淡绿，长穗型，主蘖穗整齐。颖壳及颖尖均呈黄色，种皮白色，稀间短芒。不育起点温度低于24℃。不育期千株以上群体不育株率100%，花粉败育率达100%，套袋自交不实率100%，在合肥稳定不育期30d以上；可育期在海南春繁自然结实率40%左右。在合肥5月下旬播种，播始历期78d左右。株高100～110cm，分蘖力较强，单株成穗7～8个，每穗颖花数170朵，千粒重21.0g左右。

品质特性：糙米率79.3%，精米率71.7%，整精米率64.6%，粒长5.9mm，长宽比2.9，透明度2级，碱消值7.0级，胶稠度34mm，直链淀粉含量26.2%，蛋白质含量11.3%。

抗性：中抗白叶枯病，中感稻瘟病。

应用情况：适宜配制中籼类型杂交组合，主要育成品种有广两优100、两优100、两优127、广两优1372、广两优6308等。

繁殖要点：隔离区垂直距离不短于500m，时间隔离25d以上；适时播种，海南冬繁12月初播种，秧龄25d，云南夏繁4月上旬播种，秧龄22d左右，繁殖区宜选在海拔1500～1600m；株行距13.3cm×16.7cm或13.3cm×20.0cm，每穴栽单粒种子苗，整个生育期都要注意去杂，尤其是抽穗期。

广占63S（Guangzhan 63 S）

不育系来源：北方杂交粳稻工程技术中心与合肥丰乐种业股份有限公司用质源为农垦58S（粳型）的具有广亲和性的N422S/广东优质籼稻广占63杂交配组选育而成，2001年通过安徽省技术鉴定。品种权公告号：CNA000094E。

形态特征和生物学特性：属早熟光温敏两系不育系。芽鞘绿色，叶鞘（基部）绿色，茎秆节间绿色，穗伸出度：部分伸出，颖尖和护颖秆黄色，开颖时间长，花药形状细小棒状，花药颜色白色或乳白色，花粉不育度完全败育，不育花粉类型无花粉型，柱头颜色白色。亲和性差。在日照长度大于14h，温度小于23.5℃时可保证自交结实率低于0.1%。抽穗前5～15d的平均气温在24℃以上，日照长度在12.5h以上时，可稳定不育。花粉败育率100%，套袋自交不实率100%。正常晴好天气每日10:00～12:00开花，占全日开花量的65%左右。柱头外露率74.2%，其中双外露率45%。制种高产田块异交结实率高达48%。合肥地区，播始历期70～86d，叶片数12.9～14.8叶。随着播期推迟，生育期相应缩短，主茎叶片数减少。在合肥种植不育期株高80cm左右，穗长平均22.5cm，单株成穗数7～9个，每穗总粒数140.6～165.2粒。海南可育期株高69.0～77.0cm，穗长18.5～23.5cm，单株成穗8～12个，每穗总粒数108.0～141.5粒，千粒重25.0g。

米质特性：糙米率79.6%，长宽比2.9，精米率72.6%，整精米率64.5%，粒长6.5mm，垩白粒率4%，垩白度0.2%，透明度1级，碱消值7级，胶稠度78mm，蛋白质含量11.8%，直链淀粉含量12.7%。

抗性：高抗白叶枯病，抗稻瘟病。

应用情况：适宜配制中、晚籼类型杂交组合，育成主要品种有丰两优1号（广占63S/9311）、广占63S/盐恢559、广占63S/151、广占63S/128、广占63S/929、广占63S/725等。

繁殖要点：选择好隔离区，严防生物学混杂。要求隔离区距离应不短于500m；确保适宜的播栽期，保证安全齐穗。海南冬繁12月上旬播种，秧龄25d，正季6月25日左右播种，抽穗期9月10～15日，合理密植，科学管理。施足基肥，早施追肥，单株密植，及时去杂，确保种子质量。

绿102S (Lü 102 S)

不育系来源：安徽省农业科学院绿色食品工程研究所用安湘S/L09选杂交选育而成，2007年通过安徽省技术鉴定。品种权公告号：CNA004344E。

形态特征和生物学特性：属籼型温敏两系不育系。感光性强，感温性中等，基本营养生长期短。株型紧凑，叶片坚挺上举，剑叶宽，茎叶淡绿，长穗型，分蘖力中等，主蘖穗整齐。颖壳及颖尖均呈无色，叶鞘、叶耳、叶枕无色，种皮白色，稀间短芒。不育起点温度低于24℃。不育期千株以上群体不育株率100%，不育期花粉败育率达100%，套袋自交不实率100%，在合肥稳定不育期30d以上；可育期在海南春繁自然结实率60%左右。在合肥5月播种，播始历期92d左右。株高101.3cm，平均穗长26.3cm，叶片数平均为14.5叶。单株成穗9.9个，每穗颖花数222朵，花期较长，单株花期长达12d，花时较早。千粒重25.0g。柱头外露率为76.3%，其中双外露率54.7%。

品质特性：糙米细长形，糙米率78.4%，精米率71.1%，整精米率64.1%，粒长6.1mm，长宽比2.7，垩白粒率0，垩白度0，透明度2级，碱消值7.0级，胶稠度75mm，直链淀粉含量11.8%，蛋白质含量11.7%。

抗性：感稻瘟病，中感白叶枯病。

应用情况：适宜配制中籼类型杂交组合，育成主要品种有绿102S/5HZ068等。

繁殖要点：选择好隔离区，严防生物学混杂。要求隔离区距离应不短于500m；确保适宜的播栽期，保证安全齐穗。海南冬繁12月初播种，秧龄25d，正季6月25日左右播种，抽穗期9月10～15日，合理密植，科学管理。施足基肥，早施追肥，单株密植，及时去杂，确保种子质量。

绿敏S（Lümin S）

不育系来源：安徽省农业科学院绿色食品工程研究所用广占63S/农林8号M系杂交多代选育而成，2007年通过安徽省技术鉴定。品种权公告号：CNA004343E。

形态特征和生物学特性：属籼型温敏两系不育系。感光性强，感温性中等，基本营养生长期短。株型紧凑，叶片坚挺上举，剑叶宽，茎叶淡绿，长穗型，分蘖力中等，主蘖穗整齐。柱头及颖尖均呈无色，叶鞘、叶耳、叶枕无色，种皮白色，稀间短芒。不育系起点温度低于24℃。不育期千株以上群体不育株率100%，不育期花粉败育率达99.8%，套袋自交不实率100%，在合肥稳定不育期30d以上；可育期在海南春繁自然结实率50%左右，对苯达松除草剂敏感。5月播种，播始历期71～76d，可恢复性和配合力好。不育期平均株高83.2cm，穗长16.3cm，单株成穗7.1个，每穗颖花数127.0朵，晴好天气8:00～9:30盛花，花时较集中。柱头外露率为37.1%，其中双外露率21.8%，可育期株高95.0cm，穗长18.2cm，千粒重22.5g。

品质特性：糙米细长形，糙米率77.3%，精米率70.2%，整精米率53.5%，粒长6.0mm，长宽比2.7，垩白粒率0，垩白度0，透明度2级，碱消值7.0级，胶稠度79mm，直链淀粉含量10.4%，蛋白质含量13.5%。

抗性：中感稻瘟病，感白叶枯病。

应用情况：适宜配制中籼类型杂交组合，育成的主要品种有绿敏S/124等。

繁殖要点：选择好隔离区，严防生物学混杂。要求隔离区距离应不短于500m；确保适宜的播栽期，保证安全齐穗。海南冬繁12月上旬播种，秧龄25d，正季6月25日左右播种，抽穗期9月10～15日，合理密植，科学管理。施足基肥，早施追肥，单株密植，及时去杂，确保种子质量。

新安S（Xinan S）

不育系来源：安徽荃银高科种业股份有限公司（原安徽荃银农业高科技研究所）用广占63-4S/M95选育而成，原名新安S，2005年通过安徽省农作物品种审定委员会审定，定名皖稻145。品种权公告号：CNA000851E。

形态特征和生物学特性：属早熟光温敏核两系不育系。感光性弱，感温性中等，基本营养生长期短。株型紧凑，叶片坚挺上举，茎叶淡绿，中穗型，主蘖穗整齐。颖壳及颖尖均呈褐色，种皮白色，稀间短芒。不育株率100%，花粉镜检花粉败育率100%，套袋自交不实率100%。不育性稳定，光长14.5h、气温23.5℃条件下，花粉败育率99.6%。株高80cm左右，叶色深绿，叶片挺直，在合肥地区5～6月播种，播始历期73～89d，全生育期120d左右，每穗颖花数165～185朵，柱头无色，柱头外露率79.5%。对赤霉素敏感，异交率高。千粒重26g左右。

品质特性：糙米率78.2%，精米率71.0%，整精米率65.2%，粒长6.2mm，谷粒长宽比2.7，垩白粒率12%，垩白度1.0%，透明度1级，碱消值7.0级，胶稠度68mm，直链淀粉含量10.1%，蛋白质含量14.1%。

抗性：抗稻瘟病，中感白叶枯病。

应用情况：适于配制中籼类型杂交组合，育成的主要品种有：新两优6号、新两优香4号、新两优106、新两优343、新两优901等。至2010年累计推广面积100.00万hm²。

繁殖要点：选择好隔离区，严防生物学混杂。要求隔离区距离应不短于500m，确保适宜的播栽期，保证安全齐穗。海南冬繁12月上旬播种，秧龄25d，正季6月25日左右播种，抽穗期9月10～15日，合理密植，科学管理。施足基肥，早施追肥，单株密植，及时去杂，确保种子质量。

新二S (Xin'er S)

不育系来源：安徽省农业科学院水稻研究所用新安S//新安S/2301S配组经系统选育而成，2008年通过安徽省技术鉴定。品种权公告号：CNA005738E。

形态特征和生物学特性：属籼型温敏两系不育系。感光性弱，感温性中等，基本营养生长期短。株型紧凑，叶片坚挺上举，茎叶浓绿，长穗型，主蘖穗整齐。颖壳及颖尖均呈褐色，种皮白色，稀间短芒。不育起点温度23℃。不育期千株以上群体不育株率100%，不育期花粉败育率达100%，套袋自交不实率100%，在合肥稳定不育期30d以上；可育期在海南春繁自然结实率30%左右。在合肥5月下旬播种，播始历期78d左右。株高105cm，分蘖力较强，单株成穗7～8个，每穗颖花数170朵，千粒重21.0g左右。

品质特性：糙米率77.1%，精米率69.7%，整精米率63.9%，粒长6.3mm，长宽比2.8，垩白粒率8%，垩白度0.8%，透明度2级，碱消值7.0级，胶稠度68mm，直链淀粉含量9.5%，蛋白质含量13.1%。

抗性：中感白叶枯病，中抗稻瘟病。

应用情况：适宜配制中籼类型杂交品种。主要育成品种有新两优998、新两优215、新矮两优727、新两优1392等。

繁殖要点：隔离区垂直距离不短于500m，时间隔离25d以上；适时播种，海南冬繁12月初播种，秧龄20d，云南夏繁4月上旬播种，秧龄22d左右，繁殖区宜选在海拔1 600m以上地区；株行距13.3cm×16.7cm或13.3cm×20.0cm，每穴栽单粒种子苗；整个生育期都要注意去杂，尤其是穗期。

新华S（Xinhua S）

不育系来源：安徽荃银高科种业股份有限公司（原安徽荃银农业高科技研究所）用广占63-4S/明恢86杂交，经1次杂交多代选育而成，2006年通过安徽省技术鉴定。品种权公告号：CNA003344E。

形态特征和生物学特性：属籼型温敏两系不育系。感光性弱，感温性中等，基本营养生长期短。前期生长较紧凑，后期松散，叶片中长、窄，直挺微凹，叶色绿，茎秆粗直，长穗型，主蘖穗整齐。颖壳及颖尖均呈黄色，种皮白色，稀间短芒。不育系起点温度低于23.5℃。不育期千株以上群体不育株率100%，不育期花粉败育率达100%，套袋自交不实率100%，在合肥稳定不育期30d以上；可育期在海南春繁自然结实率40%左右。在合肥5月播种，播始历期71～87d，株高86cm，穗长24.5cm，单株有效穗数9～12个，每穗颖花数168朵左右。柱头外露率66.5%，其中双外露率37.5%。在海南可育期株高81cm，穗长23.5cm，单株有效穗数9～13个，每穗总粒数158粒左右，千粒重28.0g。对赤霉素敏感，异交性好，易制种。

品质特性：糙米率81.8%，精米率75.3%，整精米率56.7%，粒长6.7mm，谷粒长宽比2.7，垩白粒率6%，垩白度0.4%，透明度1级，碱消值7.0级，胶稠度72mm，直链淀粉含量11.9%，蛋白质含量14.3%。

抗性：中抗白叶枯病，抗稻瘟病。

应用情况：育成的主要品种有新两优821、两优华6等。

繁殖要点：选择好隔离区，严防生物学混杂。要求隔离区距离应不短于500m；确保适宜的播栽期，保证安全齐穗。海南冬繁12月上旬播种，秧龄25d，正季6月25日左右播种，抽穗期9月10～15日，合理密植，科学管理。施足基肥，早施追肥，单株密植，及时去杂，确保种子质量。

宣69S (Xuan 69 S)

不育系来源：宣城市农业科学研究所从广占63S分离株中采用系统法选育而成，2003年通过安徽省技术鉴定。品种权公告号：CNA001853E。

形态特征和生物学特性：属籼型温敏两系不育系。感光性弱，感温性中等，基本营养生长期短。株型内紧外松，剑叶较挺，茎叶淡绿，长穗型，主蘖穗整齐。颖壳及颖尖均呈黄色，柱头无色，种皮白色，稀间短芒。不育期千株以上群体不育株率100%，花粉败育率99.8%，套袋自交不实率99.92%，在芜湖稳定不育期30d以上。可育期，在海南春繁自然结实率40%左右。在芜湖5月20日播种，8月中旬始穗，播始历期83d，冬季在海南三亚种植，11月中下旬播种，次年2月下旬至3月上旬始穗，播始历期98 ~ 102d。株高75 ~ 80cm，穗长25cm，每穗颖花数170朵，粒形长，千粒重23.4g。柱头外露率53.0%，异交率33.5%。主茎叶片数15.5叶，分蘖力强，后期灌浆较快，转色较好。开花习性好花时早。配合力较好。

品质特性：谷粒细长，米粒透明垩白少，米质优。

抗性：中抗稻瘟病。

应用情况：适宜配制中籼类型杂交组合，主要育成品种有两优6326（宣69S/WH26）等。

繁殖要点：选择好隔离区，严防生物学混杂。要求隔离区距离应不短于500m，确保适宜的播栽期，保证安全齐穗。海南冬繁12月上旬播种，秧龄25d，正季6月25日左右播种，抽穗期9月10 ~ 15日，合理密植，科学管理。施足基肥，早施追肥，单株密植，及时去杂，确保种子质量。

第八节 恢复系

2DZ057（2 DZ 057）

恢复系来源：安徽省农业科学院水稻研究所从胜优2号中选择的优良单株，经多次加代选育，于1993年育成。

形态特征和生物学特性：属中熟中籼三系恢复系。感光性和感温性中等，基本营养生长期中。株型松散适中，剑叶短、窄挺，分蘖力中上等，主茎总叶片17叶，叶片内卷挺直，茎叶色较深，长穗型，主蘖穗整齐。颖壳呈黄色，稃尖、柱头均无色，种皮白色，稀间短芒。5月初播种，全生育期130d，主茎总叶片数16.6～16.9叶，株高99cm，叶枕平至抽穗10d，始花到终花13～15d，在30万穴/hm^{2}的密度下，有效穗375万个/hm^2，每穗总粒数155.1粒，结实率88.5%，千粒重23.6g，花时较迟，一般晴好天气10:00始花，11:00进入盛花，12:30终花，花时集中，花粉量充足。

品质特性：谷粒近椭圆形，米质一般。

抗性：抗病性较好。

应用情况：适宜配制中籼类型杂交组合，主要育成品种有协优57等。

繁殖要点：适时播种，培育壮秧，秧田播种量不超过225～300kg/hm^2，秧龄控制在25d左右；栽植密度30万穴/hm^2，每穴3～5苗；施足基肥，早施追肥；后期不能过早断水，直到成熟都应保持湿润。整个生育期间严格去除杂株、异形株。及时防治稻纵卷叶螟等。

2M009 （2 M 009）

恢复系来源：安徽省农业科学院水稻研究所用 （A34/02428） F_6// 盐恢559杂交，经7代选择育成。

形态特征和生物学特性：属中熟中籼三系恢复系。感光性中等，感温性中等，基本营养生长期中。株型紧凑，叶片坚挺上举，叶片较宽，叶色深绿，长穗型，主蘖穗整齐，分蘖力中等偏弱。颖壳及颖尖均呈黄色，柱头均无色，种皮白色，无芒。5月初播种，全生育期132d，主茎总叶片数16.8 ～ 17.5叶，株高114cm，在30万穴/hm² 的密度下，有效穗225万个/hm²，每穗总粒数188.8粒，结实率86%，千粒重25g。花时较早，花粉量充足。

品质特性：谷粒长形。

抗性：抗病性较好。

应用情况：适宜配制中籼类型杂交组合，主要育成品种有协优009、Ⅱ优009等。

繁殖要点：在适宜播种时间内，应早播早栽，秧龄应控制在25d左右；要培育壮秧，栽植密度30万穴/hm²，每穴3 ～ 5苗，要适时晒田；施足基肥，早施追肥，要防止施肥过迟、过多而造成倒伏或加重病虫危害；后期不能过早断水，直到成熟都应保持湿润。整个生育期间严格去除杂株、异形株。及时防治稻纵卷叶螟等虫害。

3401 （3401）

恢复系来源：安徽省农业科学院水稻研究所用培矮64S/Kitaake杂交，经多代选择育成。

形态特征和生物学特性：属晚籼型两系恢复系。感光性弱，感温性强，基本营养生长期短。株型紧凑，叶片坚挺上举，茎叶淡绿，长穗型，主蘖穗整齐。颖壳及颖尖均呈黄色，种皮白色，有短芒。全生育期120d，主茎总叶片13～15叶，株高95cm，穗长23cm，叶片较窄，叶色深绿，分蘖力偏弱，稃尖、柱头无色，谷粒长形，每穗总粒数168粒，实粒数153粒，结实率90.8%，千粒重20.4g，花时较早，花粉量大。

品质特性：糙米率80.0%，精米率73.0%，整精米率56.0%，粒长6.2mm，长宽比3.1，垩白粒率2%，垩白度0.3%，透明度1级，碱消值7.0级，胶稠度68mm，直链淀粉含量15.6%，糙米蛋白质含量12.4%。米质达部颁二等食用稻品种品质标准。

应用情况：适宜配制晚籼类型杂交组合，主要育成品种有皖稻199（2301S/3401）。

繁殖要点：在适宜播种时间内，应早播早栽，秧龄25d左右；培育壮秧，株行距13.3cm×16.7cm，栽插45万穴/hm²，每穴3～4苗，适时晒田；施足基肥，早施追肥，防止施肥过迟、过多造成倒伏或加重病虫危害；后期不能过早断水，直到成熟都应保持湿润。整个生育期间严格去除杂株、异形株。及时防治稻纵卷叶螟等虫害。

78039（78039）

恢复系来源：安徽省农业科学院水稻研究所用IR32-2/圭630配组选育而成，原名78039，1990年通过安徽省农作物品种审定委员会审定，定名皖稻31。

形态特征和生物学特性：属中熟中籼三系恢复系。感光性中，感温性中等，基本营养生长期中。株型松散适中，内松外紧，叶片坚挺上举，主茎总叶片17叶，茎叶淡绿，长穗型，主蘖穗整齐，颖色呈黄色，颖壳和颖尖均黄色，种皮白色，稀间短芒。株高90cm，主茎总叶片16.6叶。每穗总粒数105粒，千粒重23.5g。4月中旬至5月上旬播种，播始历期96～101d。花时集中，花粉量充足。

品质特性：米质优。

抗性：抗病性较好。

应用情况：适宜配制中籼类型杂交组合，主要育成品种有协优78039等。

繁殖要点：4月下旬至5月初播种，5月下旬或6月初移栽，秧龄30～35d，秧田播种量300～375kg/hm^2，秧田与大田比例为1∶10～12。株行距16.7cm×20cm，每穴2苗。总氮量150～180kg/hm^2，以农家肥为主，化肥为辅，氮、磷、钾合理搭配，比例为2∶1∶（2～3），其中60%作基肥，40%作追肥，追肥掌握前重、中控、后补的原则。水浆管理要围绕稻苗前期发得早，中期稳长壮，后期不早衰，青秆黄熟的目标进行。整个生育期间严格去除杂株、异形株。注意白叶枯病、纹枯病、稻蓟马、稻纵卷叶螟等病虫害的防治。

8019 (8019)

恢复系来源：安徽省农业科学院水稻研究所用78039/轮回422杂交，于1997年育成。

形态特征和生物学特性：属中籼型三系恢复系。感光性弱，感温性中等，基本营养生长期中。株型紧凑，叶片坚挺上举，叶片较宽，叶色深绿，剑叶25～30cm，叶鞘、叶缘、叶耳、叶枕均无色。长穗型，主蘖穗整齐，分蘖力中等偏弱。颖壳及颖尖均呈黄色，种皮白色，稀间短芒。5月初播种，全生育期126d，主茎总叶片数16.4～16.8叶，株高110cm，穗长23cm左右，在30万穴/hm² 的密度下，有效穗225个/hm²，谷粒长形，每穗总粒数184.8粒，结实率84%，千粒重25.7g，花时较早，花时较集中，中午12:00开花占80%，花粉量充足。

品质特性：米质优。

抗性：抗病性较好，但易早衰。

应用情况：适宜配制中籼类型杂交组合，主要育成品种有协优8019等。

繁殖要点：在适宜播种时间内，应早播早栽，秧龄应控制在25d左右；要培育壮秧，栽植密度30万穴/hm²，每穴3～5苗，要适时晒田；施足基肥，早施追肥，要防止施肥过迟、过多而造成倒伏或加重病虫危害；后期不能过早断水，直到成熟都应保持湿润。整个生育期间严格去除杂株、异形株。及时防治稻纵卷叶螟等。

82022（82022）

恢复系来源：安徽省农业科学院水稻研究所用74-24/大粒晚粳//C堡配组选育而成。

形态特征和生物学特性：属迟熟粳稻三系恢复系。感光性强，感温性中等，基本营养生长期长。株型紧凑，叶片内卷，叶色深绿，分蘖力中等偏强，长穗型，主蘖穗整齐。颖壳及颖尖均呈黄色，柱头无色，种皮白色，稀间短芒。5月初播种，全生育期142d，主茎总叶片数17～18叶，株高94cm，在制种单本栽插下，单株有效穗10个左右，穗大粒多，每穗总粒数150粒左右，结实率84%，千粒重25.7g。花时较早，花粉量充足。

品质特性：米质优。

抗性：中抗稻瘟病和白叶枯病。

应用情况：主要育成品种有皖稻18（六优82022）等。

繁殖要点：在适宜播种时间内，应早播早栽，秧龄应控制在25d左右；要培育壮秧，栽植密度16.7cm×20.0cm，插30万穴/hm²，每穴2～3粒种子苗，要适时晒田；施足基肥，早施追肥，要防止施肥过迟、过多而造成倒伏或加重病虫危害；后期不能过早断水，直到成熟都应保持湿润。整个生育期间严格去除杂株、异形株。及时防治稻纵卷叶螟等。

86049 (86049)

恢复系来源：青阳县种子公司推广用^{60}Co - γ射线辐照IR26，经对诱变后代的多代选择育成的早籼恢复系。

形态特征和生物学特性：属中熟早籼三系恢复系。感光性弱，感温性中等，基本营养生长期短。株型松散适中，内松外紧，叶片坚挺上举，主茎总叶片12叶，叶片内卷挺直，茎叶淡绿，长穗型，主蘖穗整齐，颖壳呈黄色，稃尖、柱头无色，种皮白色。株高95cm，叶片较宽，分蘖力中等。在45万穴/hm²的密度下，有效穗337.5万个/hm²，每穗总粒数135.7粒，结实率78.7%，千粒重26.8g，花粉量充足。

品质特性：米质优。

抗性：抗性一般。

应用情况：适宜配制早籼类型杂交组合，主要育成品种有威优86049等。

繁殖要点：5月上旬播种，秧龄35d左右，株行距13.3cm×20.0cm。播种量不超过225kg/hm²。施足基肥，早施追肥，要防止施肥过迟，过多而造成倒伏或加重病虫危害；水浆管理要围绕稻苗前期发得早，中期穗长壮，后期不早衰，青秆黄熟进行。整个生育期间严格去除杂株、异形株。大田期注意防治二化螟、三化螟、稻纵卷叶螟及稻飞虱的危害。

9019 (9019)

恢复系来源：安徽省农业科学院水稻研究所用 A34/02428 杂交，经过 14 代选择，于 1998 年育成的中籼恢复系。

形态特征和生物学特性：属中籼型三系恢复系。感光性弱，感温性中等，基本营养生长期中。株型紧凑，茎秆较粗壮，叶片坚挺上举，剑叶窄、内卷，叶色较深，叶鞘、叶缘、叶耳、叶枕均无色。长穗型，主蘖穗整齐，分蘖力中等。颖壳及颖尖均呈黄色，种皮白色，稀间短芒。5 月初播种，全生育期 128d，主茎总叶片数 16.6～17.1 叶，株高 117cm，在 30 万穴/hm² 的密度下，有效穗 240 万个/hm²，谷粒长形，每穗总粒数 154.8 粒，结实率 84.1%，千粒重 29g，开花习性好，花时较早，晴天 9:30 始花，11:30 进入盛花，14:00 终花，花粉量充足。

品质特性：米质优。

抗性：抗病性较好。

应用情况：适宜配制中籼类型杂交组合，主要育成品种有协优 9019 等。

繁殖要点：适时播种，培育壮秧，秧田播种量不超过 225～300kg/hm²，秧龄控制在 25d 左右；栽植密度 30 万穴/hm²，每穴 3～5 苗；施足基肥，早施追肥；要防止施肥过迟、过多而造成倒伏或加重病虫危害；后期不能过早断水，直到成熟都应保持湿润。及时防治稻纵卷叶螟等虫害。

C98（C 98）

恢复系来源：黄山市农业科学研究所从IR26/IR28配组选育而成，1989年通过安徽省农作物品种审定委员会审定，定名皖稻19。

形态特征和生物学特性：属中迟熟晚籼三系恢复系。感光性强，感温性中等，基本营养生长期短。株型松散，茎秆细韧，叶片较宽，叶色较深，分蘖力中等，稃尖、柱头均无色，穗型较齐，主蘖穗齐。颖壳黄色，颖尖紫色，种皮白色。花时较早，花粉量充足。在黄山市5月下旬至6月上旬播种，全生育期110d左右，株高87cm，在30万穴/hm²的密度下，有效穗240万穗/hm²，谷粒长形，每穗总粒数118.5粒，结实率86%，千粒重27g。

品质特性：糙米率78.8%，精米率71.3%，蛋白质含量10.4%，赖氨酸含量0.4%，粗总淀粉含量76.4%，直链淀粉含量21.8%，碱消值5.4级，胶稠度80mm。

抗性：抗病性较好。

应用情况：主要育成品种有汕优98等。

繁殖要点：在适宜播种时间内，应早播早栽，秧龄应控制在25d左右；培育壮秧，栽植基本苗数300万苗/hm²，每穴5～7苗，适时晒田；施足基肥，早施追肥，防止施肥过迟、过多而造成倒伏或加重病虫危害；后期不能过早断水，直到成熟都应保持湿润。整个生育期间严格去除杂株、异形株。及时防治稻纵卷叶螟等。

C 堡（C Bao）

恢复系来源：安徽省农业科学院水稻研究所用C57/城堡1号配组选育而成。

形态特征和生物学特性：属中熟中粳三系恢复系。感光性强，感温性中等，对光长反应较迟钝，基本营养生长期长。株型紧凑，叶片坚挺上举，茎叶淡绿，长穗型，主蘖穗整齐。颖壳及颖尖均呈黄色，柱头无色，种皮白色，稀间短芒。5月初播种，全生育期126d，主茎总叶片数16叶，株高93cm，株型紧凑，叶片内卷，叶色深绿，分蘖力中等偏弱，在制种单本栽插下，单株有效穗6～7个，穗大粒多，每穗总粒数130粒左右，结实率84%，千粒重25.7g。花时较早，花粉量充足。

品质特性：糙米率83.2%，精米率74.6%，蛋白质含量10.9%，赖氨酸含量0.4%，粗总淀粉含量75.7%，直链淀粉含量15.6%，碱消值6.8级，胶稠度79mm。

抗性：抗稻瘟病和白叶枯病。

应用情况：适宜配制中粳类型杂交组合。主要育成品种有六优C堡、当优C堡等。

繁殖要点：在适宜播种时间内，应早播早栽，秧龄应控制在25d左右；要培育壮秧，栽植密度16.7cm×20.0cm，插30万穴/hm²，每穴1～2粒种子苗，要适时晒田，施足基肥，早施追肥，要防止施肥过迟、过多而造成倒伏或加重病虫危害；后期不能过早断水，直到成熟都应保持湿润。整个生育期间严格去除杂株、异形株。及时防治稻纵卷叶螟等虫害。

HP121 (HP 121)

恢复系来源：安徽省农业科学院水稻研究所用PL1/明之星//皖恢9号配组选育而成。

形态特征和生物学特性：属早熟中粳三系恢复系。感光性中等，感温性中等，基本营养生长期中。株型紧凑，叶片光、直立而内卷，叶色深绿，分蘖力弱，茎秆粗壮，长穗型，主蘖穗整齐。颖壳及颖尖均呈黄色，柱头无色，种皮白色，稀间短芒。5月初播种，全生育期125d，播始历期85d，株高85cm，主茎总叶片数15叶，在制种单本栽插下，单株有效穗10个左右，穗大粒多，每穗总粒数150粒左右，结实率84%，千粒重22g。抽穗当天不开花，第二天进入始花期，花期持续9d，盛花期在抽穗后3～8d之内，花时较早，开颖畅，花粉量充足，花时集中在10:00～13:00，晴天午后花数占当日开花数的90%以上。

品质特性：粒形小而偏长，光壳，米粒半透明，而且较软，米质优。

抗性：中抗稻瘟病和白叶枯病。

应用情况：适宜配制中粳类型杂交组合，主要育成品种有六优121、80优121等。

繁殖要点：在适宜播种时间内，应早播早栽，秧龄应控制在25d左右；要培育壮秧，栽植密度16.7cm×20.0cm，插30万穴/hm²，每穴2～3粒种子苗，要适时晒田；施足基肥，早施追肥，要防止施肥过迟、过多而造成倒伏或加重病虫危害；后期不能过早断水，直到成熟都应保持湿润。整个生育期间严格去除杂株、异形株。及时防治稻纵卷叶螟等。

OM052（OM 052）

恢复系来源：安徽省农业科学院水稻研究所用9019/特青配组选育而成。品种权公告号：CNA002729E。

形态特征和生物学特性：属中熟中籼三系恢复系。感光性弱，感温性中等，基本营养生长期中。株型紧凑，叶片坚挺上举，剑叶长而宽，叶色较深，叶鞘、叶缘、叶耳、叶枕均呈无色。长穗型，主蘖穗整齐，分蘖力中等偏弱。颖壳及颖尖均呈黄色，种皮白色，稀间短芒。5月初播种，全生育期129d，主茎总叶片数16.7～17.2叶，株高119cm，穗长25cm左右，在30万穴/hm²的密度下，有效穗225万穗/hm²，谷粒长形，每穗总粒数164.8粒，结实率87%，千粒重29.1g。花时较迟，花粉量充足。

品质特性：米粒长宽比2.6，垩白粒率96.2%，垩白度32.5%，碱消值7.1级，胶稠度58mm，直链淀粉含量25.4%，蛋白质含量8.7%。

抗性：抗病性较好。

应用情况：适宜配制中籼类型杂交组合，主要育成品种有K优52、协优52、Ⅱ优52等。

繁殖要点：在适宜播种时间内，应早播早栽，秧龄应控制在25d左右；要培育壮秧，栽植密度30万穴/hm²，每穴5～7苗，要适时晒田；施足基肥，早施追肥，要防止施肥过迟、过多而造成倒伏或加重病虫危害；后期不能过早断水，直到成熟都应保持湿润。整个生育期间严格去除杂株、异形株。及时防治稻纵卷叶螟等虫害。

RH003 (RH 003)

恢复系来源：安徽省农业科学院水稻研究所用密阳23/扬稻2号配组选育而成。

形态特征和生物学特性：属中熟中籼三系恢复系。感光性弱，感温性中等，基本营养生长期中。株型紧凑，茎秆较粗壮，叶片坚挺上举，剑叶窄、内卷，叶色浅深，叶鞘、叶缘、叶耳、叶枕均无色。长穗型，主蘖穗整齐，分蘖力中等。颖壳及颖尖均呈黄色，种皮白色，稀间短芒。5月初播种，播始历期84～86d，主茎总叶片数16叶，株高110～117cm，穗长23.7cm，在30万穴/hm²的密度下，有效穗240万穗/hm²，谷粒长形，每穗总粒数174.4粒，结实率85%左右，千粒重27g。开花习性好，花时较早，晴天9:00始花，10:30～11:00进入盛花，15:00～15:30终花，花期长，花粉量充足。开花1～2d进入盛花期，单穗开花历期5～6d，群体开花历期12d。对赤霉素较敏感。

品质特性：米质优。

抗性：抗病性较好。

应用情况：适宜配制中籼类型杂交组合，主要育成品种有皖稻153等。

繁殖要点：在适宜播种时间内，应早播早栽，秧龄应控制在25d左右；要培育壮秧，栽植密度栽基本苗300万苗/hm²，每穴5～7苗，要适时晒田；施足基肥，早施追肥，要防止施肥过迟、过多而造成倒伏或加重病虫危害；后期不能过早断水，直到成熟都应保持湿润。整个生育期间严格去除杂株、异形株。及时防治稻纵卷叶螟等虫害。

YR106 (YR 106)

恢复系来源：安徽荃银高科种业股份有限公司用辐恢838/R466配组选育而成。

形态特征和生物学特性：属籼型两系和三系恢复系。茎秆粗壮，芽鞘绿色，叶色绿、直立，开颖角度中，花时长，花药黄色，柱头无色，株高适中，颖尖秆黄色、无芒，中大穗，结实率高，长椭圆粒，千粒重大，恢复力强，亲和谱宽广。全生育期125d左右，株高112.1cm，穗长25.6cm，每穗总粒数168.7粒，结实率83.9%，千粒重30.4g。

品质特性：米质中等。

抗性：中抗稻瘟病。

应用情况：适宜配制中籼类型杂交组合，主要育成品种有新两优106、两优8906等。

繁殖要点：5月中旬播种，播种量不超过225kg/hm²，培育壮秧；秧龄25～30d，株行距13.3cm×20.0cm，单本栽插，保留操作行；整个生育期间严格去除杂株、异形株；大田期注意防治二化螟、三化螟、稻纵卷叶螟及稻飞虱等虫害；适时收获。

YR188 （YR 188）

恢复系来源：安徽荃银高科种业股份有限公司（原选育单位安徽荃银农业高科技研究所）用（桂99/爪哇稻M95）F₃//先恢207配组选育而成。品种权公告号：CNA003345E。

形态特征和生物学特性：属籼型三系恢复系。芽鞘绿色，叶色浅绿、直立，开颖角度中，花时范围长，花药黄色，柱头白色，株高较矮，颖尖秆黄色、无芒，每穗粒数中，结实率高，落粒性低，细长粒，恢复力强，亲和谱宽广。全生育期115d。株高105.3cm，穗长24.8cm，每穗总粒数146.5粒，结实率88.6.9%，千粒重25.8g。

品质特性：优质米。

抗性：抗稻瘟病，中抗纹枯病。

应用情况：适宜配制中籼类型杂交组合。主要育成品种有新优188、金优88、农丰优188。

繁殖要点：5月中下旬播种，播种量不超过225kg/hm²，培育壮秧；秧龄25～30d，株行距13.3cm×20.0cm，单本栽插，保留操作行；整个生育期间严格去除杂株、异形株；大田期注意防治二化螟、三化螟、稻纵卷叶螟及稻飞虱；适时收获。

YR293 (YR 293)

恢复系来源：安徽荃银高科种业股份有限公司（原选育单位安徽荃银农业高科技研究所）用明恢63/9311配组选育而成。品种权公告号：CNA001676E。

形态特征和生物学特性：属籼型三系恢复系。秆粗、抗倒力强，分蘖力中等，剑叶长、较宽、直挺、微凹，大穗，枝梗发达，着粒密，有轻度两段灌浆现象，粒长宽比为3.0，恢复力强。在合肥全生育期为130d，株高125cm左右，穗长26.8cm，每穗总粒数198.6粒，结实率81.3%，千粒重28.5g。

品质特性：米质优良。

抗性：抗稻瘟病和白叶枯病。

应用情况：适宜配制中籼类型杂交组合，主要育成品种有丰优293、中优293、Ⅱ优293。

繁殖要点：4月底5月初播种为宜，秧田播种量不超过225kg/hm²，培育壮秧；秧龄30d左右，株行距13.3cm×20.0cm，单本栽插，保留操作行；整个生育期间严格去除杂株、异形株；大田期注意防治二化螟、三化螟、稻纵卷叶螟及稻飞虱；适时收获。

YR343 （YR 343）

恢复系来源：安徽荃银高科种业股份有限公司利用自育抗倒恢复系YR293同美国旱稻配组选育而成。品种权公告号：CNA006266E。

形态特征和生物学特性：属中籼型两系恢复系。秆粗、矮壮、穗大、粒多，茎节紧包不外露，抗倒力强，对现有三系、两系不育系具有广谱恢复能力，对红莲型不育系无恢复力。在合肥全生育期为136d，株高128.5cm左右，穗长26.9cm，每穗总粒数192.8粒，结实率79.6%，千粒重28.6g。

品质特性：米质优。

抗性：中抗稻瘟病。

应用情况：适宜配制中籼类型杂交组合，主要育成品种有新两优343。

繁殖要点：4月底5月初播种为宜，秧田播种量不超过225kg/hm²，培育壮秧；秧龄30d左右，株行距13.3cm×20.0cm，单本栽插，保留操作行；整个生育期间严格去除杂株、异形株；大田期注意防治二化螟、三化螟、稻纵卷叶螟及稻飞虱；适时收获。

YR512 (YR 512)

恢复系来源：安徽荃银高科种业股份有限公司用镇恢084/江恢364配组选育而成。

形态特征和生物学特性：属籼型三系恢复系。秆粗、抗倒力强，分蘖力中等，剑叶中长、直立，大穗，稃尖短芒，枝梗发达，着粒密，米粒长宽比3.0，恢复力强。在合肥全生育期为124d左右，株高118cm左右，穗长26.1cm，每穗总粒数176.5粒，结实率86.9%，千粒重27.6g。

品质特性：米质优。

抗性：中抗稻瘟病和白叶枯病。

应用情况：适宜配制中籼类型杂交组合，主要育成品种有荃香优512、丰优512。

繁殖要点：4月底5月初播种，播种量不超过225kg/hm²，培育壮秧；秧龄30d左右，株行距13.3cm×20.0cm，单本栽插，保留操作行；整个生育期间严格去除杂株、异形株；大田期注意防治二化螟、三化螟、稻纵卷叶螟及稻飞虱；适时收获。

YR821 （YR 821）

恢复系来源：安徽荃银高科种业股份有限公司用镇恢084/辐恢838杂交后经系统选育而成。

形态特征和生物学特性：属籼型两系恢复系。叶片中长直挺，秆直，长穗长粒，合肥5月播种，播始历期93d左右，全生育期123d，株高116.1cm，穗长25.8cm，每穗总粒数188.5粒，结实率82.5%，千粒重28.2g。后期熟相好。

品质特性：米质优。

抗性：中抗稻瘟病。

应用情况：适宜配制中籼类型杂交组合，主要育成品种有新两优821、安两优821。

繁殖要点：4月底5月初播种，秧田播种量不超过225kg/hm²，培育壮秧；秧龄30d左右，株行距13.3cm×20.0cm，单本栽插，保留操作行；整个生育期间严格去除杂株、异形株；大田期注意防治二化螟、三化螟、稻纵卷叶螟及稻飞虱；适时收获。

YR901 （YR 901）

恢复系来源：安徽荃银高科种业股份有限公司用R9311/YR015杂交，经多代选育而成。

形态特征和生物学特性：属籼型两系恢复系。叶片中长直挺，秆直，长穗长粒，合肥4月底5月初播种，全生育期135d左右，株高125.4cm，穗长26.5cm，每穗总粒数172.7粒，结实率78.6%，千粒重27.5g。后期熟相好。

品质特性：米质优。

抗性：中抗稻瘟病。

应用情况：适宜配制中籼类型杂交组合，主要育成品种有新两优901。

繁殖要点：4月底5月初播种，秧田播种量不超过225kg/hm²，培育壮秧；秧龄30d左右，株行距13.3cm×20.0cm，单本栽插，保留操作行；整个生育期间严格去除杂株、异形株；大田期注意防治二化螟、三化螟、稻纵卷叶螟及稻飞虱；适时收获。

YR909 （YR 909）

恢复系来源：安徽荃银高科种业股份有限公司（原选育单位安徽荃银高科种业股份有限公司）以桂99/爪哇稻M95选-1配组选育而成。品种权公告号：CNA001674E。

形态特征和生物学特性：属籼型三系恢复系。秆粗、抗倒力强，分蘖力强，剑叶中长、直立，大穗大粒，千粒重较高，恢复力强。在合肥全生育期为115d左右，株高116cm左右，穗长24.8cm，每穗总粒数161.2粒，结实率80.9%，千粒重26.6g。

品质特性：米质中等。

抗性：中抗稻瘟病。

应用情况：适宜配制中、晚籼类型杂交组合，主要育成品种有农丰优909。

繁殖要点：5月中下旬播种，秧田播种量不超过225kg/hm²，培育壮秧；秧龄25 ～ 30d，株行距13.3cm×20.0cm，单本栽插，保留操作行；整个生育期间严格去除杂株、异形株；大田期注意防治二化螟、三化螟、稻纵卷叶螟及稻飞虱；适时收获。

安香15（Anxiang 15）

恢复系来源：安徽省农业科学院水稻研究所用中籼WH26/扬稻6号配组选育而成。品种权公告号：CNA008983E。

形态特征和生物学特性：属籼型中熟两系恢复系。感光性一般，感温性中等，基本营养生长期中。株型紧凑，叶片挺拔，叶色淡绿，茎秆较粗壮，弯曲穗，颖壳及颖尖黄色，种皮白色。全生育期137d左右，株高122cm，穗长24.5cm，有效穗数252万穗/hm²，穗粒数137粒，结实率90.0%左右，千粒重27g。

品质特性：糙米细长形，糙米粒长6.2mm，糙米长宽比3.1，糙米率80.7%，精米率73.8%，整精米率67.1%，垩白粒率22%，垩白度8%，透明度2级，碱消值6.5级，胶稠度72mm，直链淀粉含量15.3%，糙米蛋白质含量10.7%。

抗性：抗苗瘟和叶瘟，中抗白叶枯病。抗倒性较强。

应用情况：主要育成品种有新两优215，广两优6308等。

繁殖要点：4月下旬至5月上中旬播种（作为父本播期依据父母本播差期而定）。湿润育秧，秧田播种量150kg/hm²。秧龄一般35d左右，培育带蘖老健壮秧，适宜栽插密度30万穴/hm²，基本苗120万苗/hm²。总施纯氮量180kg/hm²，注意氮磷钾肥配合施用。灌溉管理上，浅水栽插，寸水活棵，薄水分蘖，适时搁田。孕穗至抽穗扬花期保持浅水层，灌浆结实阶段干湿交替，前水不清，后水不灌，养根保叶，活熟到老。成熟收割前一周断水。根据各地病虫发生的动态，坚持预防为主，综合防治的方针。

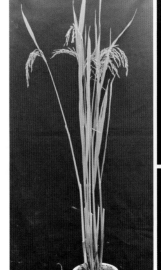

丰恢 3 号 （Fenghui 3）

恢复系来源：合肥丰乐种业股份有限公司用 FR90-05/明恢63//FR99-03///先恢207/马坝小占杂交选育而成。

形态特征和生物学特性：属籼型两系恢复系。感光性强，感温性中等，株型略散，叶色浓绿，长穗型。颖壳黄褐色，颖尖黄色，柱头无色，种皮白色，无芒。在合肥5月15日播种，播始历期85d，主茎叶片数16.7叶，平均株高115 ～ 120cm，单株穗数8 ～ 12个，每穗颖花数150 ～ 180朵，千粒重24g。

品质特性：米质外观优。

抗性：一般。

应用情况：适宜配制中籼类型杂交组合，主要育成品种有丰两优晚三等。

繁殖要点：选择好隔离区，严防生物学混杂。要求隔离区距离应不短于500m；确保适宜的播栽期，保证安全齐穗。正季5月15日左右播种，抽穗期8月5 ～ 10日；合理密植，科学管理。施足基肥，早施追肥，单株密植；及时去杂，确保种子质量。

丰香恢1号 （Fengxianghui 1）

恢复系来源：合肥丰乐种业股份有限公司从安徽省农业科学院引进的恢复系材料2106中系统选育而成。

形态特征和生物学特性：属中籼型两系恢复系。感光性弱，感温性中等。株型紧凑，叶片挺直，茎秆粗壮，分蘖力强。茎叶绿，长穗型。颖壳及颖尖均呈黄色，柱头无色。种皮白色，稀间短芒。在合肥5月5日播种，播始历期93d，主茎叶片数17.2叶，平均株高118cm，单株穗数9～12个，每穗颖花数170～200朵，千粒重27g。

品质特性：米质外观优。米粒香味较浓郁。

应用情况：适宜配制中籼类型杂交组合，主要育成品种有丰两优香1号等。

繁殖要点：选择好隔离区，严防生物学混杂。要求隔离区距离应不短于500m；确保适宜的播栽期，保证安全齐穗。正季5月10日左右播种，抽穗期8月10～15日；合理密植，科学管理。施足基肥，早施追肥，单株密植；及时去杂，确保种子质量。

皖恢 4183（Wanhui 4183）

恢复系来源：安徽省农业科学院水稻研究所用 CPSLO-17/T1950 配组选育而成。

形态特征和生物学特性：属中熟中粳三系恢复系。感光性弱，感温性强，基本营养生长期短。株型松散适中，叶片坚挺上举，茎叶淡绿，长穗型，分蘖力强，主蘖穗整齐。秆尖和叶片无毛。颖壳及颖尖均呈黄色，种皮白色。株高80cm，穗长17cm，主茎叶片数16片左右，单株有效穗10个左右，每穗105粒，结实率87.8%，千粒重22g左右。具有广亲和性，恢复力强。

品质特性：糙米率83.4%，精米率76.5%，整精米率75.6%，粒长5.1mm，长宽比2.0，垩白粒率8%，垩白度0.6%，透明度1级，碱消值4.7级，胶稠度82mm，直链淀粉含量13.5%，蛋白质含量11.4%。米质12项指标中11项达部颁二等以上食用稻品种品质标准。

抗性：抗稻瘟病，感白叶枯病。既不耐高温也不耐低温。不抗倒伏。

应用情况：适宜配制中粳类型杂交组合，主要育成品种有双优4183等。

繁殖要点：在适宜播种时间内，应早播早栽，秧龄应控制在25d左右；要培育壮秧，株行距16.7cm×20.0cm，插30万穴/hm²，每穴1~2粒种子苗，要适时晒田；施足基肥，早施追肥，要防止施肥过迟、过多而造成倒伏或加重病虫危害；后期不能过早断水，直到成熟都应保持湿润。及时防治稻纵卷叶螟等虫害。

皖恢9号（Wanhui 9）

恢复系来源：安徽省农业科学院水稻研究所用粳7623-9/C57配组选育而成。

形态特征和生物学特性：属中熟晚粳三系恢复系。感光性弱，感温性中等，基本营养生长期长。株型紧凑，叶片坚挺上举，叶片内卷，叶色深绿，长穗型，分蘖力强，主蘖穗整齐。颖色呈黄色，柱头无色，种皮白色，稃尖红色，稀间短芒。5月初播种，播始历期105d，全生育期145d，主茎总叶片数16～17叶，株高95cm，单株有效穗8～10个，穗大粒多，每穗总粒数150粒左右，结实率84%，千粒重26g。抽穗比较分散，从始穗到终穗一般需12d左右，始花至盛花需3～4d，盛花期持续7～8d。花时较早，花粉量充足。

品质特性：米质中等偏上。

抗性：抗稻瘟病和白叶枯病。

应用情况：适宜配制晚粳类型杂交组合，主要育成品种有皖稻8号（当优9号）、皖稻22（80优9号）、皖稻24（70优9号）等。累计推广面积20.00万hm²。

繁殖要点：在适宜播种时间内，应早播早栽，秧龄应控制在25d左右；培育壮秧，株行距16.7cm×20.0cm，插30万穴/hm²，每穴2～3粒种子苗，要适时晒田；施足基肥，早施追肥，要防止施肥过迟、过多而造成倒伏或加重病虫危害；后期不能过早断水，直到成熟都应保持湿润。及时防治稻纵卷叶螟等。

盐稻4号选（Yandao 4 xuan）

恢复系来源：合肥丰乐种业股份有限公司1996年从盐城市农业科学研究所引进盐稻4号后，从变异单株中系统选育而成。

形态特征和生物学特性：属中籼型两系恢复系。感光性弱，感温性中等，株型紧凑，叶片挺直，茎叶绿，长穗型。颖壳及颖尖均呈黄色，柱头无色，种皮白色，顶端长芒。在合肥5月5日播种，播始历期96d，主茎叶片数17.8叶，平均株高123cm，单株穗数8～12个，每穗颖花数170～200朵，千粒重28g。

品质特性：米质外观优。

应用情况：适宜配制中籼类型杂交组合，主要育成品种有丰两优4号等。

繁殖要点：选择好隔离区，严防生物学混杂。要求隔离区距离应不短于500m；确保适宜的播栽期，保证安全齐穗。正季5月5日左右播种，抽穗期8月10～15日；合理密植，科学管理。施足基肥，早施追肥，单株密植；及时去杂，确保种子质量。

制选（Zhixuan）

恢复系来源：安徽省农业科学院水稻研究所从早籼型恢复系64221分离单株中选到的1株早熟、稍矮的变异株，经3代选择育成。

形态特征和生物学特性：属早熟早籼三系恢复系。感光性弱，感温性中等，基本营养生长期短。株型松散，叶片较宽，茎秆细韧，茎叶前期浓绿，后期绿色，穗型较散，分蘖力中等，主蘖穗齐。颖壳和颖尖均黄色，柱头无色，种皮白色。4月初播种，全生育期115d，主茎总叶片数14～15叶，株高86cm，在45万穴/hm²的密度下，有效穗345万穗/hm²，每穗总粒数124.8粒，结实率78.1%，千粒重25g。开花集中，对赤霉素比较敏感，花粉量充足。

品质特性：米质优。

抗性：抗病性较好。

应用情况：主要育成品种有皖稻47（351A/制选）等。

繁殖要点：在适宜播种时间内，应早播早栽，秧龄应控制在25d左右；要培育壮秧，栽植密度30万穴/hm²，每穴5～7苗，要适时晒田；施足基肥，早施追肥；后期不能过早断水，直到成熟都应保持湿润。及时防治稻瘟病、稻纵卷叶螟等病虫害。

中籼Wh26（Zhongxian Wh 26）

恢复系来源：宣城市农业科学研究所用广亲和品种209512/优质香籼2707杂交选育而成。品种权公告号：CNA001679E。

形态特征和生物学特性：属中籼型两系恢复系。株高120.0cm左右，穗长23.8cm，每穗总粒数170.0粒，千粒重27.5g，全生育期127d。主茎叶片数18叶左右，幼穗分化历时30～32d。叶片挺直，叶色浓绿，茎秆粗韧，耐肥抗倒。熟色好。

品质特性：12项指标中精米率、整精米率、粒长、垩白度、透明度、碱消值、胶稠度、蛋白质含量8项指标达国家《优质稻谷》标准1级；糙米率、长宽比、垩白粒率、直链淀粉含量4项指标达国家《优质稻谷》标准2级。

抗性：中抗白叶枯病。

应用情况：适宜配制中籼类型杂交组合，主要育成品种有两优6326（宣69S/Wh26）等。

繁殖要点：选择前茬非水稻、隔离条件好的田块。选用原原种，适时播种，培育壮秧，单本栽插，留好操作行。构建丰产苗架，做好病虫草害防控。后期做好防杂保纯工作。

紫恢100（Zihui 100）

恢复系来源：安徽省凤阳县农业技术推广中心用紫改//IR26/740098杂交经多代选择育成。

形态特征和生物学特性：属中籼两系恢复系。感光性弱，感温性强，基本营养生长期短。株型松散，叶片较宽，茎秆细韧，茎叶前期浓绿，后期绿色，穗型较散，分蘖力中等，主蘖穗齐。颖壳黄色，颖尖紫色，柱头紫色，叶鞘、叶边缘紫色，种皮白色。4月初播种，播始历期85d，主茎总叶片数14～15叶，株高130cm，穗长30cm，在45万穴/hm²的密度下，有效穗345万穗/hm²，每穗总粒数200粒左右，结实率75%，千粒重24g。开花集中，对赤霉素比较敏感，花粉量充足。

应用情况：主要育成品种有广两优100、两优100、华安3号（皖稻79）等。

繁殖要点：在适宜播种时间内，应早播早栽，秧龄应控制在25d左右；要培育壮秧，栽植密度，栽基本苗600万苗/hm²，每穴5～7苗，要适时晒田；施足基肥，早施追肥，要防止施肥过迟、过多而造成倒伏或加重病虫危害；后期不能过早断水，直到成熟都应保持湿润。及时防治稻纵卷叶螟等虫害。

第四章
著名育种专家

严企松

安徽桐城人（1927—2010），研究员。1953年毕业于安徽大学农学系，先后在安徽省农业厅粮食增产局、安徽省农业试验总站、安徽省农业科学院等单位工作。

曾任安徽省水稻生产技术专家顾问组副组长、名誉顾问等，被授予安徽省劳动模范和农业科技先进工作者称号，享受国务院政府特殊津贴。

主持育成水稻新品种（系）26个，累计种植面积200万hm²以上。育成的中籼农杜4号在非洲多哥试种，表现良好，受到该国欢迎，1978年获安徽省科学大会奖；育成的晚粳恢复系C堡配组的当优C堡和六优C堡，1986年获安徽省科技进步二等奖；育成的常规中籼品种皖稻27综合性状优良，1987—1991年在省内外累计种植面积37.4万hm²以上，1991年获安徽省科技进步二等奖，1992年获国家星火奖三等奖；育成的早熟皖粳1号1988年获安徽省科技进步三等奖，1991年获国家星火奖三等奖；育成的中籼糯皖稻51获安徽省科技进步二等奖；育成的中籼91499被评为部、省优质米，获第二届中国农业博览会铜质奖。

参加编写的主要著作有《水稻良种及育种》《水稻专辑》《杂交稻专辑》《中国水稻品种及其系谱》《作物育种》《安徽省农作物品种志》《安徽省综合农业区划》《中国水稻》和《粳稻栽培技术》。撰写论文52篇，指导生产文章88篇。

王学栋

安徽省肥东县人（1928—2016），研究员。1950年6月参加抗美援朝，1956年南京农学院毕业，曾在前华东农业科学研究所、福建省农业科学院和龙岩市农业科学研究所、安徽省农业科学院从事水稻遗传育种研究。享受安徽省政府特殊津贴。

从1956年起，在前华东农业科学研究所参加晚粳公社系统选育与水稻远缘杂交细胞遗传研究，主持育成中籼珠六矮、双晚岩革晚2号，获福建省科技大会奖。与江苏省农业科学院协作育成中籼南京11，获全国科技大会奖。在安徽参加杂粳当优C堡的选育，1986年获安徽省科技进步二等奖。主持育成晚粳1号，获1988年安徽省科技进步三等奖，1991年安徽省星火奖二等奖，国家星火奖三等奖；中粳83-D，获1993年安徽省星火奖二等奖。同中国科学院等离子体物理研究所协作，进行离子束注入水稻诱变育种及生物学效应研究，获1994年安徽省科技进步二等奖。先后育成皖稻20、皖稻45、皖稻42、皖稻44等品种。

1980年以来，发表40余篇文章和论文，其中《皖粳1号的选育及其特性研究》《杂交籼稻产量因子的关联性研究》获1986年、1987年省优秀论文奖。

李成荃

福建省福州人（1929—2017），女，研究员。1951年毕业于安徽大学农学院园艺系，1956到安徽省农业科学研究所从事水稻研究，1959年调入安徽省农业科学院，从事水稻育种近60个春秋。曾任安徽省农业科学院副院长、院长、名誉院长等职。先后被聘为全国杂交水稻专家顾问组成员，南方杂交粳稻协作组副组长，国家"863"计划两系稻品种间杂种优势利用项目专家及中试开发项目专家组成员。全国农业劳模，"863"先进个人，享受国务院政府特殊津贴。

20世纪70～80年代，安徽省杂交水稻育种"六五""七五""八五"和"九五"攻关项目主持人，并参加该领域国家项目研究，是南方杂交粳稻育种的奠基人之一。育成当选晚2号A等10个BT型粳稻不育系和皖恢9号等5个粳型恢复系，审定推广5个杂交粳稻新组合。其中当优C堡1985年被评为全国优质粳米；六优C堡等4个被评为安徽省优质米。20世纪90年代，带领研究团队育成我国最早之一的实用光敏粳型不育系7001S及70优9号、70优04和70优双九等系列品种；育成2301S等籼型温敏核不育系及皖稻79、皖稻103和皖稻111等品种，育成品种累计推广应用160.7余万 hm^2，带动了安徽两系杂交水稻的迅猛发展。2002年发起创建安徽荃银农业高科技研究所和安徽荃银高科业股份有限公司。

曾获国家科学技术进步特等奖1项，安徽省科技进步一等奖1项、二等奖2项，农业部技术改进一等奖1项。主编《安徽稻作学》，副主编《两系杂交水稻的理论与技术》《作物育种》和《生物工程进展》，参与撰写《中国水稻》《中国农业百科全书·农作物卷》共6部专著；发表论文60余篇。

丁超尘

安徽怀宁人（1934—　　），安徽农业大学教授，硕士生导师。1959年毕业于安徽农业学院，本科毕业后留校任教，1972年4月至1974年8月任中国援几内亚农业技术专家组成员。

1992年获国务院政府特殊津贴，1995年获全国先进工作者和五一劳动奖章，1997年获安徽省师德标兵和安徽省五一劳动奖章。

主要从事作物遗传育种学教学和主持水稻新品种育种研究，先后育成并通过安徽省品种审定委员会审定的品种有：二九选、安选4号、粳系212、竹青、竹舟5号、安选晚1号、安选6号、76优6号等8个品种。在籼型杂交制种技术研究上，提出"提早抽穗扬花期；推广两段育秧、球肥深施；改大田攻苗为秧田攻蘖、父本双行为单行、单靠化肥为增施有机肥的一提二推三改"适于安徽省籼型杂交水稻高产优质的制种技术，该项技术的应用不仅使安徽省制种面积迅速扩大，而且平均单产由原来的750kg/hm^{2}左右，提高到2 250kg/hm^{2}以上。科研成果和选育品种先后获得安徽省科技进步二等奖1项，三等奖1项，四等奖2项。

发表了《安徽含山仙踪遗址古稻浅见》《粳系21-2品种的选育与其栽培技术》和《籼型杂交水稻制种技术试验研究》等10多篇论文。

吴让祥

宣城市广德县人（1937—2016），研究员。1962年毕业于安徽农学院，历任广德县农业科学研究所副所长、所长，第七届、第八届全国人大代表，安徽省第五届人大代表。

1986年国家人事部授予中青年有突出贡献专家称号，1988年获安徽省劳动模范称号，1992年享受国务院政府特殊津贴，1998年获安徽省人民政府贡献奖和省劳动模范荣誉称号。

在20世纪70年代，参与全国籼型杂交水稻协作攻关，成为我国最早开展杂交水稻研究的主要成员之一。先后育成了V20、V41两个优良杂交水稻保持系。80年代中期，成功选育出矮败型不育系协青早A，解决了当时我国三系不育系细胞质质源单一的难题。用协青早A配组选育的三系杂交稻品种达30多个，代表性品种有协优64、协优63等，种植区域覆盖了我国长江中下游及南方稻区，是我国杂交水稻推广范围最广、使用时间最长的主体三系不育系之一。1990年育成安徽省第一个籼型两用核不育系2177S，1993年育成新质源两用核不育系新光S，均通过安徽省农作物品种审定委员会技术鉴定。牵头开展的"协青早不育系及协优64新组合选育"研究1986年获安徽省科技进步一等奖，1987年获国家科技进步三等奖；"高产抗病优质杂交中籼稻协优63的选育与推广"研究1995年获安徽省星火奖一等奖。

发表的论文有《水稻杂种优势利用研究》《协青早不育系选育及其利用》和《杂交水稻新组合协优64选育》等。

胡振大

安徽省明光市人（1940—　），研究员。1962年毕业于安徽农学院农学专科，从20世纪70年代起在安徽省广德县和宣城市农业科学研究所从事水稻育种工作。荣获安徽省劳动模范称号，享受安徽省政府特殊津贴。

先后育成早籼品种竹广23、竹广29、8B40和240，中籼品种9724和香籼2707，光温敏两系核不育系07S、宣69S和T08S，短光低温敏两系核不育系T10s，野败型三系不育系T06A，红莲型三系不育系T16A，两系杂交中籼组合天两优6号、两优6326（皖稻119）和天两优0501，三系杂交中籼组合天优81和天优3008。其中早籼品种竹广29、早籼240和两系杂交中籼组合两优6326获安徽省科技进步二等奖、三等奖和四等奖各1项。两系杂交中籼组合6326因其米质优良，蒸煮米饭清香，熟期适中，广适性好，自2005年以来，在安徽、湖北、江西和广西等省（自治区）广泛种植，至2014年累计种植面积130余万hm^2。

张国良

上海人（1949—　），高级农艺师，农业技术推广研究员。1976年7月毕业于安徽劳动大学农学专业，先后在肥东县水稻良种场、种子公司、农业局工作，1984年调入合肥市种子公司（合肥丰乐种业股份有限公司前身），先后任副总经理、技术总监。

2006年荣获合肥市科学技术杰出贡献奖。1996年和2001年先后两次享受国务院政府特殊津贴。2011年享受安徽省政府特殊津贴。

一直从事农业技术推广工作，长期坚持工作在生产、推广第一线，主持丰乐种业的水稻育种研究。从1995年始，主要投入杂交水稻新品种的选育和推广工作。1999年丰乐种业股份有限公司从省外引进了一批两系育种资源，开展两系杂交水稻新品种的选育工作，并于2003年育成了丰乐种业第一个两系杂交水稻新品种丰两优1号。在品种选育的同时，针对两系杂交水稻种子生产存在的重大质量风险难题，组织两系杂交水稻制种技术攻关，提出并完善了温光敏核不育系低温敏核心株"自然生态低温压力选择法"和"丰两优1号制种全程安全控制系统"，大大降低了丰两优1号制种的质量风险。到2006年，丰两优1号累计种植面积达100多万hm²，种植区域包括安徽、江苏、湖北等11个省（自治区）。与中国水稻研究所合作选育的国丰1号，由于具有早熟、高产的典型特性，极适合在江淮分水岭区域种植，作为该地区主要的推广品种之一。合作育成不育系丰6S、丰39S、丰两优1号、丰两优4号、丰两优香1号、丰两优晚三、丰两优6号。丰两优4号、丰两优香1号被农业部认定为超级杂交水稻品种。2006年后致力于两系杂交水稻抗倒育种工作，2010年选育出育性稳定、转换温度低、抗倒性极强的温光敏核不育系Z316S和抗倒能力极强的两系恢复系R248，以此为主要亲本育成了两优3905、丰两优9号。

"印水型水稻不育胞质的发掘及应用"研究获2005年度国家科学技术进步一等奖。

苏泽胜

安徽省桐城市人（1952—　　），研究员。1977年1月毕业于安徽劳动大学（后更名为皖南农学院）农学专业，历任安徽省农业科学院水稻研究所副所长、所长、学术委员会主任，国家水稻改良中心合肥分中心主任，农业部超级稻研究与示范推广专家组成员。

1996年享受安徽省政府特殊津贴，1997年被国家教育委员会、人事部授予"国家优秀留学回国人员"称号。

先后主持国家攻关项目"安徽省稻种资源繁种、编目、鉴定与利用研究""优异稻种资源综合评价与利用研究"；国家"863"计划课题"氮素高效利用水稻新品种选育"；农业部"948"项目"利用NMU化学诱变剂发掘与创建早籼稻优质资源"；农业部农业科技跨计划项目"长江中下游地区优质中籼稻新品种（组合）试验示范及产业化"；安徽省重大攻关项目"高产、优质、抗病虫杂交水稻新品种（组合）选育-Ⅱ杂交籼稻新组合选育研究"及"高产、优质、高效国（境）外稻种资源的引进与利用"研究。主持或参与育成协优57、协优9019、协优8019、K优052、K优954、协优58、协优009、协优52等杂交水稻组合9个，并通过安徽省农作物品种审定委员会审定，其中协优9019和K优052通过国家级审定。研究和育种成果分别获得国家科技进步一等奖（2004年），全国农牧渔业丰收奖一等奖（2013年），安徽省科技进步一等奖2项（1998年、2010年），安徽省科技进步二等奖3项（2007年、2008年、1993年），安徽省星火奖二等奖（1993年），农业部科技进步二等奖2项（1993年、1997年），安徽省科技进步三等奖（1998年）。

参与撰写《中国水稻》《中国稻种资源》《中国超级稻育种》《安徽稻作学》《超级稻品种栽培技术》《中国稻米优质区划及优质栽培》和《优质水稻生产关键技术百问百答》等著作。在省级以上刊物发表学术论文40余篇。先后赴日本、韩国、美国、国际水稻研究所、波兰、泰国、智利、香港等10多个国家和地区进行合作研究与考察。

朱启升

合肥市人（1952— ），研究员、博士生导师，日本东京大学客座研究员。1977年毕业于安徽农学院，曾任安徽省农业科学院水稻研究所杂优室主任，绿色食品工程研究所所长。

1997年安徽省人事厅授予安徽省首批跨世纪学术带头人；1998年农业部和国家人事部授予农业部优秀归国学者和国家有突出贡献中青年专家；2000年国务院授予全国先进工作者，2003年被评为全国优秀农业科技工作者，1996年享受国务院政府特殊津贴，2001年享受安徽省政府特殊津贴。

1977年以来一直从事杂交水稻育种研究，主持省级以上课题20多项，先后育成皖稻29、皖稻31、皖稻35、皖稻47、皖稻49、皖稻53、皖稻59、皖稻81、皖稻99、皖稻121、皖稻123、绿旱1号、明两优6号、两优003、绿敏S、绿102S等16个水稻品种（系）。1995年主持"高产、优质、多抗杂交籼稻新组合协优78039的选育与应用研究"获得安徽省科技进步一等奖；1998年主持"超高产、抗病新组合协优57（皖稻59）的选育与应用研究"获得安徽省科技进步一等奖；育成的水旱两用稻品种绿旱1号，2005年通过国家农作物品种审定委员会审定并获得品种权，被国家外专局列为国家级引智基地成果，2011年获得安徽省科技进步二等奖；杂交水稻机械化种子生产技术获得了国家发明专利；与哈尔滨工业大学合作完成的水面扩散性农药，获得了3项国家发明专利和3个中国国际发明展览会金奖。研究和育种成果共获得安徽省科技进步一等奖2项，安徽省科技进步二等奖2项，安徽省科技进步三等奖1项，获国家发明专利5项，新品种保护权6个。

在国内外刊物发表论文20余篇，参与编著《安徽稻作学》等著作3部。

王守海

　　合肥市人（1954—　　），研究员。1982年1月毕业于安徽劳动大学农学专业，1985年7月毕业于中国农业科学院研究生院，获作物遗传育种专业硕士学位。曾任安徽省农业科学院水稻研究所水稻杂种优势利用研究室副主任、主任。

　　1995年获国务院政府特殊津贴，1996年获中青年有突出贡献专家称号，1999年获全国优秀农业科技工作者。从事两系法杂交水稻育种近30年。

　　1987—1996年参加"863"两系杂交稻育种，育成粳稻光敏核不育系7001S及其组合70优9号、70优04和70优双九等3个，推广面积40余万hm²。育成2301S、皖2304S、皖2305S、皖2306S、皖2311S等水稻不育系13个，育成晚粳97、华安3号、双优4183、双优3402、双优3404、双优18、皖稻103、皖稻111、皖稻199、两优289等水稻品种11个，累计种植面积60余万hm²。研究和育种成果2013年获国家科技进步特等奖，安徽省科技进步一等奖，安徽省科学技术二等奖，农业部成果一等奖，发明专利1项，品种权4项。

　　先后发表论文110篇。参与编著《中国杂交粳稻》和《安徽稻作学》，参与《两系杂交水稻种子生产体系技术规范》国家标准的起草。

第五章
品种检索表

ZHONGGUO SHUIDAO PINZHONGZHI·ANHUI JUAN

品种名	英文（拼音）名	类型	审定（育成）年份	审定编号	品种权号	页码
03S	03 S	两系不育系	2005		CNA003343E	353
1139-3	1139-3	常规早籼稻	2005	皖品审 05010458	CNA006871E	47
1892S	1892 S	两系不育系	2004		CNA001695E	354
1892S/RH003	1892 S/RH 003	两系杂交中籼稻	2005	皖品审 05010463 国审稻 2008013	CNA002727E	122
213选	213 Xuan	常规早籼稻	1996	皖品审 96010162		48
2301S	2301 S	两系不育系	2000		CNA000935E	355
2301S/288	2301 S/288	两系杂交晚籼稻	2003	皖品审 03010388		241
2301S/3401	2301 S/3401	两系杂交晚籼稻	2006	皖品审 06010511		242
2301S/H7058	2301 S/H 7058	两系杂交中籼稻	2003	皖品审 03010377		123
2DZ057	2 DZ 057	三系恢复系	1993			372
2M009	2 M 009	三系恢复系				373
3401	3401	两系恢复系				374
351A	351 A	三系不育系	1994	皖品审 94010130		342
351A/9247	351 A/9247	三系杂交早籼稻	1999	皖品审 99010254		87
351A/9279	351 A/9279	三系杂交早籼稻	1998	皖品审 98010227		88
351A/明恢63	351 A/Minghui 63	三系杂交晚籼稻	2003	皖品审 03010387		243
351A/制选	351 A/Zhixuan	三系杂交早籼稻	1994	皖品审 94010129		89
36优959	36 You 959	三系杂交中粳稻	2004	皖品审 04010416		278
399S	399 S	两系不育系	1997			356
4008S	4008 S	两系不育系	1999			357
4008S/秀水04	4008 S/Xiushui 04	两系杂交晚粳稻	1999	皖品审 99010260		328
7-163S	7-163 S	两系不育系	2009		CNA008267E	359
7001S	7001 S	两系不育系	1989			358
70优04	70 You 04	两系杂交晚粳稻	1994	皖品审 94010140		329
70优9号	70 You 9	两系杂交晚粳稻	1994	国审稻 2001020 皖品审 94010139		330
70优双九	70 Youshuangjiu	两系杂交晚粳稻	1997	皖品审 97010206		331
78039	78039	三系恢复系	1990	皖品审 90010078		375

（续）

品种名	英文（拼音）名	类型	审定（育成）年份	审定编号	品种权号	页码
7807-1	7807-1	常规早籼稻	1992	皖品审92010105		49
80-4A	80-4 A	三系不育系	1988			343
8019	8019	三系恢复系	1997			376
80优1027	80 You 1027	三系杂交晚粳稻	1997	皖品审97010205		332
80优121	80 You 121	三系杂交中粳稻	1996	皖品审96010167		280
80优1号	80 You 1	三系杂交中粳稻	2007	皖品审07010631	CNA003827E	279
80优98	80 You 98	三系杂交晚粳稻	2003	皖品审03010390		334
80优9号	80 You 9	三系杂交晚粳稻	1994	皖品审94010138		333
82022	82022	三系杂恢复系	1992	皖品审92010110		377
83-D	83-D	常规中粳稻	1994	皖品审认定		268
86049	86049	三系恢复系				378
87641	87641	常规中籼糯稻	1994	皖品审94010131		94
88-23	88-23	常规晚粳稻	1996	皖品审96010165		291
8B40	8 B 40	常规早籼稻	1992	皖品审92010107		50
9019	9019	恢复系	1998			379
9024	9024	常规中籼稻	1989	皖品审89010058		95
91499	91499	常规中籼稻	1998	皖品审98010228		96
9201A/R-8	9201 A/R-8	三系杂交中粳稻	2006	皖品审06010509		281
B9038	B 9038	常规晚粳稻	1996	皖品审96010164		292
C98	C 98	三系恢复系	1989	皖品审89010057		380
C堡	C Bao	三系恢复系				381
D9055	D 9055	常规晚粳稻	1994	皖品审94010137		293
D优202	D You 202	三系杂交中籼稻	2006	皖品审06010503		142
E164	E 164	常规中籼稻	1989	皖品审89010075		97
H8398	H 8398	常规晚粳稻	1996	皖品审96010162		294
HP121	HP 121	三系恢复系	1989			382
K优52	K You 52	三系杂交中籼稻	2004	皖品审04010414 国审稻2006037	CNA001696E	143
K优583	K You 583	三系杂交晚籼稻	2004	皖品审04010420		244

（续）

品种名	英文（拼音）名	类型	审定（育成）年份	审定编号	品种权号	页码
K优954	K You 954	三系杂交中籼稻	2004	皖品审04010408		144
K优绿36	K Youlü 36	三系杂交中籼稻	2002	皖品审02010358	CNA000663E	145
K优晚3号	K Youwan 3	三系杂交晚籼稻	1999	皖品审99010258		245
M1148	M 1148	常规晚粳稻	2000	皖品审00010290		295
M29	M 29	三系杂交中籼稻	2006	皖品审06010498		146
M3122	M3122	常规晚粳稻	1997	皖品审97010204		296
M98A	M 98 A	三系不育系	2005	皖品审05010469		344
OM052	OM 052	三系恢复系			CNA002729E	383
R96-2	R 96-2	常规中粳稻	2006	皖品审06010510		269
RH003	RH 003	两系恢复系				384
S9042	S 9042	常规早籼稻	1994	皖品审94010127		51
T优5号	T You 5	三系杂交中粳稻	2007	皖品审07010630		283
X07S	X 07 S	两系不育系	1993			360
YR106	YR 106	三系恢复系				385
YR188	YR 188	三系恢复系			CNA003345E	386
YR293	YR 293	三系恢复系			CNA001676E	387
YR343	YR 343	两系恢复系			CNA006266E	388
YR512	YR 512	三系恢复系				389
YR821	YR 821	两系恢复系				390
YR901	YR 901	两系恢复系				391
YR909	YR 909	三系恢复系			CNA001674E	392
Ⅱ优009	Ⅱ You 009	三系杂交中籼稻	2010	皖稻2010021	CNA008971E	124
Ⅱ优04	Ⅱ You 04	三系杂交中籼稻	2007	皖品审07010609		125
Ⅱ优08	Ⅱ You 08	三系杂交中籼稻	2010	皖品审2010022		126
Ⅱ优107	Ⅱ You 107	三系杂交中籼稻	2006	皖品审06010494		127
Ⅱ优293	Ⅱ You 293	三系杂交中籼稻	2008	皖稻2008006		128
Ⅱ优30	Ⅱ You 30	三系杂交中籼稻	2010	皖稻2010013		129
Ⅱ优3216	Ⅱ You 3216	三系杂交中籼稻	2008	皖稻2008008	CNA006198E	130

（续）

品种名	英文（拼音）名	类型	审定（育成）年份	审定编号	品种权号	页码
Ⅱ优346	Ⅱ You 346	三系杂交中籼稻	2010	皖稻2010016	CNA008972E	131
Ⅱ优416	Ⅱ You 416	三系杂交中籼稻	2006	皖品审06010495		132
Ⅱ优431	Ⅱ You 431	三系杂交中籼稻	2009	皖稻2009003	CNA003516E	133
Ⅱ优48	Ⅱ You 48	三系杂交中籼稻	2007	皖品审07010618		134
Ⅱ优508	Ⅱ You 508	三系杂交中籼稻	2007	皖品审07010613	CNA004596E	135
Ⅱ优52	Ⅱ You 52	三系杂交中籼稻	2007	皖品审07010621	CNA005301E	136
Ⅱ优608	Ⅱ You 608	三系杂交中籼稻	2006	皖品审06010496	CNA002208E	137
Ⅱ优8号	Ⅱ You 8	三系杂交中籼稻	2010	皖稻2010004		138
Ⅱ优98	Ⅱ You 98	三系杂交中籼稻	2003	皖品审03010373		139
Ⅱ优航2号	Ⅱ Youhang 2	三系杂交中籼稻	2006	皖品审06010497		140
Ⅱ优明88	Ⅱ Youming 88	三系杂交中籼稻	2007	皖品审07010626		141
Ⅲ优98	Ⅲ You 98	三系杂交中粳稻	2002	皖品审02010333 国审稻2006061	CNA20010211.7	282
矮优L011	Aiyou L 011	三系杂交中籼稻	1994	皖品审94010135		147
矮占43S	Aizhan 43 S	两系不育系	2008		CNA005736E	361
爱丰1号	Aifeng 1	三系杂交中籼稻	2006	皖品审06010505		148
爱优18	Aiyou 18	三系杂交中粳稻	2004	皖品审04010415	CNA002039E	284
爱优39	Aiyou 39	三系杂交中粳稻	2006	国审稻2006062	CNA003836E	285
安两优821	Anliangyou 821	两系杂交晚籼稻	2008	皖稻2008009		246
安隆03S	Anlong 03 S	两系不育系	2005			362
安庆晚2号	Anqingwan 2	常规晚粳稻	1983	皖品审认定		297
安庆早1号	Anqingzao 1	常规早籼稻	1970	皖品审认定		52
安香15	Anxiang 15	两系恢复系			CNA008983E	393
安选4号	Anxuan 4	常规中籼稻	1989	皖品审89010059		98
安选6号	Anxuan 6	常规中籼稻	2004	皖品审04010409	CNA007556E	99
安选晚1号	Anxuanwan 1	常规晚粳稻	2005	皖品审05010478	CNA007388E	298
安育早1号	Anyuzao 1	常规早籼稻	2007	皖品审07010599	CNA007389E	53
白农3号	Bainong 3	常规早籼稻	1971	皖品审认定		54
昌优964	Changyou 964	三系杂交中籼稻	2005	皖品审07010616		149

（续）

品种名	英文（拼音）名	类型	审定（育成）年份	审定编号	品种权号	页码
巢粳1号	Chaogeng 1	常规晚粳稻	1992	皖品审92010108		299
朝阳72-4	Chaoyang 72-4	常规早籼稻	1972	皖品审认定		55
滁9507	Chu 9507	三系杂交中籼稻	2006	皖品审06010499		150
滁辐1号	Chufu 1	常规中籼稻	1990	皖品审90010074		100
川农1号	Chuannong 1	三系杂交中籼稻	2006	皖品审06010500		151
川农2号	Chuannong 2	三系杂交中籼稻	2009	皖稻2009004		152
大叶稻	Dayedao	常规中籼稻				101
当选晚2号	Dangxuanwan 2	常规晚粳稻	1983	皖品审认定		300
当选晚2号A	Dangxuanwan 2 A	三系不育系				345
当选早1号	Dangxuanzao 1	常规早籼稻	1970	皖品审认定		56
当优9号	Dangyou 9	三系杂交晚粳稻	1989	皖品审89010060		335
当优C堡	Dangyou C bao	三系杂交晚粳稻	1985	皖品审85010019		336
当育粳2号	Dangyugeng 2	常规晚粳稻	2006	皖品审06010515	CNA006732E	301
二九选	Erjiuxuan	常规中籼糯稻	1985	皖品审85010021		102
丰39S	Feng 39 S	两系不育系	2008		CNA007124E	363
丰7A	Feng 7 A	三系不育系	2005	皖品审05010462	CNA002006E	346
丰8A	Feng 8 A	三系不育系				347
丰恢3号	Fenghui 3	两系恢复系				394
丰两优1号	Fengliangyou 1	两系杂交中籼稻	2003	国审稻2005035 皖品审03010370	CNA000539E	153
丰两优2号	Fengliangyou 2	两系杂交中籼稻	2005	赣审稻2005061		154
丰两优3号	Fengliangyou 3	两系杂交中籼稻	2006	皖品审07010624		155
丰两优4号	Fengliangyou 4	两系杂交中籼稻	2006	皖品审06010501 国审稻2009012	CNA007122E	156
丰两优6号	Fengliangyou 6	两系杂交中籼稻	2008	皖稻2008005		157
丰两优80	Fengliangyou 80	两系杂交中籼稻	2010	皖稻2010012		158
丰两优晚三	Fengliangyouwan san	两系杂交晚籼稻	2009	国审稻2009021 皖稻2010023	CNA007123E	247
丰两优香1号	Fengliangyouxiang 1	两系杂交中籼稻	2007	国审稻2007017	CNA002020E	159
丰晚籼优1号	Fengwanxianyou 1	两系杂交晚籼稻	2007	皖品审07010641		248

（续）

品种名	英文（拼音）名	类型	审定（育成）年份	审定编号	品种权号	页码
丰香恢1号	Fengxianghui 1	两系恢复系				395
丰优126	Fengyou 126	三系杂交中籼稻	2007	皖品审07010617		160
丰优188	Fengyou 188	三系杂交晚籼稻	2006	皖品审06010512		249
丰优29	Fengyou 29	三系杂交中籼稻	2006	豫审稻2006007		161
丰优293	Fengyou 293	三系杂交中籼稻	2005	皖品审06010508		162
丰优502	Fengyou 502	三系杂交中籼稻	2007	皖品审07010627		163
丰优512	Fengyou 512	三系杂交中籼稻	2010	皖稻2010014		164
丰优58	Fengyou 58	三系杂交中籼稻	2005	皖品审05010461		165
丰优909	Fengyou 909	三系杂交晚籼稻	2004	皖品审04010421		250
丰优989	Fengyou 989	三系杂交中籼稻	2009	国审稻2009013		166
辐农3-5	Funong 3-5	常规晚粳稻				302
辐香优98	Fuxiangyou 98	三系杂交中籼稻	2005	皖品审05010472		167
辐选3号	Fuxuan 3	常规早籼稻	1975	皖品审认定		57
辐优136	Fuyou 136	三系杂交中籼稻	2010	皖稻2010018		168
辐优138	Fuyou 138	三系杂交中籼稻	2008	皖稻2008011		169
辐优155	Fuyou 155	三系杂交中籼稻	2010	皖稻2010007		170
辐优827	Fuyou 827	三系杂交中籼稻	2007	皖品审07010602		171
福丰优6号	Fufengyou 6	三系杂交中籼稻	2010	皖稻2010005	CNA008294E	172
阜88-93	Fu 88-93	常规中粳稻	1999	国审稻2003074 皖品审99010255	CNA003472E	270
复虹糯6号	Fuhongnuo 6	常规晚粳糯稻	1983	皖品审认定		303
冈优906	Gangyou 906	三系杂交中籼稻	2007	皖品审07010612		173
粳系212	Gengxi 212	常规晚粳稻	1989	皖品审89010061		304
广粳102	Guanggeng 102	常规晚粳	2005	皖品审05010479	CNA007873E	305
广科3号	Guangke 3	常规中籼稻	1971	皖品审认定		103
广两优100	Guangliangyou 100	两系杂交中籼稻	2007	皖品审07010620	CNA004243E	174
广两优4号	Guangliangyou 4	两系杂交中籼稻	2008	皖稻2008010		175
广茉S	Guangmo S	两系不育系	2005		CNA004061E	364
广香40	Guangxiang 40	常规晚粳稻	1996	皖品审96010166		306

（续）

品种名	英文（拼音）名	类型	审定（育成）年份	审定编号	品种权号	页码
广占63S	Guangzhan 63 S	两系不育系	2001		CNA000094E	365
圭变12	Guibian 12	常规早籼稻	1972	皖品审认定		58
桂花球	Guihuaqiu	常规中粳稻				272
桂三3号	Guisan 3	常规中粳稻				273
国丰1号	Guofeng 1	三系杂交中籼稻	2001	国审稻2001019 皖品审03010369	CNA000540E	176
国丰2号	Guofeng 2	三系杂交晚籼稻	2003	国审稻2004033	CNA002613E	251
国豪国香8号	Guohaoguoxiang 8	三系杂交中籼稻	2008	皖稻2008004		177
红糯	Hongnuo	常规晚粳糯稻	1983	皖品审认定		307
花培18	Huapei 18	常规晚粳稻	2006	皖品审06010516		308
华安3号	Hua'an 3	两系杂交中籼稻	2000	皖品审00010288		178
华安501	Hua'an 501	两系杂交中籼稻	2005	皖品审05010467		179
华安503	Hua'an 503	两系杂交中籼稻	2006	皖品审06010493		180
怀优4号	Huaiyou 4	三系杂交中籼稻	2007	皖品审07010625		181
淮两优3号	Huailiangyou 3	两系杂交中籼稻	2006	皖品审06010507	CNA001360E	182
黄糯2号	Huangnuo 2	常规晚粳糯稻	2007	皖品审07010643		309
徽粳804	Huigeng 804	常规晚粳稻	1985	皖品审85010016		310
徽两优3号	Huiliangyou 3	两系杂交中籼稻	2007	皖品审07010604	CNA003826E	183
徽两优6号	Huiliangyou 6	两系杂交中籼稻	2008	皖稻2008003	CNA003827E	184
夹沟香稻	Jiagouxiangdao	常规晚粳稻				311
金奉19	Jinfeng 19	三系杂交中粳稻	2003	皖品审03010385		286
金奉8号	Jinfeng 8	三系杂交晚籼稻	2006	皖品审06010513		252
金优R源5	Jinyou R yuan 5	三系杂交中籼稻	2007	皖品审07010605	CNA005739E	185
粳糯4921	Gengnuo 4921	常规中粳稻	1999	皖品审99010256		271
开优10号	Kaiyou 10	两系杂交中籼稻	2010	皖稻2010020	CNA007151E	186
开优8号	Kaiyou 8	两系杂交中籼稻	2008	皖稻2008016	CNA005125E	187
两际辐	Liangjifu	常规中籼稻	1994	皖品审94010141		104
两优036	Liangyou 036	两系杂交中籼稻	2006	皖稻2008007		188
两优100	Liangyou 100	两系杂交中籼稻	2007	皖品审07010608	CNA004242E	189

（续）

品种名	英文（拼音）名	类型	审定（育成）年份	审定编号	品种权号	页码
两优18	Liangyou 18	两系杂交晚籼稻	2008	赣审稻2008033		253
两优4826	Liangyou 4826	两系杂交晚籼稻	2004	赣审稻2004023		254
两优602	Liangyou 602	两系杂交中籼稻	2010	皖稻2010009	CNA20130005.6	190
两优6326	Liangyou 6326	两系杂交中籼稻	2004	皖品审04010411 国审稻2007013	CNA001852E	191
两优827	Liangyou 827	两系杂交中籼稻	2007	皖品审07010619		192
两优华6号	Liangyouhua 6	两系杂交中籼稻	2007	皖品审07010614		193
六优121	Liuyou 121	三系杂交中粳稻	1998	皖品审98010229		287
六优82022	Liuyou 82022	三系杂交晚粳稻	1992	皖品审92010110		337
六优C堡	Liuyou C bao	三系杂交晚粳稻	1992	皖品审92010109		338
隆安优1号	Long'anyou 1	三系杂交中籼稻	2003	皖品审03010391	CNA001121E	194
隆安优2号	Long'anyou 2	三系杂交中籼稻	2005	皖品审05010466		195
隆科1号	Longke 1	三系杂交中籼稻	2006	国审稻2006036 皖品审06010518		196
隆两优340	Longliangyou 340	两系杂交中籼稻	2010	国审稻20100028	CNA006730E	197
隆两优6号	Longliangyou 6	两系杂交中籼稻	2010	皖稻2010015		198
庐优136	Luyou 136	三系杂交中籼稻	2005	皖品审05010474		199
庐优855	Luyou 855	三系杂交中籼稻	2007	皖品审07010606		200
庐优875	Luyou 875	三系杂交中籼稻	2006	皖品审06010502	CNA004795E	201
陆伍红	Luwuhong	常规早籼稻	1987	皖品审87010047		59
绿102S	Lü 102 S	两系不育系	2007		CNA004344E	366
绿稻24	Lüdao 24	常规中籼稻	2003	皖品审03010375		105
绿旱1号	Lühan 1	常规中籼稻	2005	国审稻2005053	CNA002893E	106
绿敏S	Lümin S	两系不育系				367
绿三A	Lüsan A	三系不育系	2004	皖品审04010413		348
绿优1号	Lüvyou 1	三系杂交中籼稻	2004	皖品审04010412 国审稻2005027	CNA001236E	202
马尾早	Maweizao	常规早籼稻				60
芒稻	Mangdao	常规早籼稻				61
密阳23	Miyang 23	常规中籼稻	1985	皖品审85010014		107

品种名	英文（拼音）名	类型	审定（育成）年份	审定编号	品种权号	页码
明两优6号	Mingliangyou 6	两系杂交中籼稻	2010	皖稻2010019		203
明优98	Mingyou 98	三系杂交中籼稻	2004	国审稻2004018	CNA001820E	204
农杜3号	Nongdu 3	常规中籼稻				108
农杜4号	Nongdu 4	常规中籼稻				109
农丰A	Nongfeng A	三系不育系	2005		CNA001677E	349
农丰优1671	Nongfengyou 1671	三系杂交中籼稻	2010	皖稻2010017		205
农丰优909	Nongfengyou 909	三系杂交晚籼稻	2006	国审稻2006047		255
农华优808	Nonghuayou 808	三系杂交中籼稻	2005	皖品审05010468		206
农九	Nongjiu	常规早籼稻	1987	皖品审87010048		62
糯稻N-2	Nuodao N-2	常规中籼糯稻	2009	皖品审2009007	CNA003938E	110
培两优288	Peiliangyou 288	两系杂交晚籼稻	2003	皖品审03010386		256
培两优98	Peiliangyou 98	两系杂交晚籼稻	2004	皖品审04010418		257
青优1号	Qingyou 1	三系杂交晚籼稻	2005	皖品审05010475		258
三朝齐	Sanzhaoqi	常规中籼稻				112
三粒寸	Sanlicun	常规中籼稻				111
汕优69	Shanyou 69	三系杂交中籼稻	1990	皖品审90010076		207
汕优C98	Shanyou C 98	三系杂交晚籼稻	1985	皖品审85010045		259
双福1号	Shuangfu 1	常规中籼稻	1989	皖品审89010056		113
双九A	Shuangjiu A	三系不育系	2002			350
双优3402	Shuangyou 3402	三系杂交晚粳稻	2004	皖品审04010422		339
双优3404	Shuangyou 3404	三系杂交晚粳稻	2007	皖品审07010646		340
双优4183	Shuangyou 4183	三系杂交晚粳稻	2003	皖品审03010389		341
四优6号	Siyou 6	三系杂交中籼稻	1983	皖品审认定		208
太湖早	Taihuzao	常规早籼稻				63
天两优0501	Tianliangyou 0501	两系杂交中籼稻	2010	皖稻2010010	CNA007113E	209
天两优6号	Tianliangyou 6	两系杂交中籼稻	2010	皖稻2010006		210
天协13	Tianxie 13	三系杂交中粳稻	2007	皖品审07010629		288
天优3008	Tianyou 3008	三系杂交中籼稻	2008	皖稻2008014	CNA006559E	211

（续）

品种名	英文（拼音）名	类型	审定（育成）年份	审定编号	品种权号	页码
天优81	Tianyou 81	三系杂交中籼稻	2008	皖稻2008015	CNA006558E	212
铜花2号	Tonghua 2	常规晚粳稻				312
晚粳22	Wangeng 22	常规晚粳稻	2007	皖品审07010644	CNA003106E	313
晚粳48	Wangeng 48	常规晚粳稻	1999	皖品审99010259		314
晚粳9515	Wangeng 9515	常规晚粳稻	2002	皖品审02010356		315
晚粳97	Wangeng 97	常规晚粳稻	2002	皖品审02010331		316
晚粳9707	Gengeng 9707	常规晚粳稻	2004	皖品审04010423		317
晚粳M002	Wangeng M 002	常规晚粳稻	2006	皖品审06010517	CNA007881E	318
晚粳糯74-24	Wangengnuo 74-24	常规晚粳稻				319
晚粳糯90-2	Wangengnuo 90-2	常规晚粳稻	1998	皖品审98010234		320
晚粳糯M99037	Wangengnuo M 99037	常规晚粳稻	2005	皖品审05010477		321
皖旱优1号	Wanhanyou 1	两系杂交中粳稻	2004	国审稻2004055		289
皖恢4183	Wanhui 4183	三系恢复系				396
皖恢9号	Wanhui 9	三系恢复系				397
皖粳1号	Wangeng 1	常规晚粳稻	1987	皖品审87010046		322
皖垦糯1号	Wankennuo 1	常规晚粳稻	2010	皖稻2010025	CNA006983E	323
皖两优16	Wanliangyou 16	两系杂交中籼稻	2003	皖品审03010372	CNA003109E	213
威优86049	Weiyou 86049	三系杂交早籼稻	1992	皖品审92010103		90
威优D133	Weiyou D133	三系杂交早籼稻	1992	皖品审92010104		91
乌嘴川	Wuzuichuan	常规中籼稻				114
无谢3号	Wuxie 3	常规早籼稻	1970			64
芜湖七一早	Wuhuqiyizao	常规早籼稻	1983			65
芜科1号	Wuke 1	常规早籼稻				66
西光	Xiguang	常规中粳稻	2003	皖品审03010383		274
小冬稻	Xiaodongdao	常规晚籼稻				238
小红稻	Xiaohongdao	常规晚籼稻				239
小麻稻	Xiaomadao	常规晚籼稻				240
协青早A	Xieqingzao A	三系不育系	1985			351

（续）

品种名	英文（拼音）名	类型	审定（育成）年份	审定编号	品种权号	页码
协优009	Xieyou 009	三系杂交中籼稻	2006	皖品审06010504	CNA002728E	214
协优035	Xieyou 035	三系杂交中籼稻	2007	皖品审07010603	CNA003848E	215
协优129	Xieyou 129	三系杂交中籼稻	2003	皖品审03010374		216
协优152	Xieyou 152	三系杂交中籼稻	2009	国审稻2009017		217
协优29	Xieyou 29	三系杂交晚籼稻	2004	皖品审04010419		260
协优3026	Xieyou 3026	三系杂交中籼稻	2007	皖品审07010623	CNA003847E	218
协优335	Xieyou 335	三系杂交中籼稻	2008	皖稻2008002	CNA006180E	219
协优52	Xieyou 52	三系杂交中籼稻	2006	皖品审06010506	CNA002725E	220
协优57	Xieyou 57	三系杂交中籼稻	1996	皖品审96010163 国审稻980011		221
协优58	Xieyou 58	三系杂交中籼稻	2005	皖品审05010470		222
协优63	Xieyou 63	三系杂交中籼稻	1994	皖品审94010136		223
协优64	Xieyou 64	三系杂交中籼稻	1985	皖品审85010018		224
协优78039	Xieyou 78039	三系杂交中籼稻	1990	皖品审90010077		225
协优8019	Xieyou 8019	三系杂交中籼稻	2003	皖品审03010378		226
协优9019	Xieyou 9019	三系杂交中籼稻	2003	皖品审03010379 国审稻2005021	CNA000664E	227
协优9279	Xieyou 9279	三系杂交早籼稻	1997	皖品审97010201		92
协优978	Xieyou 978	三系杂交晚籼稻	2004	皖品审04010417		261
协优晚3号	Xieyouwan 3	三系杂交晚籼稻	2000	皖品审00010289		262
新8优122	Xin 8 you 122	三系杂交中粳稻	2008	皖稻2008013	CNA003972E	290
新安S	Xinan S	两系不育系	2005	皖品审05010459	CNA009851E	368
新二S	Xin'er S	两系不育系	2008		CNA005738E	369
新华S	Xinhua S	两系不育系				370
新两优106	Xinliangyou 106	两系杂交晚籼稻	2008	国审稻2008016 皖稻2010024		263
新两优223	Xinliangyou 223	两系杂交中籼稻	2010	国审稻2010011		228
新两优343	Xinliangyou 343	两系杂交中籼稻	2010	国审稻2010021		229
新两优6号	Xinliangyou 6	两系杂交中籼稻	2005	皖品审05010460 国审稻2007016	CNA001884E	230

（续）

品种名	英文（拼音）名	类型	审定（育成）年份	审定编号	品种权号	页码
新两优901	Xinliangyou 901	两系杂交晚籼稻	2010	国审稻2010030		264
新两优98	Xinliangyou 98	两系杂交晚籼稻	2007	皖品审07010642		265
新两优香4号	Xinliangyouxiang 4	两系杂交中籼稻	2007	皖品审07010601		231
新隆粳3号	Xinlonggeng 3	常规晚粳稻	2009	皖稻2009006		324
新隆优1号	Xinlongyou 1	三系杂交中籼稻	2007	皖品审07010628		232
新隆优9号	Xinlongyou 9	三系杂交中籼稻	2010	皖稻2010008		233
新强8号	Xinqiang 8	两系杂交中籼稻	2007	皖品审07010615	CNA003850E	234
新星A	Xinxing A	三系不育系				352
新优188	Xinyou 188	三系杂交晚籼稻	2006	皖品审06010514 国审稻2007028		266
宣69S	Xuan 69 S	两系不育系				371
宣鉴90-1	Xuanjian 90-1	常规晚粳稻	1996	皖品审96010161		325
宣粳9397	Xuangeng 9397	常规晚粳稻	2007	皖品审07010645		326
盐稻4号选	Yandao 4 xuan	两系不育系				398
扬糯5号	Yangnuo 5	常规晚粳稻	1985	1985年认定		327
洋籼	Yangxian	常规中籼稻				115
早3号	Zao 3	常规早籼稻	1968			67
早矮6号	Zaoai 6	常规早籼稻	1985	皖品审85010011		68
早籼118	Zaoxian 118	常规早籼稻	2010	皖稻2010001	CNA006855E	69
早籼14	Zaoxian 14	常规早籼稻	1999	皖品审99010253		70
早籼15	Zaoxian 15	常规早籼稻	2005	皖品审05010456	CNA002337E	71
早籼213	Zaoxian 213	常规早籼稻	1992	皖品审92010106		72
早籼240	Zaoxian 240	常规早籼稻	1994	皖品审94010126		73
早籼2430	Zaoxian 2430	常规早籼稻	2007	皖品审07010600		74
早籼276	Zaoxian 276	常规早籼稻	2005	皖品审05010457		75
早籼615	Zaoxian 615	常规早籼稻	2010	皖稻2010003	CNA008269E	76
早籼65	Zaoxian 65	常规早籼稻	2003	皖品审03010368		77
早籼788	Zaoxian 788	常规早籼稻	2008	皖稻2008001	CNA005974E	78
早籼802	Zaoxian 802	常规早籼稻	2009	皖稻2009001	CNA006752E	79

（续）

品种名	英文（拼音）名	类型	审定（育成）年份	审定编号	品种权号	页码
珍系选1号	Zhenxixuan 1	常规早籼稻				80
直早038	Zhizao 038	常规早籼稻	2006	皖品审06010492		81
制选	Zhixuan	三系恢复系				399
中2优1286	Zhong 2 you 1286	三系杂交晚籼稻	2009	皖稻2009002		267
中粳564	Zhonggeng 564	常规中粳稻	1996	皖品审96010169		275
中粳63	Zhonggeng 63	常规中粳稻	1997	皖品审97010203		276
中粳糯86120-5	Zhonggengnuo 86120-5	常规中粳稻	2003	皖品审03010384		277
中籼168	Zhongxian 168	常规中籼稻	2004	皖品审04010410	CNA20120907.6	116
中籼2503	Zhongxian 2503	常规中籼稻	2007	皖品审07010611		117
中籼898	Zhongxian 898	常规中籼稻	2000	皖品审00010287		118
中籼91	Zhongxian 91	常规中籼稻	2005	皖品审05010473		119
中籼92011	Zhongxian 92011	常规中籼稻	2003	皖品审03010376		120
中籼96-2	Zhongxian 96-2	常规中籼稻	2003	皖品审03010371		121
中籼Wh26	Zhongxian Wh 26	两系恢复系				400
中优1671	Zhongyou 1671	三系杂交中籼稻	2010	皖稻2010011		235
中浙优608	Zhongzheyou 608	三系杂交中籼稻	2007	皖品审07010610	CNA004987E	236
株两优18	Zhuliangyou 18	两系杂交早籼稻	2010	皖稻2010002		93
竹广23	Zhuguang 23	常规早籼稻	1973			82
竹广29	Zhuguang 29	常规早籼稻	1983	皖品审83010000		83
竹青	Zhuqing	常规早籼稻	1997	皖品审97010200		84
竹秋40	Zhuqiu 40	常规早籼稻	1975			85
竹舟5号	Zhuzhou 5	常规早籼稻	2003	皖品审03010367	CNA006579E	86
紫恢100	Zihui 100	两系恢复系				401
紫两优2号	Ziliangyou 2	两系杂交中籼稻	2008	皖稻2008012		237

图书在版编目（CIP）数据

中国水稻品种志. 安徽卷 / 万建民总主编；李泽福，
张效忠主编. —北京：中国农业出版社，2018.12
ISBN 978-7-109-23542-7

Ⅰ. ①中… Ⅱ. ①万… ②李… ③张… Ⅲ. ①水稻—
品种—安徽 Ⅳ. ①S511. 037

中国版本图书馆CIP数据核字（2017）第283617号

审图号：皖S（2019）1号

中国水稻品种志·安徽卷
ZHONGGUO SHUIDAO PINZHONGZHI · ANHUI JUAN

中国农业出版社
地址：北京市朝阳区麦子店街18号楼
邮编：100125

策划编辑：舒　薇　贺志清
责任编辑：贺志清　舒　薇
装帧设计：贾利霞
版式设计：胡至幸　韩小丽
责任校对：吴丽婷
责任印制：王　宏　刘继超

印刷：北京通州皇家印刷厂
版次：2018年12月第1版
印次：2018年12月北京第1次印刷
发行：新华书店北京发行所

开本：787mm×1092mm　1/16
印张：27.75
字数：655千字

定价：310.00元